Kontinuumstheorie strömender Medien

Ingenieurwissenschaftliche Bibliothek
Engineering Science Library
Herausgeber/Editor: István Szabó, Berlin

Heinz Schade

Kontinuumstheorie strömender Medien

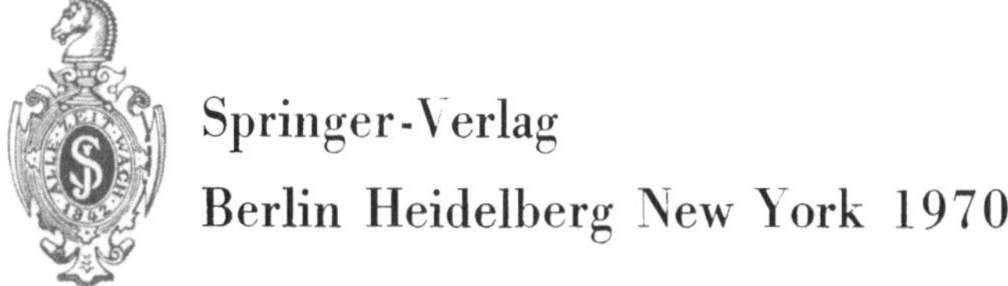

Springer-Verlag
Berlin Heidelberg New York 1970

Dr.-Ing. HEINZ SCHADE
Wissenschaftlicher Rat und Professor am Hermann-Föttinger-Institut
für Strömungstechnik der Technischen Universität Berlin

ISBN-13: 978-3-642-95160-2   e-ISBN-13:978-3-642-95159-6
DOI: 10.1007/978-3-642-95159-6

Mit 13 Abbildungen

Herrn Professor Dr.-Ing. Rudolf Wille

in Dankbarkeit gewidmet

Vorwort

Absicht und Inhalt

Dieses Buch ist für Studenten der Ingenieurwissenschaft, der Physik oder der Angewandten Mathematik etwa von der Mitte ihres Studiums an gedacht. Sein Inhalt wird an den deutschen Universitäten und Technischen Hochschulen üblicherweise nicht in einer einzigen Vorlesung behandelt, sondern findet sich verstreut in Vorlesungen wie Mechanik, Thermodynamik, Strömungslehre, Gasdynamik und Elektrodynamik. Der zu seiner Darstellung angemessene Tensorkalkül gehört traditionell nicht zu dem mathematischen Rüstzeug, das in den Anfängervorlesungen über Mathematik vermittelt wird, sondern ist Gegenstand einer Spezialvorlesung für Mathematiker und wird dort häufig in einer Strenge und Allgemeinheit vorgetragen, die dem Nichtmathematiker den Zugang erschwert. In den zuvor genannten Vorlesungen wird er deshalb in der Regel nicht verwendet, schon gar nicht für nichtkartesische Koordinaten. Dieses Buch und die ihm zugrunde liegende Vorlesung wurde durch die Erfahrung angeregt, daß viele Studenten am Ende ihres Studiums eine zusammenfassende, einheitliche Darstellung der Grundgleichungen der klassischen Kontinuumsphysik vermissen.

Eine solche Darstellung will dieses Buch geben, wobei an Mathematik nur eine gewisse Kenntnis der Differential- und Integralrechnung für Funktionen mehrerer Variabler vorausgesetzt wird. Die durchgängig verwendete Tensorrechnung wird im Text selbst entwickelt. Allerdings konzentriert sich das Buch auf das für Flüssigkeiten und Gase Wesentliche und umfaßt deshalb weder Elastizitätstheorie (außer in ihrer einfachsten Form) noch Rheologie oder Schalentheorie und dementsprechend wenig aus der Theorie der Deformation und nichts aus der Geometrie auf der Fläche. Es will damit der Entwicklung Rechnung tragen, daß die Strömungslehre heute neben der Mechanik fester Körper zu einer selbständigen Studienrichtung wird. Elektromagnetische Phänomene werden mit einbezogen, weil sie sich mit den verwendeten Mitteln gut beschreiben lassen und in der Strömungslehre und ihren technischen Anwendungen an Bedeutung gewinnen. In der Thermodynamik beschränkt sich das Buch dagegen auf den einfachsten Fall (einphasige Einstoffsysteme im thermodynamischen Gleichgewicht), weil die gewählte Darstellungsmethode dort keine besonderen Vorteile bietet.

Als Beispiel für die Anwendung dieser Grundgleichungen werden sie dann auf verschiedene Klassen physikalischer Phänomene spezialisiert. Diese Anwendungsbeispiele und die Abschnitte über Tensorrechnung enthalten förmliche Übungsaufgaben. In den Anwendungsbeispielen sind das geometrisch besonders einfache Konfigurationen, die eine geschlossene Lösung mit elementaren mathematischen Mitteln ermöglichen. Diese einfachen Konfigurationen haben den Vorteil, daß sie die grundlegenden physikalischen Phänomene ohne den Einfluß von geometrischen Parametern und die dadurch bedingten mathematischen Schwierigkeiten veranschaulichen, natürlich um den Preis, daß kompliziertere physikalische Phänomene gar nicht zur Sprache kommen. Sofern gelegentlich die Lösung einer solchen Aufgabe dem Leser bereits auf Grund einer sogenannten elementaren Ableitung vertraut ist, kann ein Vergleich beider Ableitungen zur anschaulichen Interpretation der Formeln beitragen, worauf überhaupt großer Wert gelegt wird. Für die sowohl praktisch wichtigen als auch mathematisch ergiebigen geometrisch komplizierteren Konfigurationen und für alle Näherungsmethoden muß auf die Spezialliteratur verwiesen werden. Die Übungsaufgaben in den Abschnitten über Tensorrechnung entsprechen der Erfahrung, daß man Mathematik ohne solche Praxis und Selbstkontrolle nicht gut lernen kann. Alle Übungsaufgaben, deren Lösungen nicht schon in der Aufgabenformulierung oder im Formelanhang enthalten sind oder zu deren Lösungsweg Hinweise gegeben werden sollten, wurden numeriert; die entsprechenden Erläuterungen dazu finden sich in einem Anhang.

Größtmögliche Allgemeinheit wird nicht angestrebt; dadurch würden die Überlegungen nur abstrakter und die Gleichungen schwerfälliger. Wohl aber kommt es im Rahmen einer solchen Darstellung darauf an, die jeweiligen Voraussetzungen und damit den Gültigkeitsbereich der Gleichungen genau anzugeben, damit man weiß, in welcher Richtung man etwa für ein gegebenes Problem die Gleichungen verallgemeinern muß oder vereinfachen kann. Es wird also erstens vorausgesetzt, daß das strömende Medium als ein Kontinuum betrachtet werden kann, d. h. daß darin die charakteristischen physikalischen Größen (höchstens bis auf diskrete Diskontinuitätsflächen) stetige Funktionen von Raum und Zeit sind. Damit werden einmal alle diejenigen Erscheinungen außer Betracht gelassen, zu deren Beschreibung man von der ja tatsächlich vorliegenden atomistischen, also diskontinuierlichen Struktur aller Materie nicht absehen kann, beispielsweise die Erscheinungen in hochverdünnten Gasen oder in Plasmen. Zum anderen beschränkt sich das Buch damit auf eine sogenannte phänomenologische oder makroskopische Betrachtungsweise, d. h. die Geltung bestimmter Gesetzmäßigkeiten wird festgestellt, ohne daß ihr Zustandekommen aus der atomistischen Struktur der Materie hergeleitet wird. Die Darstellung beschränkt sich zweitens auf nichtrelativistische Vorgänge, d. h. sie setzt voraus, daß alle vorkommenden Geschwindigkeiten von Teilchen klein gegen die Vakuumlichtgeschwindigkeit sind. Sofern in einem Kapitel weitere Einschränkungen gemacht werden, wird das jeweils zu Beginn dieses Kapitels vermerkt. Im übrigen gelten manche Postulate natürlich auch über den hier gezogenen Rahmen hinaus, worauf aber nicht weiter eingegangen wird.

Axiome

Im Hauptteil dieses Buches werden die grundlegenden physikalischen Größen und Gleichungen der Kontinuumstheorie zusammengestellt. Die grundlegenden physikalischen Größen werden also nicht mit Worten erklärt, und es wird auch nicht angegeben, wie man sie messen kann, sondern sie werden ohne weiteren Kommentar mit Namen und Formelbuchstaben eingeführt. Ebenso werden die grundlegenden physikalischen Gleichungen nicht aus Gedankenexperimenten oder wirklichen physikalischen Beobachtungen abstrahiert, sondern sie werden ohne besondere Begründung formuliert. In diesem Zusammenhang wird davon gesprochen, daß die notwendigen physikalischen Größen und Gleichungen axiomatisch eingeführt bzw. postuliert werden, und die so eingeführten physikalischen Gleichungen werden Axiome, Grundgleichungen oder Postulate genannt. Diese Redeweise darf natürlich nicht darüber hinwegtäuschen, daß die so eingeführten Größen und Gleichungen durch eine Fülle von Beobachtungen inspiriert und nur insoweit gültig sind, als ihre mathematischen Folgerungen es gestatten, physikalische Beobachtungen zu beschreiben bzw. richtig vorauszusagen. Es haftet diesen Axiomen also durchaus nichts Willkürliches an, sondern diese Redeweise beschreibt nur die hier gewählte Methode der Darstellung. Solche Axiome stehen auch keineswegs am Anfang einer physikalischen Disziplin, sondern eine solche Betrachtungsweise ist erst möglich, wenn eine physikalische Disziplin einen gewissen Abschluß erreicht hat. Auf eine Begründung der Axiome kann um so eher verzichtet werden, als praktisch alle vorkommenden Gleichungen dem Leser ihrem physikalischen Inhalt nach als „Naturgesetze" schon von früher her bekannt sind.

Alle anderen Aussagen werden aus diesen Axiomen und geeigneten Definitionen hergeleitet. Nur in den Abschnitten über Tensorrechnung werden die wenigen Beweise, die nicht in ein paar Zeilen zu führen sind, weggelassen, da die Tensorrechnung hier ja nur als mathematisches Handwerkszeug zu betrachten ist. Im übrigen ist eine Wendung wie

„man kann *leicht* zeigen" regelmäßig so zu verstehen, daß der entsprechende Beweis tatsächlich vom Leser an dieser Stelle in wenigen Zeilen ohne große Mühe erbracht werden kann, und sie ist als Aufforderung dazu gedacht.

Tensoren

In bezug auf ihre räumlichen Transformationseigenschaften sind physikalische Größen Tensoren. Sobald aber Tensoren auftreten, muß man sich zwischen verschiedenen Notationen mit spezifischen Vor- und Nachteilen entscheiden. Die sogenannte symbolische Schreibweise rechnet mit den Tensoren selbst, die sogenannte analytische oder Koordinatenschreibweise stattdessen mit ihren Koordinaten in einem einmal gewählten, im übrigen aber beliebigen Koordinatensystem, wobei sich die Notation noch stark vereinfacht, wenn man sich auf kartesische Koordinaten beschränkt. Nun sind Tensoren und Gleichungen zwischen Tensoren zwar von der Wahl eines Koordinatensystems unabhängig, aber zahlenmäßig angeben läßt sich ein Tensor nur durch seine Koordinaten in einem zuvor festgelegten Koordinatensystem. Zu seiner Berechnung muß man also früher oder später von einer Gleichung für diesen Tensor zu einem Gleichungssystem für seine Koordinaten übergehen, wobei sich die Rechnung beim Vorliegen bestimmter räumlicher Symmetrien durch die Wahl eines entsprechenden Koordinatensystems wesentlich vereinfacht. Für die symbolische Schreibweise spricht sicher, daß sie die Unabhängigkeit physikalischer Gleichungen von der Wahl eines Koordinatensystems auch formal zum Ausdruck bringt und im Zusammenhang damit typographisch übersichtlicher ist. Demgegenüber hat die Koordinatenschreibweise den Vorteil, daß sie die Operationen der Tensorrechnung statt durch ein vereinbartes Operationssymbol unmittelbar durch ihre Rechenvorschrift bezeichnet: Der Laplace-Operator eines Tensors $\mathcal{A}$ (beliebiger Stufe) wird zwar durch das Symbol $\Delta\,\mathcal{A}$ oder auch ausführlicher durch die Schreibweise div grad $\mathcal{A}$ prägnanter beschrieben als durch den Ausdruck $g^{pq}\,a^{i\ldots j}_{m\ldots n}|_{pq}$, dafür gibt der aber auch unabhängig von der Art des gewählten Koordinatensystems und in gewissem Sinne auch unabhängig von der Stufe des Tensors die Rechenvorschrift an, wonach die Koordinaten des Laplace-Operators von $\mathcal{A}$ aus den Koordinaten von $\mathcal{A}$ gebildet werden. (Wenn man sich auf kartesische Koordinaten beschränkt, vereinfacht sich dieser Ausdruck noch zu $\frac{\partial^2 a_{i\ldots j}}{\partial x_k^2}$). Eine unmittelbare Folge davon ist, daß viele Identitäten der Tensorrechnung (und der Vektorrechnung als deren Spezialfall) in Koordinatenschreibweise trivial werden und daß Verwandtschaften zwischen Formeln zutage treten, die in symbolischer Schreibweise verborgen bleiben: Den beiden Ausdrücken rot grad $\mathcal{A}$ und div rot $\mathcal{A}$ (wobei $\mathcal{A}$ wieder ein Tensor beliebiger Stufe ist) sieht man z. B. in Koordinatenschreibweise sofort an, daß sie identisch verschwinden und außerdem eng verwandt sind. Hinzu kommt, daß in Koordinatenschreibweise stets das kommutative und das assoziative Gesetz gelten, es kommt also nie auf die Reihenfolge der Faktoren an, und man braucht innerhalb von mehrfachen Produkten nie Klammern zu setzen.

In diesem Buch wird deshalb die Tensorrechnung in Koordinatenschreibweise entwickelt, allerdings zunächst unter Beschränkung auf kartesische Koordinatensysteme, um den Leser zu Beginn möglichst wenig mit Kalkül zu belasten. Die damit verbundene Beschränkung auf euklidische Räume ist für die Zwecke dieses Buches irrelevant, da der physikalische Raum euklidisch ist. In dieser Notation werden anschließend auch die Grundgleichungen der Kontinuumstheorie formuliert; da in einem euklidischen Raum stets ein kartesisches Koordinatensystem existiert, lassen sich grundsätzlich alle physikalischen Gleichungen in dieser Form schreiben und alle physikalischen Probleme in dieser Schreibweise rechnen. Bevor die Grundgleichungen dann in den Anwendungsbeispielen auf bestimmte Klassen von physikalischen Problemen spezialisiert werden, wird der Tensorkalkül in zwei Schritten auf nichtkartesische Koordinaten erweitert: Zunächst wird die symbolische Schreibweise eingeführt, indem jeweils angegeben wird, was ein bestimmtes Symbol für die kartesischen Koordinaten der beteiligten Tensoren bedeutet. Dann wird aus der symbolischen Schreibweise die Koordinatenschreibweise in beliebigen nichtkartesischen Koordinaten gewonnen, indem die beteiligten Tensoren in bezug auf die holonomen Basen eines solchen Koordinatensystems zerlegt werden. Daß man auf diese Weise auch für nichtkartesische Koordinaten auf euklidische Räume beschränkt bleibt, ist nach dem oben Gesagten im Rahmen dieses Buches unerheblich. Die symbolische Schreibweise sollte man natürlich auch unabhängig von dem hier damit verfolgten methodischen Zweck beherrschen, weil sie in der Literatur viel verwendet wird. Ihre Einführung auf diesem Wege hat aber überdies didaktisch den Vorteil, daß der Leser mit jedem Symbol sofort eine präzise Rechenvorschrift verbindet. Daß statt des häufig für Tensoren beliebiger Stufe außer Skalaren verwendeten Fettdrucks hier die Stufe jedes Tensors durch die Anzahl der Unterstreichungen ausgedrückt wird, hat einen doppelten Grund: einmal sollte die symbolische Schreibweise so formuliert werden, daß bei der Transposition von kartesischen Koordinaten in die symbolische Schreibweise keine Information verlorengeht, zum anderen werden grundsätzlich keine Unterscheidungsmerkmale verwendet, die sich handschriftlich nicht wiedergeben lassen.

Wenn die symbolische Schreibweise und die Formulierung für nichtkartesische Koordinaten auf diese Weise aus der Formulierung für kartesische Koordinaten hergeleitet worden sind, ist es nicht nötig, die zuvor in kartesischen Koordinaten geschriebenen Grundgleichungen einzeln auf die anderen Schreibweisen zu übertragen, sondern es kann an wenigen Beispielen ein für allemal gezeigt werden, wie eine solche Transposition geschieht. Da eine solche Transposition stets möglich ist, kann die Formulierung einer Gleichung in kartesischen Koordinaten die allgemeinere Formulierung in nichtkartesischen Koordinaten gleichsam repräsentieren. Wann immer es nicht auf ein bestimmtes Koordinatensystem ankommt, d. h. bei allen nicht auf eine bestimmte geometrische Konfiguration spezialisierten Überlegungen, wird man deshalb zweckmäßigerweise in kartesischen Koordinaten rechnen, um die damit verbundenen Vereinfachungen der Notation auszunutzen. In diesem Sinne werden die Gleichungen in den folgenden Anwendungsbeispielen weiter in kartesischen Koordinaten geschrieben, ohne daß damit die einmal erreichte formale Allgemeinheit aufgegeben wird. Das hat noch den Vorteil, daß dieser Abschnitt auch ohne Kenntnis der Tensorrechnung in nichtkartesischen Koordinaten verständlich ist. Eine Reihe von Gleichungen wird allerdings trotzdem zusätzlich in nichtkartesischen Koordinaten und dann auch jeweils in physikalischen Zylinderkoordinaten angegeben, teils um an komplizierteren Beispielen die Technik der Transposition zu üben, teils zum Nachschlagen, teils weil die Formeln für Übungsaufgaben benötigt werden.

Einige häufig benutzte tensoralgebraische und tensoranalytische Größen werden für Zylinder- und Kugelkoordinaten im Anhang zum Nachschlagen zusammengestellt.

Dank

Dieses Buch entstand am Hermann-Föttinger-Institut für Strömungstechnik der Technischen Universität Berlin, dessen Direktor Professor Dr.-Ing. R. WILLE ist. Viele Diskussionen mit Mitarbeitern des Instituts und mit Hörern meiner Vorlesungen haben zu seiner jetzigen Form beigetragen. Dem Springer-Verlag danke ich für das Eingehen auf alle meine Wünsche.

Berlin, im Januar 1970

H. Schade

Inhaltsverzeichnis

Notation

Die Schreibweise $f(\ldots) = 0$ bedeutet, daß zwischen den in der Klammer stehenden Argumenten ein funktionaler Zusammenhang existiert, wobei die Form dieses funktionalen Zusammenhangs von Zeile zu Zeile verschieden sein kann.

Das Identitätszeichen $\equiv$ wurde, wo das angebracht schien, zur Angabe bereits bekannter Identitäten verwendet. Die Gleichung $a \equiv b = c$ sagt also aus: Es ist $a = c$; da bekanntlich $a = b$ ist, ist damit auch $b = c$.

Gleichungsnummern stehen in runden Klammern. Zum Beispiel $(1.1.2)_2$ bedeutet die zweite Gleichung des durch die Nummer $(1.1.2)$ bezeichneten Systems von Gleichungen. Eine Gleichungsnummer unter einem Gleichheitszeichen in einer Rechnung bedeutet, daß die durch das Gleichheitszeichen ausgedrückte Identität aus der durch die Gleichungsnummer bezeichneten Gleichung folgt.

Die folgenden Regeln für die Notation werden im Laufe des Textes eingeführt, sie werden hier nur zur Orientierung zusammengestellt:

Intensive Größen (Funktionen von Raum und Zeit) werden durch lateinische oder griechische Buchstaben bezeichnet, extensive Größen (Funktionen nur der Zeit) durch große gotische Buchstaben.

Erstreckt sich ein räumliches Integral über einen raumfesten Bereich, so wird der Integrationsbereich unter dem Integral durch einen lateinischen Buchstaben (C für Kurve, A für Fläche, V für Volumen) symbolisiert, erstreckt es sich über einen materiellen Bereich, durch einen gotischen Buchstaben ($\mathfrak{C}$, $\mathfrak{A}$, $\mathfrak{B}$).

Kartesische Tensorkoordinaten werden durch untere Indizes, holonome nichtkartesische Tensorkoordinaten durch untere und obere Indizes, Tensoren in symbolischer Schreibweise durch Unterstreichungen bezeichnet; dabei bedeutet die Anzahl der Indizes bzw. der Unterstreichungen die Stufe des Tensors. Für Tensoren beliebiger Stufe in symbolischer Schreibweise werden große Schriftbuchstaben ($\mathscr{A}$, $\mathscr{B}$ usw.) verwendet.

Die Summationskonvention gilt in der Form, daß über alle in einem Glied doppelt vorkommenden kleinen lateinischen Indizes von eins bis drei und über alle in einem Glied doppelt vorkommenden kleinen gotischen Indizes von eins bis zwei summiert werden soll. Über andere, z. B. griechische Indizes soll nicht summiert werden.

Die folgende Liste enthält die Symbole aller Größen bis auf nur vorübergehend eingeführte Abkürzungen. Tensoren werden grundsätzlich durch ihre kartesischen Koordinaten angegeben; wenn ausnahmsweise die nichtkartesischen Koordinaten durch einen anderen Kernbuchstaben bezeichnet werden, wird der ebenfalls aufgeführt. Der Betrag eines Vektors wird jeweils durch den Kernbuchstaben ohne Index bezeichnet, er wird in der Liste nicht gesondert vermerkt. In der Spalte „Definition oder erstes Vorkommen" bedeuten Ziffern in Klammern eine Gleichung und Ziffern ohne Klammern einen Abschnitt des Textes. Die Dimension einer Größe wird als Potenzprodukt von Länge (L), Zeit (T), Masse (M), Temperatur (Θ) und Ladung (Q) angegeben.

Symbol	Name	Definition oder erstes Vorkommen	Dimension
A, $\mathfrak{A}$	als Integrationsbereich: Fläche	1.2.3	L^2
dA_i	unter einem Integral: Flächenelement	(1.1.33) (1.1.34) 1.2.3	L^2
a	Schallgeschwindigkeit	(5.3.1)	LT^{-1}
a_i	Koordinaten eines Teilchens	1.2.1	L
B_i	magnetische Induktion	2.4.1.1	$T^{-1}MQ^{-1}$
b_i	äußere Beschleunigung	(5.2.7)	LT^{-2}
C, $\mathfrak{C}$	als Integrationsbereich: Kurve	1.2.3	L
C_i	Geschwindigkeit in einem Punkte einer Diskontinuitätsfläche relativ zur Geschwindigkeit der Diskontinuitätsfläche in diesem Punkte	(2.1.7)	LT^{-1}
c	Vakuumlichtgeschwindigkeit	(3.5.12)	LT^{-1}
c_i	Geschwindigkeit	(1.2.5)	LT^{-1}
c_P	spezifische Wärmekapazität bei konstantem Druck	(3.1.5)	$L^2T^{-2}\Theta^{-1}$
c_V	spezifische Wärmekapazität bei konstantem Volumen	(3.1.5)	$L^2T^{-2}\Theta^{-1}$
D_i	dielektrische Verschiebung	2.4.1.1	$L^{-2}Q$
$\mathfrak{D}_i$	Drehimpuls	(2.2.8)	$L^2T^{-1}M$
d_{ij}	Deformationsgeschwindigkeit	(1.2.56)	T^{-1}
E	Elastizitätsmodul	(3.3.25)	$L^{-1}T^{-2}M$
E_i	elektrische Feldstärke	(2.4.9)	$LT^{-2}MQ^{-1}$
E_i^*	substantielle elektrische Feldstärke	2.4.1.1	$LT^{-2}MQ^{-1}$
E_{ijkl}	Elastizitätstensor	(3.3.16)	$L^{-1}T^{-2}M$
$\mathfrak{E}$	kinetische Energie	(2.2.30)	$L^2T^{-2}M$
$\underline{e}_i$	kartesisches Dreibein, vgl. $\underline{g}_i$, g^i	4.1.1.2	—
e_{ijk}	nichtkartesische Koordinaten des ε-Tensors, vgl. ε_{ijk}	4.1.2.5	—
$\mathfrak{F}_i$, F_i	Kraft	2.2.1 (2.2.33)	$LT^{-2}M$
f_i	Spannungsvektor	(2.2.4)	$L^{-1}T^{-2}M$
G_i	Flächenstromdichte	(2.4.40)	$L^{-1}T^{-1}Q$
G_i^*	Flächenleitungsstromdichte	(2.4.38)	$L^{-1}T^{-1}Q$
g	Determinante der g_{ij}	(4.1.40)	—
g_i	Gravitationsbeschleunigung	(3.2.1)	LT^{-2}

Symbol	Name	Definition oder erstes Vorkommen	Dimension
$\underline{g}_i$, $\underline{g}^i$	nichtkartesische Dreibeine, vgl. $\underline{e}_i$	4.1.2.1	—
g_{ij}	nichtkartesische Koordinaten des Einheitstensors, vgl. δ_{ij}	(4.1.34)	—
H	Hugoniot-Funktion	(5.3.24)	$L^2 T^{-2}$
H_i	magnetische Feldstärke	(2.4.10)	$L^{-1} T^{-1} Q$
H_i^*	substantielle magnetische Feldstärke	2.4.1.1	$L^{-1} T^{-1} Q$
$\mathfrak{H}$	Enthalpie	(2.3.19)	$L^2 T^{-2} M$
h	spezifische Enthalpie	(2.3.21)	$L^2 T^{-2}$
$\mathfrak{J}_i$	Impuls	(2.2.1)	$L T^{-1} M$
$\mathfrak{J}$	Leitungsstrom	2.4.1.1	$T^{-1} Q$
j_i	Stromdichte	(2.4.11)	$L^{-2} T^{-1} Q$
j_i^*	Leitungsstromdichte	2.4.1.1	$L^{-2} T^{-1} Q$
K	(thermodynamischer) Kompressionsmodul	(3.1.15)	$L^{-1} T^{-2} M$
$\tilde{K}$	(mechanischer) Kompressionsmodul	(3.3.21)	$L^{-1} T^{-2} M$
K_i	Kraftdichte	(2.2.4)	$L^{-2} T^{-2} M$
k_i	(Hilfsgröße)	(2.4.49)	$L^{-2} T^{-2} M$
$\mathfrak{L}_i$	Kräftepaar	2.2.1	$L^2 T^{-2} M$
M_i	Magnetisierung	(3.5.18)	$L^{-1} T^{-1} Q$
Ma	Mach-Zahl	(5.3.2)	—
$\mathfrak{M}$	Masse	2.1.1.1	M
$\mathfrak{M}_i$	Drehmoment	(2.2.9) (2.2.13)	$L^2 T^{-2} M$
m_i	Flächendichte eines Kräftepaars	(2.2.14)	$T^{-2} M$
N_i	Volumendichte eines Kräftepaars	(2.2.14)	$L^{-1} T^{-2} M$
n_i	Normaleneinheitsvektor in einem Punkt einer Fläche	(1.2.16)	—
P_i	Polarisation	(3.5.17)	$L^{-2} Q$
$\mathfrak{P}_i$	Leistung	(2.2.31)	$L^2 T^{-3} M$
p	thermodynamischer Druck	2.3.2.1	$L^{-1} T^{-2} M$
$\bar{p}$	mittlerer Druck	(2.3.47)	$L^{-1} T^{-2} M$
$\mathfrak{Q}$	Ladung	2.4.1.1	Q
$\dot{\mathfrak{Q}}$	Wärmezufuhr	2.3.1	$L^2 T^{-3} M$
q	kinematischer Druck	(5.2.5)	$L^2 T^{-2}$
q	(Hilfsgröße)	(2.4.44)	$L^{-1} T^{-3} M$
q'	(Hilfsgröße)	(5.2.12)	$L^2 T^{-2}$
R	individuelle Gaskonstante	(3.1.1)	$L^2 T^{-2} \Theta^{-1}$
$\mathfrak{S}$	Entropie	2.3.1	$L^2 T^{-2} M \Theta^{-1}$
s	spezifische Entropie	(2.3.7)	$L^2 T^{-2} \Theta^{-1}$
T	(thermodynamische) Temperatur	2.3.1	Θ
T_{ij}	Maxwellsche Spannungen	(2.4.48)	$L^{-1} T^{-2} M$
T_{ij}	Lighthill-Tensor	(5.3.79)	$L^{-1} T^{-2} M$
t	Zeit	1.2.1	T
t_i	Einheitsvektor in Richtung des Kurvenelements dx_i	(1.2.66)	—
U	spezifische potentielle Energie	(2.2.42)	$L^2 T^{-2}$
U_i	(Hilfsgröße)	(1.2.23)	$L T^{-1}$
$\mathfrak{U}$	innere Energie	2.3.1	$L^2 T^{-2} M$

Symbol	Name	Definition oder erstes Vorkommen	Dimension
u	spezifische innere Energie	(2.3.2)	$L^2 T^{-2}$
u_i	Wirbelstärke	(1.2.62)	T^{-1}
u_i	Geschwindigkeit einer Diskontinuitätsfläche	1.2.4.1	LT^{-1}
u^i	nichtkartesische Koordinaten eines Punktes, vgl. x_i	(4.1.62)	L
V, $\mathfrak{V}$	als Integrationsbereich: Volumen	1.2.3	L^3
dV	unter einem Integral: Volumenelement	(1.1.35) 1.2.3	L^3
V_{ijkl}	Viskositätstensor	(3.3.5)	$L^{-1} T^{-1} M$
$\mathfrak{V}$	Volumen	(2.1.10)	L^3
v	spezifisches Volumen	(2.1.11)	$L^3 M^{-1}$
v_i	bei einer Galilei-Transformation: Geschwindigkeit des gestrichenen Systems vom ungestrichenen System aus	1.3.3	LT^{-1}
W	Potential einer Kraft	(2.2.34)	$^2 T^{-2} M$
W	Formänderungsenergie	(3.3.28)	$L^{-1} T^{-2} M$
$\mathfrak{W}$	potentielle Energie	(2.2.35)	$L^2 T^{-2} M$
w	Wärmequelldichte	(2.3.3)	$L^{-1} T^{-3} M$
w_{ij}	Rotationsgeschwindigkeit	(1.2.61)	T^{-1}
x_i	kartesische Koordinaten eines Punktes, vgl. u^i	1.2.1	L
dx_i	unter einem Integral: Kurvenelement	(1.1.31) (1.1.32) 1.2.3	L
$\bar{x}_i$	bei der Transformation eines kartesischen Koordinatensystems: Koordinaten des Ursprungs des gestrichenen Systems vom ungestrichenen System aus	1.1.3	L
y_i	Strecke von einem Bezugspunkt zu einem beliebigen Punkt	(2.2.6)	L
α_{ij}	bei der Transformation eines kartesischen Koordinatensystems: Transformationskoeffizienten	1.1.3	—
β	kalorischer Ausdehnungskoeffizient	(3.1.15)	Θ^{-1}
Γ	Zirkulation	(1.2.94)	$L^2 T^{-1}$
γ	Ladungsdichte	2.4.1.1	$L^{-3} Q$
δ_{ij}	kartesische Koordinaten des Einheitstensors, vgl. g_{ij}	(1.1.1)	—
ε	spezifische kinetische Energie	(1.2.87)	$L^2 T^{-2}$
$\hat{\varepsilon}$	(Hilfsgröße)	(2.4.43)	$L^{-3} T^2 M^{-1} Q^2$
ε_0	Influenzkonstante	(3.5.1)	$L^{-3} T^2 M^{-1} Q^2$
ε_{ij}, ε	Dielektrizitätskonstante	(3.5.3) (3.5.6)	$L^{-3} T^2 M^{-1} Q^2$
ε_{ij}	Deformationstensor	(1.2.76)	—
ε_{ijk}	kartesische Koordinaten des ε-Tensors, vgl. e_{ijk}	(1.1.16)	—
η	Scherviskosität	(3.3.8)	$L^{-1} T^{-1} M$

Symbol	Name	Definition oder erstes Vorkommen	Dimension
η'	Volumenviskosität	(3.3.8)	$L^{-1}T^{-1}M$
$\bar{\eta}$	Volumenviskosität	(3.3.9)	$L^{-1}T^{-1}M$
$\varkappa$	Isentropenkoeffizient	(3.1.6)	—
λ	Lamésche Konstante	(3.3.18)	$L^{-1}T^{-2}M$
λ_{ij}, λ	Wärmeleitzahl	(3.4.1) (3.4.2)	$LT^{-3}M\Theta^{-1}$
μ	Schermodul	(3.3.18)	$L^{-1}T^{-2}M$
$\hat{\mu}$	(Hilfsgröße)	(2.4.43)	LMQ^{-2}
μ_0	Induktionskonstante	(3.5.2)	LMQ^{-2}
μ_{ij}, μ	Permeabilität	(3.5.4) (3.5.7)	LMQ^{-2}
ν	Querkontraktionszahl	(3.3.26)	—
ν	kinematische Zähigkeit	(5.2.6)	L^2T^{-1}
ξ_i	Verschiebungsvektor	1.2.7.2	L
π_{ij}	Spannungstensor	(2.2.15)	$L^{-1}T^{-2}M$
ϱ	Dichte	(2.1.2)	$L^{-3}M$
σ_{ij}, σ	(elektrische) Leitfähigkeit	(3.5.5) (3.5.8)	$L^{-3}TM^{-1}Q^2$
τ_{ij}	Zähigkeitsspannungstensor	(2.3.43) (2.3.47)	$L^{-1}T^{-2}M$
Φ	Dissipationsfunktion	(2.3.44)	$L^{-1}T^{-3}M$
Ω_i	Winkelgeschwindigkeit	(1.2.58)	T^{-1}
ω	Flächenladungsdichte	(2.4.30)	$L^{-2}Q$
ω_{ij}	Rotationstensor	(1.2.76)	—

Die folgende Liste enthält die Indizes mit einer besonderen Bedeutung.

Index	Bedeutung	Definition oder erstes Vorkommen
$\bar{a}$	$\bar{a}\delta_{ij}$ ist der isotrope Anteil des Tensors a_{ij}	(1.1.26)
$a_{(ij)}$	symmetrischer Anteil des Tensors a_{ij}	(1.1.14)
$a_{[ij]}$	antisymmetrischer Anteil des Tensors a_{ij}	(1.1.14)
$\mathring{a}_{ij}$	Deviatoranteil des Tensors a_{ij}	(1.1.26)
a_N	Betrag der Normalkomponente des Vektors a_i in einem Punkt einer Fläche	(1.2.16)
a_{Ti}	Tangentialkomponente des Vektors a_i in einem Punkt einer Fläche	(1.2.16)
a_T	Betrag von a_{Ti}	(1.2.16)
a_{NN}	Betrag der Normalkomponente des Tensors a_{ij} in einem Punkt einer Fläche	(1.2.16)

Literatur

Eine umfassende Darstellung der gesamten Kontinuumstheorie geben
C. Truesdell und R. Toupin unter dem Titel „The Classical Field
Theories" in Band III/1 des Handbuchs der Physik. Diese äußerst kom-
primiert geschriebene und trotzdem (einschließlich eines Anhangs über
Tensorfelder von J. L. Ericksen) 633 Seiten umfassende Abhandlung
enthält auch ausführliche Literaturangaben, jedoch fast keine Anwendungen auf spezielle Klassen von Problemen. Das vorliegende Buch ist
ihr sehr verpflichtet.

Eine Brücke zu den Lehrbüchern schlägt der Handbuchartikel von
J. Serrin unter dem Titel „Mathematical Principles of Classical Fluid
Mechanics" im Band VIII/1 des Handbuchs der Physik.

Aus der Fülle der Lehrbücher sei für vergleichende und weiter-
führende Studien die folgende durchaus subjektive Auswahl genannt:

Duschek, A., Hochrainer, A.: Tensorrechnung in analytischer Darstellung. In drei Teilen. Wien: Springer 1946 bis 1955.

Klingbeil, E.: Tensorrechnung für Ingenieure. Mannheim: Biblio-
graphisches Institut 1966.

Aris, R.: Vectors, Tensors, and the Basic Equations of Fluid Mechanics.
Englewood Cliffs, N. J.: Prentice-Hall 1962.

Prager, W.: Einführung in die Kontinuumsmechanik. Basel [usw.]:
Birkhäuser 1961.

Theory of Laminar Flows. Hrg.: F. K. Moore. Princeton, N. J.: University Press 1964.

Hinze, J. O.: Turbulence. New York [usw.]: McGraw-Hill 1959.

Batchelor, G. K.: An Introduction to Fluid Dynamics. Cambridge:
University Press 1967.

Becker, E.: Gasdynamik. Stuttgart: Teubner 1966.

Vincenti, W. G., Kruger, C. H.: Introduction to Physical Gas Dynamics. New York [usw.]: John Wiley 1965.

Callen, H. B.: Thermodynamics. New York [usw.]: John Wiley 1960.

de Groot, S. R., Mazur, P.: Non-Equilibrium Thermodynamics, 2nd
Printing. Amsterdam: North Holland Publishing Company 1963.

Stratton, J. A.: Electromagnetic Theory. New York [usw.]: McGraw-
Hill 1941.

Simonyi, K.: Theoretische Elektrotechnik, 4. Auflage. Berlin: Deutscher
Verlag der Wissenschaften 1969.

Kulikovskiy, A. G., Lyubimov, G. A.: Magnetohydrodynamics. Reading,
Mass.: Addison-Wesley 1965.

1.—3. Die Grundgleichungen der Kontinuumstheorie in kartesischen Koordinaten

1. Vorbemerkungen

1.1 Abriß der Tensorrechnung

Wir beschränken uns hier, wie bereits gesagt, zunächst auf kartesische Koordinaten. Der Kalkül gilt dann unabhängig von der Orientierung des Koordinatensystems, d. h. sowohl in Rechts- als auch in Linkssystemen, allerdings ist eine Größe [der ε-Tensor, vgl. (1.1.16)] je nach der Orientierung des Koordinatensystems verschieden definiert. Da Linkssysteme für die praktische Rechnung entbehrlich sind, könnte man sich diese Fallunterscheidung ersparen, indem man sich von vornherein auf Rechtssysteme beschränkte. (Bei nichtkartesischen Koordinatensystemen werden wir das später auch tun.)

1.1.1 Die Summationskonvention

Wir vereinbaren, daß über alle in einem Glied doppelt vorkommenden lateinischen Indizes von eins bis drei summiert werden soll, ohne daß das durch ein Summenzeichen ausgedrückt wird.

Es sollen also bedeuten:

$$u_i b_i = u_1 b_1 + u_2 b_2 + u_3 b_3,$$

$$A_{jj} = A_{11} + A_{22} + A_{33},$$

$$\frac{\partial F_m}{\partial x_m} = \frac{\partial F_1}{\partial x_1} + \frac{\partial F_2}{\partial x_2} + \frac{\partial F_3}{\partial x_3},$$

$$\frac{\partial^2 \varphi}{\partial x_k^2} \equiv \frac{\partial^2 \varphi}{\partial x_k \partial x_k} = \frac{\partial^2 \varphi}{\partial x_1^2} + \frac{\partial^2 \varphi}{\partial x_2^2} + \frac{\partial^2 \varphi}{\partial x_3^2}.$$

Die Summationskonvention in unserer Fassung setzt voraus, daß ein (lateinischer) Index nur die Werte Eins, Zwei und Drei annehmen kann. Außerdem darf er in jedem Glied einer Gleichung höchstens zweimal vorkommen. Wenn er zweimal vorkommt und also darüber summiert werden soll, nennt man ihn einen gebundenen Index. Wie bei jedem Summationsindex kommt es auf die Wahl des Buchstabens nicht an, es ist z. B. $a_i b_i = a_j b_j$, beide Seiten dieser Gleichung bedeuten ja $a_1 b_1 + a_2 b_2 + a_3 b_3$. Wenn ein Index in einem Glied einer Gleichung nur einmal vorkommt, nennt man ihn einen freien Index. Alle Glieder einer Gleichung müssen in allen freien Indizes übereinstimmen. Die Gleichungen $a_i b_{ij} = c_j$ und $a_i b_{ij} = c_k d_{jk}$ sind also mit der Summationskonvention vereinbar. Etwa die erste bedeutet ja $a_1 b_{1j} + a_2 b_{2j} + a_3 b_{3j} = c_j$, wobei j nacheinander die Werte Eins, Zwei und Drei annehmen kann; sie steht also für drei Gleichungen, deren linke Seite jeweils eine dreigliedrige Summe ist. Die Gleichungen $a_i b_{ij} = c_i$ oder $a_i b_{ij} = c_k$ sind dagegen nicht mit der Summationskonvention vereinbar: Die linke Seite dieser Gleichungen enthält i als gebundenen und j als freien Index, die rechte Seite müßte also auch j als einzigen freien Index enthalten. Solche Gleichungen sind natürlich bei Verabredung der Summationskonvention unzulässig.

Als Indizes, die doppelt vorkommen, ohne daß darüber summiert werden soll, über die anders als von eins bis drei summiert werden soll oder die mehr als zweimal vorkommen, verwendet man Ziffern (wenn sie einen bestimmten Wert haben) oder griechische Buchstaben (wenn sie verschiedene Werte annehmen können).

Eine Größe, die einen oder mehrere (lateinische) Indizes trägt, braucht deshalb noch keine Tensorkoordinaten im Sinne der späteren Definition darzustellen.

Aufgabe 1: Man schreibe $\left(\dfrac{\partial u_i}{\partial x_j}\right)^2$ aus.

1.1.2 Der Einheitstensor

Man definiert

$$\delta_{ij} = \begin{cases} 1 & \text{für} \quad i = j, \\ 0 & \text{für} \quad i \neq j. \end{cases} \tag{1.1.1}$$

Man kann beweisen, daß die δ_{ij} die kartesischen Koordinaten eines Tensors im Sinne der späteren Definition sind (vgl. Aufgabe 4 in Abschnitt 1.1.4). Man nennt diesen Tensor den Einheitstensor oder auch den δ-Tensor.

Die Summationskonvention zusammen mit der obigen Definition ergibt offenbar $\delta_{ii} = 3$.

Man merke sich die Rechenregel $A_i \delta_{ij} = A_j$, d. h. ist über einen Index (hier also das i) des δ-Tensors zu summieren, so ersetze man diesen Index an der anderen Größe (hier also das i der Größe A_i) durch

den anderen Index des δ-Tensors (hier also das j) und lasse dafür den
δ-Tensor fort. Man beweist diese Regel einfach durch Ausschreiben der
Summation, es ist ja $A_i \delta_{ij} = A_1 \delta_{1j} + A_2 \delta_{2j} + A_3 \delta_{3j}$. Nun kann j nur
einen der drei Werte Eins, Zwei oder Drei annehmen. Ist etwa $j = 1$,
so ist $\delta_{1j} = 1$ und $\delta_{2j} = \delta_{3j} = 0$, es ist also $A_i \delta_{i1} = A_1$, usw.

Aufgabe 2: Man berechne nach dieser Rechenregel $\delta_{ij} \delta_{ij}$.

1.1.3 Die Transformation eines kartesischen Koordinatensystems

Gegeben seien zwei kartesische Koordinatensysteme in beliebiger
Lage zueinander; sie sollen als ungestrichenes und gestrichenes System
unterschieden werden, vgl. Abb. 1. (Die Skizze ist nur zweidimensional
gezeichnet, um sie nicht zu überladen. Die Überlegungen sind natürlich

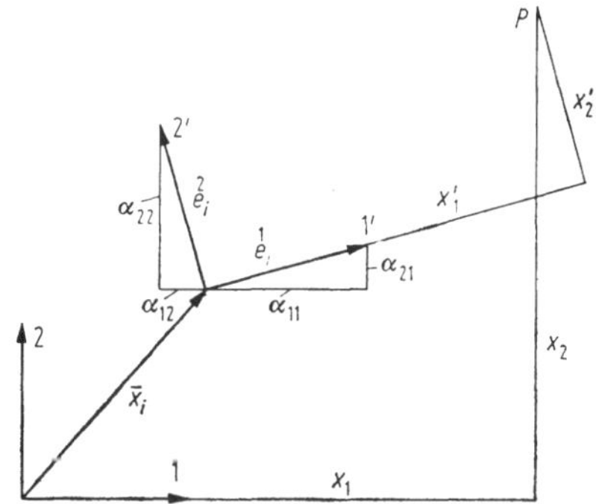

Abb. 1. Zur Transformation eines kartesischen Koordinatensystems.

für den dreidimensionalen Raum gedacht.) Dann kann man die relative
Lage der beiden Koordinatensysteme durch die beiden folgenden Angaben charakterisieren:

1. Der Ursprung des gestrichenen Systems habe im ungestrichenen
System die Koordinaten $\{\bar{x}_1, \bar{x}_2, \bar{x}_3\}$, wofür wir zusammenfassend $\bar{x}_i$
schreiben.

2. Die Einheitsvektoren des gestrichenen Systems haben im un-
gestrichenen System die Koordinaten $\overset{1}{e_i}, \overset{2}{e_i}, \overset{3}{e_i}$, wobei wir uns gleich
(wie im folgenden immer) der zusammenfassenden Schreibweise mit je
einem freien Index bedient haben; $\overset{1}{e_i}$ steht also für die drei Koordinaten
$\{\overset{1}{e_1}, \overset{1}{e_2}, \overset{1}{e_3}\}$, usw.

Wir setzen $\overset{1}{e_i} = \alpha_{i1}$, $\overset{2}{e_i} = \alpha_{i2}$, $\overset{3}{e_i} = \alpha_{i3}$; dann können wir diese
drei Gleichungen zu $\overset{j}{e_i} = \alpha_{ij}$ zusammenfassen. Die Matrix der α_{ij} nennt

man die Transformationskoeffizienten. Für sie gelten bekanntlich die Orthogonalitätsrelationen

$$\alpha_{ik}\alpha_{jk} = \delta_{ij}, \qquad \alpha_{ki}\alpha_{kj} = \delta_{ij}. \tag{1.1.2}$$

Aufgabe 3: Man schreibe die erste dieser Gleichungen aus.

Die Koordinaten eines beliebigen Punktes in den beiden Koordinatensystemen seien x_i und x_i'. Dann kann man zeigen, daß die Koordinaten desselben Punktes im ungestrichenen und im gestrichenen System über die Beziehungen

$$x_i = \alpha_{ij}x_j' + \bar{x}_i, \qquad x_i' = \alpha_{ji}x_j - \alpha_{ji}\bar{x}_j \tag{1.1.3}$$

zusammenhängen. Man nennt diese Gleichungen die Transformationsgleichungen für Punkte oder genauer für Punktkoordinaten; statt von Punktkoordinaten spricht man auch von Ortskoordinaten. Dementsprechend definiert man auch, Punkte seien geometrische Gebilde, deren kartesische Koordinaten sich beim Übergang auf ein anderes kartesisches Koordinatensystem nach (1.1.3) transformieren. Punkte sind keine Vektoren im Sinne der späteren Definition, weshalb man den Ausdruck Ortsvektor dafür besser vermeidet.

Auf den Beweis dieser Formeln werde hier verzichtet, zur Einübung in den Kalkül sei aber darauf hingewiesen, daß man die eine leicht aus der anderen gewinnen kann: Will man die erste nach den gestrichenen Koordinaten auflösen, so multipliziere man sie mit α_{ik}. Damit wird aus dem freien Index i ein gebundener Index; diese formale Multiplikation bedeutet ja in Wirklichkeit, jede der drei Gleichungen für die verschiedenen Werte von i mit dem entsprechenden Wert α_{ik} zu multiplizieren (wobei k ein neuer freier Index ist) und die so entstandenen Gleichungen dann zu addieren. Formal erhält man einfach $\alpha_{ik}x_i = \alpha_{ik}\alpha_{ij}x_j' + \alpha_{ik}\bar{x}_i = \underset{(1.1.2)}{\delta_{kj}x_j'} + \alpha_{ik}\bar{x}_i = x_k' + \alpha_{ik}\bar{x}_i$, oder aufgelöst nach den gestrichenen Koordinaten $x_k' = \alpha_{ik}x_i - \alpha_{ik}\bar{x}_i$. Um auf die zweite Gleichung (1.1.3) zu kommen, braucht man nur die Indizes umzubenennen, nämlich i durch j und k durch i zu ersetzen.

Wenn sich bei einer Transformation eines Koordinatensystems die Orientierung des Koordinatensystems nicht ändert, nennt man die Transformation auch eine Bewegung, anderenfalls eine Umlegung. Man kann zeigen, daß die Determinante der α_{ij} bei Bewegungen den Wert 1, bei Umlegungen den Wert -1 hat.

1.1.4 Skalare, Vektoren, Tensoren

Man definiert: Skalare oder Tensoren nullter Stufe sind geometrische Gebilde, deren Koordinate sich beim Übergang auf ein anderes Koordinatensystem nicht ändert:

$$a = a', \qquad a' = a.$$ (1.1.4)

Vektoren oder Tensoren erster Stufe sind geometrische Gebilde, deren kartesische Koordinaten sich beim Übergang auf ein anderes kartesisches Koordinatensystem nach folgendem Gesetz transformieren:

$$a_i = \alpha_{ij} a_j', \qquad a_i' = \alpha_{ji} a_j.$$ (1.1.5)

Tensoren im engeren Sinne oder Tensoren zweiter Stufe sind geometrische Gebilde, deren kartesische Koordinaten sich beim Übergang auf ein anderes kartesisches Koordinatensystem nach folgendem Gesetz transformieren:

$$a_{ij} = \alpha_{im} \alpha_{jn} a_{mn}, \qquad a_{ij}' = \alpha_{mi} \alpha_{nj} a_{mn}.$$ (1.1.6)

Analog definiert man Tensoren höherer Stufe.

Wir haben bisher übrigens begrifflich zwischen Punkten bzw. Tensoren einerseits und deren Koordinaten andererseits unterschieden, wobei die soeben eingeführten indizierten Buchstaben die Koordinaten bezeichnen sollen. Solange wir uns auf kartesische Koordinaten beschränken, werden wir nur mit den Koordinaten und nicht mit den Punkten bzw. Tensoren selber rechnen. Es ist deshalb hier nicht nötig, neben einem Symbol für die Koordinaten auch eines für die geometrischen Größen selber einzuführen, und wir werden, wenn es im folgenden nötig ist, einen Punkt oder Tensor zu bezeichnen, dafür das Symbol für seine Koordinaten verwenden, also z. B. vom Tensor a_{ij} statt korrekter vom Tensor mit den kartesischen Koordinaten a_{ij} reden. Dieser Sprachgebrauch ist allgemein üblich.

Aufgabe 4: Man beweise, daß die δ_{ij} die kartesischen Koordinaten eines Tensors zweiter Stufe sind.

1.1.5 Gleichheit, Addition, Multiplikation, Überschiebung und Verjüngung von Tensoren

Man nennt zwei Tensoren $a_{i...j}$ und $b_{i...j}$ gleich, wenn sie in allen gleich indizierten Koordinaten übereinstimmen, und schreibt dafür

$$a_{i...j} = b_{i...j}.$$ (1.1.7)

Zwei Tensoren können also nur gleich sein, wenn sie von gleicher Stufe sind.

Man bildet die Summe (oder Differenz) zweier Tensoren $a_{i\ldots j}$ und $b_{i\ldots j}$, indem man die gleich indizierten Koordinaten addiert (bzw. subtrahiert). Addieren (oder subtrahieren) kann man also nur Tensoren gleicher Stufe, und die Summe (bzw. Differenz) von Tensoren ist wieder ein Tensor derselben Stufe, wie man mittels des Transformationsgesetzes leicht zeigen kann. Man schreibt

$$a_{i\ldots j} \pm b_{i\ldots j} = c_{i\ldots j}. \tag{1.1.8}$$

Unter dem (tensoriellen) Produkt zweier Tensoren $a_{i\ldots j}$ und $b_{k\ldots l}$ versteht man dasjenige System von Größen, das sich durch Multiplikation aller Koordinaten des einen Faktors mit allen Koordinaten des anderen Faktors ergibt. Multiplizieren kann man also auch Tensoren verschiedener Stufen, und man kann mittels des Transformationsgesetzes leicht zeigen, daß das Produkt eines Tensors m-ter Stufe mit einem Tensor n-ter Stufe ein Tensor $(m+n)$-ter Stufe ist. Man schreibt

$$a_{i\ldots j} b_{k\ldots l} = c_{i\ldots jk\ldots l}. \tag{1.1.9}$$

Stimmen zwei Indizes eines Tensors überein, so nennt man die dadurch bezeichnete Summation von Koordinaten dieses Tensors eine Verjüngung. Stimmen bei einer Multiplikation zwei Faktoren in einem Index überein, so spricht man von einer Überschiebung[1]. Mittels des Transformationsgesetzes läßt sich leicht zeigen, daß das Ergebnis einer Verjüngung oder Überschiebung ebenfalls ein Tensor ist, dessen Stufe um zwei erniedrigt wurde.

Sind also in Gleichungen wie $a_i b_j = c_{ij}$, $a_i b_i = d$, $a_{ij} b_i = e_j$, $a_{ii} = f$, die Größen a_i, b_i und a_{ij} auf der linken Seite Tensoren, so sind es auch die Größen c_{ij}, d, e_j und f auf der rechten Seite, und die Anzahl der freien Indizes links gibt die Stufe des Tensors rechts an.

Wie wir uns bereits bei der Definition des Einheitstensors im Abschnitt 1.1.2 klargemacht haben, wird bei der Überschiebung eines beliebigen Tensors mit dem Einheitstensor einfach der Tensor reproduziert, d. h. bei der Überschiebung spielt der Einheitstensor dieselbe Rolle wie die Eins bei der Multiplikation:

$$a_i \delta_{ij} = a_j, \qquad \alpha_{im} \delta_{ij} = a_{jm}, \qquad a_{imn} \delta_{ij} = a_{jmn}, \qquad \text{usw.} \tag{1.1.10}$$

Aufgabe 5: Man beweise die sogenannte Quotientenregel: Sind in einer Gleichung wie $a_{ij} b_j = c_i$ die Größen a_{ij} und c_i Tensorkoordinaten, so sind es auch die Größen b_j.

---

[1] Eine Überschiebung ist ein Spezialfall einer Verjüngung: eine Überschiebung zweier Tensoren ist eine Verjüngung ihres Produkts.

1.1.6 Symmetrische und antisymmetrische Tensoren

Ein Tensor zweiter Stufe heißt symmetrisch, wenn

$$a_{ij} = a_{ji} \qquad (1.1.11)$$

ist; er heißt antisymmetrisch (antimetrisch, schiefsymmetrisch, alternierend), wenn

$$a_{ij} = -a_{ji} \qquad (1.1.12)$$

ist.

Jeder Tensor zweiter Stufe läßt sich folgendermaßen in einen symmetrischen und einen antisymmetrischen Teil aufspalten:

$$a_{ij} = \frac{1}{2}\,(a_{ij} + a_{ji}) + \frac{1}{2}\,(a_{ij} - a_{ji}). \qquad (1.1.13)$$

Wir bezeichnen den symmetrischen Teil eines Tensors mit $a_{(ij)}$, den antisymmetrischen Teil mit $a_{[ij]}$. Es ist also

$$a_{(ij)} = \frac{1}{2}\,(a_{ij} + a_{ji}), \qquad a_{[ij]} = \frac{1}{2}\,(a_{ij} - a_{ji}). \qquad (1.1.14)$$

Aufgabe 6: Man zeige, daß die doppelte Überschiebung eines symmetrischen und eines antisymmetrischen Tensors zweiter Stufe verschwindet,

$$a_{(ij)} b_{[ij]} = 0. \qquad (1.1.15)$$

Es gilt auch die Umkehrung: Wenn die doppelte Überschiebung zweier Tensoren zweiter Stufe verschwindet und einer der beiden Tensoren symmetrisch ist, dann ist der andere antisymmetrisch; ist der eine antisymmetrisch, dann ist der andere symmetrisch.

Bei einem Tensor höherer als zweiter Stufe spricht man analog von der Symmetrie oder Antisymmetrie in bezug auf ein Indexpaar: Der Tensor a_{ijkl} ist also symmetrisch in bezug auf die Indizes i und k, wenn $a_{ijkl} = a_{kjil}$ ist. Für den in bezug auf diese Indizes symmetrischen Teil des Tensors schreibt man entsprechend $a_{(ijk)l}$; es ist also

$$a_{(ijk)l} = \frac{1}{2}\,(a_{ijkl} + a_{kjil}).$$

Man nennt Tensoren, deren Koordinaten sich nur durch die Reihenfolge ihrer Indizes unterscheiden, Isomere[1]. Die beiden Isomere eines Tensors zweiter Stufe nennt man auch adjungierte Tensoren.

---

[1] Das Wort wird nur im Plural verwendet, daneben gibt es das Adjektiv isomer: Zwei Isomere sind (zueinander) isomer.

1.1.7 Der ϵ-Tensor

Man definiert in einem Rechtssystem

$$\varepsilon_{ijk} = \begin{cases} 1 & \text{für } ijk = 123;\ 231;\ 312, \\ -1 & \text{für } ijk = 321;\ 213;\ 132, \\ 0 & \text{für alle anderen Kombinationen; darin} \\ & \text{kommt eine Ziffer mindestens zweimal vor.} \end{cases} \qquad (1.1.16)$$

In einem Linkssystem haben die Koordinaten des ε-Tensors das umgekehrte Vorzeichen. Man kann zeigen, daß ε_{ijk} ein Tensor (dritter Stufe) im Sinne der obigen Definition ist.

Man überzeugt sich leicht, daß ε_{ijk} in bezug auf alle Indexpaare antisymmetrisch ist,

$$\varepsilon_{ijk} = \varepsilon_{jki} = \varepsilon_{kij} = -\varepsilon_{kji} = -\varepsilon_{jik} = -\varepsilon_{ikj}. \qquad (1.1.17)$$

Für das Produkt zweier ε-Tensoren gilt

$$\varepsilon_{ijk}\varepsilon_{pqr} = \begin{vmatrix} \delta_{ip} & \delta_{iq} & \delta_{ir} \\ \delta_{jp} & \delta_{jq} & \delta_{jr} \\ \delta_{kp} & \delta_{kq} & \delta_{kr} \end{vmatrix}. \qquad (1.1.18)$$

Man kann diese Formel z. B. beweisen, indem man zeigt, daß sie für alle Indexkombinationen zahlenmäßig gilt. Da die rechte Seite von (1.1.18) nach Aufgabe 4 in Abschnitt 1.1.4 ein Tensor sechster Stufe ist, ist es auch die linke Seite. Damit ist auch gezeigt, daß ε_{ijk} ein Tensor dritter Stufe ist. Aus (1.1.18) folgt durch Überschiebung

$$\varepsilon_{ijk}\varepsilon_{pqk} = \delta_{ip}\delta_{jq} - \delta_{iq}\delta_{jp}, \qquad (1.1.19)$$

$$\varepsilon_{ijk}\varepsilon_{pjk} = 2\delta_{ip}, \qquad (1.1.20)$$

$$\varepsilon_{ijk}\varepsilon_{ijk} = 6. \qquad (1.1.21)$$

Für das Produkt eines ε-Tensors und eines δ-Tensors gilt

$$\varepsilon_{ijk}\delta_{pq} = \varepsilon_{pjk}\delta_{iq} + \varepsilon_{ipk}\delta_{jq} + \varepsilon_{ijp}\delta_{kq} \qquad (1.1.22)$$

$$= \varepsilon_{qjk}\delta_{ip} + \varepsilon_{iqk}\delta_{jp} + \varepsilon_{ijq}\delta_{kp}.$$

Man kann diese Formel genauso wie (1.1.18) beweisen. Aus (1.1.22) folgt durch Überschiebung

$$\varepsilon_{ijk}\delta_{pj} = \varepsilon_{ipk}, \qquad (1.1.23)$$

$$\varepsilon_{ijk}\delta_{ij} = 0. \qquad (1.1.24)$$

(1.1.23) folgt auch unmittelbar aus (1.1.10), (1.1.24) aus (1.1.15).

Die doppelte Überschiebung

$$\varepsilon_{ijk}\,a_j\,b_{km\ldots n} = c_{im\ldots n} \tag{1.1.25}$$

nennt man das äußere oder Vektorprodukt des Vektors a_j und des Tensors (mindestens erster Stufe) $b_{km\ldots n}$.

Aufgabe 7: Man überzeuge sich, daß $c_i = \varepsilon_{ijk}\,a_j\,b_k$ das Vektorprodukt der beiden Vektoren a_i und b_i im üblichen Sinne darstellt.

Aufgabe 8: Man beweise in Koordinatenschreibweise die vektoralgebraische Identität $\mathfrak{a} \times (\mathfrak{b} \times \mathfrak{c}) = \mathfrak{a} \cdot \mathfrak{c}\ \mathfrak{b} - \mathfrak{a} \cdot \mathfrak{b}\ \mathfrak{c}$.

1.1.8 Isotroper Tensor, Spur, Deviator

Ein isotroper Tensor (beliebiger Stufe) ist ein Tensor, dessen Koordinaten sich bei einer Bewegung des Koordinatensystems (nach dem Transformationsgesetz für Tensoren dieser Stufe) nicht und bei einer Umlegung höchstens im Vorzeichen ändern. Beispiele für isotrope Tensoren sind der Einheitstensor und der ε-Tensor.

Offenbar ist jeder Skalar isotrop. Man kann zeigen, daß es keinen isotropen Vektor gibt und daß die Größen $a\delta_{ij}$ und $a\varepsilon_{ijk}$, wobei a ein beliebiger Skalar ist, die allgemeinsten isotropen Tensoren zweiter bzw. dritter Stufe sind.

Ist a_{ij} ein Tensor, so nennt man seine Verjüngung $a_{ii} = a_{11} + a_{22} + a_{33}$ die Spur dieses Tensors.

Ein Deviator ist ein Tensor mit der Spur Null.

Aufgabe 9: Man zeige, daß sich jeder Tensor zweiter Stufe eindeutig in einen isotropen Tensor und einen Deviator zerlegen läßt. Wir schreiben diese Zerlegung

$$a_{ij} = \bar{a}\,\delta_{ij} + \mathring{a}_{ij}. \tag{1.1.26}$$

1.1.9 Tensorfelder. Gradient, Divergenz, Rotation

Ein Tensor, dessen Koordinaten eine Funktion des Ortes sind, beschreibt ein Tensorfeld: $a(x_p)$ ist ein Skalarfeld, $a_i(x_p)$ ist ein Vektorfeld, $a_{ij}(x_p)$ ist ein Tensorfeld (zweiter Stufe), usw.

Man kann zeigen, daß die Ableitung eines solchen Tensors nach den Ortskoordinaten wieder ein Tensor ist, und zwar ein Tensor einer um eins höheren Stufe als der Ausgangstensor. Wenn darin der durch die Differentiation hinzukommende Index an die erste Stelle gesetzt wird und im übrigen die Reihenfolge der Indizes erhalten bleibt, nennt man den so entstandenen Tensor den Gradienten des Ausgangstensors. Zwischen einem Tensor $a_{i\dots j}$ und seinem Gradienten $b_{i\dots j}$ besteht also die Beziehung[1]

$$\operatorname{grad} a \triangleq \frac{\partial a}{\partial x_k} = b_k, \quad \frac{\partial a_i}{\partial x_k} = b_{ki}, \quad \dots, \quad \frac{\partial a_{i\dots j}}{\partial x_k} = b_{ki\dots j}. \qquad (1.1.27)$$

Überschiebt man diese Gleichung (sofern $a_{i\dots j}$ kein Skalar ist) mit δ_{ki}, so erhält man einen Tensor einer um eins niedrigeren Stufe als den Ausgangstensor, den man die Divergenz des Ausgangstensors nennt. Zwischen einem Tensor $a_{i\dots j}$ und seiner Divergenz $b_{i\dots j}$ besteht also die Beziehung

$$\operatorname{div} \mathfrak{a} \triangleq \frac{\partial a_i}{\partial x_i} = b, \quad \frac{\partial a_{ij}}{\partial x_i} = b_j, \quad \dots, \quad \frac{\partial a_{ij\dots k}}{\partial x_i} = b_{j\dots k}. \qquad (1.1.28)$$

Überschiebt man stattdessen (1.1.27) (sofern $a_{i\dots j}$ kein Skalar ist) mit ε_{mki}, so erhält man einen Tensor derselben Stufe, den man die Rotation des Ausgangstensors nennt. Zwischen einem Tensor $a_{i\dots j}$ und seiner Rotation $b_{i\dots j}$ besteht also die Beziehung

$$\operatorname{rot} \mathfrak{a} \triangleq \varepsilon_{ijk} \frac{\partial a_k}{\partial x_j} = b_i, \quad \varepsilon_{ijk} \frac{\partial a_{km}}{\partial x_j} = b_{im}, \dots, \quad \varepsilon_{ijk} \frac{\partial a_{km\dots n}}{\partial x_j} = b_{im\dots n}.$$
$$(1.1.29)$$

Das vollständige Differential (der Zuwachs) eines Feldtensors ist offenbar gleich der Überschiebung seines Gradienten mit dem Differential der Ortskoordinaten:

$$da = \frac{\partial a}{\partial x_k} dx_k, \quad da_i = \frac{\partial a_i}{\partial x_k} dx_k, \quad \dots, \quad da_{i\dots j} = \frac{\partial a_{i\dots j}}{\partial x_k} dx_k. \qquad (1.1.30)$$

Aufgabe 10: Man beweise in Koordinatenschreibweise die folgenden vektoranalytischen Identitäten:

$$\operatorname{rot} \operatorname{grad} a = 0, \qquad \operatorname{div} \operatorname{rot} \mathfrak{a} = 0; \qquad (a)$$

$$\operatorname{rot} (\lambda \mathfrak{a}) = \lambda \operatorname{rot} \mathfrak{a} + \operatorname{grad} \lambda \times \mathfrak{a}; \qquad (b)$$

$$\operatorname{rot} \operatorname{rot} \mathfrak{a} = \operatorname{grad} \operatorname{div} \mathfrak{a} - \Delta \mathfrak{a}. \qquad (c)$$

---

[1] Die übliche symbolische Schreibweise für die vektoranalytischen Operationen wurde hier wie im folgenden zum Vergleich jeweils mitangegeben. Man beachte aber, daß die symbolische Schreibweise den Tensor selber und die Koordinatenschreibweise seine Koordinaten angibt; man darf deshalb die einander entsprechenden Ausdrücke in beiden Schreibweisen nicht gleichsetzen. (Auf den Unterschied der beiden Schreibweisen werden wir in Abschnitt 4.1.1 näher eingehen.)

1.1.10 Räumliche Integrale

Man benötigt verschiedene Arten von räumlichen Integralen eines Tensorfeldes. Wir wollen sie hier nur zusammenstellen und verweisen im übrigen auf die Lehrbücher der Integralrechnung.

Das Integral eines Tensors $a_{i\ldots j}$ längs einer Kurve C im Raume läßt sich folgendermaßen definieren: Man zerlege die Kurve in eine Anzahl Kurvenelemente, wähle in jedem Kurvenelement einen Punkt, nehme den Wert des Tensors in diesem Punkt, multipliziere ihn mit der (skalaren und positiven) Länge des Kurvenelements, summiere über alle Kurvenelemente und nehme den Grenzwert dieser Summe für den Fall, daß die Länge jedes Kurvenelements gegen null und dementsprechend ihre Anzahl gegen unendlich geht. Wenn dieser Grenzwert existiert und von der Wahl der Kurvenelemente und der Punkte darin nicht abhängt, nennt man ihn das Kurvenintegral erster Art des Tensors $a_{i\ldots j}$ längs der Kurve C. Es ist offenbar ebenfalls ein Tensor, und zwar ein Tensor derselben Stufe wie der Integrand. Man schreibt

$$\int_C a_{i\ldots j}\,dx = b_{i\ldots j}. \qquad (1.1.31)$$

Das Integral eines Tensors längs einer Kurve im Raume läßt sich aber auch so definieren, daß man in der soeben beschriebenen Rechenvorschrift den Wert des Tensors in einem Punkt jedes Kurvenelements statt mit der Länge des Kurvenelements mit seiner Projektion auf eine Achse des zugrunde gelegten kartesischen Koordinatensystems multipliziert. Wenn man der Kurve eine Orientierung gibt, d. h. einen Durchlaufsinn festlegt, kann man jedes Kurvenelement durch den Vektor von seinem Anfangspunkt zu seinem Endpunkt beschreiben, und die (vorzeichenbehafteten) Projektionen des Kurvenelements auf die Koordinatenachsen sind dann die Koordinaten dieses Vektors im gewählten Koordinatensystem. Das so definierte Integral nennt man das Kurvenintegral zweiter Art des Tensors $a_{i\ldots j}$ längs der Kurve C; es ist offenbar wieder ein Tensor, und zwar ein Tensor einer um eins höheren Stufe als der Integrand. Man schreibt

$$\int_C a_{i\ldots j}\,dx_k = b_{i\ldots jk}. \qquad (1.1.32)$$

Analog zum Kurvenintegral erster Art läßt sich das Flächenintegral erster Art eines Tensors $a_{i\ldots j}$ über eine Fläche A im Raume definieren: Man zerlegt die Fläche in Flächenelemente, multipliziert den Wert des Tensors in einem Punkt jedes Flächenelements mit dessen (skalarem und positivem) Flächeninhalt, summiert über alle Flächenelemente und führt

den Grenzübergang aus. Wenn der Grenzwert existiert und von der Wahl
der Flächenelemente und der Punkte darin nicht abhängt, nennt man
ihn das Flächenintegral erster Art des Tensors $a_{i\ldots j}$ über die Fläche A;
es ist offenbar wieder ein Tensor derselben Stufe wie der Integrand.
Man schreibt

$$\int_A a_{i\ldots j}\, dA = b_{i\ldots j}. \tag{1.1.33}$$

Beim Flächenintegral zweiter Art nimmt man wieder statt des
Flächeninhalts jedes Flächenelements seine Projektion auf eine Koordinatenfläche. Man definiert es nur für den Fall, daß die Fläche, über die
integriert wird, zweiseitig ist. Dann kann man der Fläche eine Orientierung geben, d. h. eine positive und eine negative Seite der Fläche
festlegen, und jedes Flächenelement durch einen Vektor beschreiben,
der auf dem Flächenelement senkrecht steht, zur positiven Seite weist
und dessen Betrag den Flächeninhalt des Flächenelements angibt. Die
(vorzeichenbehafteten) Projektionen des Flächenelements auf die Koordinatenflächen sind dann die Koordinaten dieses Vektors im gewählten
Koordinatensystem. Das so definierte Flächenintegral zweiter Art ist
offenbar wieder ein Tensor einer um eins höheren Stufe als der Integrand. Man schreibt

$$\int_A a_{i\ldots j}\, dA_k = b_{i\ldots jk}. \tag{1.1.34}$$

Da ein Volumen im dreidimensionalen Raum keine Orientierung hat,
gibt es nur eine Art von Volumenintegralen, die den Kurven- und
Flächenintegralen erster Art entspricht. Das Volumenintegral des Tensors $a_{i\ldots j}$ über das Volumen V ist dementsprechend ein Tensor derselben
Stufe wie der Integrand, man schreibt es

$$\int_V a_{i\ldots j}\, dV = b_{i\ldots j}. \tag{1.1.35}$$

Die geschlossene zweiseitige Fläche, die ein solches Volumen begrenzt, nennt man eine Oberfläche; ein Integral darüber nennt man ein
Oberflächenintegral oder geschlossenes Flächenintegral. Man vereinbart,
daß dabei stets die Außenseite positiv ist. Entsprechend nennt man die
geschlossene Kurve, die eine offene zweiseitige Fläche begrenzt, eine
Randkurve und ein Integral darüber ein Randkurvenintegral oder geschlossenes Kurvenintegral. Man vereinbart, daß die Randkurve in
einem Rechtssystem im mathematisch positiven Sinn durchlaufen wird,
wenn man auf die positive Seite der Fläche blickt. Oberflächenintegrale
und Randkurvenintegrale werden üblicherweise durch einen Kreis durch
das Integralzeichen gekennzeichnet.

Aufgabe 11: Ein Massenpunkt der Masse m bewege sich im Schwerefeld $g_i = \{0, 0, -g\}$ längs der Wurfparabel $x_1 = vt$, $x_2 = 0$, $x_3 = H - \dfrac{g}{2}\,t^2$ von der Höhe H über dem Erdboden bis zum Erdboden. Man berechne die Arbeit $W = m \int\limits_{\sigma} g_i\, dx_i$, die an ihm vom Schwerefeld geleistet wird.

Aufgabe 12: Auf eine Halbkugelschale wirke die hydrostatische Druckverteilung $p = \varrho g(H - x_3)$, vgl. Abb. 2. Man berechne die Vertikalkraft $F_3 = \int\limits_{A} p\, dA_3$ auf die Halbkugelschale.

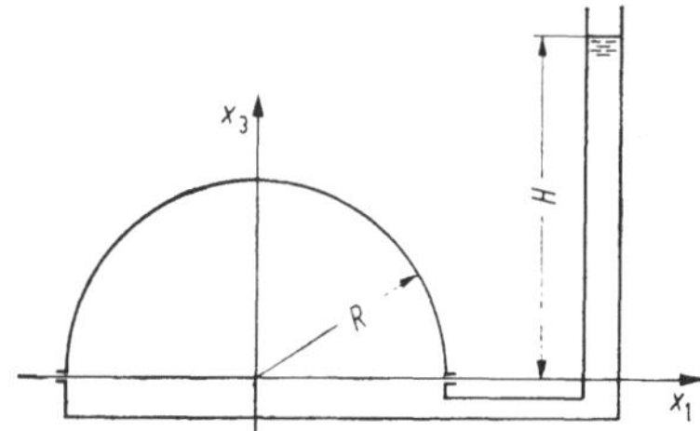

Abb. 2. Zu Aufgabe 12.

1.1.11 Gaußscher und Stokesscher Satz

Ein Tensorfeld $a_{m\ldots n}$ sei in einem einfach zusammenhängenden Raum V mit der Oberfläche A differenzierbar, dann gilt der Gaußsche Satz (ohne Beweis):

$$\int\limits_{V} \frac{\partial a_{m\ldots n}}{\partial x_i}\, dV = \oint\limits_{A} a_{m\ldots n}\, dA_i. \tag{1.1.36}$$

Wir wollen einige wichtige Spezialfälle dieser Formel gesondert notieren. Im einfachsten Fall ist der Tensor $a_{m\ldots n}$ ein Skalar, dann lautet der Gaußsche Satz

$$\int\limits_{V} \frac{\partial a}{\partial x_i}\, dV = \oint\limits_{A} a\, dA_i, \qquad \int\limits_{V} \operatorname{grad} a\, dV = \oint\limits_{A} a\, d\mathfrak{A}. \tag{1.1.37}$$

Für einen Vektor ergibt sich

$$\int\limits_{V} \frac{\partial a_m}{\partial x_i}\, dV = \oint\limits_{A} a_m\, dA_i. \tag{1.1.38}$$

Überschiebt man diese Gleichung einmal mit δ_{im}, zum anderen mit ε_{pim}, so erhält man

$$\int\limits_V \frac{\partial a_i}{\partial x_i}\,dV = \oiint\limits_A a_i\,dA_i, \qquad \int\limits_V \operatorname{div}\mathfrak{a}\,dV = \oiint\limits_A \mathfrak{a}\cdot d\mathfrak{A}, \qquad (1.1.39)$$

$$\int\limits_V \varepsilon_{pim}\frac{\partial a_m}{\partial x_i}\,dV = \oiint\limits_A \varepsilon_{pim}a_m\,dA_i, \qquad \int\limits_V \operatorname{rot}\mathfrak{a}\,dV = -\int\limits_A \mathfrak{a}\times d\mathfrak{A}. \quad (1.1.40)$$

Für einen Tensor zweiter Stufe erhält man

$$\int\limits_V \frac{\partial a_{mn}}{\partial x_i}\,dV = \oiint\limits_A a_{mn}\,dA_i, \qquad (1.1.41)$$

usw.

Ein Tensorfeld $a_{m\ldots n}$ sei auf einer einfach zusammenhängenden Fläche A mit der Randkurve C differenzierbar, dann gilt der Stokessche Satz (ohne Beweis):

$$\int\limits_A \varepsilon_{ijk}\frac{\partial a_{m\ldots n}}{\partial x_j}\,dA_i = \oint\limits_C a_{m\ldots n}\,dx_k. \qquad (1.1.42)$$

Wir wollen wieder die wichtigsten Spezialfälle gesondert notieren. Für einen Skalar ergibt sich

$$\int\limits_A \varepsilon_{ijk}\frac{\partial a}{\partial x_j}\,dA_i = \oint\limits_C a\,dx_k, \qquad -\int\limits_A \operatorname{grad}a\times d\mathfrak{A} = \oint\limits_C a\,d\mathfrak{s}. \quad (1.1.43)$$

Für einen Vektor gilt

$$\int\limits_A \varepsilon_{ijk}\frac{\partial a_m}{\partial x_j}\,dA_i = \oint\limits_C a_m\,dx_k. \qquad (1.1.44)$$

Überschiebt man diese Gleichung wieder einmal mit δ_{im}, zum anderen mit ε_{pkm}, so erhält man

$$\int\limits_A \varepsilon_{ijk}\frac{\partial a_k}{\partial x_j}\,dA_i = \oint\limits_C a_k\,dx_k, \qquad \int\limits_A \operatorname{rot}\mathfrak{a}\cdot d\mathfrak{A} = \oint\limits_C \mathfrak{a}\cdot d\mathfrak{s}, \qquad (1.1.45)$$

$$\int\limits_A \varepsilon_{ijk}\varepsilon_{pkm}\frac{\partial a_m}{\partial x_j}\,dA_i = \oint\limits_C \varepsilon_{pkm}a_m\,dx_k. \qquad (1.1.46)$$

Für einen Tensor zweiter Stufe ergibt sich

$$\int_A \varepsilon_{ijk} \frac{\partial a_{mn}}{\partial x_j} \, dA_i = \oint_C a_{mn} \, dx_k, \qquad (1.1.47)$$

usw.

Wir haben wieder überall dort, wo das möglich war, die übliche symbolische Schreibweise mit angegeben. Man sieht, wieviel durchsichtiger und flexibler die Koordinatenschreibweise ist.

1.2 Kinematik

Aus dem großen Gebiet der Kinematik bringen wir hier nur, was wir im folgenden benötigen werden.

1.2.1 Intensive Größen
Lagrangesche und Eulersche Variable

Wir haben gesagt, daß in Kontinuen die charakteristischen physikalischen Größen (höchstens bis auf diskrete Diskontinuitätsflächen) stetige Funktionen von Raum und Zeit sind; solche Größen nennt man intensive Größen oder Intensitatsgroßen, auch Feldgrößen oder Dichtegrößen. Wir wählen also zunächst ein (kartesisches) Koordinatensystem zur Angabe von Punkten im Raum und eine Zeitskala zur Angabe von Zeitpunkten. Beides zusammen stellt das gewählte Bezugssystem dar.

Die Bewegung in einem Kontinuum läßt sich prinzipiell beschreiben, indem man die Bahnkurven der einzelnen Teilchen beschreibt. Dazu muß man die einzelnen Teilchen zunächst kennzeichnen. Als Kennzeichen eines Teilchens nimmt man in der Regel seine Ortskoordinaten zu einer bestimmten Zeit $t = t_0$; wir wollen sie a_i nennen. Dann läßt sich die Bewegung in einem strömenden Kontinuum prinzipiell durch eine Funktion

$$x_i = x_i(a_p, t) \qquad (1.2.1)$$

beschreiben, die angibt, an welchem Punkt x_i sich das Teilchen a_i zur Zeit t befindet. Da sich in einem Punkt zu einer Zeit nur ein Teilchen befinden kann, existiert zu dieser Gleichung prinzipiell die Umkehrung

$$a_i = a_i(x_p, t), \qquad (1.2.2)$$

die angibt, welches Teilchen a_i sich zur Zeit t im Punkte x_i befindet. Beide Gleichungen zusammen lassen sich als Koordinatentransformation zwischen einem kartesischen Koordinatensystem x_i und einem krummlinigen, nichtorthogonalen Koordinatensystem a_i deuten. Man nennt die x_i Eulersche und die a_i Lagrangesche Variable bzw. (x_i, t) ein Eulersches und (a_i, t) ein Lagrangesches Bezugssystem.

Da physikalische Größen in bezug auf ihre räumlichen Transformationseigenschaften Tensoren sind und wir Tensoren bis auf weiteres durch ihre Koordinaten in einem kartesischen Koordinatensystem darstellen wollen, haben intensive Größen in unserem Kontinuum die Form $F_{i\ldots j} = f(x_p, t)$.

Mittels der Gleichung (1.2.1) ist $F_{i\ldots j} = f(x_p, t) = f\left(x_p(a_q, t), t\right) = g(a_q, t)$. Wir verabreden, daß wir mit einem Funktionssymbol im folgenden in der Regel nur den Wert der Funktion, nicht auch die Form der funktionalen Abhängigkeit bezeichnen wollen, dann können wir schreiben

$$F_{i\ldots j} = F_{i\ldots j}(x_p, t) = F_{i\ldots j}(a_p, t). \tag{1.2.3}$$

Je nachdem, ob man die vorkommenden Feldgrößen in Abhängigkeit von einem Eulerschen oder Lagrangeschen Bezugssystem schreibt, spricht man von Eulerscher bzw. Lagrangescher Betrachtungsweise.

Die Lagrangesche Betrachtungsweise ist für einige Probleme vorteilhaft, wo es wirklich um das Schicksal einzelner Teilchen in einer Strömung geht. Die Eulersche Darstellung ist mathematisch viel einfacher und wegen der Ununterscheidbarkeit der einzelnen Teilchen in einem Kontinuum auch begrifflich angemessener. Im übrigen messen wir physikalische Größen in einer Strömung in der Regel an einem festen Punkt im Raum, also entsprechend der Eulerschen Betrachtungsweise, so daß sie sich auch von daher anbietet. Wir werden daher fast ausschließlich die Eulersche Betrachtungsweise verwenden und verabreden deshalb, daß alle vorkommenden Größen, deren unabhängige Variablen nicht angegeben sind, in Eulerschen Variablen dargestellt sein sollen.

1.2.2 Ableitungen intensiver Größen

Die substantielle Ableitung

Von den vier möglichen partiellen Ableitungen von Feldgrößen nach den unabhängigen Variablen in einem Eulerschen oder Lagrangeschen Bezugssystem werden wir $\left(\dfrac{\partial F_{i\ldots j}}{\partial a_k}\right)_t$ nicht benötigen. Für die übrigen drei verabreden wir die folgenden Abkürzungen:

$$\frac{\partial F_{i\ldots j}}{\partial x_k} = \left(\frac{\partial F_{i\ldots j}}{\partial x_k}\right)_t , \quad \frac{\partial F_{i\ldots j}}{\partial t} = \left(\frac{\partial F_{i\ldots j}}{\partial t}\right)_{x_k} , \quad \frac{D F_{i\ldots j}}{Dt} = \left(\frac{\partial F_{i\ldots j}}{\partial t}\right)_{a_k} .$$

$$(1.2.4)$$

Wir nennen $\dfrac{\partial F_{i\ldots j}}{\partial t}$ die lokale (zeitliche) Ableitung von $F_{i\ldots j}$ und $\dfrac{D F_{i\ldots j}}{Dt}$ die substantielle (zeitliche) Ableitung von $F_{i\ldots j}$.

Eine besonders wichtige substantielle Ableitung ist die substantielle Ableitung der Gleichung (1.2.1): Sie gibt offenbar die Geschwindigkeit an, die das Teilchen a_i zur Zeit t besitzt. Bezeichnen wir diese Geschwindigkeit mit c_i, so ist also $c_i(a_p, t) = \dfrac{D x_i}{Dt}$. Mittels (1.2.2) können wir c_i auf Eulersche Variable umschreiben: $c_i(a_p, t) = c_i\big(a_p(x_q, t), t\big) = c_i(x_q, t)$, wobei der funktionale Zusammenhang in beiden Bezugssystemen natürlich wieder verschieden ist, was wir aber in unserer Notation verabredungsgemäß nicht zum Ausdruck bringen. Entsprechend kann man auch die substantielle Ableitung jeder anderen Größe nach Ausführung der Differentiation auf Eulersche Variable umschreiben. Wenn wir das getan haben, können wir verabredungsgemäß die unabhängigen Variablen weglassen und schreiben deshalb einfach

$$c_i = \frac{D x_i}{Dt}, \qquad (1.2.5)$$

bzw. wenn wir so schreiben, soll das bedeuten, daß wir nach Ausführung der Differentiation die Lagrangeschen Variablen durch die Eulerschen ersetzt haben. c_i gibt dann also die Geschwindigkeit an, die das Teilchen hat, das zur Zeit t gerade am Ort x_i ist, d. h. die zur Zeit t am Ort x_i herrscht.

Zwischen den drei partiellen Ableitungen (1.2.4) und der Geschwindigkeit (1.2.5) besteht eine wichtige Beziehung, die uns gestattet, die substantielle Ableitung einer Größe ohne Transformation auf Lagrangesche Variable zu berechnen. (Die Transformationsgleichungen (1.2.1) und (1.2.2) sind im allgemeinen ja auch unbekannt.) Aus der Formel

$$d F_{i\ldots j} = \frac{\partial F_{i\ldots j}}{\partial t} dt + \frac{\partial F_{i\ldots j}}{\partial x_k} dx_k$$

für das Differential von $F_{i\ldots j}$ in Eulerschen Variablen folgt durch Bildung der substantiellen Ableitung unter Berücksichtigung von (1.2.5)

$$\frac{D F_{i\ldots j}}{Dt} = \frac{\partial F_{i\ldots j}}{\partial t} + c_k \frac{\partial F_{i\ldots j}}{\partial x_k} . \qquad (1.2.6)$$

Wenn man also $F_{i\ldots j}(x_p, t)$ und $c_i(x_p, t)$ kennt, kann man nach dieser Formel die substantielle Ableitung von $F_{i\ldots j}$ unmittelbar berechnen.

Diese Formel ist anschaulich deutbar: Die zeitliche Änderung einer (durch eine Feldgröße ausgedrückten) physikalischen Eigenschaft eines Teilchens ist gleich der zeitlichen Änderung dieser Eigenschaft am betrachteten Ort, vermehrt um die örtliche Änderung dieser Eigenschaft zum betrachteten Zeitpunkt, die das Teilchen infolge seiner Bewegung erfährt. Man sagt auch, die substantielle Änderung einer Feldgröße ist gleich der Summe aus der lokalen Änderung und der konvektiven Änderung oder Konvektion dieser Größe. Man kann sich diesen Zusammenhang dadurch veranschaulichen, daß man die beiden Sonderfälle betrachtet, daß einer der beiden Anteile verschwindet: Ein Strömungsfeld sei in Eulerscher Darstellung homogen, d. h. räumlich konstant; dann kann sich eine Feldgröße für ein strömendes Teilchen nur dadurch ändern, daß sie sich im gesamten Feld gleichmäßig zeitlich ändert. (Ein Beispiel dafür ist die Anlaufströmung in einem unendlich langen Rohr konstanten Querschnitts.) Oder ein Strömungsfeld sei in Eulerscher Darstellung stationär, d. h. zeitlich konstant; dann kann sich eine Feldgröße für ein strömendes Teilchen nur dadurch ändern, daß sie sich im Feld von Ort zu Ort ändert. (Ein Beispiel dafür ist die stationäre Strömung durch ein Rohr variablen Querschnitts.)

1.2.3 Extensive Größen

Materielle und raumfeste Bereiche

Man kann aus den bisher behandelten physikalischen Größen neue definieren, indem man sie über ein Volumen, eine Fläche oder eine Kurve integriert. Die so entstehenden Größen nennt man im Unterschied zu den bisher behandelten Größen extensive Größen oder Quantitätsgrößen. Der Integrationsbereich soll im folgenden stets entweder immer aus denselben Teilchen oder immer aus denselben Punkten im Raum bestehen. Im ersten Fall reden wir von einem materiellen, im zweiten Fall von einem raumfesten Bereich. Wir verabreden, daß wir den Integrationsbereich bei einer Integration über einen materiellen Bereich durch einen gotischen Buchstaben, bei einer Integration über einen raumfesten Bereich dagegen durch einen lateinischen Buchstaben kennzeichnen wollen. Für das Integral einer intensiven Größe $F_{i\ldots j}$ über ein materielles Volumen schreiben wir also $\int_{\mathfrak{V}} F_{i\ldots j}\, dV$, für das Integral über ein raumfestes Volumen $\int_V F_{i\ldots j}\, dV$.

Alle so eingeführten extensiven Größen sind offenbar nur Funktionen der Zeit. Sofern man überhaupt eigene Formelzeichen dafür einführt und sie nicht einfach durch das sie definierende Integral ausdrückt, ist es sinnvoll, sie auch formal von den intensiven Größen zu unterscheiden, die ja Funktionen von Ort und Zeit (oder auch vom Teilchen und der Zeit) sind. Wir wollen solche extensiven Größen dann durch große gotische Buchstaben bezeichnen, wobei es ein Bestandteil der Definition eines solchen Formelzeichens sein soll, ob das Integral über einen materiellen oder einen raumfesten Bereich genommen werden soll. Im folgenden bezeichnen also lateinische und griechische Buchstaben Funktionen von Ort und Zeit und gotische Buchstaben Funktionen nur der Zeit.

In Kontinuen sind die intensiven Größen die typischen und angemessenen, in diskontinuierlichen Systemen die extensiven Größen. Während die intensiven Größen in diskontinuierlichen Systemen keinen Sinn haben, kann man sich in Kontinuen beliebig materielle oder raumfeste Bereiche zur Definition extensiver Größen abgrenzen. Die so definierten extensiven Größen sind wegen der Willkür der Bereichsabgrenzung offenbar sekundär zu den intensiven Größen. Sie sind aber für viele Anwendungen wichtig, bei denen Kontinuen und diskontinuierliche Systeme in Wechselwirkung treten, etwa bei der Berechnung der Kraft auf einen umströmten Körper. Außerdem sind die grundlegenden physikalischen Gleichungen in extensiven Größen oft anschaulicher und einfacher als in intensiven Größen.

Da jede extensive Größe als Integral einer intensiven Größe definiert ist, haben extensive Größen stets folgende wichtige Eigenschaft: Teilt man den Integrationsbereich in mehrere Teilbereiche, so ist eine beliebige extensive Größe auch für jeden Teilbereich definiert, und ihr Wert für den Gesamtbereich ist stets gleich der Summe ihrer Werte für die Teilbereiche. Man sagt dafür auch, jede extensive Größe sei additiv. Diese Eigenschaft extensiver Größen hat zur Folge, daß physikalische Gleichungen, die extensive Größen enthalten, darin linear sein müssen; d. h. enthält ein Term einer physikalischen Gleichung eine extensive Größe, so muß das auch bei allen anderen Termen der Fall sein.

Der Wert einer intensiven Größe ist in einem räumlichen Bereich im allgemeinen von Punkt zu Punkt verschieden. Einer intensiven Größe kann man also für einen räumlichen Bereich nur dann einen Wert zuordnen, wenn diese Größe im betrachteten Bereich räumlich konstant ist; man nennt sie dann in diesem Bereich homogen. Die zugehörige extensive Größe ist dann einfach das Produkt aus der intensiven Größe und dem räumlichen Bereich, und wenn man diesen Bereich in mehrere Teilbereiche teilt, so ist die intensive Größe natürlich auch in jedem Teilbereich homogen und hat in allen Teilbereichen denselben Wert.

1.2.4 Ableitungen extensiver Größen
Die Transporttheoreme

Da extensive Größen nur von der Zeit abhängen, kann man von ihnen nur eine einzige Ableitung bilden, die wir, wie bei Funktionen einer Variablen üblich, $\dfrac{d}{dt}$ schreiben, und zwar unabhängig davon, ob wir die extensive Größe durch ein Integral oder durch ein Formelzeichen ausdrücken.

Bei der Integration über einen raumfesten Bereich hängen die Integrationsgrenzen natürlich nicht von der Zeit ab, man kann also die zeitliche Differentiation und die räumliche Integration vertauschen, es gilt

$$\frac{d}{dt} \int_V F_{i\ldots j}\, dV = \int_V \frac{\partial F_{i\ldots j}}{\partial t}\, dV, \tag{1.2.7}$$

$$\frac{d}{dt} \int_A F_{i\ldots j}\, dA_k = \int_A \frac{\partial F_{i\ldots j}}{\partial t}\, dA_k, \tag{1.2.8}$$

$$\frac{d}{dt} \int_C F_{i\ldots j}\, dx_i = \int_C \frac{\partial F_{i\ldots j}}{\partial t}\, dx_i. \tag{1.2.9}$$

Bei der Integration über einen materiellen Bereich ist so eine Vertauschung nicht möglich, etwa $\dfrac{d}{dt} \int_{\mathfrak{B}} F_{i\ldots j}\, dV$ ist weder gleich $\int_{\mathfrak{B}} \dfrac{\partial F_{i\ldots j}}{\partial t}\, dV$ noch gleich $\int_{\mathfrak{B}} \dfrac{D F_{i\ldots j}}{Dt}\, dV$. Was man erhält, wenn man in diesen Fällen die zeitliche Ableitung unter das Integral zieht, geben die sogenannten Transporttheoreme an. Wir wollen sie im folgenden ableiten.

1.2.4.1 Das Transporttheorem für Volumina

Wir setzen zunächst voraus, daß im betrachteten materiellen Volumen keine Diskontinuitätsfläche für $F_{i\ldots j}$ liegt, daß $F_{i\ldots j}$ also im gesamten

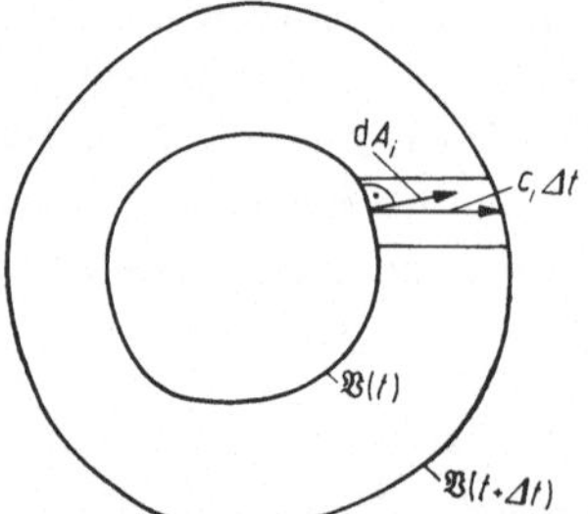

Abb. 3. Zur Ableitung des Transporttheorems für Volumina.

Volumen stetig ist. Dann ist nach der Definition der Ableitung, vgl. Abb. 3,

$$\frac{d}{dt}\int\limits_{\mathfrak{B}(t)} F_{i\ldots j}(x_p,\,t)\,dV = \lim_{\Delta t\to 0}\frac{1}{\Delta t}\Bigg\{\int\limits_{\mathfrak{B}(t+\Delta t)} F_{i\ldots j}(x_p,\,t+\Delta t)\,dV$$

$$-\int\limits_{\mathfrak{B}(t)} F_{i\ldots j}(x_p,\,t)\,dV\Bigg\}$$

$$=\lim_{\Delta t\to 0}\frac{1}{\Delta t}\Bigg\{\int\limits_{\mathfrak{B}(t+\Delta t)}\big[F_{i\ldots j}(x_p,\,t+\Delta t)-F_{i\ldots j}(x_p,\,t)\big]\,dV+\int\limits_{\mathfrak{B}(t+\Delta t)} F_{i\ldots j}(x_p,\,t)\,dV$$

$$-\int\limits_{\mathfrak{B}(t)} F_{i\ldots j}(x_p,\,t)\,dV\Bigg\}$$

$$=\lim_{\Delta t\to 0}\Bigg\{\int\limits_{\mathfrak{B}(t+\Delta t)}\frac{F_{i\ldots j}(x_p,\,t+\Delta t)-F_{i\ldots j}(x_p,\,t)}{\Delta t}\,dV+\frac{1}{\Delta t}\int\limits_{\Delta\mathfrak{B}} F_{i\ldots j}(x_p,\,t)\,dV\Bigg\}.$$

Der Integrand des ersten Integrals geht in der Grenze gegen $\dfrac{\partial F_{i\ldots j}}{\partial t}$, und innerhalb des Integrationsbereichs $\Delta\mathfrak{B}$ des zweiten Integrals gilt $dV = \Delta t\,c_k\,dA_k$, also erhält man

$$\frac{d}{dt}\int\limits_{\mathfrak{B}} F_{i\ldots j}\,dV = \int\limits_{\mathfrak{B}}\frac{\partial F_{i\ldots j}}{\partial t}\,dV + \oint\limits_{\mathfrak{A}} F_{i\ldots j}c_k\,dA_k. \qquad (1.2.10)$$

Mittels des Gaußschen Satzes kann man das Oberflächenintegral in ein Volumenintegral umwandeln und dann beide Terme auf der rechten Seite unter ein Integral schreiben. Dann erhält man die beiden gleichwertigen Formulierungen

$$\frac{d}{dt}\int\limits_{\mathfrak{B}} F_{i\ldots j}\,dV = \int\limits_{\mathfrak{B}}\left\{\frac{\partial F_{i\ldots j}}{\partial t}+\frac{\partial F_{i\ldots j}c_k}{\partial x_k}\right\}dV, \qquad (1.2.11)$$

$$\frac{d}{dt}\int\limits_{\mathfrak{B}} F_{i\ldots j}\,dV = \int\limits_{\mathfrak{B}}\left\{\frac{D F_{i\ldots j}}{Dt}+F_{i\ldots j}\frac{\partial c_k}{\partial x_k}\right\}dV. \qquad (1.2.12)$$

Es sei V dasjenige raumfeste Volumen, das sich zur Zeit t gerade mit dem materiellen Volumen $\mathfrak{B}$ deckt. Dann gilt natürlich

$$\int\limits_{\mathfrak{B}} F_{i\ldots j}\,dV = \int\limits_{V} F_{i\ldots j}\,dV. \qquad (1.2.13)$$

Beide Größen sind Funktionen nur von t, aber die funktionale Abhängigkeit von t ist in beiden Fällen verschieden, weil t auf der linken Seite ja auch in den Grenzen des Integrals vorkommt. Deshalb ist auch

$$\frac{d}{dt}\int\limits_{\mathfrak{B}} F_{i\ldots j}\,dV \neq \frac{d}{dt}\int\limits_{V} F_{i\ldots j}\,dV, \qquad (1.2.14)$$

und deshalb wollen wir auch die beiden Integrale nie durch denselben gotischen Buchstaben bezeichnen.

Man kann also in den Transporttheoremen (und in allen derartigen Integralformeln) statt eines materiellen Bereichs überall dort auch den raumfesten Bereich setzen, der sich gerade mit dem materiellen Bereich deckt, wo nicht die Ableitung des Integrals gebildet wird. Dann kann man nach (1.2.7) im ersten Glied auf der rechten Seite von (1.2.10) noch die zeitliche Ableitung vor das Integral ziehen und erhält

$$\frac{d}{dt}\int_{\mathfrak{B}} F_{i\ldots j}\,dV = \frac{d}{dt}\int_{V} F_{i\ldots j}\,dV + \oint_{\mathfrak{A},A} F_{i\ldots j}c_k\,dA_k. \qquad (1.2.15)$$

In dieser Form ist das Transporttheorem anschaulich deutbar: Die Zunahme einer extensiven Größe in einem beliebig abgegrenzten materiellen Volumen in einem strömenden Kontinuum ist gleich der Summe aus der Zunahme dieser Größe in dem raumfesten Volumen, mit dem sich das materielle Volumen gerade deckt, und dem, was in der Zeiteinheit mit der Materie aus dem raumfesten Volumen abfließt[1]. Dieser Deutung verdanken die Transporttheoreme ihren Namen. Das Transporttheorem für Volumina erweist sich im übrigen als die der Gleichung (1.2.6) entsprechende Beziehung für volumenextensive Größen.

Wir wollen jetzt annehmen, daß $F_{i\ldots j}$ im betrachteten Volumen eine Diskontinuitätsfläche $\mathfrak{A}$ hat. Diese Diskontinuitätsfläche wird im allgemeinen keine materielle Fläche sein, sondern sich mit einer Geschwindigkeit u_i bewegen, die von der Geschwindigkeit c_i des strömenden Mediums verschieden ist. Da die Bewegung einer Fläche in sich selber die Fläche nicht ändert, hat nur die Komponente $u_i n_i$, wobei n_i der Normaleneinheitsvektor der Diskontinuitätsfläche ist, physikalische Bedeutung. Durch die Diskontinuitätsfläche wird das materielle Volumen in zwei längs der Fläche $\mathfrak{A}$ zusammenhängende Volumina $\mathfrak{B}^+$ und $\mathfrak{B}^-$ geteilt, die natürlich im allgemeinen nicht materiell sind (Abb. 4). Nähert man

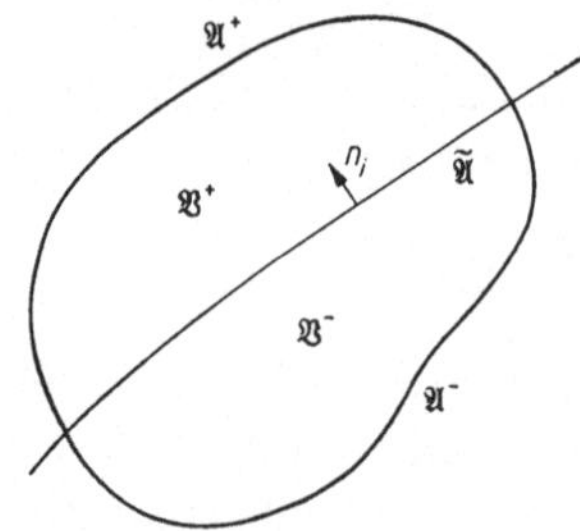

Abb. 4. Zur Ableitung des Transporttheorems für ein Volumen, das eine Diskontinuitätsfläche enthält.

---

[1] Da das Oberflächenelement dA_i definitionsgemäß nach außen gerichtet ist, bedeutet positives $c_i dA_i$ einen Abfluß durch das Oberflächenelement dA_i aus dem Volumen heraus.

sich vom Volumen $\mathfrak{B}^+$ aus einem Punkt der Diskontinuitätsfläche, so strebt die Größe $F_{i\ldots j}$ gegen einen Grenzwert $F^+{}_{i\ldots j}$; nähert man sich demselben Punkt der Diskontinuitätsfläche vom Volumen $\mathfrak{B}^-$ aus, so strebt $F_{i\ldots j}$ gegen den Grenzwert $F^-{}_{i\ldots j}$.

Es empfiehlt sich, für einige an solchen Diskontinuitätsflächen häufig vorkommende Größen besondere Symbole einzuführen. Es sei wie üblich a_i ein Vektor, a_{ij} ein Tensor zweiter Stufe, $F_{i\ldots j}$ ein Tensor beliebiger Stufe und n_i der Normaleneinheitsvektor der Diskontinuitätsfläche, der von ihrer negativen zu ihrer positiven Seite weist, dann definieren wir die folgenden Symbole:

$$a_N = a_i n_i, \qquad\qquad a_{NN} = a_{ij} n_i n_j,$$

$$a_i = a_N n_i + a_{Ti}, \qquad a_T = |a_{Ti}|, \qquad\qquad (1.2.16)$$

$$\{F_{i\ldots j}\} = F^+{}_{i\ldots j} - F^-{}_{i\ldots j}.$$

Wir nennen a_N und a_{NN} den Betrag der Normalkomponente des Vektors a_i bzw. des Tensors a_{ij}, a_{Ti} die Tangentialkomponente des Vektors a_i, a_T ihren Betrag und $\{F_{i\ldots j}\}$ den Sprung von $F_{i\ldots j}$.

Wenn $F_{i\ldots j}$ in den beiden Teilvolumina stetig ist, also insbesondere die beiden Grenzwerte $F^+{}_{i\ldots j}$ und $F^-{}_{i\ldots j}$ auf der Diskontinuitätsfläche stetig sind, und wenn sich die Diskontinuitätsfläche zusammenhängend bewegt, also auch u_N darauf stetig ist, läßt sich das Transporttheorem durch einen einfachen Kunstgriff auf ein solches Volumen erweitern: Man denkt sich einen Äther, d. h. ein die Materie durchdringendes strömendes Medium, für das beide Teilvolumina materiell sind, dessen Geschwindigkeit also auf den äußeren Oberflächen $\mathfrak{A}^+$ und $\mathfrak{A}^-$ gleich c_i und auf der Diskontinuitätsfläche gleich u_i ist. Bezeichnen wir räumliche Bereiche, die in bezug auf diesen Äther materiell sind, durch $\mathfrak{B}(u)$, $\mathfrak{A}(u)$ bzw. $\mathfrak{C}(u)$, so gilt

$$\frac{d}{dt}\int_{\mathfrak{B}^+(u)} F_{i\ldots j}\, dV + \frac{d}{dt}\int_{\mathfrak{B}^-(u)} F_{i\ldots j}\, dV = \frac{d}{dt}\int_{\mathfrak{B}(u)} F_{i\ldots j}\, dV = \frac{d}{dt}\int_{\mathfrak{B}} F_{i\ldots j}\, dV,$$

denn das Volumen $\mathfrak{B}$ ist offenbar sowohl in bezug auf den Äther als auch in bezug auf die Materie materiell. Für die beiden Teilvolumina ergibt das Transporttheorem (1.2.10)

$$\frac{d}{dt}\int_{\mathfrak{B}^+(u)} F_{i\ldots j}\, dV = \int_{\mathfrak{B}} \frac{\partial F_{i\ldots j}}{\partial t}\, dV + \int_{\mathfrak{A}^+} F_{i\ldots j}\, c_k\, dA_k - \int_{\mathfrak{A}} F^+{}_{i\ldots j}\, u_k\, dA_k,$$

$$\frac{d}{dt}\int_{\mathfrak{B}^-(u)} F_{i\ldots j}\, dV = \int_{\mathfrak{B}} \frac{\partial F_{i\ldots j}}{\partial t}\, dV + \int_{\mathfrak{A}^-} F_{i\ldots j}\, c_k\, dA_k + \int_{\mathfrak{A}} F^-{}_{i\ldots j}\, u_k\, dA_k.$$

Addition der beiden letzten Formeln ergibt unter Berücksichtigung der Gleichung davor als die gesuchte Verallgemeinerung von (1.2.10)

$$\frac{d}{dt}\int_{\mathfrak{B}} F_{i\dots j}\, dV = \int_{\mathfrak{B}} \frac{\partial F_{i\dots j}}{\partial t}\, dV + \oint_{\mathfrak{A}} F_{i\dots j} c_k\, dA_k$$

$$- \int_{\tilde{\mathfrak{A}}} \{F_{i\dots j}\} u_k\, dA_k. \tag{1.2.17}$$

1.2.4.2 Das Transporttheorem für Flächen

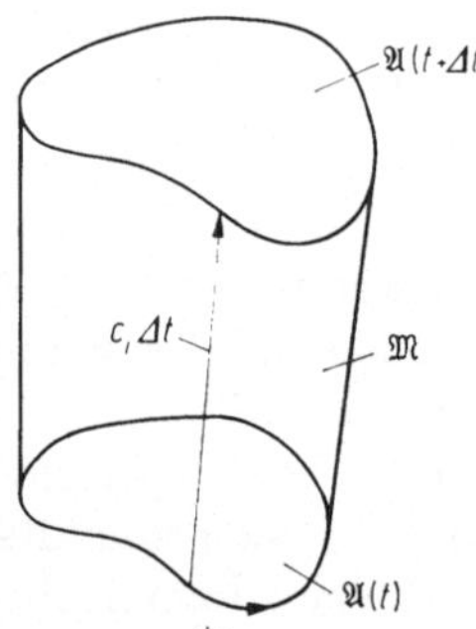

Abb. 5. Zur Ableitung des Transporttheorems
für Flächen.

Wenn wir zunächst wieder voraussetzen, daß $F_{i\dots j}$ auf der betrachteten materiellen Fläche stetig ist, ergibt die Definition der Ableitung, vgl. Abb. 5,

$$\frac{d}{dt}\int_{\mathfrak{A}(t)} F_{i\dots j}(x_p, t)\, dA_k = \lim_{\varDelta t\to 0} \frac{1}{\varDelta t}\left\{ \int_{\mathfrak{A}(t+\varDelta t)} F_{i\dots j}(x_p, t+\varDelta t)\, dA_k \right.$$

$$\left. - \int_{\mathfrak{A}(t)} F_{i\dots j}(x_p, t)\, dA_k\right\}$$

$$= \lim_{\varDelta t\to 0} \frac{1}{\varDelta t}\left\{ \int_{\mathfrak{A}(t+\varDelta t)} \left[F_{i\dots j}(x_p, t+\varDelta t) - F_{i\dots j}(x_p, t)\right] dA_k \right.$$

$$\left. + \int_{\mathfrak{A}(t+\varDelta t)} F_{i\dots j}(x_p, t)\, dA_k - \int_{\mathfrak{A}(t)} F_{i\dots j}(x_p, t)\, dA_k\right\}$$

$$= \lim_{\varDelta t\to 0}\left\{ \int_{\mathfrak{A}(t+\varDelta t)} \frac{F_{i\dots j}(x_p, t+\varDelta t) - F_{i\dots j}(x_p, t)}{\varDelta t}\, dA_k \right.$$

$$\left. + \frac{1}{\varDelta t}\left[\int_{\mathfrak{A}(t+\varDelta t)} F_{i\dots j}(x_p, t)\, dA_k - \int_{\mathfrak{A}(t)} F_{i\dots j}(x_p, t)\, dA_k\right]\right\}.$$

Der Integrand des ersten Integrals geht in der Grenze wieder gegen $\dfrac{\partial F_{i\ldots j}}{\partial k}$.

Für das Integral von $F_{i\ldots j}$ über die geschlossene Fläche in Abb. 5 ergibt sich bei Anwendung des Gaußschen Satzes (1.1.36) die Identität

$$\int\limits_{\mathfrak{A}(t+\varDelta t)} F_{i\ldots j}(x_p,\,t)\,dA_k \;-\; \int\limits_{\mathfrak{A}(t)} F_{i\ldots j}(x_p,\,t)\,dA_k \;+\; \int\limits_{\mathfrak{M}} F_{i\ldots j}(x_p,\,t)\,dA_k$$

$$= \int\limits_{\mathfrak{B}} \frac{\partial F_{i\ldots j}(x_p,\,t)}{\partial x_k}\,dV.$$

Darin ist $\mathfrak{M}$ die Oberfläche des Mantels und $\mathfrak{B}$ das eingeschlossene Volumen. Das Minuszeichen kommt dadurch zustande, daß der Flächenvektor von $\mathfrak{A}(t)$ nach innen gerichtet ist. Auf dem Mantel ist

$$dA_k = \varepsilon_{kmn}\,dx_m c_n \varDelta t,$$

außerdem ist

$$dV = c_m \varDelta t\,dA_m.$$

Damit ergibt sich

$$\int\limits_{\mathfrak{A}(t+\varDelta t)} F_{i\ldots j}(x_p,\,t)\,dA_k - \int\limits_{\mathfrak{A}(t)} F_{i\ldots j}(x_p,\,t)\,dA_k = \varDelta t\left\{\int\limits_{\mathfrak{A}} \frac{\partial F_{i\ldots j}}{\partial x_k}\,c_m\,dA_m\right.$$

$$\left. + \oint\limits_{\mathfrak{C}} \varepsilon_{kmn}\,F_{i\ldots j}\,c_m\,dx_n\right\}$$

oder

$$\frac{d}{dt}\int\limits_{\mathfrak{A}} F_{i\ldots j}\,dA_k = \int\limits_{\mathfrak{A}} \frac{\partial F_{i\ldots j}}{\partial t}\,dA_k + \int\limits_{\mathfrak{A}} \frac{\partial F_{i\ldots j}}{\partial x_k}\,c_m\,dA_m$$

$$+ \oint\limits_{\mathfrak{C}} \varepsilon_{kmn}\,F_{i\ldots j}\,c_m\,dx_n. \qquad (1.2.18)$$

Mittels des Stokesschen Satzes kann man das Kurvenintegral in ein Flächenintegral umwandeln und dann zwei Terme auf der rechten Seite unter ein Integral schreiben. Dann erhält man die gleichwertige Formulierung

$$\frac{d}{dt}\int\limits_{\mathfrak{A}} F_{i\ldots j}\,dA_k = \int\limits_{\mathfrak{A}} \frac{\partial F_{i\ldots j}}{\partial t}\,dA_k + \int\limits_{\mathfrak{A}}\left\{\frac{\partial F_{i\ldots j}}{\partial x_k}\,c_p\right.$$

$$\left. + \varepsilon_{kmn}\varepsilon_{pqn} \frac{\partial F_{i\ldots j}c_m}{\partial x_q}\right\}\,dA_p. \qquad (1.2.19)$$

Nach (1.1.19) ist

$$\varepsilon_{kmn}\varepsilon_{pqn}\frac{\partial F_{i\ldots j}c_m}{\partial x_q}\,dA_p = (\delta_{kp}\delta_{mq} - \delta_{kq}\delta_{mp})\,\frac{\partial F_{i\ldots j}c_m}{\partial x_q}\,dA_p$$

$$= \frac{\partial F_{i\ldots j}c_m}{\partial x_m}\,dA_k - \frac{\partial F_{i\ldots j}c_p}{\partial x_k}\,dA_p$$

$$= \frac{\partial F_{i\ldots j}c_m}{\partial x_m}\,dA_k - F_{i\ldots j}\frac{\partial c_p}{\partial x_k}\,dA_p - c_p\frac{\partial F_{i\ldots j}}{\partial x_k}\,dA_p,$$

also können wir stattdessen auch schreiben

$$\frac{d}{dt}\int_{\mathfrak{A}} F_{i\ldots j}\,dA_k = \int_{\mathfrak{A}}\left\{\frac{\partial F_{i\ldots j}}{\partial t} + \frac{\partial F_{i\ldots j}c_m}{\partial x_m}\right\}dA_k$$

$$- \int_{\mathfrak{A}} F_{i\ldots j}\frac{\partial c_p}{\partial x_k}\,dA_p \qquad (1.2.20)$$

oder

$$\frac{d}{dt}\int_{\mathfrak{A}} F_{i\ldots j}\,dA_k = \int_{\mathfrak{A}}\left\{\frac{DF_{i\ldots j}}{Dt} + F_{i\ldots j}\frac{\partial c_m}{\partial x_m}\right\}dA_k$$

$$- \int_{\mathfrak{A}} F_{i\ldots j}\frac{\partial c_p}{\partial x_k}\,dA_p. \qquad (1.2.21)$$

Ist A diejenige raumfeste Fläche, die sich zur betrachteten Zeit gerade mit der materiellen Fläche $\mathfrak{A}$ deckt, so können wir auch schreiben

$$\frac{d}{dt}\int_{\mathfrak{A}} F_{i\ldots j}\,dA_k = \frac{d}{dt}\int_{A} F_{i\ldots j}\,dA_k + \int_{\mathfrak{A},A}\frac{\partial F_{i\ldots j}}{\partial x_k}\,c_m\,dA_m$$

$$+ \oint_{\mathfrak{C},C} \varepsilon_{kmn}F_{i\ldots j}c_m\,dx_n. \qquad (1.2.22)$$

Die Zunahme einer extensiven Größe auf einer beliebig abgegrenzten materiellen Fläche in einem strömenden Kontinuum läßt sich also wieder aufspalten in die Zunahme dieser Größe auf der raumfesten Fläche, mit der sich die materielle Fläche gerade deckt, und zwei Terme, die von der Konvektion der Fläche herrühren. Das Transporttheorem für Flächen erweist sich also als die der Gleichung (1.2.6) entsprechende Beziehung für flächenextensive Größen.

Wir wollen jetzt annehmen, daß die betrachtete Fläche $\mathfrak{A}$ längs einer Kurve $\widetilde{\mathfrak{C}}$ durch eine Diskontinuitätsfläche für $F_{i\ldots j}$ geschnitten wird (Abb. 6), wobei n_i der in der Fläche $\mathfrak{A}$ gelegene Normaleneinheitsvektor von $\widetilde{\mathfrak{C}}$ und u_N entsprechend die Geschwindigkeit ist, mit der sich die einzelnen Punkte von $\tilde{\mathfrak{C}}$ in der Fläche $\mathfrak{A}$ normal zur Kurve $\mathfrak{C}$ bewegen. Im übrigen sollen die analogen Bezeichnungen und Stetigkeitsforderungen wie im Falle eines durch eine Diskontinuitätsfläche geteilten Volumens

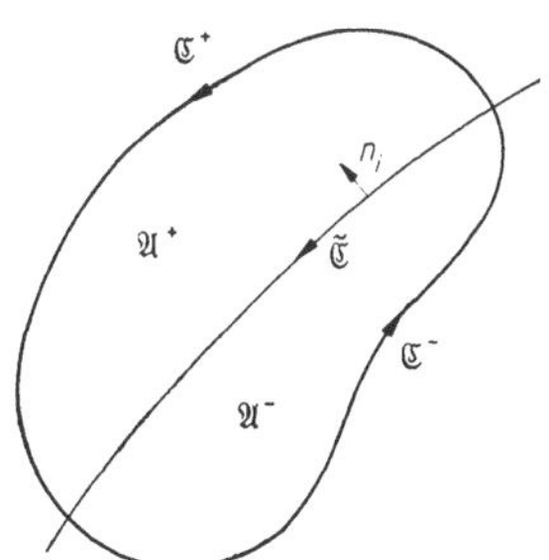

Abb. 6. Zur Ableitung des Transporttheorems für eine Fläche, die von einer Diskontinuitätsfläche geschnitten wird.

gelten. Dann ergibt das Transporttheorem (1.2.18) für die beiden Teilflächen

$$\frac{d}{dt} \int\limits_{\mathfrak{A}^+(u)} F_{i\ldots j}\, dA_k = \int\limits_{\mathfrak{A}^+} \frac{\partial F_{i\ldots j}}{\partial t}\, dA_k + \int\limits_{\mathfrak{A}^+} \frac{\partial F_{i\ldots j}}{\partial x_k}\, U_m\, dA_m$$

$$+ \int\limits_{\mathfrak{C}^+} \varepsilon_{kmn} F_{i\ldots j} c_m\, dx_n - \int\limits_{\tilde{\mathfrak{C}}} \varepsilon_{kmn} F^+_{i\ldots j} u_m\, dx_n,$$

$$\frac{d}{dt} \int\limits_{\mathfrak{A}^-(u)} F_{i\ldots j}\, dA_k = \int\limits_{\mathfrak{A}^-} \frac{\partial F_{i\ldots j}}{\partial t}\, dA_k + \int\limits_{\mathfrak{A}^-} \frac{\partial F_{i\ldots j}}{\partial x_k}\, U_m\, dA_m$$

$$+ \int\limits_{\mathfrak{C}^-} \varepsilon_{kmn} F_{i\ldots j} c_m\, dx_n + \int\limits_{\tilde{\mathfrak{C}}} \varepsilon_{kmn} F^-_{i\ldots j} u_m\, dx_n,$$

und durch Addition folgt

$$\frac{d}{dt} \int\limits_{\mathfrak{A}} F_{i\ldots j}\, dA_k = \int\limits_{\mathfrak{A},A} \frac{\partial F_{i\ldots j}}{\partial t}\, dA_k + \int\limits_{\mathfrak{A},A} \frac{\partial F_{i\ldots j}}{\partial x_k}\, U_m\, dA_m$$

$$+ \int\limits_{\mathfrak{C},C} \varepsilon_{kmn} F_{i\ldots j} c_m dx_n - \int\limits_{\tilde{\mathfrak{C}}} \varepsilon_{kmn} [F_{i\ldots j}] u_m\, dx_n, \qquad (1.2.23)$$

wobei diese Formel im Gegensatz zur ihr entsprechenden Formel (1.2.17) für Volumina die Geschwindigkeit U_i unseres Äthers auf der Fläche selbst enthält, wo wir sie nicht definiert haben. Da wir sie nur für einen Fall benötigen werden, wo dieser Term herausfällt, soll uns das nicht stören.

1.2.4.3 Das Transporttheorem für Kurven

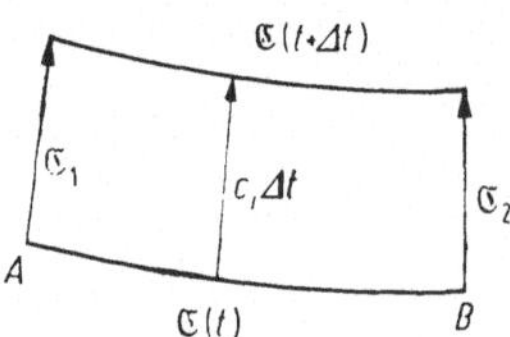

Abb. 7. Zur Ableitung des Transporttheorems
für Kurven.

Wir beschränken uns hier auf Kurven, längs deren $F_{i\ldots j}$ stetig ist, dann liefert die Definition der Ableitung, vgl. Abb. 7,

$$\frac{d}{dt}\int\limits_{\mathfrak{C}(t)} F_{i\ldots j}(x_p, t)\, dx_k = \lim_{\Delta t\to 0}\frac{1}{\Delta t}\Bigg\{\int\limits_{\mathfrak{C}(t+\Delta t)} F_{i\ldots j}(x_p, t+\Delta t)\, dx_k$$

$$- \int\limits_{\mathfrak{C}(t)} F_{i\ldots j}(x_p, t)\, dx_k\Bigg\}$$

$$= \lim_{\Delta t\to 0}\frac{1}{\Delta t}\Bigg\{\int\limits_{\mathfrak{C}(t+\Delta t)}\big[F_{i\ldots j}(x_p, t+\Delta t) - F_{i\ldots j}(x_p, t)\big]\, dx_k + \int\limits_{\mathfrak{C}(t+\Delta t)} F_{i\ldots j}(x_p, t)\, dx_k$$

$$- \int\limits_{\mathfrak{C}(t)} F_{i\ldots j}(x_p, t)\, dx_k\Bigg\}$$

$$= \lim_{\Delta t\to 0}\Bigg\{\int\limits_{\mathfrak{C}(t+\Delta t)}\frac{F_{i\ldots j}(x_p, t+\Delta t) - F_{i\ldots j}(x_p, t)}{\Delta t}\, dx_k + \frac{1}{\Delta t}\bigg[\int\limits_{\mathfrak{C}(t+\Delta t)} F_{i\ldots j}(x_p, t)\, dx_k$$

$$- \int\limits_{\mathfrak{C}(t)} F_{i\ldots j}(x_p, t)\, dx_k\bigg]\Bigg\}\,.$$

Der Integrand des ersten Integrals geht in der Grenze wieder gegen $\dfrac{\partial F_{i\ldots j}}{\partial t}$.

Für das Integral über die geschlossene Fläche in Abb. 7 ergibt sich bei Anwendung des Stokesschen Satzes (1.1.42) die Identität

$$\int\limits_{\mathfrak{C}(t+\Delta t)} F_{i\ldots j}(x_p, t)\, dx_k - \int\limits_{\mathfrak{C}(t)} F_{i\ldots j}(x_p, t)\, dx_k + \int\limits_{\mathfrak{C}_1} F_{i\ldots j}(x_p, t)\, dx_k$$

$$- \int\limits_{\mathfrak{C}_2} F_{i\ldots j}(x_p, t)\, dx_k = \int\limits_{\mathfrak{A}} \varepsilon_{mnk}\, \frac{\partial F_{i\ldots j}(x_p, t)}{\partial x_n}\, dA_m\,.$$

Darin ist die Bedeutung und Orientierung von $\mathfrak{C}_1$ und $\mathfrak{C}_2$ aus Abb. 7 zu entnehmen. $\mathfrak{A}$ ist die eingeschlossene Fläche, nach der Rechtsschraubenregel blickt man in Abb. 7 auf die negative Seite dieser Fläche. Die

Minuszeichen kommen dadurch zustande, daß $\mathfrak{C}(t)$ und $\mathfrak{C}_2$ entgegen ihrer Orientierung durchlaufen werden müssen. Längs $\mathfrak{C}_1$ und $\mathfrak{C}_2$ ist $dx_i = c_i \Delta t$, demnach ist

$$\int_{\mathfrak{C}_2} F_{i\ldots j}(x_p, t)\, dx_k - \int_{\mathfrak{C}_1} F_{i\ldots j}(x_p, t)\, dx_k = \Delta t \left\{ F_{i\ldots j}\left(\overset{B}{x_p}, t\right) c_k\left(\overset{B}{x_p}, t\right) \right.$$

$$\left. - F_{i\ldots j}\left(\overset{A}{x_p}, t\right) c_k\left(\overset{A}{x_p}, t\right) \right\},$$

wobei $\overset{A}{x_p}$ und $\overset{B}{x_p}$ die Koordinaten der Punkte A bzw. B sind. Offenbar ist

$$\int_{\mathfrak{C}_2} F_{i\ldots j}(x_p, t)\, dx_k - \int_{\mathfrak{C}_1} F_{i\ldots j}(x_p, t)\, dx_k$$

$$= \Delta t \left\{ \left[F_{i\ldots j} c_k \big|_{x_p}^{B} - F_{i\ldots j} c_k \big|_{x_p - \Delta x_p}^{B} \right] + \left[F_{i\ldots j} c_k \big|_{x_p - \Delta x_p}^{B} - \cdots \right] \right.$$

$$\left. + \cdots + \left[\cdots - F_{i\ldots j} c_k \big|_{x_p + \Delta x_p}^{A} \right] + \left[F_{i\ldots j} c_k \big|_{x_p + \Delta x_p}^{A} - F_{i\ldots j} c_k \big|_{x_p}^{A} \right] \right\}$$

$$\to \Delta t \int_{\mathfrak{C}(t)} \frac{\partial F_{i\ldots j} c_k}{\partial x_p}\, dx_p.$$

Außerdem ist $dA_m = \varepsilon_{mpq} c_p \Delta t\, dx_q$, damit ergibt sich

$$\int_{\mathfrak{C}(t+\Delta t)} F_{i\ldots j}(x_p, t)\, dx_k - \int_{\mathfrak{C}(t)} F_{i\ldots j}(x_p, t)\, dx_k$$

$$= \Delta t \left\{ \int_{\mathfrak{C}(t)} \frac{\partial F_{i\ldots j} c_k}{\partial x_p}\, dx_p + \int_{\mathfrak{C}(t)} \varepsilon_{mnk} \varepsilon_{mpq} \frac{\partial F_{i\ldots j}}{\partial x_n} c_p\, dx_q \right\}.$$

Nach (1.1.19) ist

$$\varepsilon_{mnk} \varepsilon_{mpq} \frac{\partial F_{i\ldots j}}{\partial x_n} c_p\, dx_q = (\delta_{np}\delta_{kq} - \delta_{nq}\delta_{kp}) \frac{\partial F_{i\ldots j}}{\partial x_n} c_p\, dx_q$$

$$= c_p \frac{\partial F_{i\ldots j}}{\partial x_p}\, dx_k - c_k \frac{\partial F_{i\ldots j}}{\partial x_q}\, dx_q.$$

damit folgt schließlich

$$\frac{d}{dt} \int_{\mathfrak{C}} F_{i\ldots j}\, dx_k = \int_{\mathfrak{C}} \frac{DF_{i\ldots j}}{Dt}\, dx_k + \int_{\mathfrak{C}} F_{i\ldots j} \frac{\partial c_k}{\partial x_p}\, dx_p \qquad (1.2.24)$$

Von den daraus durch einfache Umformung zu gewinnenden gleichwertigen Formulierungen notieren wir nur noch die folgende, wobei C diejenige raumfeste Kurve sein soll, die sich zur betrachteten Zeit gerade mit der materiellen Kurve $\mathfrak{C}$ deckt:

$$\frac{d}{dt}\int_{\mathfrak{C}} F_{i\ldots j}\,dx_k = \frac{d}{dt}\int_{C} F_{i\ldots j}\,dx_k + \int_{\mathfrak{C},C} c_p\,\frac{\partial F_{i\ldots j}}{\partial x_p}\,dx_k$$

$$+ \int_{\mathfrak{C},C} F_{i\ldots j}\,\frac{\partial c_k}{\partial x_p}\,dx_p. \tag{1.2.25}$$

Die Zunahme einer extensiven Größe längs einer beliebig abgegrenzten materiellen Kurve läßt sich also ebenfalls in einen lokalen und einen konvektiven Anteil aufspalten.

1.2.5 Bilanzgleichungen

Physikalische Gleichungen haben häufig eine der Formen

$$\frac{d}{dt}\int_{\mathfrak{B}} F_{i\ldots j}\,dV = \int_{\mathfrak{B}} G_{i\ldots j}\,dV + \oint_{\mathfrak{A}} H_{ki\ldots j}\,dA_k, \tag{1.2.26}$$

$$\frac{d}{dt}\int_{\mathfrak{A}} F_{i\ldots j}\,dA_k = \int_{\mathfrak{A}} G_{i\ldots j}\,dA_k + \oint_{\mathfrak{C}} H_{i\ldots j}\,dx_k, \tag{1.2.27}$$

$$\frac{d}{dt}\int_{\mathfrak{C}} F_{i\ldots j}\,dx_k = \int_{\mathfrak{C}} G_{i\ldots j}\,dx_k, \tag{1.2.28}$$

wobei $F_{i\ldots j}$, $G_{i\ldots j}$, $H_{i\ldots j}$ und $H_{ki\ldots j}$ beliebige Tensorfelder sind. Solche Gleichungen nennt man Bilanzgleichungen oder Erhaltungssätze. Man kann sie anschaulich deuten und sagen, daß die Zunahme einer extensiven Größe in einem beliebig abgegrenzten materiellen Bereich in einem strömenden Kontinuum gleich einer anderen extensiven Größe im selben Bereich ist, in den beiden ersten Fällen noch vermehrt um eine weitere extensive Größe auf der Berandung des Bereichs.

Bilanzgleichungen haben offenbar auch Sinn, wenn der Integrationsbereich durch eine Diskontinuitätsfläche geteilt wird. Sofern man die extensiven Größen nicht als Integral über eine Feldgröße schreibt, sondern durch einen Formelbuchstaben bezeichnet, haben sie sogar auch für diskontinuierliche Systeme wie Massenpunkte, starre Körper, abgeschlossene Gasmengen oder Punktladungen Sinn. Physikalische Gesetze für materielle Systeme gelten häufig unabhängig von der Verteilung der Materie innerhalb des Systems; sofern es sich um Bilanzgleichungen handelt, lassen sie sich dann ganz allgemein in der Form

$$\frac{d\mathfrak{F}_{i\ldots j}}{dt} = \mathfrak{G}_{i\ldots j} \tag{1.2.29}$$

schreiben. Zumal wir im Zuge unserer physikalischen Ausbildung auf der
Schule wie auf der Hochschule im allgemeinen zunächst diskontinuierliche
Systeme behandeln, begegnen uns viele physikalische Gesetze zunächst
in dieser noch nicht auf Kontinuen spezialisierten Form. Aus didak-
tischen Gründen werden wir deshalb häufig von der Form (1.2.29) ausgehen und daraus die auf Kontinuen (unter Einschluß von Diskontinuitätsflächen) spezialisierte Form (1.2.26), (1.2.27) bzw. (1.2.28) gewinnen, indem wir die extensiven Größen als Integrale von intensiven
Größen über den entsprechenden räumlichen Bereich einführen.

An Bilanzgleichungen lassen sich charakteristische formale Umformungen vornehmen, die wir im folgenden am praktisch wichtigsten
Fall, nämlich an den Bilanzgleichungen für Volumina, erläutern wollen.

Zwischen drei Feldtensoren $F_{i...j}$, $G_{i...j}$ und $H_{ki...j}$ gelte also die
Beziehung (1.2.26), und zwar auch für den Fall, daß das betrachtete
materielle Volumen Diskontinuitätsflächen für mindestens einen der auftretenden Feldtensoren enthält. Wir wollen für das Folgende zunächst
annehmen, daß $F_{i...j}$ und $H_{ki...j}$ im betrachteten Volumen keine Diskontinuitätsfläche enthalten, dann läßt sich diese Gleichung mit Hilfe
des Transporttheorems (1.2.11) und des Gaußschen Satzes (1.1.36) auf
die Form

$$\int_{\mathfrak{B}} \left\{ \frac{\partial F_{i...j}}{\partial t} + \frac{\partial F_{i...j} c_k}{\partial x_k} - G_{i...j} - \frac{\partial H_{ki...j}}{\partial x_k} \right\} dV = 0$$

bringen. Da dieses Integral für jedes materielle Volumen verschwindet,
muß der Integrand verschwinden. Es gilt also die Gleichung

$$\frac{\partial F_{i...j}}{\partial t} + \frac{\partial F_{i...j} c_k}{\partial x_k} = G_{i...j} + \frac{\partial H_{ki...j}}{\partial x_k}. \tag{1.2.30}$$

Diese Gleichung kann man nun wieder über ein beliebiges raumfestes
Volumen integrieren und erhält unter Ausnutzung von (1.2.7)

$$\frac{d}{dt} \int_V F_{i...j}\, dV = \int_V \left\{ - \frac{\partial F_{i...j} c_k}{\partial x_k} + G_{i...j} + \frac{\partial H_{ki...j}}{\partial x_k} \right\} dV. \tag{1.2.31}$$

Diese Formel kann man wieder anschaulich deuten und sagen, die Zunahme einer extensiven Größe in einem beliebig abgegrenzten raumfesten
Volumen in einem strömenden Kontinuum sei gleich einer anderen
extensiven Größe im selben Volumen. Mit Hilfe des Gaußschen Satzes
können wir statt (1.2.31) aber auch

$$\frac{d}{dt} \int_V F_{i...j}\, dV = - \oint_A F_{i...j} c_k\, dA_k + \int_V G_{i...j}\, dV$$

$$+ \oint_A H_{ki...j}\, dA_k \tag{1.2.32}$$

schreiben. Auch diese Formel kann man anschaulich deuten und sagen, daß die Zunahme einer extensiven Größe in einem beliebig abgegrenzten raumfesten Volumen in einem strömenden Kontinuum gleich der Summe aus dem Zufluß dieser Größe in das Volumen, einer anderen extensiven Größe im betrachteten Volumen und einer dritten extensiven Größe auf dessen Oberfläche ist.

Der Vergleich der beiden letzten Formeln zeigt im übrigen, daß die Aufteilung der Zunahme in einem raumfesten Volumen in zwei Anteile, von denen der eine durch die Oberfläche zufließt und der andere im Inneren entsteht, durchaus willkürlich ist. Das Primäre ist die Formel, nicht die Formulierung in Worten. Deshalb sprechen wir auch lieber von der anschaulichen Deutung einer physikalischen Gleichung als umgekehrt von der mathematischen Fassung eines physikalischen Gesetzes.

Wir wollen jetzt annehmen, daß das materielle Volumen $\mathfrak{V}$ eine Diskontinuitätsfläche einschließt; dann ergibt sich mit Hilfe des Transporttheorems (1.2.17) unter Berücksichtigung von (1.2.13) und (1.2.7)

$$\frac{d}{dt}\int\limits_V F_{i\ldots j}\,dV = -\oint\limits_A F_{i\ldots j}c_k\,dA_k + \int\limits_{\tilde{\mathfrak{A}}} \{F_{i\ldots j}\}u_k\,dA_k$$

$$+ \int\limits_V G_{i\ldots j}\,dV + \oint\limits_A H_{ki\ldots j}\,dA_k. \tag{1.2.33}$$

Das ist offenbar ein Analogon zu (1.2.32). Um ein Analogon zu (1.2.30) herzuleiten, wende man (1.2.33) auf einen kleinen, ein Stück der Diskontinuitätsfläche einschließenden „Zylinder" an (Abb. 8). Wir wollen das Volumen dieses „Zylinders" gegen null gehen lassen, indem wir ihn

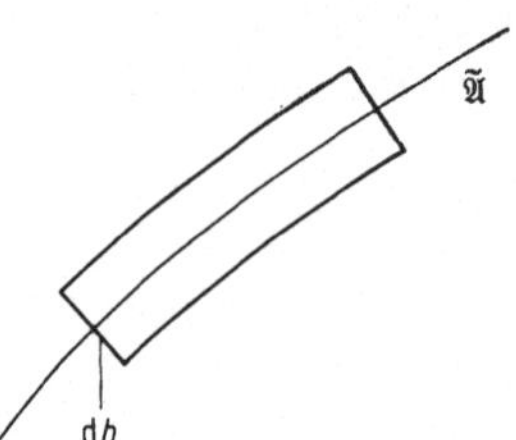

Abb. 8. Zur Ableitung der Grenzbedingung für Volumina.

auf die Diskontinuitätsfläche zusammenziehen. Damit bei diesem Grenzübergang alle Volumenintegrale verschwinden, müssen wir voraussetzen, daß deren Integranden $F_{i\ldots j}$ und $G_{i\ldots j}$ im ganzen Volumen endlich (nicht notwendigerweise stetig) sind. Dann erhalten wir nach Ausführung des Grenzübergangs zunächst

$$\int\limits_{\tilde{\mathfrak{A}}} \{-\{F_{i\ldots j}c_k\} + \{F_{i\ldots j}\}u_k + \{H_{ki\ldots j}\}\}\,dA_k = 0. \tag{1.2.34}$$

Da das für jedes Stück Diskontinuitätsfläche gelten muß, folgt daraus
die Grenzbedingung

$$\{F_{i\ldots j}c_N\} - \{F_{i\ldots j}\}u_N = \{H_{ki\ldots j}n_k\}. \qquad (1.2.35)$$

Mit Hilfe von (1.2.34) kann man auch die Geschwindigkeit u_i der
Diskontinuitätsfläche aus (1.2.33) eliminieren und erhält dann

$$\frac{d}{dt}\int_V F_{i\ldots j}\,dV = -\oint_A F_{i\ldots j}c_k\,dA_k + \int_{\mathfrak{A}} \{F_{i\ldots j}c_k\}\,dA_k$$

$$+ \int_V G_{i\ldots j}\,dV + \oint_A H_{ki\ldots j}\,dA_k - \int_{\mathfrak{A}} \{H_{ki\ldots j}\}\,dA_k.$$

Nun ist

$$\oint_A H_{ki\ldots j}\,dA_k - \int_{\mathfrak{A}} \{H_{ki\ldots j}\}\,dA_k$$

$$= \int_{A^+} H_{ki\ldots j}\,dA_k - \int_{\mathfrak{A}} H^+_{ki\ldots j}\,dA_k + \int_{A^-} H_{ki\ldots j}\,dA_k + \int_{\mathfrak{A}} H^-_{ki\ldots j}\,dA_k$$

$$= \oint_{A^+} H_{ki\ldots j}\,dA_k + \oint_{A^-} H_{ki\ldots j}\,dA_k,$$

wobei z. B. $\oint\limits_{A^+}$ das Oberflächenintegral über die gesamte Oberfläche des
Volumens V^+ sein soll. Wir können also gleichwertig mit (1.2.33) auch
schreiben

$$\frac{d}{dt}\int_V F_{i\ldots j}\,dV = -\oint_{A^++A^-} F_{i\ldots j}c_k\,dA_k + \int_V G_{i\ldots j}\,dV$$

$$+ \oint_{A^++A^-} H_{ki\ldots j}\,dA_k. \qquad (1.2.36)$$

Das ist offenbar dieselbe Formel wie (1.2.32), wenn man darin die Oberflächenintegrale nicht nur über die Oberfläche des Volumens V, sondern
über die Oberfläche aller Teilvolumina erstreckt, in die das Volumen V
durch die Diskontinuitätsfläche aufgeteilt wird. Dabei ist bemerkenswert, daß die Teilvolumina weder materiell noch raumfest sein müssen.

Man nennt ganz allgemein in der Kontinuumstheorie Beziehungen
zwischen extensiven Größen wie (1.2.26), (1.2.31), (1.2.32), (1.2.33) und
(1.2.36) integrale Formulierungen, Beziehungen zwischen den dazu-
gehörigen intensiven Größen wie (1.2.30) differentielle Formulierungen
und Beziehungen zwischen intensiven Größen beiderseits einer Diskontinuitätsfläche wie (1.2.35) Grenzbedingungen oder Übergangs-
relationen. Differentielle Formulierungen enthalten häufig räumliche

Ableitungen von Feldgrößen. Sie geben dann an, wie bestimmte Größen in einem Punkt von ihrem Wert in der Umgebung dieses Punktes abhängen, sofern die betrachtete Größe dort stetig ist. Derselbe Zusammenhang wird an Diskontinuitätsflächen durch die Grenzbedingung ausgedrückt. Sofern also die differentielle Formulierung eines Gesetzes räumliche Ableitungen enthält, ist sie erst zusammen mit der Grenzbedingung der integralen Ausgangsformulierung gleichwertig[1]. Integrale Formulierungen, die keine räumlichen Ableitungen enthalten, können auch über Diskontinuitätsflächen hinweg gelten. Daß das nicht der Fall zu sein braucht, zeigt die Gleichung (1.2.32). Sie enthält zwar [im Gegensatz zu (1.2.31)] keine räumlichen Ableitungen, ein Vergleich mit (1.2.33) zeigt aber, daß sie nicht über bewegte Diskontinuitätsflächen hinweg gilt. (1.2.33) und (1.2.36) dagegen sind jede für sich der Ausgangsgleichung (1.2.26) gleichwertig.

Als direkte Beziehungen zwischen den für die Kontinuumstheorie typischen Feldgrößen sind differentielle Formulierungen und Grenzbedingungen für viele Anwendungen praktischer und der Kontinuumstheorie angemessener. Integrale Formulierungen sind häufig leichter anschaulich deutbar und, wie bereits gesagt, als Beziehungen zwischen extensiven Größen geschrieben, häufig auch für diskontinuierliche Systeme gültig. Bei integralen Formulierungen ist zu unterscheiden zwischen solchen für materielle und solchen für raumfeste Bereiche, oder mit einem aus der Thermodynamik stammenden Begriffspaar, zwischen solchen für geschlossene und solchen für offene Systeme. In einer gewissen Analogie dazu kann man bei differentiellen Formulierungen unterscheiden, ob die darin auftretenden räumlichen Ableitungen nach Eulerschen oder Lagrangeschen Variablen gebildet sind. Die differentiellen Formulierungen in Lagrangeschen Variablen sind im allgemeinen unhandlich und werden wenig verwendet.

Wir wollen im folgenden in der Regel von der integralen Formulierung für materielle Bereiche ausgehen und daraus die differentielle Formulierung in Eulerschen Variablen, die integrale Formulierung für raumfeste Bereiche und die Grenzbedingung an Diskontinuitätsflächen herleiten.

1.2.6 Vektorfelder

1.2.6.1 Vektorlinie, Vektorblatt, Vektorröhre

Ein beliebiges stetiges Vektorfeld $a_i(x_p, t)$ läßt sich durch eine Schar von Kurven veranschaulichen, die in jedem Punkte in die durch das Vektorfeld definierte Richtung weisen. Wenn das Vektorfeld eine

---

[1] Sofern eine differentielle Formulierung keine räumlichen Ableitungen enthält, gibt es auch keine Grenzbedingung. Ein Beispiel dafür ist (2.3.23).

Lipschitz-Bedingung erfüllt, geht durch jeden Punkt, wo $a_i \neq 0$ ist, genau eine solche Kurve. Man nennt diese Kurven Vektorlinien, ihre Elemente dx_i erfüllen die drei gleichwertigen Bedingungen

$$\varepsilon_{ijk} a_j\, dx_k = 0,$$
$$dx_i = a_i\, du, \qquad\qquad (1.2.37)$$
$$\frac{dx_1}{a_1} = \frac{dx_2}{a_2} = \frac{dx_3}{a_3},$$

wobei du formal das Differential eines beliebigen Skalarfeldes $u = u(x_p, t)$ ist; durch Integration von $(1.2.37)_2$ erhält man die Parameterdarstellung $x_i = x_i(z_p, u)$ der Vektorlinien mit u als Kurvenparameter und z_i als Scharparameter. z_i kann z. B. als derjenige Punkt jeder Vektorlinie gewählt werden, in dem $u = 0$ ist.

Wie man am einfachsten an $(1.2.37)_3$ sieht, stellt $(1.2.37)$ zwei voneinander unabhängige Differentialgleichungen dar, z. B. $\dfrac{dx_2}{dx_1} = \dfrac{a_2}{a_1}$ und $\dfrac{dx_3}{dx_1} = \dfrac{a_3}{a_1}$. Integriert man sie, so erhält man zwei voneinander unabhängige Flächenscharen $\psi(x_p, t) = \mathrm{const}$ und $\vartheta(x_p, t) = \mathrm{const}$. Solche Flächen, die in jedem Punkt die durch das Vektorfeld definierte Richtung tangieren, also keine Vektorlinie schneiden, heißen Vektorblätter. Die Wahl zweier voneinander unabhängiger Scharen von Vektorblättern ist nicht eindeutig. Wenn man sich für zwei solche Flächenscharen entschieden hat, läßt sich jede Vektorlinie als Schnittkurve einer Fläche aus jeder Schar charakterisieren. Jede Fläche z. B. der Schar $\psi(x_p, t) = \mathrm{const}$ ist durch den zugehörigen Wert ψ_0 ihrer Gleichung $\psi(x_p, t) = \psi_0$ gekennzeichnet, jede Vektorlinie entsprechend durch ein Wertepaar (ψ_0, ϑ_0).

Wir betrachten eine geschlossene Kurve, die selbst keine Vektorlinie ist, dann geht durch jeden Punkt dieser Kurve in der Regel genau eine Vektorlinie, und das von diesen Vektorlinien gebildete Vektorblatt nennt man eine Vektorröhre, genauer den Mantel einer Vektorröhre. Ist der Querschnitt einer solchen Vektorröhre so klein, daß man alle physikalischen Größen näherungsweise als über jeden Querschnitt konstant ansehen kann, spricht man von einem Vektorfaden.

1.2.6.2 Spezielle Klassen von Vektorfeldern

Während zu jedem Vektorfeld ein Vektorlinienfeld gehört und sich stets, wenn auch nicht eindeutig, Scharen von Vektorblättern bilden lassen, braucht es keine Flächenschar zu geben, die überall auf den Vektorlinien senkrecht steht. Ihre Differentialgleichung ist

$$a_i\, dx_i = 0, \qquad\qquad (1.2.38)$$

3*

bekanntlich läßt sich diese Gleichung aber nur genau dann zu einer Flächenschar $\varphi(x_p, t) = \text{const}$ integrieren, wenn das Vektorfeld der Bedingung

$$a_i \varepsilon_{ijk} \frac{\partial a_k}{\partial x_j} = 0 \qquad (1.2.39)$$

genügt. Ein solches Vektorfeld nennt man komplex lamellar, die Flächen $\varphi(x_p, t) = \text{const}$ Pseudopotentialflächen und die Funktion $\varphi(x_p, t)$ Pseudopotentialfunktion. Offenbar existiert für ein solches Feld ein sogenannter integrierender Faktor $\lambda(x_p, t)$, so daß

$$a_i = \frac{1}{\lambda} \frac{\partial \varphi}{\partial x_i} \qquad (1.2.40)$$

ist. Jede Pseudopotentialfläche läßt sich durch den Wert φ_0 ihrer Gleichung $\varphi(x_p, t) = \varphi_0$ charakterisieren, jeder Punkt eines solchen Vektorfeldes also durch ein Wertetripel $(\psi_0, \vartheta_0, \varphi_0)$.

Der wichtigste Spezialfall eines komplex lamellaren Feldes ist ein Feld, dessen Rotation verschwindet, für das also

$$\varepsilon_{ijk} \frac{\partial a_k}{\partial x_j} = 0 \qquad (1.2.41)$$

gilt. Ein solches Feld heißt wirbelfrei oder lamellar, die Flächen $\varphi(x_p, t) = \text{const}$ nennt man dann Potentialflächen und die Funktion $\varphi(x_p, t)$ (skalares) Potential. Für ein wirbelfreies Feld gilt nach Aufgabe 10a auf S. 10

$$a_i = \frac{\partial \varphi}{\partial x_i}. \qquad (1.2.42)$$

Eine andere wichtige Klasse von Vektorfeldern sind diejenigen, deren Divergenz verschwindet, für die also

$$\frac{\partial a_i}{\partial x_i} = 0 \qquad (1.2.43)$$

gilt. Solche Felder nennt man quellenfrei oder solenoidal, und nach Aufgabe 10a auf S. 10 existiert dann ein Vektorfeld $\Phi_i(x_p, t)$, so daß

$$a_i = \varepsilon_{ijk} \frac{\partial \Phi_k}{\partial x_j} \qquad (1.2.44)$$

ist. Die Funktion Φ_i nennt man Vektorpotential.

Felder, die sowohl wirbelfrei als auch quellenfrei sind, nennt man Laplace-Felder. Aus (1.2.42) und (1.2.43) folgt dann, daß die Potentialfunktion der Laplaceschen Differentialgleichung

$$\frac{\partial^2 \varphi}{\partial x_i^2} = 0 \qquad (1.2.45)$$

genügt.

Ohne Beweis[1] sei angeführt, daß sich jedes Vektorfeld in ein wirbelfreies und ein quellenfreies Feld zerlegen läßt:

$$a_i = \frac{\partial \varphi}{\partial x_i} + \varepsilon_{ijk} \frac{\partial \Phi_k}{\partial x_j}. \tag{1.2.46}$$

Die Zerlegung in die beiden Anteile ist eindeutig bis auf ein räumlich konstantes Feld.

1.2.6.3 Erhaltung der Vektorlinien und der Intensität von Vektorröhren

Das Integral $\int\limits_A a_i \, dA_i$ nennt man den Fluß des Vektorfeldes a_i durch die Fläche A. Liegt die Fläche auf einem Vektorblatt, so ist der Fluß durch diese Fläche null. Liegt die Fläche nicht auf einem Vektorblatt, so kann man sie als Querschnitt einer Vektorröhre auffassen, nämlich derjenigen Vektorröhre, die von den Vektorlinien durch die Randkurve der Fläche gebildet wird. Der Fluß durch eine solche Fläche ist im allgemeinen von null verschieden, und man nennt ihn die Intensität der zugehörigen Vektorröhre. Die Intensität einer Vektorröhre ist im allgemeinen von Querschnitt zu Querschnitt verschieden. Nur wenn das Vektorfeld quellenfrei ist, ist sie nach dem Gaußschen Satz (1.1.39) in jedem Querschnitt gleich.

Wir wollen untersuchen, welche Bedingung ein Vektorfeld erfüllen muß, damit sein Fluß durch eine beliebige materielle Fläche zeitlich konstant ist. Dazu muß offenbar für eine beliebige materielle Fläche $\mathfrak{A}$

$$\frac{d}{dt} \int\limits_{\mathfrak{A}} a_i \, dA_i = 0 \tag{1.2.47}$$

sein. Nach dem Transporttheorem für Flächen in der Form (1.2.19) ist dann

$$\frac{\partial a_i}{\partial t} + \varepsilon_{ijk} \frac{\partial \varepsilon_{kmn} a_m c_n}{\partial x_j} + c_i \frac{\partial c_i}{\partial x_j} - 0; \tag{1.2.48}$$

geht man von (1.2.21) aus, erhält man als gleichwertige Bedingung

$$\frac{Da_i}{Dt} - a_j \frac{\partial c_i}{\partial x_j} + a_i \frac{\partial c_j}{\partial x_j} = 0. \tag{1.2.49}$$

Dabei ist c_i die Geschwindigkeit der Teilchen des betrachteten strömenden Kontinuums, während a_i eine beliebige vektorielle Größe in diesem strömenden Kontinuum ist, beispielsweise die magnetische Induktion, die substantielle Beschleunigung oder ebenfalls die Geschwindigkeit.

---

[1] Der Beweis findet sich z. B. bei SOMMERFELD, Mechanik der deformierbaren Medien, Leipzig 1944.

Wir wollen weiter untersuchen, welche Bedingung ein Vektorfeld erfüllen muß, damit die Teilchen, die zu einem Zeitpunkt ein Vektorblatt oder eine Vektorlinie bilden, das auch zu einem späteren Zeitpunkt tun. Dazu muß (1.2.47) offenbar nicht für beliebige Flächen, sondern eben nur für Vektorblätter erfüllt sein, d. h. es muß darin unter Berücksichtigung von $(1.2.37)_2$ $dA_i = \varepsilon_{ijk} a_j \, du \, dx_k$ sein, wobei du und dx_k beliebig sind. Damit erhalten wir statt (1.2.48) und (1.2.49) die beiden gleichwertigen Bedingungen

$$\varepsilon_{ijk} a_j \left(\frac{\partial a_k}{\partial t} + \varepsilon_{kmn} \frac{\partial \varepsilon_{npq} a_p c_q}{\partial x_m} + c_k \frac{\partial a_m}{\partial x_m} \right) = 0, \qquad (1.2.50)$$

$$\varepsilon_{ijk} a_j \left(\frac{D a_k}{Dt} - a_m \frac{\partial c_k}{\partial x_m} \right) = 0. \qquad (1.2.51)$$

Wenn die Bedingung (1.2.48) bzw. (1.2.49) erfüllt ist, bleibt der Fluß durch eine beliebige materielle Fläche zeitlich konstant, insbesondere auch durch Flächen, die nicht auf einem Vektorblatt liegen, also als Querschnitt einer Vektorröhre interpretiert werden können. Man spricht dann von der Erhaltung der Intensität von Vektorröhren. Wenn die Bedingung (1.2.50) bzw. (1.2.51) erfüllt ist, bleibt der Fluß durch alle die materiellen Flächen zeitlich konstant, die auf einem Vektorblatt liegen. Man spricht dann von der Erhaltung der Vektorlinien. Die Erhaltung der Intensität von Vektorröhren ist offenbar ein Spezialfall der Erhaltung der Vektorlinien, dementsprechend ist die Bedingung (1.2.48) bzw. (1.2.49) in der Bedingung (1.2.50) bzw. (1.2.51) enthalten.

1.2.7 Geschwindigkeit, Beschleunigung, Wirbelstärke

1.2.7.1 Spezielle Klassen von Bewegungen

Als Translation bezeichnen wir die Bewegung eines Kontinuums, wenn dabei alle Strecken erhalten bleiben, m. a. W. wenn sich dabei die relative Lage zweier beliebiger Teilchen nach Abstand und Richtung nicht ändert. Damit die Bewegung in der Umgebung eines Punktes eine Translation ist, muß dort also die zeitliche Änderung eines beliebigen materiellen Kurvenelementes verschwinden, d. h. es muß die Bedingung

$$\frac{D}{Dt} \, dx_i = 0 \qquad (1.2.52)$$

gelten. Wenn man im Transporttheorem (1.2.24) für Kurven $F_{i \ldots j} = 1$ setzt, erhält man

$$\frac{d}{dt} \int_{\mathfrak{C}} dx_i = \int_{\mathfrak{C}} \frac{\partial c_i}{\partial x_m} \, dx_m$$

oder für ein Kurvenelement

$$\frac{D}{Dt}\, dx_i = \frac{\partial c_i}{\partial x_j}\, dx_j. \tag{1.2.53}$$

Die Bewegung in der Umgebung eines Punktes ist also genau dann eine Translation, wenn der Gradient der Geschwindigkeit dort verschwindet, d. h.

$$\frac{\partial c_i}{\partial x_j} = 0 \tag{1.2.54}$$

ist. Den hier auftauchenden Gradienten der Geschwindigkeit nennt man die Verschiebungsgeschwindigkeit.

Als starr bezeichnen wir die Bewegung eines Kontinuums, wenn dabei alle Längen erhalten bleiben, m. a. W. wenn sich dabei der Abstand zweier beliebiger Teilchen nicht ändert. Damit die Bewegung in der Umgebung eines Punktes starr ist, muß dort also die zeitliche Änderung des Betrages eines beliebigen Kurvenelements verschwinden, d. h. es muß die Bedingung

$$\frac{D}{Dt}\, dx_i^2 = 0 \tag{1.2.55}$$

gelten. Unter Verwendung von (1.2.53) erhält man

$$\frac{D}{Dt}\, dx_i^2 = 2\, dx_i \,\frac{D}{Dt}\, dx_i = 2\, \frac{\partial c_i}{\partial x_j}\, dx_i\, dx_j = 0,$$

d. h. die Verschiebungsgeschwindigkeit muß nach (1.1.15) ein antisymmetrischer Tensor sein. Eine Bewegung eines Kontinuums, die nicht starr ist, bezeichnet man als eine Deformation, deshalb nennen wir den symmetrischen Anteil der Verschiebungsgeschwindigkeit die Deformationsgeschwindigkeit und schreiben dafür d_{ij},

$$d_{ij} = \frac{1}{2}\left(\frac{\partial c_i}{\partial x_j} + \frac{\partial c_j}{\partial x_i}\right). \tag{1.2.56}$$

Die Bewegung in der Umgebung eines Punktes ist also genau dann starr, wenn dort die Deformationsgeschwindigkeit verschwindet, d. h.

$$d_{ij} = 0 \tag{1.2.57}$$

ist.

Als Rotation bezeichnen wir die Bewegung in einem Kontinuum, wenn sich die Geschwindigkeit c_i in jedem Punkt x_i in der Form

$$c_i = \varepsilon_{ijk}\Omega_j(x_k - a_k) \tag{1.2.58}$$

schreiben läßt, wobei Ω_i ein räumlich konstanter Vektor und a_i ein Bezugspunkt ist. Den Vektor Ω_i nennt man dann die zugehörige Winkelgeschwindigkeit. Die Gerade durch den Bezugspunkt a_i in Richtung der Winkelgeschwindigkeit ist dadurch ausgezeichnet, daß dort die Geschwindigkeit verschwindet; es ist die Achse der Rotation. Damit die Bewegung in der Umgebung eines Punktes eine Rotation ist, muß das Geschwindigkeitsfeld in dieser Umgebung also die Form $c_i = \varepsilon_{ijk}\Omega_j\, dx_k$ haben. Für $dx_i = 0$ folgt daraus $c_i = 0$, d. h. die Geschwindigkeit im betrachteten Punkt selbst muß verschwinden. In seiner Umgebung ist dann $c_i = dc_i$ und damit

$$\frac{\partial c_i}{\partial x_k} = \varepsilon_{ijk}\Omega_j, \tag{1.2.59}$$

d. h., die Verschiebungsgeschwindigkeit muß ein antisymmetrischer Tensor sein. Die Bewegung in der Umgebung eines Punktes ist damit genau dann eine Rotation, wenn dort die Bedingungen

$$c_i = 0, \qquad d_{ij} = 0 \tag{1.2.60}$$

erfüllt sind.

Den antisymmetrischen Anteil der Verschiebungsgeschwindigkeit nennen wir die Rotationsgeschwindigkeit und bezeichnen ihn mit w_{ij},

$$w_{ij} = \frac{1}{2}\left(\frac{\partial c_i}{\partial x_j} - \frac{\partial c_j}{\partial x_i}\right). \tag{1.2.61}$$

Außerdem führen wir die Rotation der Geschwindigkeit als die Wirbelstärke u_i ein,

$$u_i = \varepsilon_{ijk}\frac{\partial c_k}{\partial x_j}. \tag{1.2.62}$$

Zwischen beiden Größen bestehen die Beziehungen (Übungsaufgabe!)

$$w_{ij} = -\frac{1}{2}\varepsilon_{ijk}u_k, \qquad u_i = -\varepsilon_{ijk}w_{jk}. \tag{1.2.63}$$

Da die Verschiebungsgeschwindigkeit bei einer Rotation antisymmetrisch ist, gilt nach (1.2.59) bzw. durch Vergleich mit (1.2.63) auch

$$w_{ij} = -\varepsilon_{ijk}\Omega_k, \qquad u_i = 2\Omega_i. \tag{1.2.64}$$

Aus $(1.2.64)_1$ ersieht man, daß sich die Koordinaten der Rotationsgeschwindigkeit anschaulich als die Koordinaten der Winkelgeschwindigkeit deuten lassen:

$$w_{ij} = \begin{pmatrix} 0 & -\Omega_3 & \Omega_2 \\ \Omega_2 & 0 & -\Omega_1 \\ -\Omega_2 & \Omega_1 & 0 \end{pmatrix}. \tag{1.2.65}$$

Um auch eine anschauliche Deutung der Koordinaten der Deformationsgeschwindigkeit zu gewinnen, betrachten wir zwei materielle Kurvenelemente $d\overset{1}{x}_i$ und $d\overset{2}{x}_i$ in einem Punkt und berechnen die zeitliche Änderung ihres Skalarproduktes. Unter Beachtung von (1.2.53) erhalten wir

$$\frac{D}{Dt}\,(d\overset{1}{x}_i\, d\overset{2}{x}_i) = \frac{\partial c_i}{\partial x_j}\, d\overset{1}{x}_j\, d\overset{2}{x}_i + d\overset{1}{x}_i\, \frac{\partial c_i}{\partial x_j}\, d\overset{2}{x}_j = 2\, d_{ij}\, d\overset{1}{x}_i\, d\overset{2}{x}_j\,.$$

Indem wir die Beträge $d\overset{1}{x}$ und $d\overset{2}{x}$ der Kurvenelemente und den von ihnen eingeschlossenen Winkel α einführen, können wir dafür auch schreiben

$$\frac{D}{Dt}\,(d\overset{1}{x}_i\, d\overset{2}{x}_i) = \frac{D}{Dt}\,(d\overset{1}{x}\, d\overset{2}{x}\, \cos\alpha)$$

$$= \left[d\overset{2}{x}\, \frac{D}{Dt}\, d\overset{1}{x} + d\overset{1}{x}\, \frac{D}{Dt}\, d\overset{2}{x} \right] \cos\alpha - d\overset{1}{x}\, d\overset{2}{x}\, \sin\alpha\, \frac{D\alpha}{Dt}$$

$$= d\overset{1}{x}\, d\overset{2}{x} \left\{ \left[\frac{1}{d\overset{1}{x}}\, \frac{D}{Dt}\, d\overset{1}{x} + \frac{1}{d\overset{2}{x}}\, \frac{D}{Dt}\, d\overset{2}{x} \right] \cos\alpha - \frac{D\alpha}{Dt}\, \sin\alpha \right\}.$$

Wenn wir außerdem den Einheitsvektor $\overset{v}{t}_i$ in Richtung eines Kurvenelementes $d\overset{v}{x}_i$ einführen und beide Ausdrücke für $\frac{D}{Dt}\left(d\overset{1}{x}_i\, d\overset{2}{x}_i \right)$ gleichsetzen, erhalten wir

$$\left[\frac{1}{d\overset{1}{x}}\, \frac{D}{Dt}\, d\overset{1}{x} + \frac{1}{d\overset{2}{x}}\, \frac{D}{Dt}\, d\overset{2}{x} \right] \cos\alpha - \frac{D\alpha}{Dt}\, \sin\alpha = 2\, d_{ij}\, \overset{1}{t}_i\, \overset{2}{t}_j\,. \qquad (1.2.66)$$

Setzen wir darin speziell die beiden Kurvenelemente gleich, also $\alpha = 0$, so folgt

$$\frac{1}{dx}\, \frac{D}{Dt}\, dx = d_{ij}\, t_i\, t_j\,. \qquad (1.2.67)$$

Darin steht links die relative zeitliche Änderung der Länge eines materiellen Kurvenelements; diese Größe nennt man seine Dehnungsgeschwindigkeit. Sie hängt außer von der Deformationsgeschwindigkeit offenbar nur von der Richtung des Kurvenelements ab, insbesondere sind die Diagonalelemente des Tensors der Deformationsgeschwindigkeit die Dehnungsgeschwindigkeiten in den Koordinatenrichtungen. Wenn wir umgekehrt die beiden Kurvenelemente in (1.2.66) zueinander senkrecht wählen, erhalten wir

$$\frac{D\alpha}{Dt} = -\, 2\, d_{ij}\, \overset{1}{t}_i\, \overset{2}{t}_j\,, \qquad (1.2.68)$$

die Elemente der Deformationsgeschwindigkeit außerhalb der Hauptdiagonale geben also die negative halbe Änderung des Winkels zwischen den beiden materiellen Kurvenelementen an, die im betrachteten Zeit-

punkt gerade in die entsprechenden Koordinatenrichtungen weisen; diese
Größe (manchmal auch das Doppelte davon) nennt man die Schiebungs-
geschwindigkeit der beiden zugehörigen Richtungen. Als anschauliche
Deutung der Koordinaten des Tensors der Deformationsgeschwindigkeit
erhält man also

$$
d_{ij} = \begin{pmatrix}
\dfrac{1}{dx_1}\dfrac{D}{Dt}\,dx_1 & -\dfrac{1}{2}\dfrac{D\alpha_{12}}{Dt} & -\dfrac{1}{2}\dfrac{D\alpha_{13}}{Dt} \\[2ex]
-\dfrac{1}{2}\dfrac{D\alpha_{12}}{Dt} & \dfrac{1}{dx_2}\dfrac{D}{Dt}\,dx_2 & -\dfrac{1}{2}\dfrac{D\alpha_{23}}{Dt} \\[2ex]
-\dfrac{1}{2}\dfrac{D\alpha_{13}}{Dt} & -\dfrac{1}{2}\dfrac{D\alpha_{23}}{Dt} & \dfrac{1}{dx_3}\dfrac{D}{Dt}\,dx_3
\end{pmatrix}, \qquad (1.2.69)
$$

wobei die Indizes die entsprechenden Koordinatenrichtungen bedeuten.

Als volumenerhaltend oder isochor bezeichnet man die Bewegung
eines Kontinuums, wenn dabei alle materiellen Volumina erhalten
bleiben. Wenn man im Transporttheorem (1.2.12) für Volumina $F_{i...j} = 1$
setzt, sieht man, daß eine Bewegung genau dann volumenerhaltend ist,
wenn darin

$$
\frac{\partial c_i}{\partial x_i} = 0 \qquad (1.2.70)
$$

ist. Eine volumenerhaltende Deformation nennt man eine Distorsion.

Als richtungserhaltend schließlich bezeichnet man die Bewegung
eines Kontinuums, wenn dabei die Richtung aller materiellen Kurvenelemente erhalten bleibt. Für eine starre Bewegung bedeutet das, daß
keine Rotation vorliegen darf, für eine Deformation, daß der Deformationstensor isotrop sein muß. Ist er das nämlich nicht, dann gibt es
stets Koordinatensysteme, in denen er Elemente außerhalb der Hauptdiagonale hat, und die bedeuten nach (1.2.68), daß die Richtung eines
Kurvenelements in einer Koordinatenrichtung sich zeitlich ändert. Eine
Bewegung ist also genau dann richtungserhaltend, wenn die Verschiebungsgeschwindigkeit ein isotroper Tensor ist,

$$
\frac{\partial c_i}{\partial x_j} = \bar{d}\,\delta_{ij}. \qquad (1.2.71)
$$

Eine richtungserhaltende Deformation nennt man eine Dilatation.

1.2.7.2 Der Fundamentalsatz der Kinematik

In einem Punkt mit den Koordinaten x_i herrsche zur Zeit t die Geschwindigkeit $c_i(x_p, t)$. Wenn wir voraussetzen, daß die Geschwindigkeit
eine stetige Funktion des Ortes ist, dann herrscht zur selben Zeit an
einem benachbarten Punkte mit den Koordinaten $x_i + dx_i$ die Ge-

schwindigkeit $\quad c_i(x_p + dx_p, t) = c_i + \dfrac{\partial c_i}{\partial x_j}\, dx_j$. Wenn man die Verschiebungsgeschwindigkeit in ihren antisymmetrischen und ihren symmetrischen Anteil zerlegt,

$$\frac{\partial c_i}{\partial x_j} = w_{ij} + d_{ij}, \qquad (1.2.72)$$

so erhält man

$$c_i(x_p + dx_p, t) = c_i + w_{ij}\, dx_j + d_{ij}\, dx_j. \qquad (1.2.73)$$

Der erste Term beschreibt offenbar nach (1.2.54) eine Translation, der zweite nach (1.2.60) eine Rotation und der dritte nach (1.2.57) eine Deformation. Eine beliebige Bewegung eines Kontinuums läßt sich also in der Umgebung eines Punktes stets eindeutig in eine Translation, eine Rotation und eine Deformation zerlegen. Diesen Satz nennt man manchmal den Fundamentalsatz der Kinematik.

Die Deformationsgeschwindigkeit läßt sich weiter in einen isotropen Tensor und einen Deviator zerlegen (die Rotationsgeschwindigkeit ist als ein antisymmetrischer Tensor selbst ein Deviator),

$$d_{ij} = \bar{d}\,\delta_{ij} + \overset{\circ}{d}_{ij},$$

$$\bar{d} = \frac{1}{3}\, d_{ii} = \frac{1}{3}\, \frac{\partial c_i}{\partial x_i}, \qquad \overset{\circ}{d}_{ii} = 0. \qquad (1.2.74)$$

Nach (1.2.71) beschreibt der isotrope Anteil eine Dilatation, nach (1.2.70) der Deviator eine Distorsion. Die Bewegung eines Kontinuums läßt sich also schließlich wie folgt zerlegen:

$$c_i(x_p + dx_p, t) = \underbrace{\underbrace{c_i}_{\text{Translation}} + \underbrace{w_{ij}\, dx_j}_{\text{Rotation}}}_{\text{starre Bewegung}} + \underbrace{\underbrace{\bar{d}\, dx_i}_{\text{Dilatation}} + \underbrace{\overset{\circ}{d}_{ij}\, dx_j}_{\text{Distorsion}}}_{\text{Deformation}}$$

$$(1.2.75)$$

Wir illustrieren diese Begriffe an der allgemeinen Bewegung einer infinitesimalen materiellen Kugel. Sie läßt sich nach (1.2.75) stets zusammensetzen aus einer Bewegung des Kugelmittelpunktes (Translation), einem Aufblasen ihres Volumens (Dilatation), einer Verstauchung in einen volumengleichen Körper (Distorsion) und schließlich einer Drehung dieses Körpers (Rotation).

Statt durch das Geschwindigkeitsfeld läßt sich eine Bewegung auch durch ein Feld infinitesimaler Verschiebungen beschreiben. Es sei $\xi_i(x_p, t) = c_i(x_p, t)\, dt$ die (infinitesimale) Verschiebung, die das Teilchen, das sich zur Zeit t im Punkte P mit den Koordinaten x_i befindet, auf Grund der Geschwindigkeit c_i während der (infinitesimalen) Zeit dt

erfährt (Abb. 9). Wenn der Verschiebungsvektor ξ_i eine stetige Funktion des Ortes ist, gilt für den Verschiebungsvektor an einem benachbarten Punkte Q mit den Koordinaten $x_i + dx_i$ zur Zeit t entsprechend

$$\xi_i(x_p + dx_p, t) = \xi_i + \frac{\partial \xi_i}{\partial x_j}\, dx_j.$$

Der hier auftretende Gradient des Verschiebungsvektors heißt Verschiebungstensor. Wir zerlegen ihn in seinen antisymmetrischen und

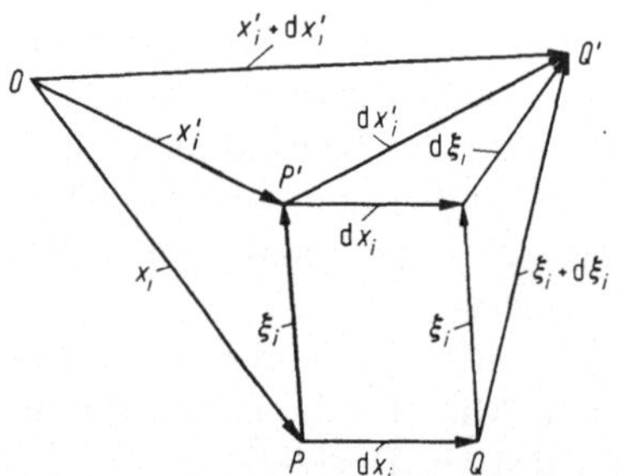

Abb. 9. Verschiebung zweier benachbarter Punkte.

seinen symmetrischen Anteil und nennen den antisymmetrischen Anteil den Rotationstensor und den symmetrischen Anteil den Deformationstensor,

$$\frac{\partial \xi_i}{\partial x_j} = \omega_{ij} + \varepsilon_{ij},$$

$$\omega_{ij} = \frac{1}{2}\left(\frac{\partial \xi_i}{\partial x_j} - \frac{\partial \xi_j}{\partial x_i}\right), \quad \varepsilon_{ij} = \frac{1}{2}\left(\frac{\partial \xi_i}{\partial x_j} + \frac{\partial \xi_j}{\partial x_i}\right). \tag{1.2.76}$$

Dann läßt sich der Fundamentalsatz der Kinematik (1.2.73) auch in der Form

$$\xi_i(x_p + dx_p, t) = \xi_i + \omega_{ij}\, dx_j + \varepsilon_{ij}\, dx_j \tag{1.2.77}$$

schreiben. Wir zerlegen weiter den Deformationstensor in einen isotropen Anteil und einen Deviator,

$$\varepsilon_{ij} = \bar{\varepsilon}\, \delta_{ij} + \mathring{\varepsilon}_{ij},$$

$$\bar{\varepsilon} = \frac{1}{3}\, \varepsilon_{ii} = \frac{1}{3}\, \frac{\partial \xi_i}{\partial x_i}, \quad \mathring{\varepsilon}_{ii} = 0, \tag{1.2.78}$$

dann erhalten wir gleichwertig mit (1.2.75) auch

$$\xi_i(x_p + dx_p, t) = \xi_i + \omega_{ij}\, dx_j + \bar{\varepsilon}\, dx_i + \mathring{\varepsilon}_{ij}\, dx_j. \tag{1.2.79}$$

Zwischen der Geschwindigkeit und dem Verschiebungsvektor besteht der Zusammenhang

$$c_i = \frac{D\xi_i}{Dt}. \tag{1.2.80}$$

Damit gelten auch die Beziehungen

$$w_{ij} = \frac{D\omega_{ij}}{Dt}, \quad d_{ij} = \frac{D\varepsilon_{ij}}{Dt}, \quad \bar{d} = \frac{D\bar{\varepsilon}}{Dt}, \quad \overset{\circ}{d}_{ij} = \frac{D\overset{\circ}{\varepsilon}_{ij}}{Dt}. \qquad (1.2.81)$$

1.2.7.3 Stromlinien, Bahnlinien, Streichlinien

Man nennt die Vektorlinien des Geschwindigkeitsfeldes Stromlinien, die Vektorblätter Stromflächen und die zugehörigen Funktionen $\psi(x_p, t)$ und $\vartheta(x_p, t)$ Stromfunktionen.

Die Kurven, auf denen sich die einzelnen Teilchen des strömenden Kontinuums im Laufe der Zeit bewegen, heißen Bahnlinien; für ihre Elemente gilt analog zu $(1.2.37)_2$ die Bedingung

$$dx_i = c_i\, dt. \qquad (1.2.82)$$

Durch Integration erhält man daraus die Parameterdarstellung $x_i = x_i(a_p, t)$ mit t als Kurvenparameter und a_i als Scharparameter. Wenn a_i als der Ort eines Teilchens für $t = 0$ gewählt wird, ist diese Parameterdarstellung mit (1.2.1) identisch.

Der Farbfaden, den man sieht, wenn man einer Strömung an einer festen Stelle Farbe zuführt, ist offenbar die materielle Kurve derjenigen Teilchen, die im Laufe der Zeit durch diesen Punkt gegangen sind. Eine solche Kurve nennt man Streichlinie. Löst man die Parameterdarstellung (1.2.1) der Bahnlinie nach a_i auf, so erhält man identisch mit (1.2.2) eine Gleichung $a_i = a_i(x_p, t)$, die angibt, welches Teilchen a_i sich zur Zeit t am Orte x_i befindet. Hat der eine Streichlinie definierende Punkt die Koordinaten y_i, so ergibt $a_i(y_p, s)$ mit s als Parameter alle Teilchen, die im Laufe der Zeit durch den Punkt y_i gehen. Durchläuft der Parameter speziell die Werte s_1 bis s_2, so erhält man diejenigen Teilchen, die während des Intervalls von $t = s_1$ bis $t = s_2$ durch diesen Punkt gehen. Die Streichlinie, d. h. der geometrische Ort dieser Teilchen zu einer beliebigen Zeit t, ist dann offenbar durch

$$x_i = x_i\big(a_p(y_q, s), t\big) \qquad (1.2.83)$$

gegeben.

Wir wollen noch untersuchen, unter welcher Bedingung Bahnlinien und Stromlinien zusammenfallen. Das ist offenbar genau dann der Fall, wenn die Teilchen, die zu einem Zeitpunkt eine Stromlinie bilden, das auch zu einem späteren Zeitpunkt tun. Indem wir in (1.2.50) a_i durch c_i ersetzen, erhalten wir als Bedingung dafür

$$\varepsilon_{ijk} c_j \frac{\partial c_k}{\partial t} = 0 \qquad \text{bzw.} \qquad \frac{\partial c_i}{\partial t} = A c_i, \qquad (1.2.84)$$

wobei $A\,(x_p,\,t)$ ein beliebiges Skalarfeld ist. Die Geschwindigkeit in einem Punkte ändert dann also ihre Richtung zeitlich nicht, d. h. die Stromlinien sind stationär.

1.2.7.4 Die substantielle Beschleunigung

Die substantielle Ableitung der Geschwindigkeit in einem strömenden Kontinuum nennt man die substantielle Beschleunigung. Wir wollen für diese Größe kein eigenes Symbol einführen, sondern sie durch ihre Definition $\dfrac{Dc_i}{Dt}$ bezeichnen. Mit (1.2.6) folgt dann

$$\frac{Dc_i}{Dt} = \frac{\partial c_i}{\partial t} + c_j\,\frac{\partial c_i}{\partial x_j}, \qquad (1.2.85)$$

speziell wenn das Geschwindigkeitsfeld quellenfrei ist, auch

$$\frac{Dc_i}{Dt} = \frac{\partial c_i}{\partial t} + \frac{\partial c_i c_j}{\partial x_j}. \qquad (1.2.86)$$

Man nennt den ersten Term in diesen Darstellungen die lokale, den zweiten Term die konvektive Beschleunigung.

Aus (1.2.85) folgt

$$\frac{Dc_i}{Dt} = \frac{\partial c_i}{\partial t} + c_j\left(\frac{\partial c_i}{\partial x_j} - \frac{\partial c_j}{\partial x_i}\right) + c_j\,\frac{\partial c_j}{\partial x_i}$$

oder unter Einführung der Rotationsgeschwindigkeit w_{ij} nach (1.2.61) und der spezifischen kinetischen Energie

$$\varepsilon = \frac{c_i{}^2}{2} \qquad (1.2.87)$$

stattdessen auch

$$\frac{Dc_i}{Dt} = \frac{\partial c_i}{\partial t} + 2\,w_{ij}c_j + \frac{\partial \varepsilon}{\partial x_i}. \qquad (1.2.88)$$

Ersetzt man darin nach (1.2.63) w_{ij} durch die Wirbelstärke u_i, so erhält man

$$\frac{Dc_i}{Dt} = \frac{\partial c_i}{\partial t} + \varepsilon_{ijk}u_j c_k + \frac{\partial \varepsilon}{\partial x_i}. \qquad (1.2.89)$$

1.2.7.5 Wirbelstärke, Zirkulation, Helmholtzsche Wirbelsätze

Man nennt die Vektorlinien des Feldes der Wirbelstärke Wirbellinien, die Vektorröhren entsprechend Wirbelröhren.

Da die Divergenz einer Rotation verschwindet, ist das Feld der Wirbelstärke nach ihrer Definition (1.2.62) quellenfrei,

$$\frac{\partial u_i}{\partial x_i} = 0 \,. \tag{1.2.90}$$

Die Intensität einer Wirbelröhre ist deshalb in jedem Querschnitt gleich. Diese Aussage nennt man den ersten Helmholtzschen Wirbelsatz.

Wir wollen untersuchen, unter welcher Bedingung die Intensität der Wirbelröhren erhalten bleibt. Nach (1.2.48) unter Beachtung von (1.2.90) muß dazu die Bedingung

$$\frac{\partial u_i}{\partial t} + \varepsilon_{ijk} \frac{\partial \varepsilon_{kmn} u_m c_n}{\partial x_j} = 0 \tag{1.2.91}$$

erfüllt sein. Indem man von (1.2.89) die Rotation nimmt, erhält man gleichwertig damit

$$\varepsilon_{ijk} \frac{\partial}{\partial x_j} \frac{D c_k}{Dt} = 0 \,. \tag{1.2.92}$$

Als Bedingung für die Erhaltung der Wirbellinien erhält man daraus nach (1.2.50)

$$\varepsilon_{ijk} u_j \varepsilon_{kmn} \frac{\partial}{\partial x_m} \frac{D c_n}{Dt} = 0 \,. \tag{1.2.93}$$

Man definiert die Zirkulation Γ längs einer geschlossenen Kurve C in einem strömenden Kontinuum durch die Gleichung

$$\Gamma = \oint_C c_i \, dx_i \,. \tag{1.2.94}$$

Unter den Gültigkeitsbedingungen des Stokesschen Satzes (1.1.45) können wir die Zirkulation auch durch die Wirbelstärke auf einer Fläche A ausdrücken, welche die Kurve C als Randkurve hat:

$$\Gamma \equiv \oint_C c_i \, dx_i = \int_A u_i \, dA_i \,. \tag{1.2.95}$$

Ersetzt man im Transporttheorem (1.2.24) für Kurven $F_{i...j}$ durch c_i, so erhält man für die zeitliche Änderung der Zirkulation längs einer geschlossenen materiellen Kurve die Beziehung

$$\frac{d}{dt} \oint_C c_i \, dx_i = \oint_C \frac{D c_i}{Dt} \, dx_i \,; \tag{1.2.96}$$

man nennt diese Gleichung den Thomsonschen Satz.

Eine Strömung, in der die zeitliche Änderung der Zirkulation längs jeder materiellen Kurve verschwindet, nennt man zirkulationserhaltend. Diese Eigenschaft hat eine Strömung nach der letzten Gleichung offenbar genau dann, wenn die substantielle Beschleunigung wirbelfrei ist. Das ist aber nach (1.2.92) gleichzeitig die Bedingung für die Erhaltung der Intensität von Wirbelröhren. Diese Aussage nennt man auch den dritten Helmholtzschen Wirbelsatz: Die Intensität von Wirbelröhren bleibt genau in zirkulationserhaltenden Bewegungen erhalten. Der zweite Helmholtzsche Wirbelsatz ist darin nach (1.2.93) enthalten: In einer zirkulationserhaltenden Bewegung „haften die Wirbel an der Materie", d. h. bleiben die Wirbellinien erhalten.

1.3 Galileische Relativitätstheorie

Physikalische Größen und physikalische Gleichungen sind zwar erfahrungsgemäß invariant gegen eine Transformation des Koordinatensystems (sofern diese Transformation unabhängig von der Zeit ist), im allgemeinen hängen sie jedoch von der Wahl des Bezugssystems ab. Wie sich physikalische Größen und physikalische Gleichungen beim Übergang auf ein anderes Bezugssystem transformieren, ist Gegenstand der Relativitätstheorie.

1.3.1 Relativ zueinander ruhende Bezugssysteme

Wir schicken den trivialen Fall voraus, daß die beiden betrachteten Bezugssysteme relativ zueinander ruhen.

Die beiden Bezugssysteme sollen als ungestrichen und gestrichen unterschieden werden, dann lauten die Transformationsgleichungen für relativ zueinander ruhende Bezugssysteme im allgemeinen Fall unter Verwendung von (1.1.3)

$$x_i = \alpha_{ij}x'_j + \bar{x}_i, \qquad x'_j = \alpha_{ji}x_j - \bar{x}_i, \tag{1.3.1}$$

$$t = t' + \bar{t}, \qquad t' = t - \bar{t}. \tag{1.3.2}$$

α_{ij} und $\bar{x}_i$ haben dieselbe Bedeutung wie in (1.1.3), $\bar{t}$ trägt einem etwaigen Unterschied im Nullpunkt der Zeitskala in beiden Systemen Rechnung. Für relativ zueinander ruhende Bezugssysteme sind die Transformationsgleichungen für Ort und Zeit also ungekoppelt.

Physikalische Größen sind Tensoren, ihre Koordinaten an einem bestimmten Ort zu einem bestimmten Zeitpunkt hängen also vom gewählten Koordinatensystem ab, genauer nur von dessen Orientierung, nicht von dessen Ursprung; man vergleiche die Formeln (1.1.4), (1.1.5) und (1.1.6). Abgesehen davon, ist der Wert einer physikalischen Größe in bezug auf eine Transformation (1.3.1), (1.3.2) erfahrungsgemäß invariant, natürlich nicht die Form der funktionalen Abhängigkeit von Ort und Zeit.

Ort und Zeit selber sind keine Tensoren, wie ein Blick auf die Transformationsformeln (1.3.1) und (1.3.2) zeigt. In physikalischen Gleichungen gehen explizit auch nie Raum- und Zeitpunkte selbst, sondern nur Abstände von Raumpunkten, also Strecken, und Abstände von Zeitpunkten, also Zeitintervalle, ein. Schreibt man (1.3.1) für zwei verschiedene Raumpunkte $\overset{1}{x_i}$ und $\overset{2}{x_i}$ hin, also $\overset{1}{x_i} = \alpha_{ij}\overset{1}{x_i'} + \bar{x}_i,\ \overset{2}{x_i} = \alpha_{ij}\overset{2}{x_i'} + \bar{x}_i$, so erhält man für den Abstand beider Raumpunkte durch Differenzbildung $\overset{2}{x_i} - \overset{1}{x_i} = \alpha_{ij}(\overset{2}{x_j'} - \overset{1}{x_j'})$. Entsprechend erhält man für den Abstand zweier Zeitpunkte $\overset{2}{t} - \overset{1}{t} = \overset{2}{t'} - \overset{1}{t'}$. Strecken und Zeitintervalle sind also Tensoren, und zwar sind Strecken Vektoren und Zeitintervalle Skalare.

Physikalische Gleichungen sind erfahrungsgemäß in bezug auf die Transformation (1.3.1), (1.3.2) invariant.

1.3.2 Die spezielle Relativitätstheorie

Wir wollen jetzt untersuchen, wie sich physikalische Größen und physikalische Gleichungen beim Übergang zwischen zwei Bezugssystemen ändern, deren Koordinatensysteme sich mit konstanter Geschwindigkeit gegeneinander bewegen; man spricht dann auch kurz von zwei mit konstanter Geschwindigkeit oder unbeschleunigt gegeneinander bewegten Bezugssystemen. Das ist der Gegenstand der speziellen Relativitätstheorie.

EINSTEIN postulierte für die spezielle Relativitätstheorie zwei Axiome:

1. Physikalische Gleichungen ändern sich beim Übergang zwischen zueinander unbeschleunigten Bezugssystemen nicht. Dafür sagt man auch, zueinander unbeschleunigte Bezugssysteme seien physikalisch ununterscheidbar oder gleichwertig.

2. Die Ausbreitungsgeschwindigkeit eines Lichtsignals (also eine bestimmte physikalische Größe) ist im Vakuum in allen physikalisch ununterscheidbaren Bezugssystemen gleich groß.

Das zuerst genannte Axiom nennt man auch das Relativitätsprinzip der speziellen Relativitätstheorie. Eine Folge davon ist, daß es physikalisch sinnlos ist, von einem ruhenden Bezugssystem zu sprechen; denn man kann es auf keine Weise von einem System unterscheiden, das sich

mit konstanter Geschwindigkeit gegen ein gedachtes ruhendes System
bewegt. Man nennt deshalb jedes System, worin physikalische Gleichungen wie in einem gedachten ruhenden System lauten, ein Inertialsystem. Man kann jetzt die Aufgabe der speziellen Relativitätstheorie
etwas enger fassen: Sie untersucht, wie sich physikalische Größen beim
Übergang zwischen zwei Inertialsystemen ändern.

Das an zweiter Stelle genannte Axiom nennt man auch das Prinzip
von der Konstanz der Lichtgeschwindigkeit. Es führt bekanntlich dazu,
daß Strecken und Zeitintervalle von verschiedenen Inertialsystemen aus
verschieden groß sind, sich also beim Übergang zwischen Inertialsystemen
ändern. Die Transformationsgesetze für Raum- und Zeitpunkte, die sich
daraus ergeben, nennt man bekanntlich die Lorentz-Transformation.

1.3.3 Die galileische Relativitätstheorie

Wie bereits zu Beginn gesagt, setzen wir bei unserer Darstellung
voraus, daß alle vorkommenden Geschwindigkeiten von Teilchen klein
gegen die Vakuumlichtgeschwindigkeit sind. Wenn das bei einer Koordinatentransformation in beiden Bezugssystemen gelten soll, muß auch
die Geschwindigkeit der beiden Bezugssysteme gegeneinander klein
gegen die Vakuumlichtgeschwindigkeit sein. Diesen Grenzfall der speziellen Relativitätstheorie wollen wir galileische Relativitätstheorie
nennen, in diesem Falle geht nämlich die Lorentz-Transformation in die
sogenannte Galilei-Transformation über:

$$x_i = \bar{x}_i + \alpha_{ij}x'_j + v_i t', \tag{1.3.3}$$

$$t = \bar{t} + t'. \tag{1.3.4}$$

Wir können ohne wesentliche Beschränkung der Allgemeinheit auch
schreiben:

$$x_i = x'_i + v_i t', \qquad x'_i = x_i - v_i t, \tag{1.3.5}$$

$$t = t', \qquad t' = t, \tag{1.3.6}$$

denn die allgemeinere Transformation (1.3.3), (1.3.4) können wir ausführen, indem wir nacheinander die Galilei-Transformation (1.3.5),
(1.3.6) und die ungekoppelte Transformation (1.3.1), (1.3.2) ausführen.
$x'_i = 0$ ist der Ursprung des gestrichenen Systems. Er hat im ungestrichenen System die Koordinaten $x_i = v_i t$ und damit die Geschwindigkeit v_i. v_i ist also die (konstante) Geschwindigkeit des gestrichenen
Systems, gemessen im ungestrichenen System.

Die galileische Relativitätstheorie kann man natürlich durch Grenzübergang aus der speziellen Relativitätstheorie gewinnen. Wir wollen
sie hier unabhängig davon axiomatisch aufbauen. Dazu übernehmen wir

das Relativitätsprinzip als Axiom und postulieren an Stelle der Konstanz der Lichtgeschwindigkeit das Transformationsgesetz (1.3.3), (1.3.4) bzw. (1.3.5), (1.3.6) für Raum- und Zeitpunkte und die Forderung, daß elektrische Ladungen sich beim Übergang zwischen Inertialsystemen nicht ändern sollen. Solche Größen, die sich beim Übergang zwischen Inertialsystemen nicht ändern, wollen wir absolute Größen nennen, alle übrigen relative Größen.

Aus den Transformationsgleichungen für Raum- und Zeitpunkte kann man wieder durch Differenzbildung die Transformationsgleichungen für Strecken und Zeitintervalle gewinnen. Zwischen den Koordinaten zweier beliebiger Raumpunkte $\overset{1}{x}_i$ und $\overset{2}{x}_i$ gilt zu jeder Zeit t nach (1.3.5) $\overset{1}{x}_i = \overset{1}{x}'_i + v_i t$, $\overset{2}{x}_i = \overset{2}{x}'_i + v_i t$. Für die Strecke dazwischen folgt daraus

$$\overset{2}{x}_i - \overset{1}{x}_i = \overset{2}{x}'_i - \overset{1}{x}'_i. \tag{1.3.7}$$

Entsprechend folgt für das Zeitintervall zwischen zwei Zeitpunkten $\overset{1}{t}$ und $\overset{2}{t}$

$$\overset{2}{t} - \overset{1}{t} = \overset{2}{t}' - \overset{1}{t}'. \tag{1.3.8}$$

Strecken und Zeitintervalle sind also gegenüber einer Galilei-Transformation invariant, während sie, wie oben erwähnt, gegenüber einer Lorentz-Transformation nicht invariant sind; sie sind mit anderen Worten im Rahmen der galileischen Relativitätstheorie absolute Größen, während sie im Rahmen der speziellen Relativitätstheorie relative Größen sind.

Wir wollen als nächstes untersuchen, wie sich die Ableitungen nach Ort und Zeit transformieren. Dazu betrachten wir eine beliebige absolute Größe F einmal im ungestrichenen und einmal im gestrichenen Bezugssystem; vereinbarungsgemäß können wir schreiben $F = F(x_i, t) = F(x'_i, t')$. Das Differential dF lautet etwa im gestrichenen Bezugssystem

$$dF = \left(\frac{\partial F}{\partial x'_i}\right)_{x'_j, x'_k, t'} dx'_i + \left(\frac{\partial F}{\partial t'}\right)_{x'_i, x'_j, x'_k} dt'.$$

Durch partielle Ableitung nach x_l folgt

$$\left(\frac{\partial F}{\partial x_l}\right)_{x_m, x_n, t} = \left(\frac{\partial F}{\partial x'_i}\right)_{x'_j, x'_k, t'} \left(\frac{\partial x'_i}{\partial x_l}\right)_{x_m, x_n, t} + \left(\frac{\partial F}{\partial t'}\right)_{x'_i, x'_j, x'_k} \left(\frac{\partial t'}{\partial x_l}\right)_{x_m, x_n, t}.$$

Aus (1.3.5) und (1.3.6) folgt (unter Fortlassung der konstant zu haltenden Variablen)

$$\frac{\partial x'_i}{\partial x_l} = \frac{\partial x_i}{\partial x_l} - v_i \frac{\partial t}{\partial x_l}, \qquad \frac{\partial t'}{\partial x_l} = \frac{\partial t}{\partial x_l}.$$

4*

Die vier Variablen eines Bezugssystems sind unabhängig voneinander, also ist

$$\frac{\partial x_i}{\partial x_l} = \delta_{il}, \qquad \frac{\partial t}{\partial x_l} = 0.$$

Damit erhält man

$$\frac{\partial F}{\partial x_l} = \frac{\partial F}{\partial x_i'} \delta_{il} = \frac{\partial F}{\partial x_l'}.$$

Entsprechend erhält man aus dem Differential dF durch partielle Ableitung nach t

$$\frac{\partial F}{\partial t} = \frac{\partial F}{\partial x_i'} \frac{\partial x_i'}{\partial t} + \frac{\partial F}{\partial t'} \frac{\partial t'}{\partial t}.$$

Aus (1.3.5) und (1.3.6) folgt

$$\frac{\partial x_i'}{\partial t} = \frac{\partial x_i}{\partial t} - v_i \frac{\partial t}{\partial t} = -v_i, \qquad \frac{\partial t'}{\partial t} = \frac{\partial t}{\partial t} = 1,$$

damit erhält man

$$\frac{\partial F}{\partial t} = -\frac{\partial F}{\partial x_i'} v_i + \frac{\partial F}{\partial t'}.$$

Die gesamten Transformationsformeln für die Ableitungen lauten also

$$\frac{\partial}{\partial x_i} = \frac{\partial}{\partial x_i'}, \qquad \frac{\partial}{\partial x_i'} = \frac{\partial}{\partial x_i}, \tag{1.3.9}$$

$$\frac{\partial}{\partial t} = \frac{\partial}{\partial t'} - v_i \frac{\partial}{\partial x_i'}, \qquad \frac{\partial}{\partial t'} = \frac{\partial}{\partial t} + v_i \frac{\partial}{\partial x_i}. \tag{1.3.10}$$

Die Ableitung nach den relativen Ortskoordinaten ist also eine absolute Größe, und die Ableitung nach der absoluten Zeit ist eine relative Größe.

Die Formel $(1.3.10)_2$ gibt eine wichtige Interpretation der Formel (1.2.6) für die substantielle Ableitung. v_i war ja die Geschwindigkeit des gestrichenen Systems, gemessen vom ungestrichenen System aus. Demnach ist die substantielle zeitliche Ableitung in einem beliebigen (ungestrichenen) System gleich der lokalen zeitlichen Ableitung in demjenigen (gestrichenen) System, das sich an dem betrachteten Ort zu der betrachteten Zeit gerade mit der Geschwindigkeit des Teilchens bewegt, das sich dann dort befindet. Ein solches Koordinatensystem wollen wir ein lokal mitbewegtes Koordinatensystem nennen; es ist natürlich an jedem Ort und zu jeder Zeit jeweils ein anderes Koordinatensystem, aber es ist an jedem Ort zu jeder Zeit ein eindeutig definiertes Koordinatensystem. Da die substantielle Ableitung in einem beliebigen Koordinatensystem gerade gleich der lokalen Ableitung in diesem lokal mitbewegten

Koordinatensystem ist, muß die substantielle Ableitung in jedem Inertialsystem denselben Wert haben, sie ist also eine absolute Größe:

$$\frac{D}{Dt} = \frac{D}{Dt'}, \qquad \frac{D}{Dt'} = \frac{D}{Dt}. \tag{1.3.11}$$

Mit Hilfe dieses Ergebnisses können wir das Transformationsgesetz für Geschwindigkeiten gewinnen. Es sei $x_i = x_i(t)$ die Bahnkurve eines Teilchens, dann folgt für seine Geschwindigkeit nach (1.2.5) durch substantielle Ableitung von (1.3.5)

$$c_i = c_i' + v_i, \qquad c_i' = c_i - v_i. \tag{1.3.12}$$

Die Geschwindigkeit ist also eine relative Größe. Durch nochmalige substantielle Ableitung folgt als Transformationsgesetz für die substantielle Beschleunigung $\dfrac{Dc_i}{Dt}$

$$\frac{Dc_i}{Dt} = \frac{Dc_i'}{Dt'}, \qquad \frac{Dc_i'}{Dt'} = \frac{Dc_i}{Dt}, \tag{1.3.13}$$

die substantielle Beschleunigung ist also eine absolute Größe.

Setzt man das Transformationsgesetz (1.3.12) für Geschwindigkeiten voraus, so kann man daraus leicht das Transformationsgesetz (1.3.11) für die substantielle Ableitung herleiten:

$$\frac{D}{Dt} = \frac{\partial}{\partial t} + c_i \frac{\partial}{\partial x_i} = \frac{\partial}{\partial t'} - v_i \frac{\partial}{\partial x_i'} + (c_i' + v_i) \frac{\partial}{\partial x_i'}$$

$$= \frac{\partial}{\partial t'} + c_i' \frac{\partial}{\partial x_i'} = \frac{D}{Dt'}.$$

Die Transformationsgesetze aller übrigen Größen könnten wir analog im Zuge unserer Darstellung aus ihren Definitionen bzw. unter Ausnutzung des Relativitätsprinzips aus unseren Postulaten gewinnen. Dabei ergäbe sich, daß alle nichtelektrischen Größen, soweit sie nicht (wie Impuls, Drehimpuls und kinetische Energie) die Geschwindigkeit enthalten, absolute Größen sind, und die Transformationsgesetze für Größen wie Impuls, Drehimpuls und kinetische Energie ergäben sich mit Hilfe des Transformationsgesetzes für Geschwindigkeiten einfach aus ihrer Definition. Wir wollen im Sinne unseres Verzichts auf axiomatische Geschlossenheit der Darstellung das nur im Zusammenhang der Kontinuitätsgleichung für die Dichte (und damit zugleich für die Masse) zeigen und werden auf relativitätstheoretische Überlegungen dann erst wieder bei den elektromagnetischen Größen zurückkommen. Solange man es nur mit Mechanik und Thermodynamik zu tun hat, ist die galileische Relativitätstheorie also trivial, die Transformationsgesetze aller Größen entsprechen der Anschauung. In der Elektrodynamik ist das dann anders, es erweisen sich Größen als relativ, von denen man es von der Anschauung her zunächst nicht vermutet.

2. Die universellen Grundgleichungen

In diesem Abschnitt werden diejenigen Grundgleichungen behandelt,
die vom Material und von der speziellen physikalischen Situation unabhängig sind und die wir deshalb als universelle Grundgleichungen bezeichnen wollen.

2.1 Kinematik

2.1.1 Die Kontinuitätsgleichung

2.1.1.1 Die Kontinuitätsgleichung für die Masse

Wir führen axiomatisch die Masse $\mathfrak{M}$ einer Teilchenmenge ein. Sie
ist untrennbar mit der Teilchenmenge verbunden, die Masse einer Teilchenmenge bleibt also zeitlich konstant. Es gilt daher für jede Teilchenmenge die (degenerierte) Bilanzgleichung

$$\frac{d\mathfrak{M}}{dt} = 0. \tag{2.1.1}$$

Diese Beziehung nennt man die Kontinuitätsgleichung.

Wir formulieren diese zunächst für diskrete Teilchenmengen (Massenpunkte, starre Körper, abgeschlossene Gasmengen) gedachte Aussage
für beliebig abgegrenzte materielle Volumina in strömenden Kontinuen:

*Die Masse eines beliebig abgegrenzten materiellen Volumens in einem
strömenden Kontinuum bleibt zeitlich konstant.*

Wir definieren die Dichte ϱ eines materiellen Volumens in einem
strömenden Kontinuum durch die Gleichung

$$\mathfrak{M} = \int_{\mathfrak{B}} \varrho \, dV, \tag{2.1.2}$$

dann lautet die Kontinuitätsgleichung für strömende Kontinuen

$$\frac{d}{dt} \int_{\mathfrak{B}} \varrho \, dV = 0. \tag{2.1.3}$$

Bei Abwesenheit von Diskontinuitätsflächen erhält man daraus nach (1.2.30) die beiden gleichwertigen differentiellen Formulierungen

$$\frac{D\varrho}{Dt} + \varrho\,\frac{\partial c_i}{\partial x_i} = 0, \tag{2.1.4}$$

$$\frac{\partial \varrho}{\partial t} + \frac{\partial \varrho c_i}{\partial x_i} = 0. \tag{2.1.5}$$

Nach (1.2.36) folgt aus (2.1.3) als integrale Formulierung über ein raumfestes Volumen

$$\frac{d}{dt}\int_V \varrho\,dV = -\oint_{A^+ + A^-} \varrho c_i\,dA_i. \tag{2.1.6}$$

Diese Gleichung läßt sich leicht anschaulich deuten:

Die Zunahme an Masse in einem beliebig abgegrenzten raumfesten Volumen in einem strömenden Kontinuum ist gleich dem Zufluß an Masse in das Volumen.

Dabei ist hier wie in allen entsprechenden Formulierungen beim Vorhandensein von bewegten Diskontinuitätsflächen der Zufluß über die Oberfläche aller Teilvolumina zu bilden, in die das betreffende Volumen durch die Diskontinuitätsflächen aufgeteilt wird. Wir deuten das in der Formel dadurch an, daß wir die Grenzen der Oberflächenintegrale durch $A^+ + A^-$ bezeichnen, weisen aber in der Deutung der Formel in Worten nicht jedesmal erneut darauf hin. Im übrigen kann man statt der aus (1.2.30) genommenen Formulierung, die wir jedesmal notieren wollen, natürlich immer auch die aus (1.2.33) folgende Formulierung verwenden, was für mache Anwendungen von Nutzen ist.

Als Grenzbedingung folgt aus (2.1.3) nach (1.2.35) $\{\varrho c_N\} - \{\varrho\} u_N = 0$. Es empfiehlt sich, die Geschwindigkeit relativ zur Diskontinuitätsfläche

$$C_i = c_i - u_i \tag{2.1.7}$$

einzuführen, dann erhält man

$$\{\varrho C_N\} = 0. \tag{2.1.8}$$

Diese Formulierung läßt sich wieder leicht anschaulich deuten:

Der Massenstrom durch eine Diskontinuitätsfläche ist relativ zur Diskontinuitätsfläche stetig.

Ist dieser Massenstrom null, also $c_N^+ = c_N^- = u_N$, so nennt man die Diskontinuitätsfläche materiell, ist dort $\{c_N\} \neq 0$, nennt man sie eine Stoßfront. Die Kontinuitätsgleichung besagt dann, daß an einer Stoßfront auch $\{\varrho\} \neq 0$ ist, und zwar hat $\{\varrho\}$ das umgekehrte Vorzeichen wie $\{c_N\}$.

2.1.1.2 Relativitätstheorie

Wir wollen uns davon überzeugen, daß nach dem Relativitätsprinzip die Dichte eine absolute Größe ist. Das Relativitätsprinzip ergibt im ungestrichenen und im gestrichenen Bezugssystem

$$\frac{D\varrho}{Dt} + \varrho\,\frac{\partial c_i}{\partial x_i} = 0, \qquad \frac{D\varrho'}{Dt'} + \varrho'\,\frac{\partial c_i'}{\partial x_i'} = 0.$$

Nun ist nach (1.3.11), (1.3.9) und (1.3.12)

$$\frac{D}{Dt} = \frac{D}{Dt'}, \quad \frac{\partial}{\partial x_i} = \frac{\partial}{\partial x_i'}, \quad c_i = c_i' + v_i,$$

also

$$\frac{\partial c_i}{\partial x_i} = \frac{\partial (c_i' + v_i)}{\partial x_i} = \frac{\partial c_i'}{\partial x_i'}$$

und damit

$$\frac{D\varrho}{Dt} + \varrho\,\frac{\partial c_i}{\partial x_i} = \frac{D\varrho}{Dt'} + \varrho\,\frac{\partial c_i'}{\partial x_i'} = 0;$$

daraus folgt

$$\varrho = \varrho', \qquad \varrho' = \varrho. \tag{2.1.9}$$

2.1.1.3 Die Kontinuitätsgleichung für das Volumen

Wir wollen jetzt in der Kontinuitätsgleichung statt der Dichte das spezifische Volumen einführen. Das spezifische Volumen v ist definiert durch die Gleichung

$$\mathfrak{V} = \int\limits_{\mathfrak{M}} v\,d\mathfrak{M}. \tag{2.1.10}$$

Schreibt man die Definitionsgleichungen (2.1.2) und (2.1.10) für Dichte und spezifisches Volumen für ein materielles Element, $d\mathfrak{M} = \varrho\,d\mathfrak{V}$, $d\mathfrak{V} = v\,d\mathfrak{M}$, so sieht man, daß zwischen den beiden Größen die Beziehung

$$\varrho = \frac{1}{v} \tag{2.1.11}$$

gilt. Wir ersetzen also in (2.1.4) ϱ durch v,

$$\frac{D\left(\dfrac{1}{v}\right)}{Dt} + \frac{1}{v}\,\frac{\partial c_i}{\partial x_i} = -\frac{1}{v^2}\,\frac{Dv}{Dt} + \frac{1}{v}\,\frac{\partial c_i}{\partial x_i} = 0,$$

dann erhalten wir gleichwertig mit (2.1.4)

$$\frac{Dv}{Dt} = v\,\frac{\partial c_i}{\partial x_i}.$$

(2.1.12)

Wir integrieren diese Gleichung über die Masse eines beliebig abgegrenzten materiellen Volumens:

$$\int\limits_{\mathfrak{M}} \frac{Dv}{Dt}\,d\mathfrak{M} = \int\limits_{\mathfrak{M}} v\,\frac{\partial c_i}{\partial x_i}\,d\mathfrak{M} = \int\limits_{\mathfrak{B}} \frac{\partial c_i}{\partial x_i}\,dV = \oint\limits_{\mathfrak{A}} c_i\,dA_i.$$

Da die Grenzen bei Integration über die Masse konstant sind, können wir noch links Integration und Differentiation vertauschen, es ist also

$$\int\limits_{\mathfrak{M}} \frac{Dv}{Dt}\,d\mathfrak{M} = \frac{d}{dt}\int\limits_{\mathfrak{M}} v\,d\mathfrak{M} = \frac{d\mathfrak{B}}{dt}.$$

Damit erhalten wir gleichwertig mit (2.1.1)

$$\frac{d\mathfrak{B}}{dt} = \oint\limits_{\mathfrak{A}} c_i\,dA_i$$

(2.1.13)

Diese Form der Kontinuitätsgleichung ist wieder anschaulich deutbar:

Die Zunahme an Volumen in einem beliebig abgegrenzten materiellen Volumen kann durch die Bewegung der Oberflächenelemente ausgedrückt werden.

Die Formen der Kontinuitätsgleichung für die Masse und für das Volumen gehen ineinander über, wenn man statt der Dichte ϱ formal ihr Reziprokes, das spezifische Volumen v, einführt. Beide Formulierungen sind also völlig gleichwertig, insbesondere hätten wir statt (2.1.1) auch (2.1.13) axiomatisch an die Spitze des Abschnitts stellen können. An (2.1.13) sieht man deutlich, daß die Kontinuitätsgleichung eine rein kinematische Beziehung ist. Durch die Substitution $v = \dfrac{1}{\varrho}$ wird der Bereich der Kinematik nicht verlassen. Es ist also sinnvoll, auch die Masse als kinematische Größe aufzufassen; sie ist im Zusammenhang der Kontinuitätsgleichung völlig getrennt vom Begriff der Kraft und im Grunde nicht mehr als eine Größe zur formelmäßigen Fassung des Begriffs des materiellen Volumens.

2.1.2 Bilanzgleichungen für Massendichten

Wenn wir in der allgemeinen Bilanzgleichung (1.2.26) für ein materielles Volumen $F_{i\ldots j}$ durch $\varrho\,F_{i\ldots j}$ ersetzen, sie also in der Form

$$\frac{d}{dt}\int_{\mathfrak{M}} F_{i\ldots j}\,d\mathfrak{M} \equiv \frac{d}{dt}\int_{\mathfrak{B}} \varrho\,F_{i\ldots j}\,dV = \int_{\mathfrak{B}} G_{i\ldots j}\,dV + \oint_{\mathfrak{A}} H_{ki\ldots j}\,dA_k, \tag{2.1.14}$$

m. a. W. für eine Massendichte statt für eine Volumendichte schreiben, ergeben sich daraus unter Ausnutzung der Kontinuitätsgleichung die in Abschnitt 1.2.5 dargestellten Umformungen in der folgenden Form:

Bei Abwesenheit von Diskontinuitätsflächen ist nach (1.2.12)

$$\frac{d}{dt}\int_{\mathfrak{B}} \varrho\,F_{i\ldots j}\,dV = \int_{\mathfrak{B}} \left\{ \frac{D\varrho\,F_{i\ldots j}}{Dt} + \varrho\,F_{i\ldots j}\,\frac{\partial c_k}{\partial x_k} \right\} dV$$

$$= \int_{\mathfrak{B}} \left\{ \varrho\,\frac{DF_{i\ldots j}}{Dt} + F_{i\ldots j}\left(\frac{D\varrho}{Dt} + \varrho\,\frac{\partial c_k}{\partial x_k} \right) \right\} dV,$$

also läßt sich das Transporttheorem wegen (2.1.4) auch

$$\frac{d}{dt}\int_{\mathfrak{B}} \varrho\,F_{i\ldots j}\,dV = \int_{\mathfrak{B}} \varrho\,\frac{DF_{i\ldots j}}{Dt}\,dV \tag{2.1.15}$$

schreiben. Gleichsetzung der Integranden in der vorletzten Formel ergibt

$$\frac{D\varrho\,F_{i\ldots j}}{Dt} + \varrho\,F_{i\ldots j}\,\frac{\partial c_k}{\partial x_k} = \varrho\,\frac{DF_{i\ldots j}}{Dt},$$

$$\frac{\partial \varrho\,F_{i\ldots j}}{\partial t} + c_k\,\frac{\partial \varrho\,F_{i\ldots j}}{\partial x_k} + \varrho\,F_{i\ldots j}\,\frac{\partial c_k}{\partial x_k} = \varrho\,\frac{DF_{i\ldots j}}{Dt},$$

$$\varrho\,\frac{DF_{i\ldots j}}{Dt} = \frac{\partial \varrho\,F_{i\ldots j}}{\partial t} + \frac{\partial \varrho\,F_{i\ldots j}\,c_k}{\partial x_k}. \tag{2.1.16}$$

Man erhält also als differentielle Formulierung von (2.1.14) analog zu (1.2.30)

$$\varrho\,\frac{DF_{i\ldots j}}{Dt} = G_{i\ldots j} + \frac{\partial H_{ki\ldots j}}{\partial x_k} \tag{2.1.17}$$

und als integrale Formulierung für ein raumfestes Volumen analog zu (1.2.32)

$$\frac{d}{dt}\int_{V} \varrho\,F_{i\ldots j}\,dV = -\oint_{A} \varrho\,F_{i\ldots j}\,c_k\,dA_k + \int_{V} G_{i\ldots j}\,dV$$

$$+ \oint_{A} H_{ki\ldots j}\,dA_k \tag{2.1.18}$$

Bei Anwesenheit von Diskontinuitätsflächen ergibt sich stattdessen analog zu (1.2.33)

$$\frac{d}{dt}\int_V \varrho\, F_{i\ldots j}\, dV = -\oint_A \varrho\, F_{i\ldots j}\, c_k\, dA_k + \int_{\mathfrak{A}} \{\varrho\, F_{i\ldots j}\}\, u_k\, dA_k$$

$$+ \int_V G_{i\ldots j}\, dV + \oint_A H_{ki\ldots j}\, dA_k \qquad (2.1.19)$$

bzw. analog zu (1.2.36)

$$\frac{d}{dt}\int_V \varrho\, F_{i\ldots j}\, dV = -\oint_{A^+ + A^-} \varrho\, F_{i\ldots j}\, c_k\, dA_k + \int_V G_{i\ldots j}\, dV$$

$$+ \oint_{A^+ + A^-} H_{ki\ldots j}\, dA_k. \qquad (2.1.20)$$

Die Grenzbedingung (1.2.35) nimmt zunächst die Form $\{\varrho\, F_{i\ldots j} C_N\}$ $= \{H_{ki\ldots j} n_k\}$ an; unter Berücksichtigung der Kontinuitätsgleichung (2.1.8) können wir dafür auch

$$\varrho_N^{\pm} C_N^{\pm} \{F_{i\ldots j}\} = \{H_{ki\ldots j} n_k\} \qquad (2.1.21)$$

schreiben, wobei der obere Index $\pm$ andeuten soll, daß es gleichgültig ist, ob man $\varrho^+ C_N^+$ oder $\varrho^- C_N^-$ nimmt, da diese beiden Größen ja gerade nach (2.1.8) gleich sind.

2.2 Mechanik

2.2.1 Die Bewegungsgleichungen

Wir definieren den Impuls $\mathfrak{J}_i$ eines Massenpunktes der Masse $\mathfrak{M}$ und der Geschwindigkeit c_i zu

$$\mathfrak{J}_i = \mathfrak{M} c_i. \qquad (2.2.1)$$

Außerdem führen wir axiomatisch die Kraft $\mathfrak{F}_i$ auf den Massenpunkt ein. Dann postulieren wir die Bilanzgleichung

$$\frac{d\mathfrak{J}_i}{dt} = \mathfrak{F}_i. \qquad (2.2.2)$$

Diese Gleichung nennt man den Impulssatz, das zweite Newtonsche Gesetz, die (erste) Bewegungsgleichung, die erste Eulersche Gleichung oder den Schwerpunktssatz.

Wir formulieren diese zunächst für Massenpunkte gedachte Aussage für beliebig abgegrenzte materielle Volumina in strömenden Kontinuen:

Die Zunahme an Impuls in einem beliebig abgegrenzten materiellen Volumen in einem strömenden Kontinuum ist gleich der daran von außen angreifenden Kraft.

Als Impuls eines materiellen Volumens in einem strömenden Kontinuum definieren wir

$$\mathfrak{J}_i = \int\limits_{\mathfrak{M}} c_i \, d\mathfrak{M} = \int\limits_{\mathfrak{B}} \varrho \, c_i \, dV. \qquad (2.2.3)$$

Die an einem materiellen Volumen angreifende Kraft besteht im allgemeinen aus einem Anteil, der an den Volumenelementen angreift, und einem Anteil, der an den Oberflächenelementen angreift:

$$\mathfrak{F}_i = \int\limits_{\mathfrak{B}} K_i \, dV + \oint\limits_{\mathfrak{A}} f_i \, dA. \qquad (2.2.4)$$

Man nennt den ersten Anteil bekanntlich die Volumenkräfte oder Massenkräfte, den anderen die Oberflächenkräfte; K_i heißt die Kraftdichte, f_i die Spannung oder der Spannungsvektor (im Gegensatz zum später zu definierenden Spannungstensor). Dann lautet der Impulssatz für strömende Kontinuen

$$\frac{d}{dt} \int\limits_{\mathfrak{B}} \varrho \, c_i \, dV = \int\limits_{\mathfrak{B}} K_i \, dV + \oint\limits_{\mathfrak{A}} f_i \, dA. \qquad (2.2.5)$$

Für die folgenden Überlegungen benötigten wir außer einem Massenpunkt mit den Koordinaten x_i einen raumfesten Bezugspunkt P mit den Koordinaten a_i. Dann gilt für den Vektor y_i vom Bezugspunkt zum Massenpunkt

$$y_i = x_i - a_i. \qquad (2.2.6)$$

Wir definieren jetzt als Moment einer beliebigen physikalischen Größe $\mathfrak{A}_{i\ldots j}$ des Massenpunkts in bezug auf den Punkt P die Größe

$$\mathfrak{B}_{im\ldots n} = \varepsilon_{ijk} \, y_i \, \mathfrak{A}_{km\ldots n}. \qquad (2.2.7)$$

Speziell definieren wir als Drehimpuls oder Drall $\mathfrak{D}_i$ das Moment des Impulses $\mathfrak{J}_i$,

$$\mathfrak{D}_i = \varepsilon_{ijk} \, y_j \, \mathfrak{J}_k, \qquad (2.2.8)$$

und als Drehmoment $\mathfrak{M}_i$ das Moment der Kraft $\mathfrak{F}_i$,

$$\mathfrak{M}_i = \varepsilon_{ijk} \, y_j \, \mathfrak{F}_k. \qquad (2.2.9)$$

Wir wollen den Impulssatz (2.2.2) mit $\varepsilon_{mni}\, y_n$ überschieben. Nun ist

$$\varepsilon_{mni} y_n \frac{d \mathfrak{I}_i}{d t} = \frac{d\, \varepsilon_{mni} y_n\, \mathfrak{I}_i}{d t} - \frac{d\, \varepsilon_{mni} y_n}{d t}\, \mathfrak{I}_i \underset{(2.2.8)}{=} \frac{d \mathfrak{D}_i}{d t} - \varepsilon_{mni} \frac{d y_n}{d t}\, \mathfrak{I}_i \,,$$

$$\varepsilon_{mni} \frac{d y_n}{d t}\, \mathfrak{I}_i \underset{\substack{(2.2.6)\\(2.2.1)}}{=} \varepsilon_{mni} \frac{d x_n}{d t}\, \mathfrak{M} c_i = \varepsilon_{mni} c_n \mathfrak{M} c_i = 0 \,,$$

d. h. es folgt die Beziehung

$$\frac{d \mathfrak{D}_i}{d t} = \mathfrak{M}_i \,. \tag{2.2.10}$$

Diese Gleichung nennt man den Drehimpulssatz, den Drallsatz, die zweite Bewegungsgleichung, die zweite Eulersche Gleichung oder den Flächensatz.

Wir formulieren diese zunächst für Massenpunkte gedachte Aussage für beliebig abgegrenzte materielle Volumina in strömenden Kontinuen:

Die Zunahme an Drehimpuls in bezug auf einen bestimmten Punkt in einem beliebig abgegrenzten materiellen Volumen in einem strömenden Kontinuum ist gleich dem daran von außen angreifenden Drehmoment in bezug auf diesen Punkt.

Als Drehimpuls bzw. Drehmoment eines materiellen Volumens in einem strömenden Kontinuum in bezug auf einen Punkt P definieren wir

$$\mathfrak{D}_i = \int\limits_{\mathfrak{M}} \varepsilon_{ijk} y_j c_k d\mathfrak{M} = \int\limits_{\mathfrak{B}} \varepsilon_{ijk} y_j \varrho\, c_k dV \,,$$

$$\mathfrak{M}_i = \int\limits_{\mathfrak{B}} \varepsilon_{ijk} y_j K_k dV + \oint\limits_{\mathfrak{A}} \varepsilon_{ijk} y_j f_k dA \,. \tag{2.2.11}$$

Damit lautet der Drehimpulssatz für strömende Kontinuen

$$\frac{d}{d t} \int\limits_{\mathfrak{B}} \varepsilon_{ijk}\, y_j\, \varrho\, c_k\, dV = \int\limits_{\mathfrak{B}} \varepsilon_{ijk}\, y_j\, K_k\, dV + \oint\limits_{\mathfrak{A}} \varepsilon_{ijk}\, y_j\, f_k\, dA \,. \tag{2.2.12}$$

Während der Drehimpulssatz (2.2.10) für einen Massenpunkt, wie wir gezeigt haben, aus dem Impulssatz (2.2.2) hergeleitet werden kann, ist es nicht möglich, (2.2.12) ohne zusätzliche Annahmen aus (2.2.5) zu gewinnen. In der Kontinuumstheorie ist der Drehimpulssatz also ein vom Impulssatz unabhängiges Axiom.

Bei bestimmten nichtnewtonschen Flüssigkeiten tritt neben dem Moment der Kraft noch ein anderer, vom Bezugspunkt unabhängiger Anteil des Drehmoments auf, den man dann axiomatisch einführen muß und den wir ein Kräftepaar nennen und mit $\mathfrak{L}_i$ bezeichnen wollen. Solche Medien nennt man polar, an die Stelle von (2.2.9) tritt dann

$$\mathfrak{M}_i = \varepsilon_{ijk} y_j \mathfrak{F}_k + \mathfrak{L}_i \,, \tag{2.2.13}$$

und in einem strömenden Kontinuum läßt sich das Kräftepaar dann analog zur Kraft nach (2.2.4) im allgemeinen zerlegen in einen Anteil, der an den Volumenelementen angreift, und einen Anteil, der an den Oberflächenelementen angreift:

$$\mathfrak{L}_i = \int\limits_{\mathfrak{B}} N_i\, dV + \oint m_i\, dA\,. \tag{2.2.14}$$

Wir wollen uns in diesem Buch auf nichtpolare Medien beschränken.

2.2.2 Umformungen des Impulssatzes

Der Impulssatz (2.2.5) unterscheidet sich von der Form (1.2.26) einer Bilanzgleichung für ein Volumen dadurch, daß das Oberflächenintegral auf der rechten Seite ein Oberflächenintegral erster Art ist. Wir können (1.2.26) auf diese Form bringen, indem wir $H_{ki\ldots j}\, dA_k = H_{ki\ldots j}\, n_k\, dA$ setzen. Die Herleitung der Gleichung (1.2.36) bzw. (2.1.20) verläuft dann entsprechend, wir können den Impulssatz also auch für ein raumfestes Volumen hinschreiben:

$$\frac{d}{dt} \int\limits_V \varrho c_i\, dV = - \oint\limits_{A^+ + A^-} \varrho c_i c_j\, dA_j + \int\limits_V K_i\, dV + \oint\limits_{A^+ + A^-} f_i\, dA\,. \tag{2.2.15}$$

Diese Formel läßt sich leicht anschaulich deuten:

Die Zunahme an Impuls in einem beliebig abgegrenzten raumfesten Volumen in einem strömenden Kontinuum ist gleich der Summe aus dem Zufluß an Impuls durch die Oberfläche und der von außen angreifenden Kraft.

Um mit dem Impulssatz in einem konkreten Fall rechnen zu können, braucht man weitere Angaben über die Art der wirksamen Kraftdichten und Spannungen. Sofern das von Fall zu Fall verschiedene Angaben sind, gehören sie nicht in den Abschnitt über universelle Grundgleichungen, sondern es handelt sich um spezielle zusätzliche Axiome. Solche Axiome werden wir später im Abschnitt über spezielle Grundgleichungen postulieren. Sofern das allerdings Angaben von derselben Allgemeingültigkeit sind wie der Impulssatz selbst, ist es sinnvoll, sie hier gleich einzuführen, auch wenn sie logisch zusätzliche Postulate darstellen. Ein solches allgemein gültiges zusätzliches Postulat ist das Cauchysche Axiom, das uns gestattet, statt des skalaren Flächenelements dA das Element dA_i des Flächenvektors einzuführen, und es uns damit ermöglicht, mittels des Gaußschen Satzes den Impulssatz in differentieller Form hinzuschreiben, wie das für die Kontinuumstheorie typisch ist. Bevor wir dieses Cauchysche Axiom formulieren, wollen wir noch den Satz vom Gleichgewicht der Oberflächenkräfte beweisen, den wir anschließend benötigen werden.

2.2.2.1 Der Satz vom Gleichgewicht der Oberflächenkräfte

Unter Berücksichtigung von (2.1.15) läßt sich (2.2.5) bei Abwesenheit von Diskontinuitätsflächen auch

$$\int\limits_V \varrho\, \frac{Dc_i}{Dt}\, dV = \int\limits_V K_i\, dV + \oint\limits_A f_i\, dA$$

schreiben. Setzt man voraus, daß alle drei Integranden nirgends unendlich werden, was physikalisch sinnvoll ist, so gehen für $V \to 0$ die beiden Volumenintegrale schneller gegen null als das Oberflächenintegral, es folgt also

$$\lim_{V \to 0} \oint\limits_A f_i\, dA = 0, \qquad (2.2.16)$$

d. h. die Oberflächenkräfte stehen auch im strömenden Medium im örtlichen Gleichgewicht.

2.2.2.2 Das Cauchysche Axiom. Der Spannungstensor

Wir postulieren das sogenannte Cauchysche Axiom: Die Spannung f_i hängt außer von Ort und Zeit nur noch von der Richtung n_i des Flächenelements ab, an dem sie angreift. Dann kann man beweisen, daß die

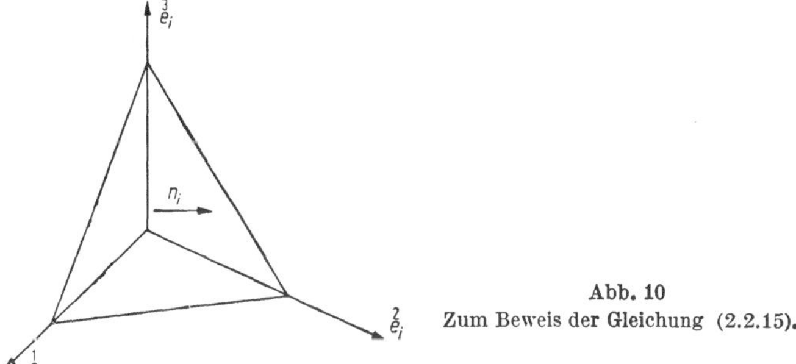

Abb. 10
Zum Beweis der Gleichung (2.2.15).

Spannung f_i eine lineare Funktion des Normaleneinheitsvektors n_i ist, m. a. W. daß f_i und n_i durch einen Feldtensor π_{ij} verknüpft sind:

$$f_i(x_p, t, n_p) = \pi_{ji}(x_p, t)\, n_j. \qquad (2.2.17)$$

Dieser Feldtensor π_{ij} heißt Spannungstensor[1].

Zum Beweis betrachte man ein raumfestes, durchströmtes, infinitesimales Tetraeder, dessen eine Fläche eine beliebige Richtung hat, während die übrigen parallel zu den Koordinatenachsen sind (Abb. 10). Die schräge Fläche habe den nach außen gerichteten Normaleneinheits-

---

[1] Manchmal definiert man auch den dazu adjungierten Tensor als Spannungstensor, dann gilt $f_i = \pi_{ij} n_j$.

64   2. Die universellen Grundgleichungen

vektor n_i und die Größe A. Es seien $\overset{1}{e_i}$, $\overset{2}{e_i}$ und $\overset{3}{e_i}$ die Einheitsvektoren in den drei Koordinatenrichtungen, dann haben die drei anderen Flächen des Tetraeders den Normaleneinheitsvektor $-\overset{1}{e_i}$, $-\overset{2}{e_i}$ bzw. $-\overset{3}{e_i}$ und die Größe $n_1 A$, $n_2 A$ bzw. $n_3 A$. Damit folgt aus dem Satz (2.2.16) vom lokalen Gleichgewicht der Oberflächenkräfte und dem Cauchyschen Axiom, wenn wir die Abhängigkeit von Ort und Zeit wie üblich unterdrücken und nur die Richtungsabhängigkeit notieren,

$$f_i(n_j)A + f_i(-\overset{k}{e_j})n_k A = 0 \qquad \text{bzw.} \qquad f_i(n_j) + f_i(-\overset{k}{e_j})n_k = 0.$$

Läßt man das Tetraeder auf eine seiner drei zueinander senkrechten Flächen zusammenschrumpfen, so folgt

$$f_i(\overset{k}{e_j}) + f_i(-\overset{k}{e_j}) = 0.$$

Setzt man das in die vorige Gleichung ein, so erhält man

$$f_i(n_j) = f_i(\overset{k}{e_j})n_k$$

bzw. durch Vergleich mit (2.2.17)

$$\pi_{ki} = f_i(\overset{k}{e_j}). \tag{2.2.18}$$

Damit ist also (2.2.17) bewiesen, und es ist gleichzeitig eine physikalische Deutung der Komponenten des darin auftretenden Tensors gegeben. Die Komponente mit dem Index k an erster Stelle und dem Index i an zweiter Stelle ist die i-te Komponente des Spannungsvektors in Richtung der k-Koordinate. Aus (2.2.17) folgt

$$f_i\, dA = \pi_{ji} n_j\, dA = \pi_{ji}\, dA_j, \tag{2.2.19}$$

und unter Einführung des Spannungstensors lautet der Impulssatz (2.2,5) dann

$$\frac{d}{dt} \int\limits_{\mathfrak{B}} \varrho c_i\, dV = \int\limits_{\mathfrak{B}} K_i\, dV + \oint\limits_{\mathfrak{A}} \pi_{ji}\, dA_j \tag{2.2.20}$$

oder nach (2.1.20), (2.1.17) bzw. (2.1.21)

$$\frac{d}{dt} \int\limits_{V} \varrho c_i\, dV = - \int\limits_{A^+ + A^-} \varrho c_i c_j\, dA_j + \int\limits_{V} K_i\, dV + \oint\limits_{A^+ + A^-} \pi_{ji}\, dA_j, \tag{2.2.21}$$

$$\varrho \frac{Dc_i}{Dt} = K_i + \frac{\partial \pi_{ji}}{\partial x_j}, \tag{2.2.22}$$

$$\varrho^\pm C_N^\pm \{c_i\} = \{\pi_{ji} n_j\} \equiv \{f_i\}. \tag{2.2.23}$$

Aus der letzten Formel lassen sich verschiedene andere gewinnen.
Zum Beispiel gilt, da $\varrho^{\pm} C_N^{\pm} \{u_N\} = 0$ ist,

$$\{\varrho\, C_N^2\} = \{\pi_{NN}\}. \tag{2.2.24}$$

Nun ist

$$\{\varrho\, C_N^2\} = \varrho^+ C_N^{-2} - \varrho^- C_N^{-2} = \frac{\varrho^+}{\varrho^-}\, C_N^{-2} \left(\varrho^- - \frac{\varrho^{-2} C_N^{-2}}{\varrho^{-2} C_N^{-2}}\, \varrho^+\right)$$

$$= \underset{(2.1.8)}{-} \frac{\varrho^+}{\varrho^-}\, C_N^{-2}\{\varrho\} = \underset{(2.1.8)}{-}\, C_N^- C_N^-\{\varrho\},$$

d. h. es gilt die Beziehung

$$C_N^- C_N^- = -\,\frac{\{\pi_{NN}\}}{\{\varrho\}}. \tag{2.2.25}$$

2.2.3 Umformungen des Drehimpulssatzes

Unter Einführung des Spannungstensors lautet der Drehimpulssatz
(2.2.12) für ein materielles Volumen

$$\frac{d}{dt} \int_{\mathfrak{B}} \varepsilon_{ijk}\, y_j \varrho\, c_k\, dV = \int_{\mathfrak{B}} \varepsilon_{ijk}\, y_j K_k\, dV + \oint_{\mathfrak{A}} \varepsilon_{ijk}\, y_j \pi_{lk}\, dA_l. \tag{2.2.26}$$

Analog dem Impulssatz können wir ihn auch für ein raumfestes Volumen
hinschreiben:

$$\frac{d}{dt} \int_V \varepsilon_{ijk}\, y_j \varrho\, c_k\, dV = -\oint_{A^+ + A^-} \varepsilon_{ijk}\, y_j c_k c_l\, dA_l + \int_V \varepsilon_{ijk}\, y_j K_k\, dV$$

$$+ \oint_{A^+ + A^-} \varepsilon_{ijk}\, y_j f_k\, \pi_{lk}\, dA_l. \tag{2.2.27}$$

Diese Formel läßt sich wieder anschaulich deuten:

*Die Zunahme an Drehimpuls in bezug auf einen bestimmten Punkt in einem
beliebig abgegrenzten raumfesten Volumen in einem strömenden Kontinuum
ist gleich der Summe aus dem Zufluß an Drehimpuls in bezug auf diesen
Punkt durch die Oberfläche und dem von außen angreifenden Drehmoment
in bezug auf diesen Punkt.*

Nach (2.1.17) folgt unter Berücksichtigung von

$$\varrho\, \varepsilon_{ijk}\, \frac{D y_j c_k}{Dt} = \varrho\, \varepsilon_{ijk}\, y_j\, \frac{D c_k}{Dt} + \varrho\, \varepsilon_{ijk}\, c_k\, \frac{D y_j}{Dt},$$

$$\varepsilon_{ijk} c_k\, \frac{D y_j}{Dt} = \varepsilon_{ijk} c_k\, \frac{D(x_j - a_j)}{Dt} = \varepsilon_{ijk} c_k\, \frac{D x_j}{Dt} = \varepsilon_{ijk} c_k c_j = 0$$

5 Schade, Kontinuumstheorie

als differentielle Formulierung

$$\varrho \, \varepsilon_{ijk} y_j \frac{Dc_k}{Dt} = \varepsilon_{ijk} y_j K_k + \frac{\partial \varepsilon_{ijk} y_j \pi_{lk}}{\partial x_l}. \tag{2.2.28}$$

Nun ist

$$\frac{\partial \varepsilon_{ijk} y_j \pi_{lk}}{\partial x_l} = \varepsilon_{ijk} y_j \frac{\partial \pi_{lk}}{\partial x_l} + \varepsilon_{ijk} \pi_{lk} \frac{\partial y_j}{\partial x_l},$$

$$\varepsilon_{ijk} \pi_{lk} \frac{\partial y_j}{\partial x_l} = \varepsilon_{ijk} \pi_{lk} \frac{\partial x_j}{\partial x_l} = \varepsilon_{ijk} \pi_{lk} \delta_{jl} = \varepsilon_{ijk} \pi_{jk}.$$

Setzt man das in (2.2.28) ein, so erhält man

$$\varepsilon_{ijk} y_j \left\{ \varrho \, \frac{Dc_k}{Dt} - K_k - \frac{\partial \pi_{lk}}{\partial x_l} \right\} = \varepsilon_{ijk} \pi_{jk}.$$

Die geschweifte Klammer verschwindet aber nach (2.2.22), also folgt als zu (2.2.28) äquivalente Aussage die Symmetrie des Spannungstensors:

$$\pi_{ij} = \pi_{ji}. \tag{2.2.29}$$

Da diese differentielle Formulierung keine räumlichen Ableitungen enthält, gibt es keine (von (2.2.23) unabhängige) Grenzbedingung.

Statt den Drehimpulssatz (2.2.26) zu postulieren und daraus die Symmetrie des Spannungstensors abzuleiten, kann man natürlich auch die Symmetrie des Spannungstensors postulieren und daraus den Drehimpulssatz (2.2.26) herleiten. In diesem Fall nennt man das Postulat von der Symmetrie des Spannungstensors häufig das Boltzmannsche Axiom.

Die Symmetrie des Spannungstensors ist gleichbedeutend mit dem lokalen Gleichgewicht des Moments der Oberflächenkräfte, wovon man sich an einem infinitesimalen, quaderförmigen Volumenelement leicht überzeugen kann. Deshalb bezeichnet man als Boltzmannsches Axiom häufig auch die Aussage, daß das Moment der Oberflächenkräfte in einem strömenden Kontinuum im lokalen Gleichgewicht steht.

2.2.4 Der Energiesatz der Mechanik

Wir definieren die kinetische Energie $\mathfrak{E}$ eines Massenpunktes der Masse $\mathfrak{M}$ und der Geschwindigkeit c_i zu

$$\mathfrak{E} = \mathfrak{M} \, \frac{c_i^2}{2}. \tag{2.2.30}$$

Außerdem definieren wir als die Leistung $\mathfrak{P}$ der äußeren Kräfte $\mathfrak{F}_i$ auf den Massenpunkt

$$\mathfrak{P} = \mathfrak{F}_i c_i. \tag{2.2.31}$$

Dann erhält man aus dem Impulssatz (2.2.2) durch Überschiebung mit c_i unter Berücksichtigung der Kontinuitätsgleichung (2.1.1)

$$c_i \frac{d\mathfrak{I}_i}{dt} = c_i \mathfrak{M} \frac{dc_i}{dt} = \mathfrak{M} \frac{1}{2} \frac{dc_i^2}{dt} = \frac{d\mathfrak{E}}{dt} = \mathfrak{P},$$

$$\frac{d\mathfrak{E}}{dt} = \mathfrak{P}. \tag{2.2.32}$$

Wenn speziell die Kraft $\mathfrak{F}_i(t)$ auf den Massenpunkt aus einem Kraftfeld $F_i(x_p, t)$ stammt, also

$$\mathfrak{F}_i(t) = F_i\big(x_p(t), t\big) \tag{2.2.33}$$

ist, wobei $x_i = x_i(t)$ die Bahnkurve des Massenpunkts ist, und außerdem das Kraftfeld $F_i(x_p, t)$ sich schreiben läßt

$$F_i(x_p, t) = - \frac{\partial W(x_p, t)}{\partial x_i}, \tag{2.2.34}$$

so nennt man W das zum Kraftfeld F_i gehörige Potentialfeld, und es ist

$$c_i F_i = -c_i \frac{\partial W}{\partial x_i} = - \frac{DW}{Dt} + \frac{\partial W}{\partial t}.$$

(c_i ist die Geschwindigkeit des Massenpunktes und hängt also nur von t ab. Die obige Formel gilt unter der allgemeineren Voraussetzung, daß c_i von x_i und t abhängt, also auch für den vorliegenden Fall, daß c_i nur von t abhängt.) Die Leistung $\mathfrak{P}(t)$ der äußeren Kräfte $\mathfrak{F}_i(t)$ auf den Massenpunkt ist also

$$\mathfrak{P}(t) = c_i \mathfrak{F}_i(t) = c_i F_i\big(x_p(t), t\big) = \left[- \frac{DW(x_p, t)}{Dt} + \frac{\partial W(x_p, t)}{\partial t} \right]_{x_p = x_p(t)}.$$

Die Große

$$\mathfrak{W}(t) = W\big(x_p(t), t\big) \tag{2.2.35}$$

nennt man die potentielle Energie des Massenpunktes. Damit läßt sich statt (2.2.32) unter den gemachten Voraussetzungen (die Kraft $\mathfrak{F}_i{}'$ auf den Massenpunkt stamme aus einem Kraftfeld F_i, das ein Potential W hat) auch schreiben

$$\frac{d(\mathfrak{E} + \mathfrak{W})}{dt} = \frac{\partial \mathfrak{W}}{\partial t}\bigg|_{x_i = x_i(t)}. \tag{2.2.36}$$

Die Gleichungen (2.2.32) bzw. (2.2.36) nennt man den Energiesatz der Mechanik.

5*

Um den Energiesatz der Mechanik auf strömende Kontinuen zu übertragen, definieren wir die kinetische Energie eines materiellen Volumens in einem strömenden Kontinuum zu

$$\mathfrak{E} = \int\limits_{\mathfrak{M}} \varepsilon \, d\mathfrak{M} = \int\limits_{\mathfrak{B}} \varrho \, \varepsilon \, dV, \qquad (2.2.37)$$

wobei ε die spezifische kinetische Energie nach (1.2.87) ist. Außerdem definieren wir die Leistung der äußeren Kräfte auf ein materielles Volumen[1] zu

$$\mathfrak{P} = \oint\limits_{\mathfrak{B}} c_i K_i \, dV + \int\limits_{\mathfrak{A}} c_i \pi_{ji} \, dA_j. \qquad (2.2.38)$$

Durch Überschiebung von (2.2.22) mit c_i erhalten wir dann wegen

$$c_i \varrho \, \frac{Dc_i}{Dt} = \varrho \, \frac{D\varepsilon}{Dt}$$

$$\varrho \, \frac{D\varepsilon}{Dt} = c_i K_i + c_i \, \frac{\partial \pi_{ji}}{\partial x_j}. \qquad (2.2.39)$$

Für die integrale Formulierung berücksichtigen wir, daß

$$c_i \, \frac{\partial \pi_{ji}}{\partial x_j} = \frac{\partial c_i \pi_{ji}}{\partial x_j} - \pi_{ji} \, \frac{\partial c_i}{\partial x_j}$$

ist. Wegen der Symmetrie von π_{ij} ist mit (1.2.56)

$$\pi_{ji} \, \frac{\partial c_i}{\partial x_j} = \pi_{ji} \, \frac{\partial c_j}{\partial x_i} = \pi_{ji} \, \frac{1}{2} \left(\frac{\partial c_j}{\partial x_i} + \frac{\partial c_i}{\partial x_j} \right) = \pi_{ji} d_{ji}.$$

Damit folgt (bei Abwesenheit von Diskontinuitätsflächen)

$$\frac{d}{dt} \int\limits_{\mathfrak{B}} \varrho \, \varepsilon \, dV = \int\limits_{\mathfrak{B}} c_i K_i \, dV + \oint\limits_{\mathfrak{A}} c_i \pi_{ji} \, dA_j$$

$$- \int\limits_{\mathfrak{B}} \pi_{ji} d_{ji} \, dV. \qquad (2.2.40)$$

---

[1] Die Leistung der Oberflächenkräfte läßt sich im allgemeinen aufteilen in einen Anteil, der durch eine Verschiebung der äußeren Berandung des materiellen Volumens zustande kommt, etwa durch die Verschiebung eines Kolbens, und in einen Anteil, der durch die Verschiebung einer inneren Berandung des materiellen Volumens zustande kommt, etwa durch die Bewegung des Laufrades einer Strömungsmaschine oder durch ein Rührwerk. Den ersten Anteil nennt man häufig die Volumenänderungsleistung, den zweiten die technische Leistung.

Diese Gleichung läßt sich anschaulich interpretieren:

Die Zunahme an kinetischer Energie in einem beliebig abgegrenzten materiellen Volumen in einem strömenden Kontinuum ist gleich der Differenz aus der Leistung der daran von außen angreifenden Kräfte und dem Volumenintegral der doppelten Überschiebung aus Spannungstensor und Tensor der Deformationsgeschwindigkeit.

Für ein raumfestes Volumen (ohne Diskontinuitätsflächen) erhält man entsprechend

$$\frac{d}{dt} \int_V \varrho\,\varepsilon\,dV = -\oint_A \varrho\,\varepsilon\,c_i\,dA_i + \int_V c_i K_i\,dV + \oint_A c_i \pi_{ji}\,dA_i$$

$$- \int_V \pi_{ji} d_{ji}\,dV. \tag{2.2.41}$$

Auch diese Gleichung läßt sich anschaulich interpretieren:

Die Zunahme an kinetischer Energie in einem beliebig abgegrenzten raumfesten Volumen in einem strömenden Kontinuum ist gleich dem Zufluß an kinetischer Energie in das Volumen, vermehrt um die Leistung der daran von außen angreifenden Kräfte und vermindert um das Volumenintegral der doppelten Überschiebung aus Spannungstensor und Tensor der Deformationsgeschwindigkeit.

Der Energiesatz der Mechanik für ein strömendes Kontinuum ist also nicht einfach über die Definitionen (2.2.37) und (2.2.38) für die kinetische Energie und die Leistung der äußeren Kräfte mit der entsprechenden Formel (2.2.32) für einen Massenpunkt identisch, sondern es kommt noch ein Term hinzu, der sich der anschaulichen Deutung zunächst entzieht. Daß die integralen Formulierungen hier nur für Volumina ohne Diskontinuitätsflächen gelten, ist eine einfache Folge ihrer Herleitung aus der differentiellen Formulierung des Impulssatzes.

Wenn sich der Quotient aus Kraftdichte und Dichte aus einem skalaren Potential herleiten läßt,

$$K_i = -\varrho\,\frac{\partial U}{\partial x_i}, \tag{2.2.42}$$

nennt man U die spezifische potentielle Energie. Dann schreibt sich der Energiesatz der Mechanik wegen

$$c_i K_i = -\varrho\, c_i\,\frac{\partial U}{\partial x_i} = -\varrho\,\frac{DU}{Dt} + \varrho\,\frac{\partial U}{\partial t}$$

$$\varrho\,\frac{D(\varepsilon + U)}{Dt} = \varrho\,\frac{\partial U}{\partial t} + c_i\,\frac{\partial \pi_{ji}}{\partial x_j}, \tag{2.2.43}$$

$$\frac{d}{dt} \int\limits_{\mathfrak{B}} \varrho\,(\varepsilon + U)\, dV = \int\limits_{\mathfrak{B}} \varrho\,\frac{\partial U}{\partial t}\, dV + \oint\limits_{\mathfrak{A}} c_i \pi_{ji}\, dA_j$$

$$- \int\limits_{\mathfrak{B}} \pi_{ji} d_{ji}\, dV, \tag{2.2.44}$$

$$\frac{d}{dt} \int\limits_{V} \varrho\,(\varepsilon + U)\, dV = - \oint\limits_{A} \varrho\,(\varepsilon + U) c_i\, dA_i + \int\limits_{V} \varrho\,\frac{\partial U}{\partial t}\, dV$$

$$+ \oint\limits_{A} c_i \pi_{ji}\, dA_j - \int\limits_{V} \pi_{ji} d_{ji}\, dV. \tag{2.2.45}$$

2.3 Thermodynamik

2.3.1 Der erste und der zweite Hauptsatz der Thermodynamik

Der Energiesatz der Mechanik hat uns gezeigt, daß die Änderung der kinetischen Energie in der Kontinuumstheorie im Gegensatz zur Punktmechanik nicht einfach gleich der Leistung der äußeren Kräfte ist, sondern daß da noch ein relativ unanschaulicher Term hinzukam. Wir führen jetzt axiomatisch zwei neue (extensive) Größen ein, die innere Energie $\mathfrak{U}$ und die Wärmezufuhr $\dot{\mathfrak{Q}}$, und postulieren mit deren Hilfe für jede Teilchenmenge die Bilanzgleichung

$$\frac{d(\mathfrak{U} + \mathfrak{E})}{dt} = \mathfrak{P} + \dot{\mathfrak{Q}}. \tag{2.3.1}$$

Diese Beziehung nennt man den ersten Hauptsatz der Thermodynamik oder den Energiesatz.

Wir formulieren diese zunächst für diskrete Teilchenmengen gedachte Aussage für beliebig abgegrenzte materielle Volumina in strömenden Kontinuen:

Die Zunahme der Summe aus innerer und kinetischer Energie in einem beliebig abgegrenzten materiellen Volumen in einem strömenden Kontinuum ist gleich der Summe aus der Leistung der äußeren Kräfte und der Wärmezufuhr.

Die innere Energie eines materiellen Volumens in einem strömenden Kontinuum schreiben wir

$$\mathfrak{U} = \int\limits_{\mathfrak{M}} u\, d\mathfrak{M} = \int\limits_{\mathfrak{B}} \varrho\,u\, dV \tag{2.3.2}$$

und nennen u die spezifische innere Energie. Die Wärmezufuhr in ein materielles Volumen setzt sich im allgemeinen aus einer Wärmeerzeugung durch Volumenwärmequellen und einem Wärmestrom durch die Oberfläche zusammen:

$$\dot{\mathfrak{Q}} = \int_{\mathfrak{B}} w \, dV - \oint_{\mathfrak{A}} q_i \, dA_i. \tag{2.3.3}$$

(Das Minuszeichen ist Konvention.) Man nennt w die Wärmequelldichte und q_i die Wärmestromdichte. Dann lautet der erste Hauptsatz für strömende Kontinuen

$$\frac{d}{dt} \int_{\mathfrak{B}} \varrho \, (u + \varepsilon) \, dV = \int_{\mathfrak{B}} c_i K_i \, dV + \oint_{\mathfrak{A}} c_i \pi_{ji} \, dA_j$$

$$+ \int_{\mathfrak{B}} w \, dV - \oint_{\mathfrak{A}} q_i \, dA_i. \tag{2.3.4}$$

Außerdem führen wir axiomatisch die Entropie $\mathfrak{S}$ und die (thermodynamische) Temperatur T ein und postulieren damit für jede Teilchenmenge die Bilanzungleichung

$$\frac{d\mathfrak{S}}{dt} \geqq \frac{\dot{\mathfrak{Q}}}{T}. \tag{2.3.5}$$

Diese Beziehung nennt man den zweiten Hauptsatz der Thermodynamik[1] oder die Entropieungleichung. $\mathfrak{S}$ ist eine extensive Größe; da $\dot{\mathfrak{Q}}$ auch eine extensive Größe ist, muß T eine intensive Größe sein.

Der zweite Hauptsatz unterscheidet sich auf dreierlei Art von den bisherigen Axiomen. Erstens legt er eine Fallunterscheidung nahe. Man kann nämlich alle in der Zeit verlaufenden Änderungen an einer Teilchenmenge aufteilen in solche, für die im zweiten Hauptsatz das Gleichheitszeichen gilt, und in solche, für die darin das Ungleichheitszeichen gilt. Der zweite Hauptsatz besagt nun, daß nur die ersteren vorwärts wie rückwärts ablaufen können, man nennt sie deshalb reversibel. Die übrigen können nur in einer Richtung ablaufen, und man nennt sie deshalb irreversibel. Bekanntlich sind alle in der Natur vorkommenden oder im Laboratorium realisierbaren Vorgänge irreversibel; reversible Vorgänge sind nur näherungsweise zu verwirklichen, spielen aber in der Theorie eine wichtige Rolle als Grenzfall wirklicher Vorgänge.

Zweitens ist der zweite Hauptsatz keine Gleichung, sondern eine Ungleichung. Mathematisch gesehen ist es unser Ziel, so viele Grundgleichungen zu postulieren, daß dieses System für die darin vorkommenden Größen gerade bestimmt ist, also grob gesagt, so viele Gleichungen

---

[1] Manche Autoren bezeichnen auch die Beziehungen (2.3.5) und (2.3.9) bzw. (2.3.10) zusammen als zweiten Hauptsatz der Thermodynamik.

zu postulieren, wie darin Größen vorkommen. Solange wir weniger Gleichungen haben, unser System also unterbestimmt ist, können wir die Größen darin noch nicht berechnen. Haben wir zu viele Gleichungen, so sind entweder einige davon aus den übrigen ableitbar, also keine Postulate, sondern Sätze, oder einige widersprechen den übrigen, dann sind es offenbar falsche Postulate. Zu diesem System von Grundgleichungen kann der zweite Hauptsatz nicht gehören, eben weil er eine Ungleichung ist; sondern wenn man mit Hilfe dieses Gleichungssystems den zeitlichen Verlauf eines Vorgangs berechnet hat, dann ist auf Grund des zweiten Hauptsatzes zu entscheiden, in welcher Richtung der Vorgang ablaufen kann. Ohne den zweiten Hauptsatz sind beide Richtungen gleichberechtigt; der zweite Hauptsatz bringt zum Ausdruck, daß in der Natur jeweils nur eine Richtung möglich ist.

Drittens tritt im zweiten Hauptsatz eine intensive Größe auf. Wir können also nicht jeder Teilchenmenge eine bestimmte einheitliche Temperatur zuordnen, sondern das obige Axiom gilt umgekehrt nur für solche Teilchenmengen, die eine einheitliche Temperatur haben. Besteht eine bestimmte Teilchenmenge aus mehreren Teilen verschiedener Temperatur, so müssen wir den zweiten Hauptsatz in der obigen Form für jede dieser Teilmengen getrennt hinschreiben. Wenn wir diese Beziehungen dann addieren, erhalten wir den zweiten Hauptsatz für die gesamte Teilchenmenge in der Form

$$\frac{d\mathfrak{S}}{dt} \geqq \sum_{\nu} \left(\frac{\dot{\mathfrak{Q}}}{T}\right)_{\nu}. \tag{2.3.6}$$

Wir formulieren diese Aussage für beliebig abgegrenzte materielle Volumina in strömenden Kontinuen:

Die Zunahme an Entropie in einem beliebig abgegrenzten materiellen Volumen in einem strömenden Kontinuum ist mindestens gleich der durch die jeweilige Temperatur dividierten Wärmezufuhr.

Wir schreiben die Entropie eines materiellen Volumens in einem strömenden Kontinuum

$$\mathfrak{S} = \int_{\mathfrak{M}} s\, d\mathfrak{M} = \int_{\mathfrak{B}} \varrho s\, dV \tag{2.3.7}$$

und nennen s die spezifische Entropie, dann lautet der zweite Hauptsatz für strömende Kontinuen

$$\frac{d}{dt} \int_{\mathfrak{B}} \varrho s\, dV \geqq \int_{\mathfrak{B}} \frac{w}{T}\, dV - \oint_{\mathfrak{A}} \frac{q_i}{T}\, dA_i. \tag{2.3.8}$$

So wie man bei den Bewegungsgleichungen noch spezielle Angaben über die Kraftdichte und den Spannungstensor braucht, um mit ihnen rechnen zu können, braucht man bei den beiden Hauptsätzen der Thermodynamik noch spezielle Angaben über die Wärmequelldichte und die Wärmestromdichte.

2.3.2 Universelle Zustandsgleichungen

Die innere Energie $\mathfrak{U}$ eines materiellen Volumens ist im ersten Hauptsatz in der Form (2.3.1) nur eine Funktion der Zeit. Wir postulieren jetzt, daß sie sich auch als Funktion anderer physikalischer Größen darstellen läßt, unter denen die Zeit und die Geschwindigkeit nicht vorkommen. Dieser funktionale Zusammenhang soll also unabhängig vom zeitlichen Verlauf von Veränderungen des materiellen Volumens und von seinem Bewegungszustand sein. Statt von der inneren Energie $\mathfrak{U}$ eines materiellen Volumens können wir auch von der spezifischen inneren Energie u eines Punktes in einem strömenden Kontinuum ausgehen, die im ersten Hauptsatz in der Form (2.3.4) eine Funktion von Ort und Zeit ist, und fordern, daß sie sich auch als Funktion anderer physikalischer Größen unabhängig von Ort, Zeit und Geschwindigkeit darstellen läßt.

Die so postulierte Beziehung kann von vielen Variablen abhängen. Wir sollen uns im folgenden auf den einfachsten Fall beschränken, daß sie nur von zwei Größen abhängt. Dazu müssen erfahrungsgemäß zusätzlich zu den bisher getroffenen Voraussetzungen folgende Bedingungen erfüllt sein:

1. Die Zusammensetzung des strömenden Mediums darf sich nicht ändern, d. h. es dürfen in der Strömung keine Stoffumwandlungen (also weder chemische Reaktionen noch Ionisation) und keine Phasenumwandlungen vorkommen, und wenn das strömende Medium ein Gemisch verschiedener Stoffe (z. B. Luft) ist, muß das Mischungsverhältnis überall gleich sein. Physikalisch realistischer müßte man formulieren, daß die Änderungen in der Zusammensetzung des strömenden Mediums vernachlässigbar sein müssen.

2. Es muß thermodynamisches Gleichgewicht herrschen. Damit ist folgendes gemeint: Wenn sich für ein strömendes Teilchen eine der Größen der postulierten Beziehung für die innere Energie ändert, hat das auf Grund dieser Beziehung auch die Änderung anderer Größen zur Folge. Diese Anpassung der übrigen Größen geschieht aber nicht momentan. Damit thermodynamisches Gleichgewicht herrscht, müssen sich nun die Größen dieser Beziehung für jedes strömende Teilchen so langsam ändern, daß die Abweichungen von der Beziehung infolge der nichtmomentanen Anpassung der übrigen Größen an die Veränderung vernachlässigbar sind.

2.3.2.1 Die allgemeine Fundamentalgleichung für die innere Energie

Wir führen axiomatisch eine neue (intensive) Größe ein, den thermodynamischen Druck p, und postulieren für eine beliebige Teilchenmenge die Beziehung

$$\frac{d\,\mathfrak{U}}{dt} = T\,\frac{d\,\mathfrak{S}}{dt} - p\,\frac{d\,\mathfrak{V}}{dt}. \qquad (2.3.9)$$

Gleichwertig damit kann man offenbar auch schreiben

$$d\,\mathfrak{U} = T\,d\,\mathfrak{S} - p\,d\,\mathfrak{V}. \qquad (2.3.10)$$

Die Beziehung (2.3.9) bzw. (2.3.10) wollen wir die allgemeine Fundamentalgleichung für die innere Energie nennen. Gleichwertig damit sind offenbar die beiden Beziehungen

$$\left(\frac{\partial\,\mathfrak{U}}{\partial\,\mathfrak{S}}\right)_{\mathfrak{V}} = T, \qquad \left(\frac{\partial\,\mathfrak{U}}{\partial\,\mathfrak{V}}\right)_{\mathfrak{S}} = -p, \qquad (2.3.11)$$

und aus (2.3.10) folgt, daß es eine Beziehung

$$\mathfrak{U} = \mathfrak{U}(\mathfrak{S},\ \mathfrak{V}) \quad \text{bzw.} \quad f(\mathfrak{U},\ \mathfrak{S},\ \mathfrak{V}) = 0 \qquad (2.3.12)$$

geben muß. Die Gleichung (2.3.9) erfüllt also die eingangs aufgestellte Forderung, daß $\mathfrak{U}$ eine von der Zeit und der Geschwindigkeit unabhängige Funktion anderer physikalischer Größen sein soll. Sie geht aber darüber hinaus, indem sie außerdem die partiellen Ableitungen von $\mathfrak{U}$ nach diesen Größen gemäß (2.3.11) mit Temperatur und Druck verknüpft.

Die Beziehung (2.3.12) braucht natürlich nicht für alle Stoffe dieselbe zu sein und ist es auch nicht; die für einen bestimmten Stoff gültige Form dieser Beziehung wollen wir seine spezielle Fundamentalgleichung für die innere Energie nennen. Beispiele dafür werden wir im Abschnitt über spezielle Grundgleichungen behandeln.

Wegen des Auftretens von intensiven Größen gilt die allgemeine Fundamentalgleichung für die innere Energie in der Form (2.3.9) bzw. (2.3.10) wie der zweite Hauptsatz in der Form (2.3.5) offenbar nur für solche Teilchenmengen, in denen p und T überall denselben Wert haben. Besteht eine Teilchenmenge aus mehreren Teilen mit verschiedenem Druck oder verschiedener Temperatur, so muß man die allgemeine Fundamentalgleichung für die innere Energie für die einzelnen Teilmengen formulieren und kann diese Gleichungen dann addieren. Analog zur Formulierung (2.3.6) des zweiten Hauptsatzes läßt sie sich dann für die gesamte Teilchenmenge in der Form

$$\frac{d\,\mathfrak{U}}{dt} = \sum_{\nu}\left(T\,\frac{d\,\mathfrak{S}}{dt}\right)_{\nu} - \sum_{\nu}\left(p\,\frac{d\,\mathfrak{V}}{dt}\right)_{\nu} \qquad (2.3.13)$$

schreiben.

Wir formulieren diese Aussage für beliebig abgegrenzte materielle Volumina:

Die Zunahme an innerer Energie in einem beliebig abgegrenzten materiellen Volumen in einem strömenden Kontinuum ist gleich der Differenz der mit der jeweiligen Temperatur multiplizierten Zunahme an Entropie und der mit dem jeweiligen Druck multiplizierten Zunahme an Volumen.

Dann lautet die allgemeine Fundamentalgleichung für die innere Energie für strömende Kontinuen

$$\frac{d}{dt}\int_{\mathfrak{V}} \varrho\, u\, dV = \int_{\mathfrak{V}} \varrho\, T\, \frac{Ds}{Dt}\, dV - \int_{\mathfrak{V}} \varrho\, p\, \frac{Dv}{Dt}\, dV. \qquad (2.3.14)$$

Daß darin auf der rechten Seite substantielle Ableitungen auftreten, kann man sich leicht klarmachen: $\dfrac{d\mathfrak{S}}{dt}$ ist die zeitliche Änderung der Entropie eines materiellen Volumens. Für ein infinitesimales materielles Volumen gilt $\varDelta\,\mathfrak{S} = s\,\varDelta\mathfrak{M}$. Die zeitliche Änderung einer Feldgröße wie s für ein Teilchen ist ihre substantielle Ableitung $\dfrac{Ds}{Dt}$, also ist $\dfrac{d(\varDelta\,\mathfrak{S})}{dt}$ $= \dfrac{Ds}{Dt}\,\varDelta\mathfrak{M} + s\,\dfrac{d(\varDelta\,\mathfrak{M})}{dt}$. Der zweite Term verschwindet nach der Kontinuitätsgleichung (2.1.1). Da die substantiellen Ableitungen in (2.3.14) räumliche Ableitungen enthalten, gilt diese Gleichung nicht über Diskontinuitätsflächen hinweg; damit gibt es auch keine Grenzbedingung, man vergleiche dazu auch die Überlegungen auf S. 33 f.

Nach (2.1.15) erhält man aus (2.3.14) die differentielle Formulierung

$$\frac{Du}{Dt} = T\,\frac{Ds}{Dt} - p\,\frac{Dv}{Dt} = T\,\frac{Ds}{Dt} + \frac{p}{\varrho^2}\,\frac{D\varrho}{Dt}. \qquad (2.3.15)$$

Gleichwertig damit können wir auch schreiben

$$du = Tds - pdv = Tds + \frac{p}{\varrho^2}\,d\varrho \qquad (2.3.16)$$

bzw.

$$\left(\frac{\partial u}{\partial s}\right)_v = \left(\frac{\partial u}{\partial s}\right)_\varrho = T, \quad \left(\frac{\partial u}{\partial v}\right)_s = -p \quad \text{bzw.} \quad \left(\frac{\partial u}{\partial \varrho}\right)_s = \frac{p}{\varrho^2}. \qquad (2.3.17)$$

Entsprechend läßt sich auch die spezielle Fundamentalgleichung für die innere Energie eines Stoffes als Beziehung zwischen den entsprechenden spezifischen Größen schreiben, also in der Form

$$u = u(s, v) \quad \text{bzw.} \quad f(u, s, v) = 0, \qquad (2.3.18)$$

wobei die der funktionale Zusammenhang in den beiden Formen (2.3.12) und (2.3.18) natürlich derselbe ist.

Es ergibt sich also, daß die differentiellen Zustandsgleichungen (2.3.15) bis (2.3.18) in den intensiven Größen für strömende Kontinuen genau dieselbe Form haben wie die entsprechenden ursprünglichen Zustandsgleichungen (2.3.9) bis (2.3.12) in extensiven Größen für Teilchenmengen mit einheitlichem Druck und einheitlicher Temperatur.

Die Zustandsgleichungen in den intensiven Größen sind hier also insofern allgemeiner gültig als die Zustandsgleichungen in extensiven Größen, als sie auch für Teilchenmengen gelten, in denen der Druck oder die Temperatur keinen einheitlichen Wert haben; andererseits sind sie natürlich weniger allgemein gültig, insofern sie nur in Kontinuen gelten.

2.3.2.2 Die allgemeine Fundamentalgleichung für die Enthalpie

In manchen Fällen ist es zweckmäßig, statt der inneren Energie einer Teilchenmenge ihre Enthalpie $\mathfrak{H}$ einzuführen, die durch die Gleichung

$$\mathfrak{H} = \mathfrak{U} + p\,\mathfrak{B} \qquad (2.3.19)$$

definiert ist. In dieser Form gilt diese Definition offenbar nur für Teilchenmessungen mit einheitlichem Druck. Besteht eine Teilchenmenge aus mehreren Teilen mit verschiedenem Druck, so müßte man stattdessen

$$\mathfrak{H} = \mathfrak{U} + \sum_{\nu} (p\,\mathfrak{B})_{\nu} \qquad (2.3.20)$$

schreiben.

Um diese Gleichung speziell für Kontinuen zu schreiben, führen wir die spezifische Enthalpie h durch die Gleichung

$$\mathfrak{H} = \int_{\mathfrak{M}} h\,d\,\mathfrak{M} = \int_{\mathfrak{B}} \varrho h\,dV \qquad (2.3.21)$$

ein und erhalten dann

$$\int_{\mathfrak{B}} \varrho h\,dV = \int_{\mathfrak{B}} \varrho u\,dV + \int_{\mathfrak{B}} p\,dV \qquad (2.3.22)$$

und daraus die differentielle Formulierung

$$h = u + pv = u + \frac{p}{\varrho}, \qquad (2.3.23)$$

die wieder formal genau der Gleichung (2.3.19) zwischen den entsprechenden extensiven Größen entspricht.

Mit Hilfe von (2.3.19) kann man aus den Gleichungen (2.3.9) bis (2.3.12) die innere Energie eliminieren und gelangt so zu völlig gleichwertigen Beziehungen, die wir die universelle bzw. spezielle Fundamentalgleichung für die Enthalpie nennen wollen. Ebenso kann man mit Hilfe von (2.3.23) aus den Gleichungen (2.3.14) bis (2.3.18) die spezifische innere Energie eliminieren und gelangt zu analogen Beziehungen zwischen den entsprechenden spezifischen Größen. Wir wollen uns hier auf diese Formulierungen beschränken.

Nach (2.3.23) ist $dh = du + p\,dv + v\,dp$. Setzt man das in (2.3.16) ein, so folgt

$$dh = T\,ds + v\,dp = T\,ds + \frac{1}{\varrho}\,dp \qquad (2.3.24)$$

bzw. gleichwertig damit

$$\frac{Dh}{Dt} = T\,\frac{Ds}{Dt} + v\,\frac{Dp}{Dt} = T\,\frac{Ds}{Dt} + \frac{1}{\varrho}\,\frac{Dp}{Dt} \qquad (2.3.25)$$

oder

$$\left(\frac{\partial h}{\partial s}\right)_p = T, \qquad \left(\frac{\partial h}{\partial p}\right)_s = v = \frac{1}{\varrho}. \qquad (2.3.26)$$

Die Beziehungen (2.3.24) bzw. (2.3.25) sind Formulierungen der universellen Fundamentalgleichung für die Enthalpie. Aus diesen Gleichungen folgt wieder, daß es immer eine spezielle Fundamentalgleichung für die Enthalpie

$$h = h(s, p) \quad \text{bzw.} \quad f(h, s, p) = 0 \qquad (2.3.27)$$

geben muß. Durch Multiplikation von (2.3.25) mit ϱ und Integration über ein materielles Volumen erhält man die zugehörige integrale Formulierung

$$\frac{d}{dt}\int_{\mathfrak{B}} \varrho h\,dV = \int_{\mathfrak{B}} \varrho T\,\frac{Ds}{Dt}\,dV + \int_{\mathfrak{B}} \frac{Dp}{Dt}\,dV. \qquad (2.3.28)$$

Die beiden letzten Abschnitte sind, wie bereits gesagt, physikalisch völlig gleichwertig. Nachdem man die spezifische Enthalpie durch die Gleichung (2.3.21) eingeführt hat, hätte man genauso gut die allgemeine Fundamentalgleichung für die Enthalpie postulieren und daraus die für die innere Energie herleiten können. Vom physikalischen Gehalt her wäre es deshalb sinnvoller, nicht je nach den darin vorkommenden Größen von verschiedenen Fundamentalgleichungen zu sprechen, sondern von verschiedenen Formen derselben Gleichung.

2.3.2.3 Zustandsgrößen, Zustandsgleichungen und Fundamental-
gleichungen

Die drei Gleichungen (2.3.11) und (2.3.12) sind formal drei von-einander unabhängige Beziehungen

$$f(T,\ \mathfrak{S},\ \mathfrak{V}) = 0, \qquad f(p,\ \mathfrak{S},\ \mathfrak{V}) = 0, \qquad f(\mathfrak{U},\ \mathfrak{S},\ \mathfrak{V}) = 0$$

zwischen den fünf Größen $\mathfrak{S}$, $\mathfrak{V}$, $\mathfrak{U}$, T und p. Durch zwei dieser fünf Größen sind also nach diesen Gleichungen die übrigen drei bestimmt. Man sagt, daß durch ein beliebiges Paar dieser Größen der thermo-dynamische Zustand der betrachteten Teilchenmenge bestimmt ist.

Dieselbe Überlegung kann man auch an den zugehörigen intensiven Größen anstellen: Die drei Gleichungen (2.3.17) und (2.3.18) sind formal drei voneinander unabhängige Beziehungen

$$f(T,\ s,\ v) = 0, \qquad f(p,\ s,\ v) = 0, \qquad f(u,\ s,\ v) = 0$$

zwischen den fünf Größen s, v, u, T und p. Durch zwei dieser fünf Größen sind also nach diesen Gleichungen die übrigen drei bestimmt. Man sagt, daß durch ein beliebiges Paar dieser Größen der thermodynamische Zustand eines Punktes im betrachteten strömenden Kontinuum be-stimmt ist.

Man nennt nun alle Größen, die für eine Teilchenmenge oder in einem Punkt eines strömenden Kontinuums allein durch die Angabe des thermodynamischen Zustands festgelegt sind, (thermodynamische) Zu-standsgrößen. Die Größen $\mathfrak{S}$, s, $\mathfrak{V}$, v, $\mathfrak{U}$, u, T, p und infolge der Defini-tionsgleichungen (2.3.19) und (2.3.23) auch $\mathfrak{H}$ und h sind demnach thermodynamische Zustandsgrößen.

Eine physikalische Gleichung, in der nur Zustandsgrößen vorkommen, nennt man eine Zustandsgleichung. Alle Gleichungen im Abschnitt 2.3.2 sind demnach Zustandsgleichungen. Unter den Zustandsgleichungen gibt es Beziehungen, die für alle Stoffe gelten und die wir deshalb universelle Zustandsgleichungen nennen wollen. Dazu gehören z. B. die Gleichungen (2.3.9) bis (2.3.11), (2.3.13) bis (2.3.17) und auch (2.3.19) bis (2.3.26). Daneben gibt es andere, die für verschiedene Stoffe verschieden sind und die wir deshalb spezielle Zustandsgleichungen nennen wollen. Dazu gehören z. B. die Gleichungen (2.3.12) und (2.3.18), wenn man dabei einen bestimmten funktionalen Zusammenhang im Auge hat und nicht bloß die Tatsache, daß so ein Zusammenhang existiert. Solche speziellen Zustandsgleichungen sind natürlich auch die aus (2.3.12) bzw. (2.3.18) durch partielle Differentiation zu gewinnenden funktionalen Zusammen-hänge $T = T(\mathfrak{S},\ \mathfrak{V})$ und $p = p(\mathfrak{S},\ \mathfrak{V})$ bzw. $T = T(s,\ v)$ und $p = p(s,\ v)$. Da der thermodynamische Zustand einer Teilchenmenge bzw. eines Punktes in einem strömenden Kontinuum durch zwei beliebige Zustandsgrößen festgelegt ist, kann man grundsätzlich jede Zustandsgröße als Funktion zweier beliebiger anderer darstellen. Alle diese Beziehungen sind spezielle Zustandsgleichungen, und umgekehrt sind spezielle Zustandsgleichungen stets Beziehungen zwischen drei Zustandsgrößen.

Wir wollen uns hier, soweit das für unsere Zwecke nötig ist, mit den universellen Zustandsgleichungen beschäftigen. Im Abschnitt über spezielle Grundgleichungen werden wir dann einige Beispiele für spezielle Zustandsgleichungen behandeln.

Offenbar sind aber nicht alle solche Zustandsgleichungen gleichwertig. Kennt man z. B. die Gleichung $u = u(s, v)$ für einen bestimmten Stoff, kann man daraus nach (2.3.17) durch Differentiation T und p und dann nach (2.3.23) h berechnen. Kennt man stattdessen die Gleichung $T = T(s, v)$, so kann man daraus die übrigen drei Größen nicht berechnen, sondern man muß außerdem noch die Gleichung $p = p(s, v)$ kennen; dann kann man daraus nach (2.3.16) durch Integration u und dann nach (2.3.23) h berechnen. Andererseits sind die beiden Gleichungen $T = T(s, v)$ und $p = p(s, v)$ nicht völlig unabhängig voneinander, sondern es gilt zwischen ihnen wegen (2.3.17) die Beziehung

$$\left(\frac{\partial T}{\partial v}\right)_s = -\left(\frac{\partial p}{\partial s}\right)_v. \tag{2.3.29}$$

Entsprechend sind die Gleichungen $T = T(s, p)$ und $v = v(s, p)$ nach (2.3.26) durch die Beziehung

$$\left(\frac{\partial T}{\partial p}\right)_s = \left(\frac{\partial v}{\partial s}\right)_p \tag{2.3.30}$$

miteinander verknüpft.

Man nennt nun eine spezielle Zustandsgleichung, aus der man allein durch Differentiation, Auflösung nach einer Variablen und algebraische Operationen alle übrigen Zustandsgrößen berechnen kann, eine spezielle Fundamentalgleichung. Es existiert dazu jeweils eine allgemeine Fundamentalgleichung, worin die drei Variablen der speziellen Fundamentalgleichung als Differentiale und außerdem zwei andere Zustandsgrößen vorkommen. (Man sieht sofort, daß die beiden bisher als spezielle Fundamentalgleichungen bezeichneten Zustandsgleichungen $f(u, s, v) = 0$ und $f(h, s, p) = 0$ diese Eigenschaften haben.) Kennt man nur eine spezielle Zustandsgleichung, die keine Fundamentalgleichung ist, so benötigt man zur Bestimmung der übrigen Zustandsgrößen noch eine zweite spezielle Zustandsgleichung, die mit der ersten in zwei Variablen übereinstimmt, und außerdem eine allgemeine Fundamentalgleichung, in der diese vier Zustandsgrößen vorkommen. Dann kann man daraus (durch Integration) die fünfte Größe in dieser Fundamentalgleichung als Funktion der beiden gemeinsamen Variablen der beiden speziellen Zustandsgleichungen und daraus dann alle übrigen thermodynamischen Zustandsgrößen bestimmen, und man kann dann immer eine zwischen den beiden speziellen Zustandsgleichungen gültige universelle Beziehung herleiten.

Kennt man beispielsweise von einem Stoff die sogenannte thermische Zustandsgleichung $p = p(v, T)$ bzw. $v = v(p, T)$, so benötigt man daneben beispielsweise noch eine sogenannte kalorische Zustandsgleichung, entweder $u = u(v, T)$ oder $h = h(p, T)$. Zu den beiden speziellen Zustandsgleichungen $p = p(v, T)$ und $u = u(v, T)$ gehört die allgemeine Fundamentalgleichung $du = T ds - p dv$. Man differenziere die allgemeine Fundamentalgleichung partiell nach den beiden gemeinsamen Variablen der beiden speziellen Zustandsgleichungen,

$$\left(\frac{\partial u}{\partial v}\right)_T = T\left(\frac{\partial s}{\partial v}\right)_T - p, \quad \left(\frac{\partial u}{\partial T}\right)_v = T\left(\frac{\partial s}{\partial T}\right)_v.$$

Diese beiden Gleichungen kann man nach den beiden partiellen Ableitungen der noch unbekannten Größe auflösen,

$$\left(\frac{\partial s}{\partial v}\right)_T = \frac{1}{T}\left(\frac{\partial u}{\partial v}\right)_T + \frac{p}{T}, \quad \left(\frac{\partial s}{\partial T}\right)_v = \frac{1}{T}\left(\frac{\partial u}{\partial T}\right)_v, \qquad (2.3.31)$$

und daraus kann man durch Integration diese Größe in der Form $s = s(v, T)$ berechnen. Außerdem kann man daraus durch kreuzweise Differentiation die gesuchte universelle Beziehung zwischen den beiden speziellen Zustandsgleichungen herleiten:

$$\left(\frac{\partial}{\partial T}\right)_v\left(\frac{\partial s}{\partial v}\right)_T = \frac{1}{T}\frac{\partial^2 u}{\partial v\,\partial T} - \frac{1}{T^2}\left(\frac{\partial u}{\partial v}\right)_T + \frac{1}{T}\left(\frac{\partial p}{\partial T}\right)_v - \frac{p}{T^2},$$

$$\left(\frac{\partial}{\partial v}\right)_T\left(\frac{\partial s}{\partial T}\right)_v = \frac{1}{T}\frac{\partial^2 u}{\partial T\,\partial v}.$$

Daraus folgt

$$\left(\frac{\partial u}{\partial v}\right)_T = T\left(\frac{\partial p}{\partial T}\right)_v - p. \qquad (2.3.32)$$

Entsprechend ergibt sich aus $v = v(p, T)$, $h = h(p, T)$, $dh = T ds + v dp$

$$\left(\frac{\partial h}{\partial p}\right)_T = T\left(\frac{\partial s}{\partial p}\right)_T + v, \quad \left(\frac{\partial h}{\partial T}\right)_p = T\left(\frac{\partial s}{\partial T}\right)_p,$$

$$\left(\frac{\partial s}{\partial p}\right)_T = \frac{1}{T}\left(\frac{\partial h}{\partial p}\right)_T - \frac{v}{T}, \quad \left(\frac{\partial s}{\partial T}\right)_p = \frac{1}{T}\left(\frac{\partial h}{\partial T}\right)_p \qquad (2.3.33)$$

und

$$\left(\frac{\partial}{\partial T}\right)_p \left(\frac{\partial s}{\partial p}\right)_T = \frac{1}{T}\frac{\partial^2 h}{\partial p\,\partial T} - \frac{1}{T^2}\left(\frac{\partial h}{\partial p}\right)_T - \frac{1}{T}\left(\frac{\partial v}{\partial T}\right)_p + \frac{v}{T^2},$$

$$\left(\frac{\partial}{\partial p}\right)_T \left(\frac{\partial s}{\partial T}\right)_p = \frac{1}{T}\frac{\partial^2 h}{\partial T\,\partial p},$$

$$\left(\frac{\partial h}{\partial p}\right)_T = -T\left(\frac{\partial v}{\partial T}\right)_p + v. \tag{2.3.34}$$

Die drei in einer Fundamentalgleichung vorkommenden thermodynamischen Zustandsgrößen sind offenbar nicht gleichwertig. Die eine dieser Größen hat jeweils die Eigenschaft, daß man aus ihren partiellen Ableitungen nach den beiden anderen Größen zwei andere thermodynamische Zustandsgrößen berechnen kann, man vergleiche dazu die Formeln (2.3.17) und (2.3.26). Diese Größe nennt man deshalb das zu den beiden anderen Größen gehörige thermodynamische Potential[1].

u ist also das zu s und v gehörige thermodynamische Potential, und h ist das zu s und p gehörige thermodynamische Potential. Deshalb verwendet man beispielsweise bei allen Problemen, bei denen die Dichte konstant bleibt, vorteilhaft u und bei allen Problemen, bei denen der Druck konstant bleibt, vorteilhaft h.

2.3.2.4 Kompressible und inkompressible Medien

Die vorstehenden Überlegungen gelten alle unter der stillschweigend gemachten Voraussetzung, daß das Medium kompressibel ist. Für ein inkompressibles Medium reduziert sich die allgemeine Fundamentalgleichung für die innere Energie in der Form (2.3.15) zu

$$\frac{Du}{Dt} = T\frac{Ds}{Dt}, \quad \varrho = \text{const}, \tag{2.3.35}$$

der thermodynamische Zustand ist dann also durch eine Zustandsgröße bestimmt. Das Volumen ist dann wie die Masse für jedes materielle Volumen eine Konstante, die Dichte ist eine Materialkonstante. Der thermodynamische Druck ist nicht definiert, dementsprechend ist auch die Enthalpie nicht definiert. Für die Temperatur ergibt sich aus der obigen Gleichung

$$T = \frac{du}{ds}. \tag{2.3.36}$$

---

[1] Ein Potential ist ganz allgemein eine Größe, deren Ableitung physikalische Bedeutung hat.

2.3.3 Umformungen des ersten Hauptsatzes

2.3.3.1 Die Langform für die innere Energie

Nach (2.1.20) folgt aus (2.3.4) für ein raumfestes Volumen

$$\frac{d}{dt} \int\limits_{V} \varrho\,(u + \varepsilon)\,dV = - \oint\limits_{A^{+}+A^{-}} \varrho\,(u + \varepsilon)\,c_i\,dA_i + \int\limits_{V} c_i K_i\,dV$$

$$+ \oint\limits_{A^{+}+A^{-}} c_i\,\pi_{ji}\,dA_j + \int\limits_{V} w\,dV - \oint\limits_{A^{+}+A^{-}} q_i\,dA_i. \tag{2.3.37}$$

Auch diese Formel läßt sich leicht anschaulich deuten:

Die Zunahme der Summe aus innerer und kinetischer Energie in einem beliebig abgegrenzten raumfesten Volumen in einem strömenden Kontinuum ist gleich der Summe aus dem Zufluß an innerer und kinetischer Energie durch die Oberfläche, der Leistung der äußeren Kräfte und der Wärmezufuhr.

Nach (2.1.17) erhält man weiter in differentieller Form

$$\varrho\,\frac{D(u + \varepsilon)}{Dt} = c_i K_i + \frac{\partial c_i \pi_{ji}}{\partial x_j} + w - \frac{\partial q_i}{\partial x_i}. \tag{2.3.38}$$

Nach (2.1.21) folgt schließlich die Grenzbedingung

$$\varrho^{\pm} C_N^{\pm}\,\{u + \varepsilon\} = \{c_i \pi_{ji} n_i - q_N\} \equiv \{c_i f_i - q_N\}. \tag{2.3.39}$$

Wenn die Volumenkräfte (oder Volumenwärmequellen) ein Potential haben, kann man natürlich in allen diesen Gleichungen und allen folgenden Formen des ersten Hauptsatzes eine potentielle Energie auf die linke Seite hinübernehmen, wie das beim Energiesatz der Mechanik vorgeführt wurde.

2.3.3.2 Die Kurzform für die innere Energie

Subtrahiert man von diesen Gleichungen den Energiesatz der Mechanik, so erhält man Gleichungen für die Änderung der inneren Energie allein:

$$\frac{d}{dt} \int\limits_{\mathfrak{B}} \varrho u\,dV = \int\limits_{\mathfrak{B}} \pi_{ji} d_{ji}\,dV + \int\limits_{\mathfrak{B}} w\,dV - \oint\limits_{\mathfrak{A}} q_i\,dA_i, \tag{2.3.40}$$

$$\frac{d}{dt} \int\limits_{V} \varrho u\,dV = - \oint\limits_{A} \varrho u c_i\,dA_i + \int\limits_{V} \pi_{ji} d_{ji}\,dV + \int\limits_{V} w\,dV - \oint\limits_{A} q_i\,dA_i, \tag{2.3.41}$$

$$\varrho\,\frac{Du}{Dt} = \pi_{ji} d_{ji} + w - \frac{\partial q_i}{\partial x_i}. \tag{2.3.42}$$

Wir wollen solche Formulierungen des ersten Hauptsatzes ohne kinetische Energie als Kurzformen bezeichnen. Wie der Energiesatz der Mechanik gelten sie nach ihrer Herleitung nur bei Abwesenheit von Diskontinuitätsflächen. Deshalb gibt es auch keine Grenzbedingung von Kurzformen.

Auch in integraler Form ist diese Gleichung wegen des Terms $\pi_{ji}d_{ji}$ nicht so anschaulich deutbar wie die Langform. Nur deshalb stellt man im allgemeinen die Langform und nicht die Kurzform als Axiom an die Spitze.

2.3.3.3 Die Kurzform für die Entropie

Wir wollen jetzt mittels der universellen Fundamentalgleichung für die innere Energie in der Kurzform des ersten Hauptsatzes die innere Energie durch die Entropie ersetzen. Da die universelle Fundamentalgleichung für die innere Energie für kompressible und inkompressible Medien verschieden lautet, müssen wir diese beiden Fälle getrennt behandeln.

Für kompressible Medien ist nach (2.3.15)

$$\varrho T \frac{Ds}{Dt} = \varrho \frac{Du}{Dt} - \frac{p}{\varrho} \frac{D\varrho}{Dt}.$$

Unter Berücksichtigung von (2.3.42) und (2.1.4) wird daraus

$$\varrho T \frac{Ds}{Dt} = \pi_{ji}d_{ji} + w - \frac{\partial q_i}{\partial x_i} + p \frac{\partial c_i}{\partial x_i}.$$

Man kann die beiden Glieder auf der rechten Seite, die nicht von einer Wärmezufuhr herrühren, zusammenfassen, indem man den Spannungstensor in zwei Anteile aufspaltet:

$$\pi_{ij} = -p\,\delta_{ij} + \tau_{ij}. \tag{2.3.43}$$

Den auf diese Weise definierten Tensor τ_{ij} nennt man den Zähigkeitsspannungstensor. Die beiden nicht von einer Wärmezufuhr herrührenden Glieder der obigen Gleichung ergeben dann zusammen $\tau_{ji}d_{ji}$, d. h. der Zähigkeitsspannungstensor ist derjenige Anteil des Spannungstensors, der zur Entropiezunahme beiträgt. Den Beitrag, den er dazu liefert, nennt man die Dissipationsfunktion Φ, es ist also

$$\Phi = \tau_{ji}d_{ji}. \tag{2.3.44}$$

Damit ergibt sich der Energiesatz in der Form

$$\varrho T \frac{Ds}{Dt} = \Phi + w - \frac{\partial q_i}{\partial x_i}. \tag{2.3.45}$$

Integration über ein materielles oder raumfestes Volumen ergibt

$$\int\limits_{\mathfrak{B},V} \varrho\, T\, \frac{Ds}{Dt}\, dV = \int\limits_{\mathfrak{B},V} \Phi\, dV + \int\limits_{\mathfrak{B},V} w\, dV - \oint\limits_{\mathfrak{A},A} q_i\, dA_i. \qquad (2.3.46)$$

Es ist hier nicht möglich, die Ableitung nach der Zeit mittels eines Transporttheorems vor das Volumenintegral zu ziehen. Nach ihrer Herleitung gilt die letzte Formel wieder nur bei Abwesenheit von Diskontinuitätsflächen.

Für inkompressible Medien gilt nach (2.3.35) und (2.3.42)

$$\varrho\, T\, \frac{Ds}{Dt} = \pi_{ji} d_{ji} + w - \frac{\partial q_i}{\partial x_i}.$$

Die Dissipationsfunktion kann man in diesem Falle also gleich $\pi_{ji} d_{ji}$ setzen. Andererseits liefert ein beliebiger isotroper Tensor, den man vom Spannungstensor abspaltet, keinen Beitrag zur Entropieerhöhung: Es sei $\pi_{ji} = a\delta_{ij} + b_{ji}$, dann folgt zunächst $\pi_{ji} d_{ji} = a\dfrac{\partial c_i}{\partial x_i} + b_{ji} d_{ji}$; nach der Kontinuitätsgleichung (2.1.4) ist aber $\dfrac{\partial c_i}{\partial x_i}$ für konstante Dichte null. Zumal der thermodynamische Druck in diesem Falle ohnehin nicht definiert ist, definiert man den Zähigkeitsspannungstensor für inkompressible Medien als den Deviatoranteil des Spannungstensors, wir schreiben

$$\pi_{ji} = -\overline{p}\,\delta_{ij} + \tau_{ji}, \quad \overline{p} = -\frac{1}{3}\pi_{ii}. \qquad (2.3.47)$$

Die Größe $\overline{p}$ nennt man den mittleren Druck. Mit diesen Definitionen gelten die Gleichungen (2.3.44) bis (2.3.46) auch für inkompressible Medien.

2.3.3.4 Die Kurzform für die Enthalpie

Speziell für kompressible Medien kann man den Energiesatz auch als Gleichung für die Änderung der Enthalpie schreiben. Dann ist nach (2.3.25) und (2.3.45)

$$\varrho\, \frac{Dh}{Dt} = \frac{Dp}{Dt} + \Phi + w - \frac{\partial q_i}{\partial x_i} \qquad (2.3.48)$$

oder nach Integration über ein materielles bzw. raumfestes Volumen (ohne Diskontinuitätsflächen)

$$\frac{d}{dt}\int\limits_{\mathfrak{B}} \varrho h\, dV = \int\limits_{\mathfrak{B}} \left\{\frac{Dp}{Dt} + \Phi + w\right\} dV - \oint\limits_{\mathfrak{A}} q_i\, dA_i, \qquad (2.3.49)$$

$$\frac{d}{dt}\int\limits_{V} \varrho h\, dV = -\oint\limits_{A} \varrho h c_i\, dA_i + \int\limits_{V} \left\{\frac{Dp}{Dt} + \Phi + w\right\} dV - \oint\limits_{A} q_i\, dA_i. \qquad (2.3.50)$$

Manchmal ist es zweckmäßig, auch eine Grenzbedingung zu besitzen, in der die Enthalpie vorkommt. Man kann eine solche Beziehung offenbar nicht aus einer Kurzform des ersten Hauptsatzes gewinnen, insbesondere nicht aus (2.3.49), da zur Herleitung der Kurzformen der Energiesatz der Mechanik benutzt wurde, der nicht über Diskontinuitätsflächen hinweg gilt. Wir gehen deshalb von der Grenzbedingung (2.3.39) aus. Wenn wir zwei Vektoren a_i und b_i nach $(1.2.16)_3$ in Normal- und Tangentialkomponente aufspalten, gilt für ihr Skalarprodukt offenbar

$$a_i b_i = a_N b_N + a_{Ti} b_{Ti}. \tag{2.3.51}$$

Damit ist

$$c_i f_i = c_N f_N + c_{Ti} f_{Ti} = c_N \pi_{NN} + c_{Ti} f_{Ti}$$

$$= \varrho\,(c_N - u_N)\frac{\pi_{NN}}{\varrho} + u_N \pi_{NN} + c_{Ti} f_{Ti}$$

$$= \varrho\,(c_N - u_N)\left(-\frac{p}{\varrho} + \frac{\tau_{NN}}{\varrho}\right) + u_N \pi_{NN} + c_{Ti} f_{Ti},$$

$$\varepsilon = \frac{1}{2}c_i^2 = \frac{1}{2}c_N^2 + \frac{1}{2}c_T^2 = \frac{1}{2}(c_N - u_N)^2 + c_N u_N - \frac{1}{2}u_N^2 + \frac{1}{2}c_T^2.$$

Für den Sprung dieser Größen erhält man unter Einführung der relativen Geschwindigkeit C_i nach (2.1.7) und unter Ausnutzung der Kontinuitätsgleichung (2.1.8)

$$\{c_i f_i\} = \varrho^\pm C_N^\pm \left\{-\frac{p}{\varrho} + \frac{\tau_{NN}}{\varrho}\right\} + \{u_N \pi_{NN} + c_{Ti} f_{Ti}\},$$

$$\{\varepsilon\} = \left\{\frac{1}{2}C_N^2 + c_N u_N + \frac{1}{2}c_T^2\right\}.$$

Setzt man das in (2.3.39) ein, so erhält man mit (2.3.23)

$$\varrho^\pm C_N^\pm \left\{h - \frac{\tau_{NN}}{\varrho} + \frac{1}{2}C_N^2 + c_N u_N + \frac{1}{2}c_T^2\right\} = \{u_N \pi_{NN} + c_{Ti} f_{Ti} - q_N\}$$

oder mit (2.2.23)

$$\varrho^\pm C_N^\pm \left\{h - \frac{\tau_{NN}}{\varrho} + \frac{1}{2}C_N^2 + \frac{1}{2}c_T^2\right\} = \{c_{Ti} f_{Ti} - q_N\}. \tag{2.3.52}$$

2.3.4 Umformungen des zweiten Hauptsatzes

Nach (2.1.20) folgt aus (2.3.8) für ein raumfestes Volumen

$$\frac{d}{dt}\int_V \varrho s\, dV \geqq -\oint_{A^+ + A^-} \varrho s c_i\, dA_i + \int_V \frac{w}{T} - \oint_{A^+ + A^-} \frac{q_i}{T}\, dA_i. \tag{2.3.53}$$

Diese Formel läßt sich wieder anschaulich deuten:

Die Zunahme an Entropie in einem beliebig abgegrenzten raumfesten Volumen in einem strömenden Kontinuum ist mindestens gleich der Summe aus dem Zufluß an Entropie durch die Oberfläche und der durch die jeweilige Temperatur dividierten Wärmezufuhr.

In differentieller Form ergibt sich nach (2.1.17)

$$\varrho \frac{Ds}{Dt} \geqq \frac{w}{T} - \frac{\partial}{\partial x_i} \frac{q_i}{T}. \tag{2.3.54}$$

Setzt man auf der linken Seite den ersten Hauptsatz in der Form (2.3.45) ein, so folgt

$$\frac{\Phi}{T} + \frac{w}{T} - \frac{1}{T} \frac{\partial q_i}{\partial x_i} \geqq \frac{w}{T} - \frac{1}{T} \frac{\partial q_i}{\partial x_i} + \frac{q_i}{T^2} \frac{\partial T}{\partial x_i}$$

oder, da T nicht negativ ist, nach Multiplikation mit T

$$\Phi - \frac{q_i}{T} \frac{\partial T}{\partial x_i} \geqq 0. \tag{2.3.55}$$

In der Regel sind die beiden Terme unabhängig voneinander, dann heißt das, daß jeder für sich nicht negativ sein darf,

$$\Phi \geqq 0, \qquad q_i \frac{\partial T}{\partial x_i} \leqq 0. \tag{2.3.56}$$

Man hätte auch (2.3.56) bzw. (2.3.55) als Axiom an die Spitze stellen und daraus (2.3.54) bzw. (2.3.8) ableiten können.

Nach (2.1.21) ergibt sich schließlich die Grenzbedingung

$$\varrho^{\pm} C_N^{\pm} \{s\} \geqq - \left[\frac{q_N}{T} \right]. \tag{2.3.57}$$

2.4 Elektrodynamik

2.4.1 Die Maxwellschen Gleichungen

2.4.1.1 Die Maxwellschen Gleichungen für materielle Bereiche

Wir führen axiomatisch die folgenden elektrodynamischen Feldgrößen ein: die Ladungsdichte γ, die substantielle oder Leitungsstromdichte j_i^*, die substantielle elektrische Feldstärke E_i^*, die magnetische Induktion B_i, die dielektrische Verschiebung D_i und die substantielle magnetische Feldstärke H_i^*. Dabei haben wir uns an die am häufigsten benutzten Namen gehalten. Von der physikalischen Bedeutung her wäre es sinnvoller, B_i magnetische Feldstärke, D_i elektrische Erregung und H_i^* substantielle magnetische Erregung zu nennen. Wir postulieren zwischen diesen Größen die vier Bilanzgleichungen

$$\oint_{\mathfrak{C}} E_i^* \, dx_i = -\frac{d}{dt} \int_{\mathfrak{A}} B_i \, dA_i, \qquad (2.4.1)$$

$$\oint_{\mathfrak{C}} H_i^* \, dx_i = \frac{d}{dt} \int_{\mathfrak{A}} D_i \, dA_i + \int_{\mathfrak{A}} j_i^* \, dA_i, \qquad (2.4.2)$$

$$\oint_{\mathfrak{A}} D_i \, dA_i = \int_{\mathfrak{B}} \gamma \, dV, \qquad (2.4.3)$$

$$\oint_{\mathfrak{A}} B_i \, dA_i = 0. \qquad (2.4.4)$$

Diese Gleichungen nennt man die Maxwellschen Gleichungen. Die erste Gleichung heißt auch das Faradaysche Induktionsgesetz, die zweite Gleichung das Ampèresche Verkettungsgesetz. Man nennt das Volumenintegral der Ladungsdichte die (elektrische) Ladung $\mathfrak{Q}$ im betrachteten Volumen und das Flächenintegral der Leitungsstromdichte den Leitungsstrom $\mathfrak{J}$ durch die betrachtete Fläche. Manchmal führt man auch für die übrigen in den Maxwellschen Gleichungen vorkommenden extensiven Größen besondere Namen ein, dann lassen sich diese Gleichungen auch einfach in Worten formulieren. Wir wollen hier darauf verzichten.

Wir haben hier genauso wie in den früheren Abschnitten die Grundgleichungen ohne Rückgriff auf Experimente postuliert, nachdem wir die darin vorkommenden Größen ohne nähere Erläuterung axiomatisch eingeführt hatten (soweit sie nicht schon bekannt waren oder sich mit Hilfe bereits bekannter Größen definieren ließen). Wenn man eine bestimmte Anzahl der so eingeführten Größen als Grundgrößen, d. h. als von vornherein anschaulich akzeptiert, lassen sich die übrigen im Laufe der Darstellung wenigstens nachträglich anschaulich deuten. Das haben wir bisher nicht getan; da uns aber die elektrodynamischen Größen im allgemeinen weniger vertraut sind als die geometrischen, kinematischen, mechanischen und thermodynamischen Größen, wollen wir in diesem Abschnitt für alle hier zu Beginn axiomatisch eingeführten Größen an geeigneter Stelle auf eine anschauliche Deutung aufmerksam machen. Dazu müssen wir eine elektrodynamische Größe als Grundgröße einführen, wir wählen dazu die Ladung.

Dann läßt sich die Ladungsdichte γ als Grenzwert des Quotienten aus der in einem Volumen befindlichen Ladung und diesem Volumen deuten, wenn das betrachtete Volumen auf einen Punkt zusammenschrumpft.

Weiter läßt sich an Hand von (2.4.3) die dielektrische Verschiebung D_i auf der Oberfläche eines Volumens als eine Erregung deuten, die von der im Volumen enthaltenen Ladung ausgeht. Diese von der Ladung ausgehende Erregung erfüllt den ganzen Raum außerhalb der Ladung. Ist der äußere Raum ladungsfrei, so hat das Flächenintegral der dielektrischen Verschiebung über jede die Ladung umschließende geschlossene Fläche denselben Wert. Die von einer Ladung ausgehende dielektrische Verschiebung stellt also ein Vektorfeld dar, das sich durch Feldlinien charakterisieren läßt, und die von Ladungen in verschiedenen Teilen des Raumes ausgehenden Erregungsfelder überlagern sich so, daß das Flächenintegral der dielektrischen Verschiebung über eine beliebige geschlossene Fläche gerade gleich der davon umschlossenen Ladung ist.

Wir betrachten ein beliebiges materielles Volumen und teilen dessen Oberfläche durch eine geschlossene Kurve darauf in zwei Flächen auf. Wenn wir auf jede dieser Flächen das Verkettungsgesetz (2.4.2) anwenden, wird die Randkurve in beiden Fällen im umgekehrten Sinne durchlaufen. Wenn wir das Verkettungsgesetz für die beiden Teilflächen addieren, fällt das Kurvenintegral also heraus, und wir erhalten für ein beliebiges materielles Volumen

$$\frac{d}{dt} \oint_{\mathfrak{A}} D_i \, dA_i + \oint_{\mathfrak{A}} j_i^* \, dA_i = 0$$

bzw. unter Verwendung von (2.4.3)

$$\frac{d}{dt} \int_{\mathfrak{B}} \gamma \, dV = -\oint_{\mathfrak{A}} j_i^* \, dA_i. \tag{2.4.5}$$

Diese Gleichung stellt eine Bilanzgleichung für die Ladung dar:

Die Zunahme an Ladung in einem beliebig abgegrenzten materiellen Volumen in einem strömenden Kontinuum ist gleich dem in das Volumen eintretenden Leitungsstrom.

Analog zur Bilanzgleichung für die Masse nennt man sie die Kontinuitätsgleichung für die Ladung.

Damit läßt sich die Leitungsstromdichte als Fluß von Ladung durch eine materielle Fläche deuten, genauer als Grenzwert der in einem Zeitintervall durch eine materielle Fläche tretenden Ladung, wenn das Zeitintervall und die Fläche gegen null gehen.

Wenn wir dieselbe Überlegung auf das Induktionsgesetz (2.4.1) anwenden, erhalten wir

$$\frac{d}{dt} \oint_{\mathfrak{A}} B_i \, dA_i = 0 \quad \text{bzw.} \quad \oint_{\mathfrak{A}} B_i \, dA_i = \text{const.}$$

Die vierte Maxwellsche Gleichung sagt aus, daß diese Konstante null ist.

2.4.1.2 Die Maxwellschen Gleichungen in differentieller Form

Die beiden Gleichungen (2.4.3) und (2.4.4) ergaben mit Hilfe des Gaußschen Satzes sofort

$$\frac{\partial D_i}{\partial x_i} = \gamma, \tag{2.4.6}$$

$$\frac{\partial B_i}{\partial x_i} = 0. \tag{2.4.7}$$

Um aus den beiden Gleichungen (2.4.1) und (2.4.2) differentielle Formulierungen zu gewinnen, muß man die zeitlichen Ableitungen mit Hilfe des Transporttheorems für Flächen unter das Integral ziehen und die Randkurvenintegrale mittels des Stokesschen Satzes in Flächenintegrale verwandeln. Ersetzt man in (1.2.19) speziell $F_{i\ldots j}$ durch F_i, so erhält man

$$\frac{d}{dt}\int_{\mathfrak{A}} F_i \, dA_i = \int_{\mathfrak{A}} \left\{ \frac{\partial F_i}{\partial t} + \frac{\partial F_m}{\partial x_m} c_i + \varepsilon_{ijk}\varepsilon_{mnk}\frac{\partial F_m c_n}{\partial x_j} \right\} dA_i. \tag{2.4.8}$$

Damit ergeben (2.4.1) und (2.4.2)

$$\frac{\partial B_i}{\partial t} + \frac{\partial B_m}{\partial x_m} c_i + \varepsilon_{ijk}\varepsilon_{mnk}\frac{\partial B_m c_n}{\partial x_j} + \varepsilon_{ijk}\frac{\partial E_k^*}{\partial x_j} = 0,$$

$$\frac{\partial D_i}{\partial t} + \frac{\partial D_m}{\partial x_m} c_i + \varepsilon_{ijk}\varepsilon_{mnk}\frac{\partial D_m c_n}{\partial x_j} + j_i^* - \varepsilon_{ijk}\frac{\partial H_k^*}{\partial x_j} = 0.$$

Unter Berücksichtigung von (2.4.6) und (2.4.7) können wir dafür schreiben

$$\varepsilon_{ijk}\frac{\partial(E_k^* - \varepsilon_{kmn}c_m B_n)}{\partial x_j} = -\frac{\partial B_i}{\partial t},$$

$$\varepsilon_{ijk}\frac{\partial(H_k^* + \varepsilon_{kmn}c_m D_n)}{\partial x_j} = \frac{\partial D_i}{\partial t} + (j_i^* + \gamma c_i).$$

Wir definieren die elektrische Feldstärke E_i, die magnetische Feldstärke H_i und die Stromdichte j_i durch die Gleichungen

$$E_i^* = E_i + \varepsilon_{ijk}c_j B_k, \tag{2.4.9}$$

$$H_i^* = H_i - \varepsilon_{ijk}c_j D_k, \tag{2.4.10}$$

$$j_i^* = j_i - \gamma c_i, \tag{2.4.11}$$

dann lauten die Gleichungen (2.4.1) und (2.4.2) in differentieller Form einfach

$$\varepsilon_{ijk}\frac{\partial E_k}{\partial x_j} = -\frac{\partial B_i}{\partial t}, \qquad (2.4.12)$$

$$\varepsilon_{ijk}\frac{\partial H_k}{\partial x_j} = \frac{\partial D_i}{\partial t} + j_i. \qquad (2.4.13)$$

Die Größe γc_i nennt man auch Konvektionsstromdichte. Nach (2.4.11) ist dann die Stromdichte in jedem Punkt die Summe aus Leitungsstromdichte und Konvektionsstromdichte.

Die Kontinuitätsgleichung für die Ladung erhält man am einfachsten, indem man von (2.4.12) die Divergenz nimmt. Dann ergibt sich

$$\frac{\partial}{\partial x_i}\left(\frac{\partial D_i}{\partial t} + j_i\right) = 0. \qquad (2.4.14)$$

Die Größe $\dfrac{\partial D_i}{\partial t}$ nennt man auch Verschiebungsstromdichte, die Summe aus Verschiebungsstromdichte und Stromdichte nennt man auch Gesamtstromdichte. Die Kontinuitätsgleichung in dieser Form besagt dann, daß es keine Quellen der Gesamtstromdichte gibt.

Setzt man (2.4.6) in (2.4.14) ein, so kann man die Verschiebungsstromdichte durch die Ladungsdichte ersetzen und erhält gleichwertig mit (2.4.14)

$$\frac{\partial \gamma}{\partial t} + \frac{\partial j_i}{\partial x_i} = 0. \qquad (2.4.15)$$

2.4.1.3 Relativitätstheorie

Wie bereits bei der Einführung der galileischen Relativitätstheorie gesagt, postulieren wir, daß die Ladung eine absolute Größe ist. Die Transformationsgleichungen für alle übrigen elektrodynamischen Größen lassen sich dann aus dem Relativitätsprinzip herleiten. Für die in den Maxwellschen Gleichungen vorkommenden Größen wollen wir sie hier angeben.

Da die Ladung und das Volumen absolute Größen sind, gilt das auch für die Ladungsdichte:

$$\gamma = \gamma', \qquad \gamma' = \gamma. \qquad (2.4.16)$$

Aus den Gleichungen (2.4.6) und (2.4.7) folgt das wegen (1.3.9) auch für die dielektrische Verschiebung und die magnetische Induktion:

$$D_i = D_i', \qquad D_i' = D_i, \qquad (2.4.17)$$

$$B_i = B_i', \qquad B_i' = B_i. \qquad (2.4.18)$$

Die drei übrigen Feldgrößen sind relative Größen, ihre Transformationsgesetze erhält man am einfachsten aus den Gleichungen (2.4.15), (2.4.12) und (2.4.13). Mit (1.3.9), (1.3.10) und (2.4.16) bis (2.4.18) folgt aus (2.4.15)

$$\frac{\partial \gamma}{\partial t} + \frac{\partial j_i}{\partial x_i} = \frac{\partial \gamma}{\partial t'} - v_i \frac{\partial \gamma}{\partial x_i'} + \frac{\partial j_i}{\partial x_i'} = \frac{\partial \gamma'}{\partial t'} + \frac{\partial (j_i - v_i \gamma')}{\partial x_i'} = 0,$$

nach dem Relativitätsprinzip ist aber auch

$$\frac{\partial \gamma'}{\partial t'} + \frac{\partial j_i'}{\partial x_i'} = 0.$$

Damit folgt durch Vergleich als Transformationsgesetz für die Stromdichte[1]

$$j_i = j_i' + \gamma' v_i, \qquad j_i' = j_i - \gamma v_i. \tag{2.4.19}$$

Analog folgt aus (2.4.12)

$$\varepsilon_{ijk} \frac{\partial E_k}{\partial x_j} + \frac{\partial B_i}{\partial t} = \varepsilon_{ijk} \frac{\partial E_k}{\partial x_j'} + \frac{\partial B_i'}{\partial t'} - v_j \frac{\partial B_i'}{\partial x_j'} = 0,$$

$$\varepsilon_{ijk} \frac{\partial E_k'}{\partial x_j'} + \frac{\partial B_i'}{\partial t'} = 0.$$

Durch Vergleich folgt

$$\varepsilon_{ijk} \frac{\partial E_k}{\partial x_j'} - v_j \frac{\partial B_i'}{\partial x_j'} = \varepsilon_{ijk} \frac{\partial E_k'}{\partial x_j'}.$$

Um auch vom zweiten Term den Operator $\varepsilon_{ijk} \dfrac{\partial}{\partial x_j'}$ abspalten zu können, addieren wir $v_i \dfrac{\partial B_j'}{\partial x_i'}$, was wegen (2.4.7) null ist. Dann ist

$$v_i \frac{\partial B_j'}{\partial x_j'} - v_j \frac{\partial B_i'}{\partial x_j'} = v_m \frac{\partial B_n'}{\partial x_j'} (\delta_{im}\delta_{jn} - \delta_{in}\delta_{jm}) = \varepsilon_{ijk}\varepsilon_{mnk} v_m \frac{\partial B_n'}{\partial x_j'}$$

$$= \varepsilon_{ijk} \frac{\partial \varepsilon_{kmn} v_m B_n'}{\partial x_j'}.$$

Damit erhält man für die elektrische Feldstärke die Transformationsformel

$$E_i = E_i' - \varepsilon_{ijk} v_j B_k', \qquad E_i' = E_i + \varepsilon_{ijk} v_j B_k. \tag{2.4.20}$$

---

[1] Strenggenommen folgt nur $j_i = j_i' + v_i \gamma + A_i$, wobei A_i divergenzfrei ist. Es zeigt sich (auch in den analogen Fällen), daß diese „Integrationskonstante" null ist.

Schließlich folgt aus (2.4.13) mit (2.4.19)

$$\varepsilon_{ijk}\frac{\partial H_k}{\partial x_j} - \frac{\partial D_i}{\partial t} - j_i = \varepsilon_{ijk}\frac{\partial H_k}{\partial x'_j} - \frac{\partial D'_i}{\partial t'} + v_j\frac{\partial D'_i}{\partial x'_j} - j'_i - v_i\frac{\partial D'_j}{\partial x'_j} = 0,$$

$$\varepsilon_{ijk}\frac{\partial H'_k}{\partial x'_j} - \frac{\partial D'_i}{\partial t'} - j'_i = 0.$$

Durch Vergleich folgt

$$\varepsilon_{ijk}\frac{\partial H_k}{\partial x'_j} + v_j\frac{\partial D'_i}{\partial x'_j} - v_i\frac{\partial D'_j}{\partial x'_j} = \varepsilon_{ijk}\frac{\partial H'_k}{\partial x'_i},$$

$$v_j\frac{\partial D'_i}{\partial x'_j} - v_i\frac{\partial D'_j}{\partial x'_j} = v_m\frac{\partial D'_n}{\partial x'_j}(\delta_{in}\delta_{jm} - \delta_{im}\delta_{jn}) = \varepsilon_{ijk}\varepsilon_{nmk}v_m\frac{\partial D'_n}{\partial x'_j}$$

$$= -\varepsilon_{ijk}\frac{\partial \varepsilon_{kmn}v_m D'_n}{\partial x'_j}.$$

Das ergibt als Transformationsformel für die magnetische Feldstärke

$$H_i = H'_i + \varepsilon_{ijk}v_j D'_k, \qquad H'_i = H_i - \varepsilon_{ijk}v_j D_k. \qquad (2.4.21)$$

Ein Vergleich der drei letzten Formeln mit den Gleichungen (2.4.9) bis (2.4.11) zeigt, daß die gesternten Größen als die ungesternten Größen in einem lokal mit der Materie mitbewegten Koordinatensystem gedeutet werden können. In Anlehnung an den Begriff der substantiellen zeitlichen Ableitung haben wir die gesternten Größen deshalb substantielle Größen genannt. Die übrigen drei elektrodynamischen Größen B_i, D_i und γ sind absolute Größen, die entsprechenden substantiellen Größen sind also mit den gewöhnlichen identisch. Wir verzichten deshalb darauf, dafür formal gesternte Größen einzuführen.

Man beachte, daß sich die Formeln (2.4.9) bis (2.4.11) für die substantiellen Größen zu den Transformationsgesetzen (2.4.19) bis (2.4.21) genauso verhalten wie die Formel (1.2.6) für die substantielle zeitliche Ableitung zum Transformationsgesetz $(1.3.10)_2$ für zeitliche Ableitungen: Die Transformationsgesetze geben an, wie sich eine bestimmte physikalische Größe bei der Ausführung einer Galilei-Transformation ändert, die anderen Formeln verknüpfen verschiedene physikalische Größen. Das drückt sich formal darin aus, daß in den Transformationsformeln die voraussetzungsgemäß räumlich und zeitlich konstante Relativgeschwindigkeit v_i der beiden betrachteten Bezugssysteme steht, während in den anderen Formeln das Geschwindigkeitsfeld c_i der untersuchten Strömung vorkommt. Ein Zusammenhang, der über die Analogie im Aufbau hinausgeht, besteht zwischen den beiden Gruppen von Formeln nur insofern, als die Transformationsformeln eine anschauliche Deutung der anderen Gleichungen ermöglichen.

2.4.1.4 Die Maxwellschen Gleichungen für raumfeste Bereiche

Die Maxwellschen Gleichungen für raumfeste Bereiche wollen wir nur bei Abwesenheit von Diskontinuitätsflächen herleiten. Dann erhalten wir durch Integration der differentiellen Formulierungen unter Verwendung des Stokesschen Satzes (1.1.45) bzw. des Gaußschen Satzes (1.1.39) und der Gleichung (1.2.8)

$$\oint_C E_i \, dx_i = -\frac{d}{dt} \int_A B_i \, dA_i, \tag{2.4.22}$$

$$\oint_C H_i \, dx_i = \frac{d}{dt} \int_A D_i \, dA_i + \int_A j_i \, dA_i, \tag{2.4.23}$$

$$\oint_A D_i \, dA_i = \int_V \gamma \, dV, \tag{2.4.24}$$

$$\oint_A B_i \, dA_i = 0. \tag{2.4.25}$$

Diese Gleichungen haben also genau dieselbe Form wie für materielle Bereiche, wenn man statt der gesternten die ungesternten Größen einsetzt, sie gelten aber nur bei Abwesenheit von Diskontinuitätsflächen.

Weniger formal läßt sich das Verhältnis der Maxwellschen Gleichungen für materielle und raumfeste Bereiche auch so beschreiben: Die Formulierungen für materielle Bereiche haben dieselbe Form wie die für raumfeste Bereiche, wenn man alle Feldgrößen in einem lokal mitbewegten Koordinatensystem mißt.

Die Kontinuitätsgleichung für die Ladung für ein raumfestes Volumen erhalten wir ebenfalls durch Integration der differentiellen Formulierung unter Verwendung des Gaußschen Satzes. Aus (2.4.14) bzw. (2.4.15) folgt dann

$$\oint_A \left\{ \frac{\partial D_i}{\partial t} + j_i \right\} dA_i = 0 \tag{2.4.26}$$

bzw. unter Verwendung von (2.4.24), (1.2.7) und (1.2.8)

$$\frac{d}{dt} \int_V \gamma \, dV = -\oint_A j_i \, dA_i. \tag{2.4.27}$$

Man nennt das Flächenintegral der Gesamtstromdichte den Gesamtstrom und das Flächenintegral der Stromdichte die Stromstärke oder den elektrischen Strom. Dann lassen sich beide Formulierungen leicht anschaulich deuten:

Der Gesamtstrom durch eine beliebig abgegrenzte raumfeste Oberfläche in einem strömenden Kontinuum verschwindet.

Die Zunahme an Ladung in einem beliebig abgegrenzten raumfesten Volumen in einem strömenden Kontinuum ist gleich der in das Volumen eintretenden Stromstärke.

Entsprechend nennt man das Flächenintegral der Verschiebungsstromdichte den Verschiebungsstrom und das Flächenintegral der Konvektionsstromdichte den Konvektionsstrom. Zwischen den verschiedenen Strömen durch eine Fläche gelten dann offenbar dieselben Beziehungen wie zwischen den zugehörigen Stromdichten: Die Stromstärke ist die Summe aus Leitungsstrom und Konvektionsstrom, und der Gesamtstrom ist die Summe aus Stromstärke und Verschiebungsstrom.

Nach (2.4.27) läßt sich die Stromstärke als Fluß von Ladung durch eine raumfeste Fläche deuten, genauer als Grenzwert der in einem Zeitintervall durch eine raumfeste Fläche tretenden Ladung, wenn das Zeitintervall gegen null geht. Entsprechend läßt sich die Stromdichte j_i als Grenzwert der in einem Zeitintervall durch eine raumfeste Fläche tretenden Ladung deuten, wenn das Zeitintervall und die Fläche gegen null gehen. Die Stromstärke ist in unserer Definition ein Skalar; die Stromdichte ist ein Vektor in Richtung des Ladungsstroms. Die Stromstärke bzw. die Stromdichte setzen sich weiter aus zwei Anteilen zusammen, von denen einer von der Konvektion von Ladung und der andere vom Ladungsfluß durch eine materielle Fläche herrührt. Der Verschiebungsstrom schließlich ist gerade so definiert, daß der Gesamtstrom durch jede raumfeste Fläche verschwindet.

Weiter läßt sich an Hand von (2.4.23) die magnetische Feldstärke H_i in der Randkurve einer Fläche als eine Erregung deuten, die von dem Gesamtstrom durch diese Fläche ausgeht. Die magnetische Feldstärke verhält sich also zum Gesamtstrom wie die dielektrische Verschiebung zur Ladung. Zur Ladung als Skalar gehört als begrenzender Bereich ein beliebiges Volumen, die zugehörige Erregung ist als Integral über die geschlossene Oberfläche dieses Volumens definiert. Zum Gesamtstrom als Vektor gehört als begrenzender Bereich eine beliebige Fläche, die zugehörige Erregung ist als Integral über die geschlossene Randkurve dieser Fläche definiert. Im übrigen gilt alles entsprechend, was im Zusammenhang mit der anschaulichen Deutung der dielektrischen Verschiebung gesagt wurde.

2.4.1.5 Die Grenzbedingungen

Nach (1.2.35) ergibt sich aus den beiden Gleichungen (2.4.3) und (2.4.4) sofort die Stetigkeit der Normalkomponenten von D_i und B_i. Da man andererseits an Grenzflächen einen Sprung in der Normalkomponente von D_i beobachtet, muß man folgern, daß die Voraussetzung, γ sei in der Umgebung einer Grenzfläche endlich, unrealistisch ist. Wir nehmen also an, daß das Produkt aus der Ladungsdichte γ und der „Höhe" dh unseres die Grenzfläche umschließenden „Zylinders" beim Grenzübergang im allgemeinen gegen eine endliche Flächenladungsdichte

$$\omega = \lim_{dh \to 0} \gamma\, dh \qquad (2.4.30)$$

geht. Dann ist

$$\lim_{dh \to 0} \gamma\, dV = \lim_{dh \to 0} \gamma\, n_i\, dh\, dA_i = \omega\, dA\,,$$

und man erhält die beiden Grenzbedingungen

$$\{D_N\} = \omega\,, \qquad (2.4.31)$$

$$\{B_N\} = 0\,. \qquad (2.4.32)$$

Um die entsprechenden Grenzbedingungen aus den beiden anderen Maxwellschen Gleichungen herzuleiten, gehen wir von der allgemeinen Bilanzgleichung (1.2.27) für Flächen aus. Wir ersetzen darin speziell $F_{i\ldots j}$, $G_{i\ldots j}$ und $H_{i\ldots j}$ durch F_i, G_i bzw. H_i, dann lautet sie

$$\frac{d}{dt} \int_{\mathfrak{A}} F_i\, dA_i = \int_{\mathfrak{A}} G_i\, dA_i + \oint_{\mathfrak{C}} H_i\, dx_i\,. \qquad (2.4.33)$$

Wir setzen auf der linken Seite das Transporttheorem (1.2.23) ein, dann erhalten wir

$$\int_A \frac{\partial F_i}{\partial t}\, dA_i + \int_A \frac{\partial F_i}{\partial x_i}\, U_j\, dA_j + \oint_C \varepsilon_{ijk} F_i c_j\, dx_k - \int_{\mathfrak{C}} \varepsilon_{ijk}\{F_i\} u_j\, dx_k$$

$$= \int_A G_i\, dA_i + \oint_C H_i\, dx_i\,.$$

Wir wenden diese Formel auf ein schmales „Rechteck" an, dessen zwei „Längsseiten" auf verschiedenen Seiten der Diskontinuitätsfläche liegen (Abb. 11), und lassen den Flächeninhalt dieses „Rechtecks" gegen

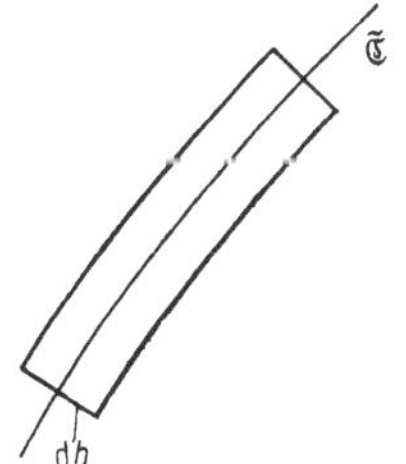

Abb. 11. Zur Ableitung der Grenzbedingung
für Flächen.

null gehen, indem wir es auf die Diskontinuitätsfläche zusammenziehen. Damit dabei alle Flächenintegrale verschwinden, müssen wir voraussetzen, daß $\dfrac{\partial F_i}{\partial t}$, $\dfrac{\partial F_i}{\partial x_i} U_j$ und G_i auf der ganzen Fläche endlich sind. Dann erhalten wir nach Ausführung des Grenzübergangs

$$\int\limits_{\mathfrak{C}} \varepsilon_{ijk} \{F_i c_j\}\, dx_k - \int\limits_{\mathfrak{C}} \varepsilon_{ijk} \{F_i\} u_j\, dx_k = \int\limits_{\mathfrak{C}} \{H_i\}\, dx_i,$$

bzw. da das für jedes Stück der Diskontinuitätsfläche gelten muß, unter Einführung von C_i nach (2.1.7)

$$\{\varepsilon_{ijk} F_i C_j\, dx_k\} = \{H_i\, dx_i\}.$$

Darin ist dx_i jetzt offenbar ein beliebiges Linienelement auf der Diskontinuitätsfläche. Es sei t_i der Einheitsvektor in Richtung von dx_i, also ein beliebiger Tangenteneinheitsvektor der Diskontinuitätsfläche, und dx der Betrag von dx_i, dann ist $dx_i = t_i\, dx$, und die Grenzbedingung läßt sich auch

$$\{\varepsilon_{ijk} F_i C_j t_k\} = \{H_i t_i\} \tag{2.4.34}$$

schreiben. Will man darin die Tangenteneinheitsvektoren durch Normaleneinheitsvektoren ersetzen, so muß man ausnutzen, daß sich alle inneren Produkte mit einem beliebigen Tangenteneinheitsvektor durch äußere Produkte mit dem zugehörigen Normaleneinheitsvektor ersetzen lassen. Man kann statt (2.4.34) also auch

$$\{\varepsilon_{ijk} \varepsilon_{kmn} F_i C_j n_m\} = \{\varepsilon_{imn} H_i n_m\} \tag{2.4.35}$$

schreiben. Die linke Seite kann man mit Hilfe von (1.1.19) weiter umformen, wir wollen das hier nicht tun.

Vergleicht man (2.4.33) mit (2.4.1) so folgt daraus nach (2.4.34)

$$\{\varepsilon_{ijk} B_i C_j t_k\} = -\{E_i^* t_i\} = -\{E_i t_i\} - \{\varepsilon_{ijk} c_j B_k t_i\},$$
$$\text{\small(2.4.9)}$$

$$\{E_i t_i\} = \varepsilon_{ijk} \{B_i\} u_j t_k. \tag{2.4.36}$$

Bei Abwesenheit bewegter Diskontinuitätsflächen sind also die Tangentialkomponenten der elektrischen Feldstärke stetig. Da nur die Normalkomponente von u_i physikalisch von Belang ist, kann man ohne Beschränkung der Allgemeinheit die Tangentialkomponenten von u_i null setzen und sieht dann, daß bei bewegter Diskontinuitätsfläche der Sprung der einen Tangentialkomponente der elektrischen Feldstärke mit dem Sprung der anderen Tangentialkomponente der magnetischen

Induktion verknüpft ist. Zum selben Ergebnis kommt man, wenn man in (2.4.36) statt der Tangenteneinheitsvektoren die Normaleneinheitsvektoren einführt. Man bekommt dann zunächst

$$\{\varepsilon_{imn} E_i n_m\} = \{\varepsilon_{ijk}\varepsilon_{kmn} B_i u_j n_m\}$$

$$= \{(\delta_{im}\delta_{jn} - \delta_{in}\delta_{jm}) B_i u_j n_m\} = \{B_N\} u_n - \{B_n\} u_N.$$

Unter Ausnutzung von (2.4.32) ergibt sich gleichwertig mit (2.4.36)

$$\{\varepsilon_{ijk} E_j n_k\} = -\{B_i\} u_N. \tag{2.4.37}$$

Bei der Herleitung einer Grenzbedingung aus (2.4.2) können wir, um im Einklang mit der Erfahrung zu bleiben, wieder nicht voraussetzen, daß die Stromdichte in der Umgebung einer Grenzfläche endlich bleibt. Wir nehmen an, daß das Produkt aus der Leitungsstromdichte j_i^* und der „Schmalseite" dh des die Grenzfläche durchdringenden „Rechtecks" beim Grenzübergang im allgemeinen gegen eine endliche Flächenleitungsstromdichte

$$G_i^* = \lim_{dh \to 0} j_i^*\, dh \tag{2.4.38}$$

geht. Dann ist

$$\lim_{dh \to 0} j_i^*\, dA_i = \lim_{dh \to 0} j_i^*\, \varepsilon_{ijk} n_j\, dh\, dx_k = \varepsilon_{ijk} G_i^* n_j t_k\, dx,$$

und man erhält

$$\{\varepsilon_{ijk} D_i C_j t_k\} = \{H_i^* t_i\} - \varepsilon_{ijk} G_i^* n_j t_k$$

$$= \{H_i t_i\} - \{\varepsilon_{ijk} c_j D_k t_i\} - \varepsilon_{ijk} G_i^* n_j t_k,$$
$$\text{(2.4.10)}$$

$$\{H_i t_i\} = -\varepsilon_{ijk}\{D_i\} u_j t_k + \varepsilon_{ijk} G_i^* n_j t_k. \tag{2.4.39}$$

Bei Abwesenheit bewegter Diskontinuitätsflächen hängt also der Sprung der einen Tangentialkomponente der magnetischen Feldstärke von der anderen Tangentialkomponente der Flächenleitungsstromdichte ab, bei Anwesenheit bewegter Diskontinuitätsflächen auch noch vom Sprung der dielektrischen Verschiebung in Richtung der wirksamen Komponente der Flächenleitungsstromdichte. Definiert man eine Flächenstromdichte

$$G_i = \lim_{dh \to 0} j_i\, dh \tag{2.4.40}$$

und ist die Geschwindigkeit c_i der Materie an der Grenzfläche stetig, so gilt wegen (2.4.11)

$$G_i^* = G_i - c_i \omega. \tag{2.4.41}$$

Man kann das in die Grenzbedingung (2.4.39) einführen und außerdem wieder wie zuvor die Tangenteneinheitsvektoren durch die Normaleneinheitsvektoren ersetzen, die Formel wird dadurch allerdings komplizierter, und wir wollen das deshalb hier nicht tun.

Wir wollen schließlich noch aus der Kontinuitätsgleichung (2.4.5) eine Grenzbedingung herleiten. Dabei müssen wir zulassen, daß $\dfrac{\partial \gamma}{\partial t}$ in der Umgebung der Grenzfläche unendlich wird, es ist

$$\lim_{dh \to 0} \frac{\partial \gamma}{\partial t}\, dV = \lim_{dh \to 0} \frac{\partial \gamma}{\partial t}\, n_i\, dh\, dA_i \underset{(2.4.30)}{=} \frac{\partial \omega}{\partial t}\, dA,$$

damit erhalten wir

$$\frac{\partial \omega}{\partial t} + \{\gamma c_N\} - \{\gamma\} u_N = -\{j_N^*\} = -\{j_N\} + \{\gamma c_N\},$$

$$\frac{\partial \omega}{\partial t} - \{\gamma\} u_N = -\{j_N\}. \tag{2.4.42}$$

Bei Abwesenheit bewegter Diskontinuitätsflächen ist also die zeitliche Änderung der Flächenladungsdichte negativ gleich dem Sprung der Normalkomponente der Stromdichte, bei Anwesenheit bewegter Diskontinuitätsflächen liefert auch der Sprung der Ladungsdichte einen Beitrag zu dieser Bilanz.

2.4.2 Der Energiesatz der Elektrodynamik
Der Poyntingsche Vektor

So wie wir aus dem Impulssatz durch Umformung ohne zusätzliche Postulate den Energiesatz der Mechanik gewonnen haben, kann man auch aus den Maxwellschen Gleichungen eine Beziehung herleiten, die sich dimensionell als Energiesatz deuten läßt und die man den Energiesatz der Elektrodynamik oder den Poyntingschen Satz nennt. Man benötigt dazu allerdings zwei Hilfsgrößen $\hat{\varepsilon}$ und $\hat{\mu}$, von denen nur zu fordern ist, daß sie Skalare sind, eine bestimmte Dimension haben und räumlich und zeitlich konstant sind, und zwar soll die Dimension dieser Hilfsgrößen durch die Gleichungen

$$\dim D_i = \dim \hat{\varepsilon}\, \dim E_i, \qquad \dim B_i = \dim \hat{\mu}\, \dim H_i \tag{2.4.43}$$

festgelegt sein. Der Wert dieser beiden Hilfsgrößen, der durch ihre Maßzahl in einem bestimmten Einheitensystem anzugeben wäre, kann offenbleiben; wie wir in den Abschnitten 3.5.2 und 5.5.3 sehen werden, sind durchaus verschiedene Zuordnungen für $\hat{\varepsilon}$ und $\hat{\mu}$ sinnvoll und kommen auch in der Literatur nebeneinander vor. Wie beim Energiesatz der Mechanik beschränken wir uns auf den Fall, daß alle Größen überall stetig sind.

Wir bilden das innere Produkt der zweiten Maxwellschen Gleichung (2.4.13) mit E_i und der ersten Maxwellschen Gleichung (2.4.12) mit H_i und subtrahieren beide:

$$E_i \varepsilon_{ijk} \frac{\partial H_k}{\partial x_j} - H_i \varepsilon_{ijk} \frac{\partial E_k}{\partial x_j} = E_i \left(\frac{\partial D_i}{\partial t} + j_i \right) + H_i \frac{\partial B_i}{\partial t} .$$

Die linke Seite läßt sich umformen in

$$-\varepsilon_{jik} E_i \frac{\partial H_k}{\partial x_j} - \varepsilon_{jki} H_i \frac{\partial E_k}{\partial x_j} = -\varepsilon_{ijk} E_j \frac{\partial H_k}{\partial x_i} - \varepsilon_{ijk} H_k \frac{\partial E_j}{\partial x_i}$$

$$= -\frac{\partial \varepsilon_{ijk} E_j H_k}{\partial x_i} .$$

Die rechte Seite läßt sich nach Addition und Subtraktion des Ausdruckes

$$\overset{\circ}{\varepsilon} E_i \frac{\partial E_i}{\partial t} + \overset{\circ}{\mu} H_i \frac{\partial H_i}{\partial t}$$

umformen in

$$\frac{\partial}{\partial t} \left(\frac{\overset{\circ}{\varepsilon}}{2} E_i^2 + \frac{\overset{\circ}{\mu}}{2} H_i^2 \right) + E_i \left[\frac{\partial (D_i - \overset{\circ}{\varepsilon} E_i)}{\partial t} + j_i \right] + H_i \frac{\partial (B_i - \overset{\circ}{\mu} H_i)}{\partial t} .$$

Mit der Abkürzung

$$q = E_i \frac{\partial (D_i - \overset{\circ}{\varepsilon} E_i)}{\partial t} + H_i \frac{\partial (B_i - \overset{\circ}{\mu} H_i)}{\partial t} \tag{2.4.44}$$

erhält man schließlich

$$\frac{\partial}{\partial t} \left(\frac{\overset{\circ}{\varepsilon}}{2} E_i^2 + \frac{\overset{\circ}{\mu}}{2} H_i^2 \right) = -j_i E_i - q - \frac{\partial \varepsilon_{ijk} E_j H_k}{\partial x_i} , \tag{2.4.45}$$

oder über ein raumfestes Volumen integriert,

$$\frac{d}{dt} \int_V \left\{ \frac{\overset{\circ}{\varepsilon}}{2} E_i^2 + \frac{\overset{\circ}{\mu}}{2} H_i^2 \right\} dV = - \int_V \{ E_i j_i + q \} \, dV - \oint_A \varepsilon_{ijk} E_j H_k \, dA_i . \tag{2.4.46}$$

Um auch eine integrale Formulierung über ein materielles Volumen zu erhalten, muß man die lokale zeitliche Ableitung in (2.4.45) ergänzen, indem man auf beiden Seiten der Gleichung das nach dem Transport-

7*

theorem (1.2.11) fehlende konvektive Glied addiert. Man erhält dann

$$\frac{d}{dt} \int\limits_{\mathfrak{B}} \left\{ \frac{\hat{\varepsilon}}{2} E_i^2 + \frac{\hat{\mu}}{2} H_i^2 \right\} dV = - \int\limits_{\mathfrak{B}} \{ E_i j_i + q \} \, dV$$

$$+ \oint\limits_{\mathfrak{A}} \left\{ \left(\frac{\hat{\varepsilon}}{2} E_i^2 + \frac{\hat{\mu}}{2} H_i^2 \right) c_j - \varepsilon_{jmn} E_m H_n \right\} dA_j. \qquad (2.4.47)$$

Diese Formeln nennt man den Poyntingschen Satz, die Größe $\varepsilon_{ijk} E_j H_k$ den Poyntingschen Vektor. Die Ausdrücke $\hat{\varepsilon} H_i^2$ und $\hat{\mu} H_i^2$ haben die Dimension Energie/Volumen, deshalb läßt sich der Poyntingsche Satz als Energiebilanz deuten: Man nennt dann $\frac{\hat{\varepsilon}}{2} E_i^2$ die elektrische Energiedichte, $\frac{\hat{\mu}}{2} H_i^2$ die magnetische Energiedichte und die Summe beider die elektromagnetische Energiedichte eines elektromagnetischen Feldes. Der Poyntingsche Vektor stellt dann die Energiestromdichte durch ein Oberflächenelement eines raumfesten Volumens nach außen dar; der Integrand des zweiten Integrales läßt sich offenbar als Senkendichte elektromagnetischer Energie pro Volumeneinheit deuten; wenn man will, kann man auch von einer Dissipation elektromagnetischer Energie pro Volumeneinheit reden.

2.4.3 Der Impulssatz der Elektrodynamik
Die Maxwellschen Spannungen

Analog zum Poyntingschen Satz kann man aus den Maxwellschen Gleichungen unter Verwendung derselben beiden Hilfsgrößen $\hat{\varepsilon}$ und $\hat{\mu}$ auch eine Beziehung herleiten, die sich dimensionell als Impulssatz deuten läßt und die man deshalb den Impulssatz der Elektrodynamik nennt.

Dazu bilden wir das äußere Produkt der zweiten Maxwellschen Gleichung (2.4.13) mit $\hat{\mu} H_i$ und das äußere Produkt von $\hat{\varepsilon} E_i$ mit der ersten Maxwellschen Gleichung (2.4.12) und subtrahieren beide:

$$\varepsilon_{ijk} \varepsilon_{jmn} \frac{\partial H_n}{\partial x_m} \hat{\mu} H_k - \varepsilon_{ijk} \hat{\varepsilon} E_j \varepsilon_{kmn} \frac{\partial E_n}{\partial x_m} = \varepsilon_{ijk} \left(\frac{\partial D_j}{\partial t} + j_j \right) \hat{\mu} H_k$$

$$+ \varepsilon_{ijk} \hat{\varepsilon} E_j \frac{\partial B_k}{\partial t}.$$

Die linke Seite läßt sich umformen in

$$- (\delta_{im} \delta_{kn} - \delta_{in} \delta_{km}) \hat{\mu} H_k \frac{\partial H_n}{\partial x_m} - (\delta_{im} \delta_{jn} - \delta_{in} \delta_{jm}) \hat{\varepsilon} E_j \frac{\partial E_n}{\partial x_m}$$

$$= - \hat{\mu} H_k \frac{\partial H_k}{\partial x_i} + \hat{\mu} H_k \frac{\partial H_i}{\partial x_k} - \hat{\varepsilon} E_k \frac{\partial E_k}{\partial x_i} + \hat{\varepsilon} E_k \frac{\partial E_i}{\partial x_k}.$$

Nach der dritten und vierten Maxwellschen Gleichung (2.4.6) und (2.4.7) ist

$$E_i \frac{\partial D_k}{\partial x_k} - E_i \gamma + H_i \frac{\partial B_k}{\partial x_k} = 0.$$

Wenn wir das zur linken Seite unserer Gleichung addieren und außerdem den Ausdruck

$$\hat{\varepsilon} E_i \frac{\partial E_k}{\partial x_k} + \hat{\mu} H_i \frac{\partial H_k}{\partial x_k}$$

addieren und subtrahieren, folgt

$$\frac{\partial}{\partial x_k}\left[\hat{\varepsilon} E_i E_k + \hat{\mu} H_i H_k - \frac{1}{2}\left(\hat{\varepsilon} E_j^2 + \hat{\mu} H_j^2\right)\delta_{ik}\right] + E_i \frac{\partial(D_k - \hat{\varepsilon} E_k)}{\partial x_k}$$
$$- E_i \gamma + H_i \frac{\partial(B_k - \hat{\mu} H_k)}{\partial x_k}.$$

Die rechte Seite läßt sich nach Addition und Subtraktion von

$$\hat{\varepsilon} \hat{\mu} \varepsilon_{ijk} \frac{\partial E_j H_k}{\partial t} + \varepsilon_{ijk} j_j B_k$$

umformen in

$$\frac{\partial \varepsilon_{ijk} \hat{\varepsilon} E_j \hat{\mu} H_k}{\partial t} + \varepsilon_{ijk} \frac{\partial(D_j - \hat{\varepsilon} E_j)}{\partial t} \hat{\mu} H_k + \varepsilon_{ijk} j_j B_k$$
$$+ \varepsilon_{ijk} \hat{\varepsilon} E_j \frac{\partial(B_k - \hat{\mu} H_k)}{\partial t} - \varepsilon_{ijk} j_j (B_k - \hat{\mu} H_k).$$

Wegen der Länge der Ausdrücke empfiehlt es sich wieder, Abkürzungen einzuführen. Wir setzen

$$T_{ij} = \hat{\varepsilon} E_i E_j + \hat{\mu} H_i H_j - \frac{1}{2}\left(\hat{\varepsilon} E_k^2 + \hat{\mu} H_k^2\right)\delta_{ij}, \qquad (2.4.48)$$

$$k_i = -\varepsilon_{ijk} j_j (B_k - \hat{\mu} H_k) + \varepsilon_{ijk} \frac{\partial(D_j - \hat{\varepsilon} E_j)}{\partial t} \hat{\mu} H_k + \varepsilon_{ijk} \hat{\varepsilon} E_j \frac{\partial(B_k - \hat{\mu} H_k)}{\partial t}$$
$$- E_j \frac{\partial(D_k - \hat{\varepsilon} E_k)}{\partial x_k} - H_i \frac{\partial(B_k - \hat{\mu} H_k)}{\partial x_k}, \qquad (2.4.49)$$

dann erhalten wir schließlich

$$\frac{\partial \varepsilon_{ijk} \hat{\varepsilon} E_j \hat{\mu} H_k}{\partial t} = -\gamma E_i - \varepsilon_{ijk} j_j B_k - k_i + \frac{\partial T_{ji}}{\partial x_j}, \qquad (2.4.50)$$

oder über ein raumfestes Volumen integriert,

$$\frac{d}{dt} \int_V \varepsilon_{ijk} \hat{\varepsilon} E_j \hat{\mu} H_k \, dV = -\int_V \{\gamma E_i + \varepsilon_{ijk} j_j B_k + k_i\} \, dV + \oint_A T_{ji} \, dA_j.$$
$$(2.4.51)$$

Als integrale Formulierung für ein materielles Volumen erhält man mit Hilfe des Transporttheorems (1.2.11)

$$\frac{d}{dt} \int_{\mathfrak{B}} \varepsilon_{ijk}\, \hat{\varepsilon}\, E_j\, \hat{\mu}\, H_k\, dV = -\int_{\mathfrak{B}} \{\gamma E_i + \varepsilon_{ijk} j_j B_k + k_i\}\, dV$$

$$+ \oint_{\mathfrak{A}} \{\varepsilon_{imn}\, \hat{\varepsilon}\, E_m\, \hat{\mu}\, H_n\, c_j + T_{ji}\}\, dA_j. \qquad (2.4.52)$$

Der Ausdruck $\hat{\varepsilon}\, E_j\, \hat{\mu}\, H_k$ hat die Dimension Impuls/Volumen, deshalb lassen sich diese Gleichungen als Impulsbilanz deuten: Man nennt $\varepsilon_{ijk}\, \hat{\varepsilon}\, E_j\, \hat{\mu}\, H_k$ die elektromagnetische Impulsdichte und T_{ij} den Tensor der Maxwellschen Spannungen. Der Integrand des zweiten Integrals läßt sich dann offenbar als eine Senkendichte des elektromagnetischen Impulses deuten.

Wir weisen abschließend noch einmal darauf hin, daß sowohl der Poyntingsche Satz als auch die zuletzt abgeleitete Gleichung ohne weitere Annahmen aus den Maxwellschen Gleichungen folgen. Sie lassen sich zwar in der angegebenen Weise als Energiebilanz bzw. als Impulsbilanz deuten, haben aber mit dem ersten Hauptsatz bzw. mit dem Impulssatz nichts zu tun. Da der Wert der darin vorkommenden Hilfsgrößen $\hat{\varepsilon}$ und $\hat{\mu}$ beliebig gewählt werden kann, sind Größen wie die elektromagnetische Energiedichte oder die elektromagnetische Impulsdichte in ihrem Wert auch nicht eindeutig festgelegt.

3. Die speziellen Grundgleichungen

Das System der bisher behandelten Grundgleichungen ist unterbestimmt. Um es zu einem geschlossenen System zu ergänzen, muß man weitere Grundgleichungen postulieren. Diese Grundgleichungen lassen sich aber nicht mehr in derselben Allgemeinheit wie die bisherigen formulieren; wir wollen sie deshalb spezielle Grundgleichungen nennen. Eine bestimmte Formulierung dieser Grundgleichungen gilt jeweils entweder nur für bestimmte Materialien oder nur für bestimmte physikalische Situationen.

Unterscheiden sich solche Gleichungen für verschiedene Materialien, dann nennt man sie Stoffgleichungen (constitutive equations). Der Unterschied kann sich sowohl in einer verschiedenen funktionalen Form für verschiedene Gruppen von Materialien äußern als auch im Auftreten von physikalischen Größen, sogenannten Materialkonstanten, deren Wert für verschiedene Materialien unter sonst gleichen Bedingungen verschieden ist. Beispiele für Stoffgleichungen sind die speziellen Zustandsgleichungen oder die Stoffgleichungen der Elektrodynamik.

Beispiele für Gleichungen, die für verschiedene physikalische Situationen verschieden sind, sind die Beziehungen für die Kraftdichte und für die Wärmequelldichte. Die Gleichung für die Kraftdichte etwa ist verschieden, je nachdem ob die Kraftdichte von einem Gravitationsfeld oder einem elektromagnetischen Feld herrührt; die Gleichung für die Wärmequelldichte hängt davon ab, ob deren Ursache ein elektromagnetisches Feld, eine chemische Reaktion oder eine Kernreaktion ist. Typisch für spezielle Grundgleichungen dieser Art ist, daß verschiedene Einflüsse nebeneinander auftreten können. Die universellen Grundgleichungen erhalten aber gerade dadurch ihre einfache Form, daß man nicht alle etwa denkbaren Einflüsse gleichzeitig explizit darin einsetzt, sondern eben stattdessen Größen wie die Kraftdichte oder die Wärmequelldichte einführt.

3.1 Spezielle Zustandsgleichungen

3.1.1 Thermodynamisch ideale Gase

3.1.1.1 Die thermische Zustandsgleichung

Wir postulieren als thermische Zustandsgleichung

$$pv = RT,\qquad(3.1.1)$$

worin R eine nur vom Material abhängige Konstante sein soll, die man die individuelle Gaskonstante nennt.

Die individuelle Gaskonstante läßt sich offenbar durch thermodynamische Zustandsgrößen in einem beliebigen Bezugszustand ausdrücken. Bezeichnen wir die Zustandsgrößen in einem solchen Bezugszustand durch den Index Null, so ist

$$R = \frac{p_0 v_0}{T_0}.\qquad(3.1.2)$$

Infolge der Kopplungsformeln (2.3.32) und (2.3.34) zwischen der thermischen Zustandsgleichung und den beiden kalorischen Zustandsgleichungen bedeutet (3.1.1) eine Einschränkung für die beiden kalorischen Zustandsgleichungen, und zwar ergibt sich, daß dann sowohl die innere Energie als auch die Enthalpie als Funktionen nur der Temperatur geschrieben werden können:

$$u = u(T),\quad h = h(T).\qquad(3.1.3)$$

Ein Medium, wofür sich mindestens eine Zustandsgröße als Funktion nur einer anderen Zustandsgröße ausdrücken läßt, nennt man (thermodynamisch) degeneriert. Für ein solches Medium vereinfachen sich einige thermodynamische Identitäten; beispielsweise gelten für ein Medium dieser Degeneration statt (2.3.32) und (2.3.34) die Beziehungen

$$p = T\left(\frac{\partial p}{\partial T}\right)_v,\quad v = T\left(\frac{\partial v}{\partial T}\right)_p.\qquad(3.1.4)$$

Die Kopplungsformeln zwischen der thermischen und den kalorischen Zustandsgleichungen lassen sich für ein Medium dieser Degeneration also auch als zwei Bedingungen für die thermische Zustandsgleichung schreiben. Aus diesen beiden Bedingungen läßt sich übrigens rückwärts wieder die thermische Zustandsgleichung (3.1.1) gewinnen. Die Gleichungen (3.1.1) und (3.1.3) sind also gleichwertig, wir hätten auch (3.1.3) postulieren und daraus (3.1.1) herleiten können.

Man definiert ganz allgemein zwei neue Zustandsgrößen c_V und c_P durch die Gleichungen

$$c_V = \left(\frac{\partial u}{\partial T}\right)_v, \quad c_P = \left(\frac{\partial h}{\partial T}\right)_p. \tag{3.1.5}$$

c_V nennt man die spezifische Wärmekapazität bei konstantem Volumen, c_P die spezifische Wärmekapazität bei konstantem Druck. Ihr Verhältnis

$$\varkappa = \frac{c_P}{c_V} \tag{3.1.6}$$

ist ebenfalls eine Zustandsgröße und wird als Isentropenkoeffizient bezeichnet.

Aus (3.1.3) folgt, daß als Folge der thermischen Zustandsgleichung (3.1.1) die beiden spezifischen Wärmekapazitäten (3.1.5) auch Funktionen nur der Temperatur sind:

$$c_V = c_V(T) = \frac{du}{dT}, \quad c_P = c_P(T) = \frac{dh}{dT}. \tag{3.1.7}$$

Unter Verwendung dieser Größen können wir gleichwertig mit (3.1.3) auch schreiben

$$du = c_V\, dT, \quad dh = c_P\, dT \tag{3.1.8}$$

bzw.

$$\frac{Du}{Dt} = c_V \frac{DT}{Dt}, \quad \frac{Dh}{Dt} = c_P \frac{DT}{Dt}. \tag{3.1.9}$$

Da das thermodynamische Verhalten eines Stoffes durch die thermische und eine kalorische Zustandsgleichung vollständig bestimmt ist, muß zwischen den beiden Gleichungen (3.1.3) eine Beziehung bestehen. In der Tat ist nach (2.3.23) unter Verwendung von (3.1.1) $h - u = RT$ oder

$$c_P(T) - c_V(T) = R. \tag{3.1.10}$$

3.1.1.2 Die kalorischen Zustandsgleichungen

Wir postulieren im Einklang mit (3.1.1) eine der beiden kalorischen Zustandsgleichungen

$$u = \hat{u} + c_V T, \quad h = \hat{h} + c_P T, \tag{3.1.11}$$

worin $\hat{u}$, $\hat{h}$, c_V und c_P jetzt auch nur vom Material abhängige Konstanten sein sollen, also auch keine Funktionen der Temperatur. Wenn man eine dieser beiden Gleichungen postuliert, so folgt die andere aus (2.3.23) unter Berücksichtigung von (3.1.1). Wie die individuelle Gaskonstante lassen sich auch die Konstanten der Gleichungen (3.1.11) als Funktionen von Zustandsgrößen ausdrücken, allerdings benötigt man dazu zwei Bezugspunkte. Wenn wir den einen durch eine Null und den anderen durch zwei Nullen als Index bezeichnen, so erhalten wir beispielsweise

$$c_V = \frac{u_0 - u_{00}}{T_0 - T_{00}}, \quad c_P = \frac{h_0 - h_{00}}{T_0 - T_{00}}. \tag{3.1.12}$$

3.1.1.3 Die zugehörigen Fundamentalgleichungen

Aus der thermischen Zustandsgleichung (3.1.1) und der kalorischen Zustandsgleichung $(3.1.11)_1$ folgt die spezielle Fundamentalgleichung

$$u = \hat{u} + (u_0 - \hat{u})\left(\frac{v_0}{v}\right)^{\frac{c_P - c_V}{c_V}} e^{\frac{s - s_0}{c_V}}. \tag{3.1.13}$$

Aus der thermischen Zustandsgleichung (3.1.1) und der kalorischen Zustandsgleichung $(3.1.11)_2$ folgt gleichwertig mit (3.1.13) die spezielle Fundamentalgleichung

$$h = \hat{h} + (h_0 - \hat{h})\left(\frac{p}{p_0}\right)^{\frac{c_P - c_V}{c_P}} e^{\frac{s - s_0}{c_P}}. \tag{3.1.14}$$

Ein Material, für das eine dieser beiden Fundamentalgleichungen gilt, wollen wir ein thermodynamisch ideales Gas nennen; für ein solches Material gilt dann natürlich auch die andere dieser beiden Fundamentalgleichungen. Üblicherweise wird es entweder ein ideales Gas bzw. Fluid oder ein vollkommenes Gas bzw. Fluid oder ein ideales Gas konstanter spezifischer Wärmekapazität genannt, wobei im allgemeinen die jeweils nicht verwendeten Bezeichnungen mit einer anderen Bedeutung belegt werden.

(Man berechne als Übungsaufgabe hier und für die im folgenden behandelten thermodynamisch idealen Flüssigkeiten bzw. festen Körper die Fundamentalgleichung aus den beiden nichtfundamentalen Zustandsgleichungen und umgekehrt diese Zustandsgleichungen aus der Fundamentalgleichung.)

3.1.2 Thermodynamisch ideale Flüssigkeiten und feste Körper

3.1.2.1 Die thermische Zustandsgleichung

Solange die Zustandsfläche $v = v(T, p)$ eines thermodynamischen Stoffes in einem bestimmten Zustandspunkt eine Tangentialebene hat, kann man sie in einer kleinen Umgebung dieses Zustandspunktes offenbar näherungsweise durch die Tangentialebene ersetzen. Für viele praktische Zwecke kommt man bei Flüssigkeiten und festen Körpern mit einer solchen Näherung aus. Wir postulieren deshalb eine thermische Zustandsgleichung von der Form $(v - v_0) = A(T - T_0) + B(p - p_0)$, wobei A und B Konstanten sein sollen.

Man definiert ganz allgemein den kalorischen Ausdehnungskoeffizienten β und den Kompressionsmodul K durch die Gleichungen

$$\beta = \frac{1}{v}\left(\frac{\partial v}{\partial T}\right)_p, \quad \frac{1}{K} = -\frac{1}{v}\left(\frac{\partial v}{\partial p}\right)_T. \tag{3.1.15}$$

Beide sind offenbar auch Zustandsgrößen. Unter Verwendung dieser Größen schreiben wir die oben postulierte thermische Zustandsgleichung

$$v = \beta_0 v_0 T - \frac{v_0}{K_0} p + c_1, \tag{3.1.16}$$

wobei

$$c_1 = v_0\left(1 - \beta_0 T_0 - \frac{p_0}{K_0}\right) \tag{3.1.17}$$

ist.

3.1.2.2 Eine kalorische Zustandsgleichung

Wenn wir weiter fordern, daß c_P eine Konstante sein soll, erhalten wir aus (3.1.16) und der Kopplungsformel (2.3.34) die kalorische Zustandsgleichung

$$h = c_P T - \frac{v_0}{2 K_0} p^2 + c_1 p + c_2, \tag{3.1.18}$$

worin c_1 nach (3.1.17) und c_2 durch

$$c_2 = h_0 - c_P T_0 + \frac{v_0}{2 K_0} p_0^2 - c_1 p_0 \tag{3.1.19}$$

gegeben ist.

3.1.2.3 Die zugehörige Fundamentalgleichung

Aus der thermischen Zustandsgleichung (3.1.16) und der kalorischen Zustandsgleichung (3.1.18) folgt die spezielle Fundamentalgleichung

$$h = c_P T_0 e^{\left[\frac{s-s_0}{c_P} + \frac{v_0 \beta_0}{c_P}(p-p_0)\right]} - \frac{v_0}{2 K_0} p^2 + c_1 p + c_2. \tag{3.1.20}$$

Ein Material, wofür diese Fundamentalgleichung gilt, wollen wir eine thermodynamisch ideale Flüssigkeit oder einen thermodynamisch idealen festen Körper nennen.

3.1.3 Piezotrope Medien

Als ein weiteres Beispiel für ein thermodynamisch degeneriertes Medium betrachten wir einen Stoff, der eine Zustandsgleichung der Form

$$f(p, \varrho) = 0 \tag{3.1.21}$$

besitzt. Ein solches Medium nennt man piezotrop.

Nach (2.3.17) ist dann $\left(\dfrac{\partial u}{\partial \varrho}\right)_s$ nur als Funktion von ϱ darstellbar. Daraus folgt, daß

$$u = \int \left(\frac{\partial u}{\partial \varrho}\right)_s d\varrho + f(s)$$

ist, d. h. u hat die Form

$$u = \overset{\varrho}{u}(\varrho) + \overset{s}{u}(s). \tag{3.1.22}$$

Nach (2.3.17) existiert dann auch eine Zustandsgleichung der Form

$$f(T, s) = 0, \tag{3.1.23}$$

nach (2.3.23) läßt sich dann auch h in der Form

$$h = \overset{\varrho}{h}(\varrho) + \overset{s}{h}(s) \tag{3.1.24}$$

darstellen.

3.2 Beziehungen für die Kraftdichte und die Wärmequelldichte

3.2.1 Gravitationsfelder

Hat eine Masse $\mathfrak{M}$ das Gewicht $\mathfrak{F}_i$, m. a. W. wirkt auf eine Masse $\mathfrak{M}$ auf Grund eines Gravitationsfeldes die Kraft $\mathfrak{F}_i$, so definieren wir die Gravitationsbeschleunigung g_i durch die Gleichung

$$\mathfrak{F}_i = g_i \mathfrak{M}. \tag{3.2.1}$$

Wir formulieren diese Beziehung für ein beliebig abgegrenztes materielles Volumen in einem strömenden Kontinuum

$$\int\limits_{\mathfrak{B}} K_i \, dV = \int\limits_{\mathfrak{B}} \varrho g_i \, dV \tag{3.2.2}$$

oder in differentieller Form

$$K_i = \varrho g_i. \tag{3.2.3}$$

Die Gravitationsbeschleunigung hat stets ein Potential,

$$g_i = - \frac{\partial U}{\partial x_i}.$$ (3.2.4)

Eine Wärmezufuhr ist mit einem Gravitationsfeld nicht verbunden.

3.2.2 Elektromagnetische Felder

3.2.2.1 Lorentz-Kraft und Joulesche Wärmezufuhr

Wir postulieren, daß ein elektromagnetisches Feld auf ein beliebig abgegrenztes materielles Volumen in einem strömenden Kontinuum die Kraft

$$\mathfrak{F}_i = \int_{\mathfrak{B}} \{\gamma E_i^* + \varepsilon_{ijk} j_j^* B_k\} \, dV$$ (3.2.5)

ausübt; man nennt diese Kraft die Lorentz-Kraft. Ein Vergleich mit der Definition (2.2.4) der Kraft auf ein materielles Volumen in einem strömenden Kontinuum zeigt, daß demnach ein elektromagnetisches Feld an seinem Ort die Kraftdichte

$$K_i = \gamma E_i^* + \varepsilon_{ijk} j_j^* B_k$$ (3.2.6)

hervorruft. Führt man statt der substantiellen die gewöhnlichen Größen ein, so erhält man mit (2.4.9) und (2.4.11)

$$\gamma E_i^* + \varepsilon_{ijk} j_j^* B_k = \gamma (E_i + \varepsilon_{ijk} c_j B_k) + \varepsilon_{ijk}(j_j - \gamma c_j) B_k,$$

also

$$K_i = \gamma E_i + \varepsilon_{ijk} j_j B_k.$$ (3.2.7)

Die rechte Seite dieser Formel ist eine absolute Größe, da sie aus der nur absolute Größen enthaltenden rechten Seite von (3.2.6) hervorgegangen ist. Das ist im Einklang mit der Forderung, daß eine Kraftdichte eine absolute Größe sein muß.

Die Formel (3.2.7) erlaubt eine anschauliche Deutung der Größen E_i und B_i. Offenbar bewirkt eine elektrische Feldstärke E_i an einem Ort, wo die Ladungsdichte γ herrscht, eine Kraftdichte E_i, und eine magnetische Induktion B_i bewirkt an einem Ort, wo die Stromdichte j_i herrscht, eine Kraftdichte $\varepsilon_{ijk} j_j B_k$.

Unter Ausnutzung des Impulssatzes (2.4.52) der Elektrodynamik folgt aus (3.2.5) bis (3.2.7)

$$\mathfrak{F}_i = - \frac{d}{dt} \int_{\mathfrak{B}} \varepsilon_{imn} \hat{\varepsilon} E_m \hat{\mu} H_n \, dV - \int_{\mathfrak{B}} k_i \, dV$$

$$+ \oint_{\mathfrak{A}} \{\varepsilon_{imn} \hat{\varepsilon} E_m \hat{\mu} H_n c_j + T_{ji}\} \, dA_j,$$ (3.2.8)

wobei hervorzuheben ist, daß $\mathfrak{F}_i$ von der Wahl der beiden Konstanten $\hat{\varepsilon}$ und $\hat{\mu}$ natürlich nicht abhängt. Bei Abwesenheit von Diskontinuitätsflächen sind diese beiden Ansätze für die Lorentz-Kraft gleichwertig, wir hätten statt (3.2.5) auch (3.2.8) als Postulat an die Spitze stellen können. Bei Anwesenheit von Diskontinuitätsflächen wird man davon ausgehen, daß die an die Spitze gestellte Formulierung auch über Diskontinuitätsflächen hinweg gilt. Da bei der Herleitung der einen aus der anderen Beziehung die Maxwellschen Gleichungen in differentieller Form benutzt wurden, gilt die andere Formulierung dann nur bei Abwesenheit von Diskontinuitätsflächen. Da die nur in (3.2.5) auftretenden elektromagnetischen Quellfelder, also die Ladungsdichte und die Stromdichte, im Gegensatz zu den anderen elektromagnetischen Feldern auf Diskontinuitätsflächen unendlich werden können, legt es sich nahe, von (3.2.8) auszugehen.

Wir postulieren weiter, daß ein elektromagnetisches Feld in einem beliebig abgegrenzten materiellen Volumen in einem strömenden Kontinuum die Wärmezufuhr

$$\dot{\mathfrak{Q}} = \int\limits_{\mathfrak{B}} j_i^* E_i^* \, dV \tag{3.2.9}$$

bewirkt; man nennt diese Wärmezufuhr die Joulesche Wärme(zufuhr). Ein Vergleich mit der Definition (2.3.3) der Wärmezufuhr in einem materiellen Volumen in einem strömenden Kontinuum zeigt, daß demnach ein elektromagnetisches Feld an seinem Ort die Wärmequelldichte

$$w = j_i^* E_i^* \tag{3.2.10}$$

hervorruft. Führt man wieder statt der substantiellen die gewöhnlichen Größen ein, so erhält man

$$j_i^* E_i^* = (j_i - \gamma c_i)(E_i + \varepsilon_{ijk} c_j B_k) = j_i E_i - \gamma c_i E_i + \varepsilon_{ijk} j_i c_j B_k,$$

also

$$w = j_i E_i - c_i (\gamma E_i + \varepsilon_{ijk} j_j B_k). \tag{3.2.11}$$

Für den in der Langform (2.3.38) des Energiesatzes vorkommenden Ausdruck $c_i K_i + w$ folgt also auf Grund eines elektromagnetischen Feldes

$$c_i K_i + w = j_i E_i; \tag{3.2.12}$$

für die in der integralen Form (2.3.1) dieser Gleichung vorkommende analoge Größe $\mathfrak{P} + \dot{\mathfrak{Q}}$ erhält man unter Ausnutzung des Energiesatzes

(2.4.47) der Elektrodynamik

$$\mathfrak{P} + \dot{\mathfrak{L}} = -\frac{d}{dt}\int_{\mathfrak{B}}\left\{\frac{\hat{\varepsilon}}{2}E_i^2 + \frac{\hat{\mu}}{2}H_i^2\right\}dV - \int_{\mathfrak{B}}q\,dV -$$

$$+ \oint_{\mathfrak{A}}\left\{\left(\frac{\hat{\varepsilon}}{2}E_i^2 + \frac{\hat{\mu}}{2}H_i^2\right)c_j - \varepsilon_{jmn}E_m H_n\right\}dA_j. \qquad (3.2.13)$$

Über das Verhältnis dieser Gleichung zu (3.2.9) gilt sinngemäß, was im Anschluß an (3.2.8) über die beiden Gleichungen (3.2.5) und (3.2.8) gesagt wurde.

3.2.2.2 Impulssatz und Energiesatz
beim Vorhandensein elektromagnetischer Felder

Wir wollen die Ansätze für die Lorentz-Kraftdichte und die Joulesche Wärmequelldichte noch in Impuls- und Energiesatz einsetzen. Um die volle Allgemeinheit zu erhalten, setzen wir an, daß neben der Lorentz-Kraftdichte und der Jouleschen Wärmequelldichte noch eine Kraftdichte $\tilde{K}_i$ und eine Wärmequelldichte $\tilde{w}$ aus anderen Ursachen auftritt, setzen also

$$K_i = \tilde{K}_i + \gamma E_i + \varepsilon_{ijk}j_j B_k, \qquad (3.2.14)$$

$$w = \tilde{w} + j_i E_i - c_i(\gamma E_i + \varepsilon_{ijk}j_j B_k). \qquad (3.2.15)$$

Dann ergibt sich, wenn wir jeweils nur die differentielle Formulierung hinschreiben, für den Impulssatz (2.2.22)

$$\varrho\frac{Dc_i}{Dt} = \tilde{K}_i + \gamma E_i + \varepsilon_{ijk}j_j B_k + \frac{\partial \pi_{ji}}{\partial x_j}, \qquad (3.2.16)$$

für die Langform (2.3.38) des Energiesatzes

$$\varrho\frac{D(u+\varepsilon)}{Dt} = c_i\tilde{K}_i + \tilde{w} + j_i E_i + \frac{\partial c_i\pi_{ji}}{\partial x_j} - \frac{\partial q_i}{\partial x_i} \qquad (3.2.17)$$

und für die Kurzform (2.3.45) des Energiesatzes für die Entropie

$$\varrho T\frac{Ds}{Dt} = \Phi + \tilde{w} + j_i E_i - c_i(\gamma E_i + \varepsilon_{ijk}j_j B_k) - \frac{\partial q_i}{\partial x_i}. \qquad (3.2.18)$$

Wenn man zu (3.2.16) den Impulssatz (2.4.50) der Elektrodynamik und zu (3.2.17) entsprechend den Energiesatz (2.4.45) der Elektrodynamik addiert, kommt man zu den Beziehungen

$$\varrho\,\frac{Dc_i}{Dt} + \frac{\partial\varepsilon_{imn}\hat{\varepsilon}E_m\hat{\mu}H_n}{\partial t} = \tilde{K}_i - k_i + \frac{\partial\pi_{ji}}{\partial x_j} + \frac{\partial T_{ji}}{\partial x_j}, \qquad (3.2.19)$$

$$\varrho\,\frac{D(u+\varepsilon)}{Dt} + \frac{\partial}{\partial t}\left(\frac{\hat{\varepsilon}}{2}E_i^2 + \frac{\hat{\mu}}{2}H_i^2\right) + c_i\tilde{K}_i + \tilde{w} - q + \frac{\partial c_i\pi_{ji}}{\partial x_j}$$
$$- \frac{\partial q_i}{\partial x_i} - \frac{\partial\varepsilon_{imn}E_mH_n}{\partial x_i}. \qquad (3.2.20)$$

Diese Formeln sind den Gleichungen (3.2.16) und (3.2.17) äquivalent, unterscheiden sich aber u. a. dadurch von ihnen, daß darin die beiden elektromagnetischen Quellfelder, die Ladungsdichte und die Stromdichte, nicht vorkommen. Wir wollen sie auch in integraler Form hinschreiben. Für raumfeste Volumina ergibt sich unter Ausnutzung von (2.1.16) und (1.2.7)

$$\frac{d}{dt}\int_V \{\varrho c_i + \varepsilon_{imn}\hat{\varepsilon}E_m\hat{\mu}H_n\}\,dV = \int_V \{\tilde{K}_i - k_i\}\,dV$$
$$+ \oint_A \{-\varrho c_i c_j + \pi_{ji} + T_{ji}\}\,dA_j, \qquad (3.2.21)$$

$$\frac{d}{dt}\int_V \left\{\varrho(u+\varepsilon) + \frac{\hat{\varepsilon}}{2}E_i^2 + \frac{\hat{\mu}}{2}H_i^2\right\}dV = \int_V \{c_i\tilde{K}_i + \tilde{w} - q\}\,dV$$
$$+ \oint_A \{-\varrho(u+\varepsilon)c_j + c_i\pi_{ji} - q_j - \varepsilon_{jmn}E_mH_n\}\,dA_j, \qquad (3.2.22)$$

man vergleiche damit die Gleichungen (2.2.21) und (2.3.37). Um zu den entsprechenden Gleichungen für materielle Volumina zu kommen, kann man in den allgemeinen Formulierungen (2.2.5) und (2.3.4) des Impulssatzes bzw. des Energiesatzes die rechte Seite jeweils in zwei Anteile aufspalten, von denen einer eine Lorentz-Kraft nach (3.2.8) bzw. die Leistung einer Lorentz-Kraft und eine Joulesche Wärmezufuhr nach (3.2.13) ist, während der andere nicht auf elektrodynamische Ursachen zurückgeht und wie üblich nach (2.2.4) bzw. (2.3.3) angesetzt wird. Dann erhält man die beiden Gleichungen

$$\frac{d}{dt}\int_{\mathfrak{B}} \{\varrho c_i + \varepsilon_{imn}\hat{\varepsilon}E_m\hat{\mu}H_n\}\,dV = \int_{\mathfrak{B}} \{\tilde{K}_i - k_i\}\,dV$$
$$+ \oint_{\mathfrak{A}} \{\varepsilon_{imn}\hat{\varepsilon}E_m\hat{\mu}H_n c_j + \pi_{ji} + T_{ji}\}\,dA_j, \qquad (3.2.23)$$

$$\frac{d}{dt} \int_{\mathfrak{B}} \left\{ \varrho\,(u + \varepsilon) + \frac{\hat{\varepsilon}}{2}\,E_i^2 + \frac{\hat{\mu}}{2}\,H_i^2 \right\} dV = \int_{\mathfrak{B}} \{ c_i \tilde{K}_i + \tilde{w} - q \}\, dV$$

$$+ \oint_{\mathfrak{A}} \left\{ \left(\frac{\hat{\varepsilon}}{2}\,E_i^2 + \frac{\hat{\mu}}{2}\,H_i^2 \right) c_j + c_i \pi_{ji} - q_j - \varepsilon_{jmn} E_m H_n \right\} dA_j. \quad (3.2.24)$$

Wenn die Ansätze (3.2.8) und (3.2.13) über Diskontinuitätsflächen hinweg gelten, ist das auch für die beiden letzten Gleichungen der Fall. Dann kann man daraus in der üblichen Weise Grenzbedingungen herleiten. Wenn die Integranden der Volumenintegrale überall endlich sind, erhält man nach (2.1.21) bzw. (1.2.35)

$$\varrho^{\pm} C_N^{\pm} \{ c_i \} - \{ \varepsilon_{imn}\, \hat{\varepsilon}\, E_m\, \hat{\mu}\, H_n \}\, u_N = \{ \pi_{ji} n_j + T_{ji} n_j \}, \quad (3.2.25)$$

$$\varrho^{\pm} C_N^{\pm} \{ u + \varepsilon \} - \left\{ \frac{\hat{\varepsilon}}{2}\,E_i^2 + \frac{\hat{\mu}}{2}\,H_i^2 \right\} u_N = \{ c_i \pi_{ji} n_j - q_N - \varepsilon_{jmn} E_m H_n n_j \}.$$

$$(3.2.26)$$

Man vergleiche damit die Grenzbedingungen (2.2.23) und (2.3.39).

3.3 Beziehungen für den Spannungstensor

3.3.1 Das mechanisch ideale Medium

Der einfachste Ansatz für den Spannungstensor ist

$$\tau_{ij} = 0. \quad (3.3.1)$$

Ein solches Medium wollen wir mechanisch ideal nennen. In diesem Falle liefern die Spannungen keinen Anteil zur Entropiezunahme, und das Medium kann keine Tangentialspannungen aufnehmen. Diese Definition soll für kompressible wie für inkompressible Medien gelten; für kompressible Medien folgt dann aus (2.3.43)

$$\pi_{ij} = -p\,\delta_{ij}, \quad (3.3.2)$$

für inkompressible Medien aus (2.3.47)

$$\pi_{ij} = -\overline{p}\,\delta_{ij}. \quad (3.3.3)$$

Natürlich kann man auch für kompressible Medien den Spannungstensor in einen isotropen Tensor und einen Deviator aufspalten. Wir schreiben diese Zerlegung ganz allgemein

$$\pi_{ij} = -\overline{p}\,\delta_{ij} + \mathring{\pi}_{ij}. \quad (3.3.4)$$

Nach (2.3.47) ist der Spannungsdeviator bei inkompressiblen Medien gleich dem Zähigkeitsspannungstensor. Nach (3.3.2) ist dann für (kompressible) mechanisch ideale Medien der thermodynamische gleich dem mittleren Druck, Gleichung (3.3.3) gilt also auch für kompressible Medien.

3.3.2 Das Newton-Medium

Ein Medium, für das der Zähigkeitsspannungstensor nur eine Funktion der Deformationsgeschwindigkeit ist, nennt man viskos oder zäh.

Im einfachsten Fall ist die Beziehung zwischen diesen beiden Tensoren homogen und linear, d. h. sie hat die Form

$$\tau_{ij} = V_{ijkl}\, d_{kl}. \tag{3.3.5}$$

Darin ist V_{ijkl} eine tensorielle Materialkonstante, die außer vom Stoff höchstens noch vom thermodynamischen Zustand abhängt. Man nennt diese Größe den Viskositäts- oder Zähigkeitstensor und einen Stoff, für den (3.3.5) gilt, ein Newton-Medium. Da sowohl τ_{ij} als auch d_{ij} symmetrische Tensoren sind, muß der Viskositätstensor sowohl in bezug auf das erste als auch in bezug auf das letzte Indexpaar symmetrisch sein,

$$V_{ijkl} = V_{jikl} = V_{ijlk}. \tag{3.3.6}$$

Da beide Indexpaare unabhängig voneinander sechs verschiedene Werte annehmen können, hat der Viskositätstensor höchstens 36 verschiedene Koordinaten.

Ist der Viskositätstensor isotrop, so nennt man das Newton-Medium isotrop. Ein isotroper Tensor vierter Stufe hat die allgemeine Form

$$V_{ijkl} = A\,\delta_{ij}\delta_{kl} + B\,\delta_{ik}\delta_{jl} + C\,\delta_{il}\delta_{jk}, \tag{3.3.7}$$

wobei A, B und C beliebige Skalare (sogenannte definierende Skalare des Tensors) sind. Setzt man das in (3.3.5) ein, so erhält man

$$\tau_{ij} = A\,\delta_{ij}d_{kk} + Bd_{ij} + Cd_{ji}$$

oder wegen der Symmetrie von d_{ij} mit anders benannten skalaren Konstanten

$$\tau_{ij} = \eta'\,d_{kk}\delta_{ij} + 2\eta d_{ij} = \eta'\,\frac{\partial c_k}{\partial x_k} + \eta\left(\frac{\partial c_i}{\partial x_j} + \frac{\partial c_j}{\partial x_i}\right). \tag{3.3.8}$$

Der Viskositätstensor läßt sich dann also aus zwei definierenden Skalaren aufbauen. Die Gleichung (3.3.8) nennt man den Newtonschen Schubspannungsansatz; η' heißt die Volumenviskosität oder Volumenzähigkeit, η die Scherviskosität, oft auch einfach die Zähigkeit.

Wenn dieser Ansatz mit der Definition (2.3.43) bzw. (2.3.47) des Zähigkeitsspannungstensors verträglich sein soll, muß τ_{ij} für inkompressible Medien ein Deviator sein. Wir zerlegen τ_{ij} also in einen isotropen Tensor und einen Deviator:

$$\tau_{ij} = \tilde{\eta}\, d_{kk}\delta_{ij} + 2\eta\, \mathring{d}_{ij},$$
$$\tilde{\eta} = \eta' + \frac{2}{3}\,\eta, \qquad \mathring{d}_{ij} = d_{ij} - \frac{1}{3}\,d_{kk}\delta_{ij}. \tag{3.3.9}$$

Da $\quad d_{kk} = \dfrac{\partial c_k}{\partial x_k}\quad$ für inkompressible Medien verschwindet, ist der Newtonsche Schubspannungsansatz mit der Definition des Zähigkeitsspannungstensors verträglich. Statt der Größe η' wird manchmal auch $\tilde{\eta}$ als Volumenviskosität bezeichnet, mit diesen beiden Konstanten lautet der Newtonsche Schubspannungsansatz dann

$$\tau_{ij} = \left(\tilde{\eta} - \frac{2}{3}\,\eta\right) d_{kk}\delta_{ij} + 2\eta\, d_{ij} = \left(\tilde{\eta} - \frac{2}{3}\,\eta\right)\frac{\partial c_k}{\partial x_k} + \eta\left(\frac{\partial c_i}{\partial x_j} + \frac{\partial c_j}{\partial x_i}\right). \tag{3.3.10}$$

Für inkompressible Medien fallen (3.3.8) und (3.3.10) zusammen, die Volumenviskosität η' bzw. $\tilde{\eta}$ tritt dann nicht auf.

3.3.2.1 Aufspaltung des Spannungstensors in mittleren Druck und Spannungsdeviator

Für kompressible Medien gilt

$$\pi_{ij} = -\overline{p}\,\delta_{ij} + \mathring{\pi}_{ij} = (-p + \tilde{\eta}\,d_{kk})\delta_{ij} + 2\eta\,\mathring{d}_{ij},$$

also

$$\overline{p} - p = -\tilde{\eta}\,d_{kk} = -\left(\eta' + \frac{2}{3}\,\eta\right) d_{kk}, \tag{3.3.11}$$

$$\mathring{\pi}_{ij} = 2\eta\,\mathring{d}_{ij} = 2\eta\left(d_{ij} - \frac{1}{3}\,d_{kk}\delta_{ij}\right). \tag{3.3.12}$$

Für inkompressible Medien gibt es natürlich kein Kompressionsgesetz wie (3.3.11), während (3.3.12) erhalten bleibt.

3.3.2.2 Ausnutzung des zweiten Hauptsatzes

Nach dem zweiten Hauptsatz in der Form (2.3.56) darf die Dissipationsfunktion Φ nicht negativ sein. Nach der Definition (2.3.44) der Dissipationsfunktion folgt für ein Newton-Medium nach (3.3.9)

$$\Phi = \tilde{\eta}\,(d_{kk})^2 + 2\eta\,\mathring{d}_{ij}\mathring{d}_{ij}. \tag{3.3.13}$$

8*

Diese quadratische Form in d_{kk} und den sechs unabhängigen Koordinaten von $\overset{\circ}{d}_{ij}$ muß also positiv semidefinit sein. Diese sieben Größen können unabhängig voneinander jeden reellen Wert annehmen. Damit Φ nicht negativ ist, müssen also die Bedingungen

$$\tilde{\eta} \geqq 0, \qquad \eta \geqq 0 \tag{3.3.14}$$

erfüllt sein. Damit folgt aus (3.3.11)

$$\bar{p} \gtrless p \quad \text{für} \quad \frac{\partial c_k}{\partial x_k} \lessgtr 0, \tag{3.3.15}$$

und aus (3.2.12) folgt, daß homologe Koordinaten von $\overset{\circ}{\pi}_{ij}$ und $\overset{\circ}{d}_{ij}$ immer dasselbe Vorzeichen haben.

3.3.3 Das Hooke-Medium

Wir wollen ein Medium elastisch nennen, wenn es einen spannungslosen Zustand besitzt und wenn bei einer (definitionsgemäß infinitesimalen) Verschiebung ξ_i aus dem spannungslosen Zustand der Spannungstensor in jedem Punkte $x_i + \xi_i$ nur eine Funktion des zu diesem Punkte gehörigen Deformationstensors ist.

Wegen des vorausgesetzten spannungslosen Zustandes muß die Beziehung zwischen diesen beiden Tensoren homogen sein. Im einfachsten Fall ist sie außerdem linear, d. h. sie hat die Form

$$\pi_{ij} = E_{ijkl}\varepsilon_{kl}, \tag{3.3.16}$$

wobei E_{ijkl} wieder eine tensorielle Materialkonstante ist, die außer vom Stoff höchstens noch vom thermodynamischen Zustand abhängt. Man nennt diese Größe den Elastizitätstensor, die Gleichung (3.3.16) das Hookesche Gesetz und einen Stoff, für den diese Gleichung gilt, ein Hooke-Medium. Wegen der Symmetrie von π_{ij} und ε_{ij} gilt

$$E_{ijkl} = E_{jikl} = E_{ijlk}, \tag{3.3.17}$$

d. h. der Elastizitätstensor hat wie der Viskositätstensor höchstens 36 verschiedene Koordinaten.

Unsere Definition eines elastischen Mediums ist von vornherein auf das Verhalten bei infinitesimalen, d. h. genügend kleinen Verschiebungen beschränkt, während die formal analoge Definition eines zähen Mediums für beliebige Geschwindigkeiten gelten sollte. Die Beschränkung auf eine lineare Beziehung zwischen Spannungstensor und Deformationstensor ist zwar nicht aus der Voraussetzung infinitesimaler Verschiebungen ableitbar, als zusätzliches Postulat aber doch naheliegend. Ebenso liegt es dann nahe, den Spannungszustand, der auf Grund der Verschiebung des ursprünglich im Punkte x_i befindlichen Teilchens im Punkte $x_i + \xi_i$ herrscht, dem Punkte x_i zuzuschreiben. Diese sogenannte geometrische Linearisierung (im Gegensatz zur physikalischen Linearisierung des Hookeschen Gesetzes) hat nun in der Regel eine große Vereinfachung der Rechnung zur Folge.

3.3.3.1 Lamésche Konstante, Schubmodul, Kompressionsmodul

Ist der Elastizitätstensor isotrop, so nennt man das Hooke-Medium isotrop. Wegen der Symmetrie des Deformationstensors läßt sich der Elastizitätstensor dann aus zwei definierenden Skalaren aufbauen, und das Hookesche Gesetz läßt sich analog zu (3.3.8) in der Form

$$\pi_{ij} = \lambda \, \varepsilon_{kk} \delta_{ij} + 2\mu \, \varepsilon_{ij} \qquad (3.3.18)$$

schreiben. Man nennt λ die Lamésche Konstante und μ den Schubmodul. Häufig ist es aber auch üblich, den Spannungstensor nach (3.3.4) in einen isotropen Tensor und einen Deviator zu zerlegen. Aus (3.3.18) folgt $\pi_{ii} = (3\lambda + 2\mu)\varepsilon_{ii}$, damit erhält man also

$$\overline{p} = -\left(\lambda + \frac{2}{3}\,\mu\right)\varepsilon_{ii} = -(3\lambda + 2\mu)\bar{\varepsilon}, \qquad (3.3.19)$$

$$\mathring{\pi}_{ij} = 2\mu\mathring{\varepsilon}_{ij} = 2\mu\left(\varepsilon_{ij} - \frac{1}{3}\,\varepsilon_{kk}\delta_{ij}\right). \qquad (3.3.20)$$

Ganz allgemein definiert man den mechanischen Kompressionsmodul $\tilde{K}$ [der mit dem thermodynamischen Kompressionsmodul K nach (3.1.15) nicht identisch sein muß] durch die Gleichung

$$\overline{p} = -\tilde{K}\,\varepsilon_{ii} = -3\tilde{K}\,\bar{\varepsilon}, \qquad (3.3.21)$$

damit folgt also für ein isotropes Hooke-Medium

$$\tilde{K} = \lambda + \frac{2}{3}\,\mu \qquad (3.3.22)$$

und gleichwertig mit (3.3.18) die Beziehung

$$\pi_{ij} = \tilde{K}\,\varepsilon_{kk}\delta_{ij} + 2\mu\mathring{\varepsilon}_{ij}. \qquad (3.3.23)$$

Offenbar entsprechen die Formen (3.3.18) und (3.3.23) des Hookeschen Gesetzes den Formen (3.3.8) bzw. (3.3.9) des Newtonschen Schubspannungsansatzes.

3.3.3.2 Elastizitätsmodul und Querkontraktionszahl

In der Form (3.3.18) gibt das Hookesche Gesetz den Spannungstensor als Funktion des Deformationstensors, man nennt es deshalb auch die Spannungs-Dehnungs-Beziehungen. Es läßt sich umgekehrt auch so schreiben, daß es den Deformationstensor als Funktion des Spannungstensors angibt; dann nennt man es die Dehnungs-Spannungs-Beziehungen. Offenbar ist

$$\varepsilon_{ij} = -\frac{\lambda}{2\mu}\,\varepsilon_{kk}\delta_{ij} + \frac{1}{2\mu}\,\pi_{ij} \quad \text{und} \quad \varepsilon_{kk} = \frac{1}{3\lambda + 2\mu}\,\pi_{kk},$$

also

$$\varepsilon_{ij} = -\frac{\lambda}{2\mu(3\lambda + 2\mu)}\,\pi_{kk}\delta_{ij} + \frac{1}{2\mu}\,\pi_{ij}. \qquad (3.3.24)$$

Ein technisch besonders wichtiger Fall ist die lineare Dehnung; in diesem Fall ist nur eine Diagonalkomponente des Spannungstensors, etwa π_{11}, von null verschieden. Nach (3.3.24) sind dann von den Komponenten des Deformationstensors nur die Diagonalkomponenten von null verschieden, und zwar ist

$$\varepsilon_{11} = \frac{\lambda + \mu}{\mu(3\lambda + 2\mu)}\,\pi_{11} \quad \text{und} \quad \varepsilon_{22} = \varepsilon_{33} = -\frac{\lambda}{2\mu(3\lambda + 2\mu)}\,\pi_{11}.$$

Man nennt nun das Verhältnis $\pi_{11}/\varepsilon_{11}$ für diesen Fall den Elastizitätsmodul E und das Verhältnis $-\varepsilon_{22}/\varepsilon_{11}$ die Querkontraktionszahl ν; in der Technik charakterisiert man das elastische Verhalten eines isotropen Hooke-Mediums in der Regel durch die Angabe dieser beiden Größen. Offenbar gelten die Umrechnungsbeziehungen

$$E = \frac{\mu(3\lambda + 2\mu)}{\lambda + \mu} = \frac{9\tilde{K}\mu}{3\tilde{K} + \mu}, \qquad (3.3.25)$$

$$\nu = \frac{\lambda}{2(\lambda + \mu)} = \frac{3\tilde{K} - 2\mu}{2(3\tilde{K} + \mu)}. \qquad (3.3.26)$$

Um auch umgekehrt λ, μ und $\tilde{K}$ als Funktionen von E und ν auszudrücken, schreiben wir die Spannungs-Dehnungs-Beziehungen (3.3.18) für den Spezialfall der linearen Dehnung hin. Sie ergeben dann die beiden Gleichungen

$$\pi_{11} = \lambda(\varepsilon_{11} + 2\varepsilon_{22}) + 2\mu\varepsilon_{11},$$

$$0 = \lambda(\varepsilon_{11} + 2\varepsilon_{22}) + 2\mu\varepsilon_{22}$$

oder nach Division durch ε_{11}

$$E = \lambda(1 - 2\nu) + 2\mu,$$

$$0 = \lambda(1 - 2\nu) - 2\mu\nu.$$

Daraus und aus (3.3.22) erhält man die Beziehungen

$$\mu = \frac{E}{2(1+\nu)}, \qquad \lambda = \frac{E\nu}{(1+\nu)(1-2\nu)}, \qquad \tilde{K} = \frac{E}{3(1-2\nu)}. \tag{3.3.27}$$

3.3.3.3 Die Formänderungsenergie

Der Zuwachs an innerer Energie, der allein durch die Leistung äußerer Kräfte ohne eine Wärmezufuhr erfolgt, beträgt pro Volumeneinheit

$$\varrho\,\frac{Du}{Dt}\underset{(2.3.42)}{=}\pi_{ji}d_{ji}\underset{(1.2.81)}{=}\pi_{ji}\,\frac{D\varepsilon_{ji}}{Dt}.$$

Damit beträgt die Arbeit pro Volumeneinheit, die von den äußeren Kräften längs einer infinitesimalen Verschiebung geleistet wird,

$$dW \equiv \varrho\,du = \pi_{ij}d\varepsilon_{ij}. \tag{3.3.28}$$

Die Größe W nennt man die Formänderungsenergie.

Nach dem Hookeschen Gesetz (3.3.18) ist

$$\pi_{ij} = \lambda\delta_{ij}\varepsilon_{kk} + 2\mu\varepsilon_{ij},$$
$$d\pi_{ij} = \lambda\delta_{ij}\,d\varepsilon_{kk} + 2\mu\,d\varepsilon_{ij}.$$

Setzt man die Gültigkeit dieses Gesetzes voraus, so ist

$$\begin{aligned}
dW &= \pi_{ij}\,d\varepsilon_{ij} = \lambda\delta_{ij}\varepsilon_{kk}\,d\varepsilon_{ij} + 2\mu\varepsilon_{ij}\,d\varepsilon_{ij}\\
&= \lambda\varepsilon_{kk}\,d\varepsilon_{ll} + 2\mu\varepsilon_{ij}\,d\varepsilon_{ij}\\
&= \lambda\varepsilon_{ij}\delta_{ij}\,d\varepsilon_{ll} + 2\mu\varepsilon_{ij}\,d\varepsilon_{ij} = \varepsilon_{ij}\,d\pi_{ij},\\
dW &= \varepsilon_{ij}\,d\pi_{ij}.
\end{aligned} \tag{3.3 29}$$

Aus (3.3.28) und (3.3.29) folgt durch Addition

$$W = \frac{1}{2}\,\varepsilon_{ij}\pi_{ij}, \tag{3.3.30}$$

oder wenn man ε_{ij} nach (1.2.78) und π_{ij} nach (3.3.23) in einen isotropen Tensor und einen Deviator zerlegt,

$$W = \frac{1}{2}\left(\frac{1}{3}\,\varepsilon_{kk}\delta_{ij} + \overset{\circ}{\varepsilon}_{ij}\right)(\tilde{K}\varepsilon_{ll}\delta_{ij} + 2\mu\overset{\circ}{\varepsilon}_{ij}),$$
$$W = \frac{1}{2}\,\tilde{K}(\varepsilon_{kk})^2 + \mu\overset{\circ}{\varepsilon}_{ij}\overset{\circ}{\varepsilon}_{ij}. \tag{3.3.31}$$

Darin gibt die Formänderungsenergie W die Arbeit an, die an einem isotropen Hooke-Medium bei einer Verschiebung aus dem spannungslosen Zustand geleistet wird. Es ist plausibel zu postulieren, daß diese Arbeit nicht negativ sein darf. Dann muß die quadratische Form (3.3.31) der sieben Größen ε_{kk} und $\hat{\varepsilon}_{ij}$ positiv semidefinit sein, und da diese Größen unabhängig voneinander sind, müssen dazu die Bedingungen

$$\tilde{K} \geqq 0, \qquad \mu \geqq 0 \tag{3.3.32}$$

erfüllt sein. Die formale Analogie zwischen den beiden letzten Gleichungen und (3.3.13) bzw. (3.3.14) liegt auf der Hand.

Aus den Beschränkungen (3.3.32) für $\tilde{K}$ und μ erhält man nach (3.3.22), (3.3.25) und (3.3.26) die folgenden Wertebereiche für λ, E und ν (Übungsaufgabe!):

$$\lambda \geqq -\frac{2}{3}\mu, \qquad 0 \leqq E \leqq 3\mu, \qquad 0 \leqq E \leqq 9\tilde{K},$$
$$-1 \leqq \nu \leqq \frac{1}{2}. \tag{3.3.33}$$

Wir bemerken noch, daß W nach (3.3.28) nur als Funktion der Koordinaten des Deformationstensors und nach (3.3.29) nur als Funktion der Koordinaten des Spannungstensors geschrieben werden kann. Für die partiellen Ableitungen dieser Darstellungen nach einer dieser Koordinaten gelten die Beziehungen

$$\left(\frac{\partial W}{\partial \varepsilon_{ij}}\right)_{\varepsilon_{mn}} = \pi_{ij}, \qquad \left(\frac{\partial W}{\partial \pi_{ij}}\right)_{\pi_{mn}} = \varepsilon_{ij}. \tag{3.3.34}$$

Deshalb bezeichnet man W auch als elastisches Potential.

3.4 Der Fouriersche Ansatz für die Wärmestromdichte

Für die Wärmestromdichte macht man im allgemeinen den Fourierschen Ansatz

$$q_i = -\lambda_{ij}\frac{\partial T}{\partial x_j} \tag{3.4.1}$$

oder bei Isotropie des Mediums

$$q_i = -\lambda\,\frac{\partial T}{\partial x_i}. \tag{3.4.2}$$

λ ist eine höchstens noch vom thermodynamischen Zustand abhängige Materialkonstante und heißt Wärmeleitzahl oder Wärmeleitfähigkeit.

Der zweite Hauptsatz in der Form (2.3.56) verlangt, daß $-\lambda\left(\frac{\partial T}{\partial x_i}\right)^2 \leqq 0$ und folglich

$$\lambda \geqq 0 \tag{3.4.3}$$

sein muß.

3.5 Die Stoffgesetze der Elektrodynamik

Die anschaulichste und auch am längsten bekannte Eigenschaft elektrischer Ladungen und elektrischer Ströme ist, daß sie Kräfte aufeinander ausüben. Unter speziellen Voraussetzungen lassen sich diese Kräfte auch leicht angeben.

Beispielsweise herrscht zwischen zwei ruhenden, zeitlich konstanten, punktförmigen Ladungen $\overset{1}{\mathfrak{Q}}$ und $\overset{2}{\mathfrak{Q}}$ im Vakuum die Kraft

$$\mathfrak{F}_i = \frac{\overset{1}{\mathfrak{Q}}\overset{2}{\mathfrak{Q}}}{4\pi\varepsilon_0}\,\frac{r_i}{r^3}, \tag{3.5.1}$$

und zwar ist $\mathfrak{F}_i$ die auf $\overset{2}{\mathfrak{Q}}$ ausgeübte Kraft, wenn r_i die gerichtete Strecke von $\overset{1}{\mathfrak{Q}}$ nach $\overset{2}{\mathfrak{Q}}$ ist. Diese Gleichung nennt man das Coulombsche Gesetz. ε_0 ist eine universelle Konstante von der Dimension der zur Ableitung des Poyntingschen Satzes eingeführten Hilfsgröße $\hat{\varepsilon}$. Man nennt ε_0 die Influenzkonstante oder die absolute Dielektrizitätskonstante des Vakuums. Analog herrscht zwischen zwei ruhenden, stationären, linienförmigen Leitungsströmen $\overset{1}{\mathfrak{J}}$ und $\overset{2}{\mathfrak{J}}$ im Vakuum die Kraft

$$\mathfrak{F}_i = \frac{\mu_0 \overset{1}{\mathfrak{J}}\overset{2}{\mathfrak{J}}}{4\pi}\oint\limits_{C_1}\oint\limits_{C_2}\frac{\varepsilon_{ijk}d\overset{2}{l}_j\varepsilon_{kmn}d\overset{1}{l}_m r_n}{r^3}. \tag{3.5.2}$$

Darin sind $d\overset{1}{l}_i$ und $d\overset{2}{l}_i$ die Längenelemente der beiden Stromkreise, und $\mathfrak{F}_i$ ist die auf den zweiten Stromkreis ausgeübte Kraft, wenn r_i jeweils die gerichtete Strecke von einem Längenelement des ersten Stromkreises zu einem Längenelement des zweiten Stromkreises ist. Diese Gleichung nennt man das Ampèresche Gesetz, und μ_0 ist eine universelle Konstante von der Dimension der Hilfsgröße $\hat{\mu}$; man nennt sie die Induktionskonstante oder die absolute Permeabilität des Vakuums.

Unter allgemeinen Bedingungen sind die Gesetze für die Kräfte zwischen Ladungsdichten und Stromdichten offenbar sehr kompliziert. Deshalb erweist es sich als zweckmäßig, elektromagnetische Felder als Hilfsgrößen einzuführen: ein D-Feld, das von den Ladungen im umgebenden Raum herrührt; ein E-Feld, das auf die Ladungsdichte an seinem Ort eine Kraftdichte ausübt; ein H-Feld, das von den Gesamtströmen im umgebenden Raum herrührt; und ein B-Feld, das auf die Stromdichte an seinem Ort eine Kraftdichte ausübt. Da die Lorentz-Kraftdichte an einem Ort aber faktisch von den Ladungen und Strömen im umgebenden Raum herrührt, müssen zwischen den vier elektromagnetischen Feldern an einem Ort Beziehungen bestehen. Für viele

Medien sind diese Beziehungen von der Form

$$D_i = \varepsilon_{ij} E_j^*, \tag{3.5.3}$$

$$B_i = \mu_{ij} H_i^*. \tag{3.5.4}$$

Diese beiden Gleichungen kann man als Verallgemeinerungen des Coulombschen bzw. Ampèreschen Gesetzes ansehen. Dazu tritt noch das sogenannte Ohmsche Gesetz

$$j_i^* = \sigma_{ij} E_j^*. \tag{3.5.5}$$

Man kann sich leicht überzeugen, daß sich bei gegebenen Randbedingungen und gegebener Ladungsdichteverteilung mit Hilfe der Maxwellschen Gleichungen und dieser Stoffgesetze die Stromdichte und die vier elektromagnetischen Felder prinzipiell berechnen lassen. Das System der elektromagnetischen Grundgleichungen ist damit also vollständig.

ε_{ij} heißt Dielektrizitätskonstante oder Permittivität, μ_{ij} heißt Permeabilität und σ_{ij} (elektrische) Leitfähigkeit oder Konduktivität. Alle drei Größen sind höchstens noch vom thermodynamischen Zustand abhängige Materialkonstanten. In isotropen Medien müssen alle drei Tensoren isotrop sein, d. h. von der Form $\varepsilon_{ij} = \varepsilon \delta_{ij}$, usw.

Die Stoffgesetze lauten dann, wenn wir noch von den substantiellen zu den gewöhnlichen Feldgrößen übergehen,

$$D_i = \varepsilon(E_i + \varepsilon_{ijk} c_j B_k), \tag{3.5.6}$$

$$B_i = \mu(H_i - \varepsilon_{ijk} c_j D_k), \tag{3.5.7}$$

$$j_i - \gamma c_i = \sigma(E_i + \varepsilon_{ijk} c_j B_k). \tag{3.5.8}$$

Für den Spezialfall eines ruhenden Mediums folgen daraus sofort die bekannten Beziehungen

$$D_i = \varepsilon E_i, \tag{3.5.9}$$

$$B_i = \mu H_i, \tag{3.5.10}$$

$$j_i = \sigma E_i. \tag{3.5.11}$$

3.5.1 Die Ätherrelationen

Da Ladung stets an Materie gebunden ist, müssen im Vakuum Ladungsdichte und Stromdichte verschwinden; die vier elektromagnetischen Felder treten aber auch im Vakuum auf. Die Stoffgesetze der Elektrodynamik haben also auch für den „Stoff" Vakuum Sinn, allerdings treten dabei gewisse Schwierigkeiten auf.

Im Falle des Ohmschen Gesetzes (3.5.8) ist im Vakuum die linke Seite null und die Klammer auf der rechten Seite im allgemeinen von null verschieden; also muß die Leitfähigkeit σ im Vakuum null sein. In den beiden anderen Gesetzen kann sowohl die linke Seite als auch die Klammer auf der rechten Seite von null verschieden sein, die Dielektrizitätskonstante und die Permeabilität haben also im Vakuum offenbar einen von null verschiedenen Wert, den man mit ε_0 bzw. μ_0 bezeichnet und der uns bereits im Coulombschen bzw. Ampèreschen Gesetz begegnet ist. Beide Größen sind universelle Konstanten und hängen mit einer dritten universellen Konstanten, der Vakuumlichtgeschwindigkeit c, über die Gleichung

$$\varepsilon_0 \mu_0 c^2 = 1 \tag{3.5.12}$$

zusammen. Die Schwierigkeit besteht nun darin, daß in den beiden Gleichungen (3.5.6) und (3.5.7) außer den Materialkonstanten ε bzw. μ auch noch die Geschwindigkeit der Materie auftaucht und es keinen Sinn hat, von der Geschwindigkeit des Vakuums an einer Stelle im leeren Raum zu sprechen. Andererseits kann man c_i im Vakuum sicher nicht null setzen, denn in den dann entstehenden Gleichungen

$$D_i = \varepsilon_0 E_i , \tag{3.5.13}$$

$$B_i = \mu_0 H_i \tag{3.5.14}$$

stehen links absolute und rechts relative Größen, diese Gleichungen können also nicht in jedem Inertialsystem, sondern nur in einem „mit dem Vakuum lokal mitbewegten" Bezugssystem gelten. Diese Gleichungen ermöglichen es also, im Widerspruch zum Relativitätsprinzip unter den Inertialsystemen eines auszuzeichnen bzw. einen den leeren Raum erfüllenden Äther anzunehmen, man nennt sie deshalb auch Ätherrelationen.

Man kann dann sagen, daß die Stoffgleichungen (3.5.6) bis (3.5.8) auch im Vakuum gelten, wobei im Vakuum $\varepsilon = \varepsilon_0$, $\mu = \mu_0$ und $\sigma = 0$ ist, wenn c_i die lokale Geschwindigkeit des Äthers ist und der Äther an der Materie haftet, sofern welche vorhanden ist. Will man den Begriff des Äthers vermeiden, muß man sagen, daß die drei Stoffgleichungen nur im materieerfüllten Raum gelten und daß es im Vakuum in jedem Punkte stets ein Bezugssystem gibt, wo stattdessen die Gleichungen (3.5.13) und (3.5.14) gelten.

Die hier auftretende Schwierigkeit läßt sich nur im Rahmen der speziellen Relativitätstheorie beheben, wo man eine vom Bezugssystem unabhängige Formulierung der Ätherrelationen angeben kann. Andererseits ist hier die einzige Stelle, wo man für den Grenzfall, daß alle vorkommenden Geschwindigkeiten klein gegen die Vakuumlichtgeschwindigkeit sind, nicht mit der asymptotischen galileischen Relativitätstheorie zu Rande kommt, weil man im allgemeinen Fall nicht absehen kann, welche Geschwindigkeit der Äther in einem Punkt des leeren Raumes hat bzw. in welchem Bezugssystem der Ätherrelationen in der einfachen Form (3.5.13) und (3.5.14) gelten. In sehr vielen praktischen Fällen ist allerdings für jeden Punkt des Raumes ein Bezugssystem durch Symmetrie der Bewegungen von Ladungen und Strömen ausgezeichnet, und es ist plausibel, daß die Ätherrelationen dann in diesem Bezugssystem in der gewohnten Form gelten müssen. Insbesondere wenn alle vorhandenen Ladungen und Ströme relativ zu einem bestimmten Bezugssystem ruhen, gelten in diesem (und nur in diesem) Bezugssystem die Ätherrelationen in der einfachen Form. Betrachtet man etwa den Fall, daß sich zwei Punktladungen mit konstanter Geschwindigkeit voneinander wegbewegen, so gelten die einfachen Ätherrelationen in dem Bezugssystem, worin sich beide Ladungen mit derselben Geschwindigkeit in entgegengesetzter Richtung bewegen, usw.

Der asymptotische Charakter der galileischen Relativitätstheorie tritt noch an einer anderen Stelle in Erscheinung, allerdings ohne dort zu grundsätzlichen Schwierigkeiten zu führen. Sowohl die Transformationsformeln (2.4.16) bis (2.4.21) als auch die Stoffgesetze (3.5.6) bis (3.5.8) sind ja nur bis auf in der Geschwindigkeit quadratische Glieder genau. Sofern also im Zuge einer Rechnung mit diesen Formeln in der Geschwindigkeit quadratische Glieder auftreten, muß man diese Glieder nach den Regeln für das Rechnen mit solchen Größen vernachlässigen, damit z. B. zwischen den errechneten Feldern die Maxwellschen Gleichungen gelten.

3.5.2 Zum Energiesatz und Impulssatz der Elektrodynamik

Bei der Ableitung des Energiesatzes und des Impulssatzes haben wir die beiden Konstanten $\hat{\varepsilon}$ und $\hat{\mu}$ eingeführt und dabei nur über ihre Dimension verfügt, ihren Wert aber offengelassen. Erst nachdem man ihnen auch einen bestimmten Wert zugeordnet hat, haben der Impulssatz bzw. Energiesatz der Elektrodynamik oder auch der Tensor der Maxwellschen Spannungen einen eindeutigen Sinn.

Es legen sich nun zwei verschiedene Zuordnungen nahe, die jeweils ihre Vor- und Nachteile haben. Im allgemeinen setzt man

$$\hat{\varepsilon} = \varepsilon, \quad \hat{\mu} = \mu, \tag{3.5.15}$$

dann gelten Impuls- und Energiesatz aber offenbar nur in einem Medium, worin diese Materialkonstanten durch ein Stoffgesetz, beispielsweise die Gleichungen (3.5.6) und (3.5.7), definiert sind, und außerdem muß man voraussetzen, daß ε und μ räumlich und zeitlich konstant sind, da die

Konstanz von $\hat{\varepsilon}$ und $\hat{\mu}$ bei deren Einführung vorausgesetzt worden war. Diese Zuordnung ist insbesondere dann vorteilhaft, wenn es ein Bezugssystem gibt, in dem alle Materie ruht. Dann vereinfachen sich nämlich die beiden Stoffgesetze in diesem Bezugssystem zu den Gleichungen (3.5.9) und (3.5.10), und dann verschwinden in diesem Bezugssystem im Impulssatz die Größe k_i nach (2.4.49) und im Energiesatz die Größe q nach (2.4.44). Man kann dann sogar die Materialkonstanten ε und μ mit Hilfe der Stoffgesetze aus Impulssatz und Energiesatz eliminieren, darf sich aber dadurch nicht darüber täuschen lassen, daß die so gefundenen Gleichungen nur für bestimmte Medien, bestimmte Ladungsdichte- und Stromdichteverteilungen und in einem bestimmten Bezugssystem gelten.

Alle diese Einschränkungen kann man durch die Zuordnung

$$\hat{\varepsilon} = \varepsilon_0, \qquad \hat{\mu} = \mu_0 \tag{3.5.16}$$

umgehen; diese selten gewählte Zuordnung ist im Grunde viel natürlicher. Sie hat allerdings den Nachteil, daß dann die Größen k_i und q auch in einem Bezugssystem, in dem alle Materie ruht, nicht verschwinden. Beide Zuordnungen fallen offenbar im Vakuum zusammen.

3.5.3 Polarisation und Magnetisierung

Häufig ist es üblich, für die bei der Zuordnung (3.5.16) in den Größen k_i und q vorkommenden Kombinationen $D_i - \varepsilon_0 E_i$ und $B_i - \mu_0 H_i$ neue Größen einzuführen. Man definiert

$$P_i = D_i - \varepsilon_0 E_i, \tag{3.5.17}$$

$$-\mu_0 M_i = B_i - \mu_0 H_i \tag{3.5.18}$$

und nennt P_i die Polarisation und M_i die Magnetisierung. (Die Abspaltung des Faktors $-\mu_0$ bei der Definition der Magnetisierung ist Konvention.) Mit Hilfe dieser Funktionen sind k_i und q dann Funktionen nur der Polarisierung und der Magnetisierung. Man beachte, daß die so definierten beiden Größen nicht nur vom Material, sondern auch von der Bewegung herrühren: Für ihr Verschwinden an einer Stelle des Raumes ist hinreichend, daß dort keine Materie ist und daß sie zugleich in einem System gemessen werden, in dem alle Ströme und Ladungen ruhen.

Die Definition der Polarisierung und der Magnetisierung nach den obigen Gleichungen ist unabhängig von einem Stoffgesetz stets eindeutig möglich. Manchmal ist es üblich, diese beiden Größen an Stelle von D_i und H_i zu verwenden. Um die materialunabhängigen Grundgleichungen in der sich dann ergebenden Form zu erhalten, braucht man nur mit Hilfe der beiden Gleichungen (3.5.17) und (3.5.18) die Größen D_i und H_i aus den Maxwellschen Gleichungen (2.4.6), (2.4.7), (2.4.12) und (2.4.13) zu eliminieren. Daneben benötigt man dann wieder drei Stoffgleichungen, neben dem Ohmschen Gesetz etwa zwei Beziehungen $P_i = P_i(E_i)$ und $M_i = M_i(B_i)$. Die Formulierungen der Elektrodynamik einerseits mit den Größen D_i und H_i, andererseits mit den Größen P_i und M_i sind natürlich gleichwertig.

4. Die Grundgleichungen der Kontinuumstheorie in symbolischer Schreibweise und in nichtkartesischen Koordinaten

Erfahrungsgemäß ist der Raum, in dem sich die physikalischen Phänomene abspielen, ein sogenannter euklidischer Raum, d. h. es existiert darin ein kartesisches Koordinatensystem. Deshalb lassen sich die in Abschnitt 2 und 3 formulierten Grundgleichungen grundsätzlich immer in kartesischen Koordinaten schreiben. Für viele Anwendungen ist es aber zweckmäßig, allgemeinere Koordinaten zu verwenden. Wir haben die Grundgleichungen zunächst in kartesischen Koordinaten formuliert, um den physikalischen Inhalt nicht mehr als nötig mit mathematischem Formalismus zu belasten. Wir wollen in diesem Abschnitt zeigen, wie sich diese Gleichungen auf krummlinige Koordinaten verallgemeinern lassen, um bei entsprechenden Problemen auch die Vorteile krummliniger Koordinaten ausnutzen zu können. Auf dem Wege dorthin wird sich gleichsam nebenbei ergeben, wie diese Gleichungen in der sogenannten symbolischen Schreibweise zu formulieren sind, die natürlich auch ihre Vorteile hat.

4.1 Abriß der Tensorrechnung

4.1.1 Symbolische Schreibweise

Wir wollen im folgenden zunächst die symbolische Schreibweise einführen: Bisher haben wir Punkte und Tensoren durch ihre Koordinaten in einem beliebig vorgegebenen kartesischen Koordinatensystem beschrieben, und die Operationen der Tensorrechnung haben wir zwischen kartesischen Koordinaten der beteiligten Tensoren definiert. Jetzt wollen wir für Punkte, Tensoren und Rechenoperationen auch koordinatenunabhängige Symbole einführen, und zwar werden wir das tun, indem wir jeweils angeben, was ein bestimmtes Symbol für kartesische Koordinaten der beteiligten Tensoren bedeutet. Wir tun das deshalb an dieser Stelle, weil wir die symbolische Schreibweise in den beiden folgenden Abschnitten zur Verallgemeinerung der Koordinatenschreibweise von kartesischen auf nichtkartesische Koordinaten verwenden wollen.

Wir führen für den Punkt mit den kartesischen Koordinaten x_i das Symbol $\underline{x}$ ein, für den Vektor mit den kartesischen Koordinaten a_i das Symbol $\underline{a}$, für den Tensor mit den kartesischen Koordinaten a_{ij} das

Symbol $\underline{a}$, usw. Statt durch Unterstreichung bezeichnet man Tensoren höherer als nullter Stufe im Druck häufig auch durch Fettdruck. Unsere Notation hat den Vorteil, daß sie die Stufe des Tensors erkennen läßt.

Zumal wir fast gar nicht in symbolischer Schreibweise rechnen werden, enthält dieser Abschnitt keine mit Lösungen versehenen Übungsaufgaben. Es ist aber empfehlenswert, alle symbolisch geschriebenen Gleichungen, bei denen das nicht schon im Text geschieht, zur Einübung des symbolischen Kalküls auf kartesische Koordination umzuschreiben.

4.1.1.1 Tensoralgebraische und tensoranalytische Operationen

Auch in dieser symbolischen Schreibweise formuliert man die in den Abschnitten 1.1.5 bzw. 1.1.9 definierten tensoralgebraischen und tensoranalytischen Operationen.

Für die Gleichheit zweier Tensoren schreibt man

$$a = b, \quad \underline{a} = \underline{b}, \quad \underline{\underline{a}} = \underline{\underline{b}}, \quad \text{usw.} \tag{4.1.1}$$

Für die Summe bzw. Differenz zweier Tensoren schreibt man

$$a \pm b = c, \quad \underline{a} \pm \underline{b} = \underline{c}, \quad \underline{\underline{a}} \pm \underline{\underline{b}} = \underline{\underline{c}}, \quad \text{usw.} \tag{4.1.2}$$

Für das (tensorielle) Produkt zweier Tensoren schreibt man

$$ab = c, \quad a\underline{b} = \underline{c}, \quad \underline{a}\underline{b} = \underline{\underline{c}}, \quad \text{usw.} \tag{4.1.3}$$

Dabei kommt es bei einem Produkt von Tensoren in symbolischer Schreibweise anders als in Koordinatenschreibweise auf die Reihenfolge der Faktoren an, sobald der Produkttensor von mindestens zweiter Stufe ist. Das symbolische geschriebene Produkt ist nämlich stets so zu verstehen, daß für zugehörige kartesische Koordinaten die Reihenfolge der Indizes links und rechts dieselbe ist. $\underline{a}\underline{b} = \underline{\underline{c}}$ bedeutet also, daß zwischen kartesischen Koordinaten $a_i b_j = c_{ij}$ gilt; hingegen steht $\underline{b}\underline{a} = \underline{\underline{c}}$ für $b_i a_j = c_{ij}$ bzw. $a_i b_j = c_{ji}$.

Für die einfache Überschiebung zweier Tensoren schreibt man

$$\underline{a} \cdot \underline{b} = c, \quad \underline{\underline{a}} \cdot \underline{b} = \underline{c}, \quad \underline{\underline{a}} \cdot \underline{\underline{b}} = \underline{\underline{c}}, \quad \text{usw.} \tag{4.1.4}$$

Das soll bedeuten, daß für zugehörige kartesische Koordinaten über die beiden dem Punkt als Operationssymbol benachbarten Indizes summiert werden soll. Dabei kommt es offenbar wieder auf die Reihenfolge der Faktoren an, sobald das Resultat der Überschiebung von höherer als nullter Stufe ist, m. a. W. sobald einer der beteiligten Tensoren von mindestens zweiter Stufe ist: $\underline{\underline{a}} \cdot \underline{b} = \underline{c}$ heißt also, daß zwischen kartesischen Koordinaten $a_{ij} b_{jk} = c_{ik}$ gilt, während $\underline{\underline{b}} \cdot \underline{\underline{a}} = \underline{c}$ für $b_{ij} a_{jk} = c_{ik}$

bzw. $a_{ij}b_{ki} = c_{kj}$ steht. Statt von Überschiebung spricht man besonders bei Verwendung der symbolischen Schreibweise häufig auch vom inneren oder Skalarprodukt; manchmal wird auch begrifflich zwischen dem inneren oder skalaren Produkt von Tensoren und der Überschiebung ihrer Koordinaten unterschieden.

Für die doppelte Überschiebung zweier Tensoren schreibt man

$$\underline{a} : \underline{b} = c, \quad \underline{\underline{a}} : \underline{b} = \underline{c}, \quad \underline{a} : \underline{\underline{b}} = \underline{c}, \quad \text{usw.,} \tag{4.1.5}$$

wobei die Überschiebung für kartesische Koordinaten jeweils über die beiden dem Doppelpunkt benachbarten Indexpaare vorgenommen werden soll, $\underline{\underline{a}} : \underline{b} = \underline{c}$ steht also für $a_{ijk}b_{jk} = c_i$. Auch hier kommt es wieder auf die Reihenfolge der Faktoren an, sobald das Resultat der Überschiebung von höherer als nullter Stufe ist; das heißt in diesem Falle, daß einer der beteiligten Tensoren von mindestens dritter Stufe ist. Sind beide Faktoren von zweiter Stufe, gelten offenbar die Vertauschungsregeln

$$\underline{a} : \underline{b} = \underline{b} : \underline{a}, \quad \underline{a}\,\underline{b} : \underline{c} = \underline{a} \cdot \underline{c} \cdot \underline{b} = \underline{c} : \underline{a}\underline{b}. \tag{4.1.6}$$

Analog schreibt man drei- und mehrfache Überschiebungen.

Man überzeugt sich durch Hinschreiben der entsprechenden Gleichung für zugehörige kartesische Koordinaten, daß die einfache Überschiebung eines Tensors mit dem Einheitstensor unabhängig von der Reihenfolge der Faktoren den Tensor reproduziert:

$$\underline{a} \cdot \underline{\underline{\delta}} = \underline{\underline{\delta}} \cdot \underline{a} = \underline{a}, \quad \underline{\underline{a}} \cdot \underline{\underline{\delta}} = \underline{\underline{\delta}} \cdot \underline{\underline{a}} = \underline{\underline{a}}, \quad \text{usw.} \tag{4.1.7}$$

Die doppelte Überschiebung eines Tensors mit dem Einheitstensor stellt eine Verjüngung des Tensors dar. Bei einem Tensor zweiter Stufe ergibt sich beispielsweise die Spur des Tensors. Ist insbesondere der Tensor zweiter Stufe das Produkt zweier Vektoren, so ist seine Spur deren inneres Produkt:

$$\underline{a}\underline{b} : \underline{\underline{\delta}} = \underline{a} \cdot \underline{\underline{\delta}} \cdot \underline{b} = \underline{\underline{\delta}} : \underline{a}\underline{b} = \underline{a} \cdot \underline{b}. \tag{4.1.8}$$

Das äußere oder Vektorprodukt eines Vektors und eines Tensors mindestens erster Stufe schreibt man

$$\underline{a} \times \underline{b} = \underline{c}, \quad \underline{\underline{a}} \times \underline{b} = \underline{\underline{c}}, \quad \underline{a} \times \underline{\underline{b}} = \underline{\underline{c}}, \quad \text{usw.} \tag{4.1.9}$$

Beispielsweise $\underline{\underline{a}} \times \underline{b} = \underline{\underline{c}}$ soll heißen, daß für kartesische Koordinaten $\varepsilon_{ijk}a_j b_{kmn} = c_{imn}$ gilt. Man könnte symbolisch dafür also auch $\underline{\underline{\varepsilon}} : \underline{a}\,\underline{b} = \underline{\underline{c}}$ schreiben, so wie man für das innere Produkt $\underline{a} \cdot \underline{\underline{b}} = \underline{\underline{c}}$ auch $\underline{\underline{\delta}} : \underline{a}\,\underline{\underline{b}} = \underline{\underline{c}}$ schreiben könnte.

Man überlegt sich leicht an Hand von kartesischen Koordinaten, daß tensorielle und innere Produkte immer assoziativ sind, d. h. es kommt bei einer Folge tensorieller und innerer Produkte nicht darauf an, welche Operationen man zuerst ausführt. Beispielsweise ist $(\underline{a} \cdot \underline{b})(\underline{c} \cdot \underline{d})$ $= \underline{a} \cdot (\underline{b}\,\underline{c}) \cdot \underline{d}$, man braucht deshalb in solchen Ausdrücken keine Klammern zu setzen. Wenn dagegen in einer Folge von Produkten ein äußeres Produkt auftritt, braucht das assoziative Gesetz nicht zu gelten, beispielsweise ist $(\underline{a} \times \underline{b}) \times \underline{c} \neq \underline{a} \times (\underline{b} \times \underline{c})$; in solchen Fällen muß man also Klammern setzen. In anderen Fällen ist das trotz des Auftretens eines äußeren Produkts nicht nötig, weil entweder nur eine Lesart Sinn hat, z. B. bei dem Ausdruck $\underline{a} \times \underline{b} \cdot \underline{c}$, oder weil das assoziative Gesetz doch gilt, z. B. im Falle $\underline{a} \times \underline{b}\,\underline{c}$.

Aus drei Vektoren $\underline{a}$, $\underline{b}$, $\underline{c}$ läßt sich schließlich ein Skalar bilden, den wir das Spatprodukt nennen und $[\underline{a}, \underline{b}, \underline{c}]$ schreiben. Es läßt sich auf folgende Weise definieren bzw. darstellen:

$$[\underline{a}, \underline{b}, \underline{c}] = \underline{a} \times \underline{b} \cdot \underline{c} = \underline{a} \cdot \underline{b} \times \underline{c} = \underline{\varepsilon} : \underline{a}\underline{b}\underline{c} = \underline{a} \cdot \underline{\varepsilon} : \underline{b}\underline{c} \qquad (4.1.10)$$

$$= \underline{a}\,\underline{b} : \underline{\varepsilon} \cdot c = \underline{a}\underline{b}\underline{c} : \underline{\varepsilon}.$$

Wegen der Antisymmetrie der kartesischen Koordinaten des ε-Tensors in bezug auf alle Indexpaare, wie sie in (1.1.17) zum Ausdruck kommt, ändert sich der Wert eines Spatprodukts auch nicht, wenn man die Reihenfolge der es bildenden Vektoren zyklisch vertauscht, und es ändert nur sein Vorzeichen, wenn man ihre Reihenfolge umkehrt.

Indem man (1.1.18) mit den Koordinaten a_i, b_j, c_k, d_p, e_q, f_r von sechs Vektoren überschiebt, erhält man die Beziehung

$$[\underline{a}, \underline{b}, \underline{c}]\,[\underline{d}, \underline{e}, \underline{f}] = \begin{vmatrix} \underline{a} \cdot \underline{d} & \underline{a} \cdot \underline{e} & \underline{a} \cdot \underline{f} \\ \underline{b} \cdot \underline{d} & \underline{b} \cdot \underline{e} & \underline{b} \cdot \underline{f} \\ \underline{c} \cdot \underline{d} & \underline{c} \cdot \underline{e} & \underline{c} \cdot \underline{f} \end{vmatrix}; \qquad (4.1.11)$$

indem man (1.1.22) mit den Koordinaten a_i, b_j, c_k, d_p, e_q von fünf Vektoren überschiebt, erhält man analog die Beziehung

$$[\underline{a}, \underline{b}, \underline{c}]\,\underline{d} \cdot \underline{e} = [\underline{d}, \underline{b}, \underline{c}]\,\underline{a} \cdot \underline{e} + [\underline{a}, \underline{d}, c]\,\underline{b} \cdot \underline{e} + [\,\underline{a}, \underline{b}, \underline{d}]\,\underline{c} \cdot \underline{e}$$

$$= [\underline{e}, \underline{b}, \underline{c}]\,\underline{a} \cdot \underline{d} + [a, \underline{e}, c]\,\underline{b} \cdot \underline{d} + [\underline{a}, \underline{b}, \underline{e}]\,\underline{c} \cdot \underline{d}. \qquad (4.1.12)$$

Für den Gradienten eines Feldtensors schreibt man

$$\operatorname{grad} a = \underline{b}, \quad \operatorname{grad} \underline{a} = \underline{\underline{b}}, \quad \operatorname{grad} \underline{\underline{a}} = \underline{\underline{\underline{b}}}, \quad \text{usw.,} \qquad (4.1.13)$$

für seine Divergenz

$$\operatorname{div} \underline{a} = b, \quad \operatorname{div} \underline{\underline{a}} = \underline{b}, \quad \operatorname{div} \underline{\underline{\underline{a}}} = \underline{\underline{b}}, \quad \text{usw.,} \qquad (4.1.14)$$

für die Rotation[1]

$$\operatorname{rot} \underline{a} = \underline{b}, \quad \operatorname{rot} \underline{\underline{a}} = \underline{\underline{b}}, \quad \operatorname{rot} \underline{\underline{\underline{a}}} = \underline{\underline{\underline{b}}}, \quad \text{usw.,} \tag{4.1.15}$$

für sein vollständiges Differential

$$d\,a = d\underline{x} \cdot \operatorname{grad} a, \quad d\underline{a} = d\underline{x} \cdot \operatorname{grad} \underline{a},$$

$$d\underline{\underline{a}} = d\underline{x} \cdot \operatorname{grad} \underline{\underline{a}}, \quad \text{usw.,} \tag{4.1.16}$$

und diese Formeln sollen bedeuten, daß zwischen zugehörigen kartesischen Koordinaten die analogen Gleichungen (1.1.27) bis (1.1.30) gelten. grad $\underline{a} = \underline{\underline{b}}$ steht also z. B. für $\dfrac{\partial a_{ij}}{\partial x_k} = b_{kij}$, div $\underline{\underline{a}} = \underline{b}$ für $\dfrac{\partial a_{ijk}}{\partial x_i} = b_{jk}$, rot $\underline{\underline{a}} = \underline{\underline{b}}$ für $\varepsilon_{ijk}\,\dfrac{\partial a_{kmn}}{\partial x_j} = b_{imn}$. Die Reihenfolge der Faktoren in (4.1.16) ist in symbolischer Schreibweise für Tensoren mindestens erster Stufe nicht mehr beliebig, man überzeuge sich davon, daß die gewählte Reihenfolge unter Berücksichtigung der Vereinbarung über die Indexfolge bei der Bildung des Gradienten richtig ist. Häufig ist es übrigens üblich, Grad und Div zu schreiben, wenn diese Operationen auf Tensoren höherer als nullter bzw. erster Stufe angewandt werden. Diese Unterscheidung ist aber mindestens dann entbehrlich, wenn die Stufe der Tensoren durch die Anzahl der Unterstreichungen gekennzeichnet ist.

Ein Blick auf die Definitionen des Gradienten, der Divergenz und der Rotation eines Tensors zeigt, daß sich diese Operationen als tensorielles, inneres bzw. äußeres Produkt des „symbolischen Vektors" mit den kartesischen Koordinaten $\dfrac{\partial}{\partial x_i}$ und des betreffenden Tensors auffassen lassen. Man führt zuweilen für diesen „symbolischen Vektor" das Symbol ∇ (gelesen: Nabla) ein und schreibt dementsprechend $\nabla\mathscr{A}$ für grad $\mathscr{A}$, $\nabla \cdot \mathscr{A}$ für div $\mathscr{A}$ und $\nabla \times \mathscr{A}$ für rot $\mathscr{A}$, wobei $\mathscr{A}$ hier wie im folgenden als Symbol für einen Tensor beliebiger Stufe stehen soll (aber z. B. in $\nabla \cdot \mathscr{A}$ nicht für einen Skalar, da das Skalarprodukt dafür ja nicht definiert ist). Wenn man in symbolischer Schreibweise rechnet, hat die Verwendung dieses Symbols Vorteile, beispielsweise entfallen dann besondere Vereinbarungen über die Reihenfolge der Indizes für die zugehörigen kartesischen Koordinaten; man überzeuge sich, daß diese Schreibweise die von uns getroffenen Vereinbarungen von alleine ergibt. Andererseits sind bei mehrfacher Anwendung des Nabla-Operators zusätzliche Vereinbarungen nötig, weil er eben doch kein Vektor ist, sondern sich nur in mancher Hinsicht wie einer verhält. Da wir nicht in symbolischer Schreibweise rechnen werden, wollen wir den Nabla-Operator nicht verwenden.

---

[1] Im Englischen steht curl statt rot.

Aufgabe: Man beweise (durch Ausschreiben in kartesischen Koordinaten) die tensoranalytischen Identitäten

$$\operatorname{rot}\operatorname{grad}\mathscr{A} = 0, \quad \operatorname{div}\operatorname{rot}\mathscr{A} = 0, \qquad (4.1.17)$$

$$\operatorname{rot}\operatorname{rot}\mathscr{A} = \operatorname{grad}\operatorname{div}\mathscr{A} - \operatorname{div}\operatorname{grad}\mathscr{A}. \qquad (4.1.18)$$

(Verallgemeinerung von Aufgabe 10a und 10c.)

In den Gleichungen (4.1.17) steht die Null auf der rechten Seite offenbar für den Tensor der entsprechenden Stufe, dessen sämtliche kartesischen Koordinaten verschwinden. Man nennt ihn unabhängig von seiner Stufe den Nulltensor, und es erweist sich nicht als notwendig, seine Stufe kenntlich zu machen, insbesondere ihn von der gewöhnlichen Null (dem Nulltensor nullter Stufe) zu unterscheiden.

Den Operator div grad nennt man übrigens auch Laplace-Operator oder Delta-Operator und schreibt dafür Δ:

$$\Delta\mathscr{A} = \operatorname{div}\operatorname{grad}\mathscr{A}. \qquad (4.1.19)$$

Unter Verwendung des Nabla-Operators schreibt man dafür auch $V \cdot V$ oder V^2. Hin und wieder wird auch die zweimalige Anwendung desselben Operators nacheinander formal als Quadrat geschrieben, also $\operatorname{rot}^2\mathscr{A}$ für rot rot $\mathscr{A}$.

4.1.1.2 Dreibeine

Ganz allgemein bezeichnet man drei Vektoren, die linear unabhängig (nicht komplanar) sind, als ein Dreibein. Stehen die drei Vektoren eines Dreibeins wechselseitig aufeinander senkrecht, nennt man das Dreibein orthogonal; sind alle drei Vektoren Einheitsvektoren, nennt man es normiert; ist ein Dreibein sowohl orthogonal als auch normiert, nennt man es orthonormiert.

Wir wollen die drei Einheitsvektoren eines von uns gewählten kartesischen Koordinatensystems mit $\underline{e}_1$, $\underline{e}_2$ und $\underline{e}_3$ bezeichnen, wobei die Indizes hier natürlich nicht Vektorkoordinaten bezeichnen[1]. Für das von diesen Vektoren gebildete orthonormierte Dreibein schreiben wir naheliegenderweise $\underline{e}_i$ und nennen es die Basis des gewählten Koordinatensystems.

Zwischen den Vektoren eines solchen orthonormierten Dreibeins

---

[1] In Abschnitt 1.1.3 haben wir die Koordinaten solcher drei Einheitsvektoren in einem anderen kartesischen Koordinatensystem benötigt. Dort haben wir die Koordinaten von $\underline{e}_1$ in diesem anderen Koordinatensystem $\overset{1}{e}_i$ genannt, usw.

gelten bekanntlich die Orthogonalitätsrelationen (1.1.2), die sich (in dieser Reihenfolge) symbolisch

$$\underline{e}_i\underline{e}_i = \underline{\delta}, \qquad \underline{e}_i \cdot \underline{e}_j = \delta_{ij} \tag{4.1.20}$$

schreiben lassen. Die Summationskonvention bleibt also weiterhin in der in Abschnitt 1.1.1 gegebenen Form in Kraft; dazu tritt in dieser Schreibweise offenbar die Regel, daß in einer Gleichung die Anzahl der die tensorielle Stufe andeutenden Unterstreichungen in jedem Glied dieselbe sein muß, wenn man berücksichtigt, daß jeder Überschiebungspunkt die wirksame Anzahl von Unterstreichungen dieses Gliedes um zwei verringert, jedes Vektorproduktkreuz und Divergenzsymbol sie um eins verringert, jedes Rotationssymbol sie unverändert läßt und jedes Gradientensymbol sie um eins erhöht.

Zwischen einem Punkt $\underline{x}$ und seinen Koordinaten x_i in einem kartesischen Koordinatensystem mit der Basis $\underline{e}_i$ gelten offenbar die Beziehungen

$$\underline{x} = x_i\underline{e}_i, \qquad x_i = \underline{x} \cdot \underline{e}_i. \tag{4.1.21}$$

Die zweite Formel läßt sich aus der ersten durch skalare Multiplikation mit $\underline{e}_j$ ableiten: $\underline{x} \cdot \underline{e}_j = x_i\underline{e}_i \cdot \underline{e}_j = x_i\delta_{ij} = x_j$. Die erste Formel kann man aus der zweiten durch Überschiebung mit $\underline{e}_i$ gewinnen: $x_i\underline{e}_i = \underline{x} \cdot \underline{e}_i\underline{e}_i = \underline{x} \cdot \underline{\delta} = \underline{x}$. Dabei haben wir in beiden Fällen eine der Orthogonalitätsrelationen (4.1.20) und die Formeln (1.1.10) bzw. (4.1.7) über die Überschiebung mit den Koordinaten des Einheitstensors bzw. mit dem Einheitstensor selbst verwendet.

Analog zu (4.1.21) gilt für Tensoren höherer als nullter Stufe

$$\begin{aligned}
\underline{a} &= a_i\underline{e}_i, & a_i &= \underline{a} \cdot \underline{e}_i, \\
\underline{\underline{a}} &= a_{ij}\underline{e}_i\underline{e}_j, & a_{ij} &= \underline{\underline{a}} : \underline{e}_i\underline{e}_j,
\end{aligned} \tag{4.1.22}$$

$$\text{usw.}$$

Entsprechende Formeln kann man für die vektoranalytischen Symbole hinschreiben, z. B. $\operatorname{grad} \underline{a} = \dfrac{\partial a_j}{\partial x_i} \underline{e}_i\underline{e}_j$, usw.

Nach der Formel $(4.1.22)_1$ läßt sich also jeder Vektor $\underline{a}$ stets eindeutig aufspalten in drei Vektoren, die in die Richtung der drei Koordinatenachsen weisen: $\underline{a} = a_1\underline{e}_1 + a_2\underline{e}_2 + a_3\underline{e}_3$. Diese drei Vektoren $a_\alpha\underline{e}_\alpha{}^*$ wollen wir seine drei Komponenten in bezug auf das Drei-

---

* Über griechische Indizes wird verabredungsgemäß nicht summiert.

bein $\underline{e}_i$ nennen, im Unterschied zu den Koeffizienten a_i, die wir seine Koordinaten in bezug auf das Dreibein $\underline{e}_i$ genannt haben. Die Komponenten eines Vektors sind also ebenfalls Vektoren, die Koordinaten nicht. Analog spricht man auch von den Komponenten von Tensoren höherer Stufe, während dieser Ausdruck in bezug auf Punkte nicht verwendet wird. Es ist weithin üblich, zwischen den Komponenten und den Koordinaten eines Tensors terminologisch nicht zu unterscheiden und beide einheitlich als Komponenten zu bezeichnen. Wir werden uns, wo Mißverständnisse nicht möglich sind, gelegentlich diesem Sprachgebrauch anpassen und etwa von der Normalkomponente eines Vektors oder den Komponenten einer Vektorgleichung reden, wo strenggenommen Koordinaten gemeint sind.

Wir haben in diesem Abschnitt drei Arten von Gleichungen benutzt: Gleichungen nur zwischen Tensoren (in symbolischer Schreibweise), Gleichungen nur zwischen Tensorkoordinaten (in diesem Abschnitt nur zur Erläuterung der symbolischen Schreibweise) und Gleichungen, in denen Dreibeine und daneben Tensoren [vgl. $(4.1.20)_1$] oder Tensorkoordinaten [vgl. $(4.1.20)_2$] oder beides [vgl. $(4.1.22)$] vorkommen.

Offenbar kann man aus jeder Gleichung nur zwischen Tensorkoordinaten eine Gleichung nur zwischen Tensoren machen, indem man jeden freien Index mit dem zu den Tensorkoordinaten gehörigen Dreibein überschiebt und jeden gebundenen Index als Überschiebung mit δ_{ij} schreibt und δ_{ij} nach $(4.1.20)_2$ durch das Skalarprodukt $\underline{e}_i \cdot \underline{e}_j$ ersetzt, wie es das folgende Beispiel zeigt:

$$a_i b_{ik} = c_k,$$

$$a_i b_{jk} \delta_{ij} = a_i b_{jk} \underline{e}_i \cdot \underline{e}_j = c_k,$$

$$a_i \underline{e}_i \cdot b_{jk} \underline{e}_j \underline{e}_k = c_k \underline{e}_k,$$

$$\underline{a} \cdot \underline{b} = \underline{c}.$$

(Da es bei Gleichungen zwischen Tensoren im allgemeinen auf die Reihenfolge der beteiligten Tensoren ankommt, muß man bei solchen Umformungen natürlich darauf achten, daß die Reihenfolge der Tensoren, Dreibeine und Operationssymbole ($\cdot$, $\times$, grad, div, rot) dabei erhalten bleibt, während die Stellung von Tensorkoordinaten relativ zueinander und zu anderen Größen belanglos ist.) Umgekehrt läßt sich jeder Gleichung nur zwischen Tensoren eine Gleichung nur zwischen Tensorkoordinaten zuordnen, nachdem man sich einmal für ein bestimmtes Koordinatensystem entschieden hat, auf das die Tensorkoordinaten bezogen werden sollen. Man braucht dazu die Umformung des obigen Beispiels nur rückwärts vorzunehmen:

$$\underline{a} \cdot \underline{b} = \underline{c},$$

$$a_i \underline{e}_i \cdot b_{jm} \underline{e}_j \underline{e}_m = c_m \underline{e}_m,$$

$$a_i b_{jm} \underline{e}_i \cdot \underline{e}_j \underline{e}_m = c_m \underline{e}_m,$$

$$a_i b_{jm} \delta_{ij} \underline{e}_m = a_i b_{im} \underline{e}_m = c_m \underline{e}_m,$$

$$a_i b_{im} \underline{e}_m \cdot \underline{e}_k = c_m \underline{e}_m \cdot \underline{e}_k,$$

$$a_i b_{ik} = c_k.$$

Dabei sind wir vom Vektor $c_m \underline{e}_m$ zu seinen Koordinaten gelangt, indem wir ihn skalar mit dem Dreibein $\underline{e}_k$ multipliziert haben. Man kann also in einer derartigen Gleichung ein Dreibein (hier also $\underline{e}_m$), das Bestandteil einer Überschiebung ist, formal herauskürzen, sofern es auf beiden Seiten der Gleichung denselben Index (hier m) hat. Das ist insofern erwähnenswert, als das bei einem Vektor bekanntlich unzulässig ist: Aus $a_i c_i = b_i c_i$ folgt auch bei $c_i \neq 0$ noch nicht $a_i = b_i$, denn wenn $a_i c_i = b_i c_i = 0$ ist, könnte auch $a_i = \lambda b_i \neq 0$ sein. Aus $a_i \underline{e}_i = b_i \underline{e}_i$ ($\underline{e}_i$ ist definitionsgemäß ungleich null) folgt dagegen $a_i = b_i$, denn $a_i \underline{e}_i = b_i \underline{e}_i = 0$ bedeutet stets $a_i = b_i = 0$.)

Nachdem man sich für ein Koordinatensystem entschieden hat, sind also Gleichungen zwischen Tensoren und Gleichungen zwischen Tensorkoordinaten gleichwertig, und deswegen kann man auch, wie wir das öfter getan haben, statt von Gleichungen zwischen Tensorkoordinaten von Tensorgleichungen in Koordinatenschreibweise sprechen. Die Gleichungen, in denen Dreibeine vorkommen, haben demgegenüber nur den Charakter von Hilfsgleichungen, die z. B. den Übergang zwischen den beiden Schreibweisen vermitteln.

Beim Rechnen mit Koordinaten bzw. in Koordinatenschreibweise kommt man mit weniger Verabredungen aus, was sich unter anderem darin zeigt, daß Multiplikation und Überschiebung in Koordinatenschreibweise kommutativ sind und keine Vereinbarungen über die Kennzeichnung von Isomeren nötig sind. Wir haben deshalb die physikalischen Gleichungen in den Abschnitten 2 und 3 für Tensorkoordinaten formuliert, und das wird auch bei Verwendung nichtkartesischer Koordinaten unser Ziel sein.

4.1.1.3 Gaußscher und Stokesscher Satz

Wir wollen auch den Gaußschen und den Stokesschen Satz symbolisch schreiben. Zu diesem Zweck müssen wir die Formulierungen des Abschnitts 1.1.11 in Koordinatenschreibweise mit den entsprechenden kartesischen Dreibeinen überschieben. Da kartesische Dreibeine unabhängig vom Ort sind, können wir diese Dreibeine unter die Integrale ziehen. Wir wollen wieder für einen Tensor beliebiger Stufe mit den kartesischen Koordinaten $a_{m\ldots n}$ $\mathcal{A}$ schreiben. Dann erhalten wir für den Gaußschen Satz in der allgemeinen Form (1.1.36)

$$\int\limits_{V} \operatorname{grad} \mathcal{A}\, dV = \oint\limits_{A} d\underline{A}\, \mathcal{A}\,. \tag{4.1.23}$$

Diese Formel enthält gleichzeitig unmittelbar die Spezialfälle (1.1.37), (1.1.38) und (1.1.41). Wenn man in (1.1.36) $a_{m\ldots n}$ durch $a_{m\ldots n}\delta_{im}$ bzw. $a_{m\ldots n}\varepsilon_{pim}$ ersetzt, erhält man

$$\int\limits_{V} \operatorname{div} \mathcal{A}\, dV = \oint\limits_{A} d\underline{A}\cdot \mathcal{A} \tag{4.1.24}$$

bzw.

$$\int\limits_{V} \operatorname{rot} \mathcal{A}\, dV = \oint\limits_{A} d\underline{A}\times \mathcal{A}\,. \tag{4.1.25}$$

Diese beiden Formeln sind offenbar Verallgemeinerungen von (1.1.39) und (1.1.40).

Entsprechend erhalten wir für den Stokesschen Satz in der allgemeinen Form (1.1.42)

$$\int\limits_{A} d\underline{A}\times \operatorname{grad} \mathcal{A} = \oint\limits_{C} d\underline{x}\, \mathcal{A}\,. \tag{4.1.26}$$

Diese Formel enthält unter anderem die Spezialfälle (1.1.43), (1.1.44) und (1.1.47). Als Verallgemeinerung von (1.1.45) ergibt sich

$$\int\limits_{A} d\underline{A}\cdot \operatorname{rot} \mathcal{A} = \oint\limits_{C} d\underline{x}\cdot \mathcal{A}\,. \tag{4.1.27}$$

Die linke Seite von (1.1.46) läßt sich mit den getroffenen Vereinbarungen nicht symbolisch ausdrücken; deshalb wollen wir auf die (4.1.25) entsprechende Formulierung des Stokesschen Satzes verzichten.

4.1.2 Geradlinige Koordinaten

Kartesische Koordinatensysteme sind dadurch ausgezeichnet, daß ihre Basis orthogonal, normiert und räumlich konstant ist. Wenn wir nur räumliche Konstanz der Basis fordern, gelangen wir zu geradlinigen Koordinatensystemen. Wenn dagegen die Basis von Punkt zu Punkt verschieden ist, ist das Koordinatensystem krummlinig.

Wir behandeln in diesem Abschnitt nur die *Algebra* geradliniger Koordinaten. Innerhalb der Algebra spielt eine etwaige räumliche Veränderlichkeit keine Rolle, so daß alles hier Gesagte genauso auch für krummlinige Koordinaten gilt. Daß wir es hier für geradlinige Koordinaten entwickeln, hat lediglich didaktische Gründe. Im übrigen sind geradlinige Koordinaten in der Praxis nicht so wichtig, daß es sich lohnte, ihre Analysis hier gesondert zu behandeln.

Bei nichtkartesischen Koordinatensystemen wollen wir uns grundsätzlich auf Rechtssysteme beschränken.

4.1.2.1 Reziproke Dreibeine

Die drei Vektoren $\underline{g}_1$, $\underline{g}_2$, $\underline{g}_3$ seien nicht komplanar. Dann bilden sie ein Dreibein $\underline{g}_i$, und man definiert als das dazu reziproke Dreibein $\underline{g}^i$ die drei Vektoren

$$\underline{g}^1 = \frac{\underline{g}_2 \times \underline{g}_3}{[\underline{g}_1, \underline{g}_2, \underline{g}_3]}, \quad \underline{g}^2 = \frac{\underline{g}_3 \times \underline{g}_1}{[\underline{g}_1, \underline{g}_2, \underline{g}_3]}, \quad \underline{g}^3 = \frac{\underline{g}_1 \times \underline{g}_2}{[\underline{g}_1, \underline{g}_2, \underline{g}_3]}. \tag{4.1.28}$$

Wir wollen diese Formeln auch in Koordinatenschreibweise notieren. Wir wählen uns ein kartesisches Koordinatensystem und bezeichnen die Koordinaten des Vektors $\underline{g}_1$ in diesem Koordinatensystem mit g_i, die Koordinaten des Vektors $\underline{g}^1$ mit $\overset{1}{g}_i$, usw., dann besagen die Gleichungen (4.1.28)

$$\overset{1}{g}_i = \frac{\varepsilon_{ijk}\, \overset{2}{g}_j \overset{3}{g}_k}{\varepsilon_{lmn}\, \overset{1}{g}_l \overset{2}{g}_m \overset{3}{g}_n}, \quad \overset{2}{g}_j = \frac{\varepsilon_{ijk}\, \overset{1}{g}_i \overset{3}{g}_k}{\varepsilon_{lmn}\, \overset{1}{g}_l \overset{2}{g}_m \overset{3}{g}_n}, \quad \overset{3}{g}_k = \frac{\varepsilon_{ijk}\, \overset{1}{g}_i \overset{2}{g}_j}{\varepsilon_{lmn}\, \overset{1}{g}_l \overset{2}{g}_m \overset{3}{g}_n}. \tag{4.1.29}$$

Da das Spatprodukt dreier nicht komplanarer Vektoren stets ungleich null ist, sind die drei Vektoren $\underline{g}^1$, $\underline{g}^2$, $\underline{g}^3$ stets eindeutig definiert; und da drei Vektoren, die auf je zweien eines Dreibeins senkrecht stehen, nicht komplanar sein können, bilden die drei Vektoren auch tatsächlich ein Dreibein. Wir vereinbaren, daß die Reihenfolge der drei Vektoren eines Dreibeins stets so gewählt werden soll, daß sie ein Rechtssystem bilden, daß also das Spatprodukt in (4.1.28) positiv ist.

Man kann leicht mittels der Formeln (4.1.29) nachrechnen, daß auch umgekehrt $\underline{g}_i$ das zu $\underline{g}^i$ reziproke Dreibein ist und daß zwischen den beiden Dreibeinen die Orthogonalitätsrelationen

$$\underline{g}_i \underline{g}^i = \underline{\delta}, \qquad \underline{g}_i \cdot \underline{g}^j = \delta_{ij} \tag{4.1.30}$$

bzw. in kartesischen Koordinaten

$$\overset{k}{g}_i \overset{}{g}_j = \delta_{ij}, \qquad \overset{j}{g}_k \overset{}{g}_k = \delta_{ij} \tag{4.1.31}$$

gelten. Ferner kann man auch umgekehrt (4.1.28) aus jeder der beiden Gleichungen (4.1.30) herleiten, jede der beiden Orthogonalitätsbedingungen ist also notwendig und hinreichend für die Reziprozität der beiden Dreibeine.

Aufgabe 13: In bezug auf ein kartesisches Dreibein $\underline{e}_i$ seien gegeben

a) das (orthogonale) Dreibein $\underline{g}_1 = 3\underline{e}_1$, $\underline{g}_2 = 2\underline{e}_2$, $\underline{g}_3 = \underline{e}_3$;

b) das (nichtorthogonale) Dreibein, dessen Vektoren drei Kanten eines regelmäßigen Tetraeders der Kantenlänge eins bilden, wobei $\underline{g}_1 = \underline{e}_1$ ist und $\underline{g}_2$ in der $\underline{e}_1$-$\underline{e}_2$-Ebene liegt.

Man berechne die reziproken Dreibeine.

4.1.2.2 Holonome Koordinaten

Gegeben sei ein beliebiges Dreibein $\underline{g}_i$, das wir als Basis eines geradlinigen Koordinatensystems wählen wollen. Die zugehörigen Koordinaten eines Punktes oder Tensors wollen wir durch obere Indizes kennzeichnen, es soll also gelten $\underline{x} = x^i \underline{g}_i$, $\underline{a} = a^i \underline{g}_i$, $\underline{a} = a^{ij} \underline{g}_i \underline{g}_j$, usw.

Dann existiert stets auch das dazu reziproke Dreibein g^i, das wir ebenfalls als Basis eines geradlinigen Koordinatensystems ansehen können, wobei wir die zugehörigen Koordinaten eines Punktes oder Tensors durch untere Indizes kennzeichnen wollen. Es soll also auch gelten $\underline{x} = x_i \underline{g}^i$, $\underline{a} = a_i \underline{g}^i$, $\underline{a} = a_{ij} \underline{g}^i \underline{g}^j$, usw. Bei Tensoren von mindestens zweiter Stufe sind daneben noch gemischte Basen möglich, wir schreiben dann z. B. $\underline{a} = a_i{}^j \underline{g}^i \underline{g}_j = a^i{}_j \underline{g}_i \underline{g}^j$.

Man nennt nun in einem solchen System von Größen alle unteren Indizes kovariant und alle oberen Indizes kontravariant. Entsprechend nennt man $\underline{g}_i$ eine kovariante und $\underline{g}^i$ eine kontravariante Basis und a_i die kovarianten und a^i die kontravarianten Koordinaten eines Vektors. Die zu einer kovarianten Basis gehörigen Koordinaten eines Vektors nennt man also kontravariant und umgekehrt. Bei einem Tensor zweiter Stufe unterscheidet man analog die (rein) kovarianten Koordinaten a_{ij}, die gemischt kovariant-kontravarianten $a_i{}^j$, die gemischt kontravariant-kovarianten Koordinaten $a^i{}_j$ und die (rein) kontravarianten Koordinaten a^{ij}. Alle diese mit Hilfe zweier reziproker Basen $\underline{g}_i$ und $\underline{g}^i$ gebildeten Koordinaten nennt man holonom. Ist die Ausgangsbasis übrigens kartesisch, so fällt sie mit ihrer reziproken Basis zusammen. Bei kartesischen Koordinaten fallen also die verschiedenen holonomen Koordinaten zusammen, und die Unterscheidung oberer und unterer Indizes erübrigt sich.

Wir haben damit die folgenden Darstellungsmöglichkeiten für Punkte und Tensoren in holonomen Koordinaten:

$$\underline{x} = x^i \underline{g}_i = x_i \underline{g}^i,$$
$$\underline{a} = a^i \underline{g}_i = a_i \underline{g}^i, \qquad\qquad (4.1.32)$$
$$\underline{\underline{a}} = a^{ij} \underline{g}_i \underline{g}_j = a^i{}_j \underline{g}_i \underline{g}^j = a_i{}^j \underline{g}^i \underline{g}_j = a_{ij} \underline{g}^i \underline{g}^j,$$
$$\text{usw.}$$

Auf Grund der Orthogonalitätsrelationen (4.1.30) zwischen den reziproken Basen erhält man daraus durch geeignete skalare Multiplikation die Umkehrformeln

$$x^i = \underline{x} \cdot \underline{g}^i, \qquad x_i = \underline{x} \cdot \underline{g}_i,$$
$$a^i = \underline{a} \cdot \underline{g}^i, \qquad a_i = \underline{a} \cdot \underline{g}_i,$$
$$a^{ij} = \underline{\underline{a}} : \underline{g}^i \underline{g}^j, \qquad a^i{}_j = \underline{\underline{a}} : \underline{g}^i \underline{g}_j, \qquad (4.1.33)$$
$$a_i{}^j = \underline{\underline{a}} : \underline{g}_i \underline{g}^j, \qquad a_{ij} = \underline{\underline{a}} : \underline{g}_i \underline{g}_j,$$
$$\text{usw.}$$

Aufgabe 14: Man berechne die kontravarianten und die kovarianten Koordinaten des Vektors $\underline{A} = \underline{e}_1 + \underline{e}_2 + \underline{e}_3$ in bezug auf die beiden Dreibeine der vorigen Aufgabe und schreibe den Vektor mit ihrer Hilfe als Summe seiner Komponenten in bezug auf diese Dreibeine.

4.1.2.3 Der Einheitstensor

Für die holonomen Koordinaten des Einheitstensors sind von der Regel abweichende feste Bezeichnungen üblich, man schreibt

$$\underline{\underline{\delta}} = g^{ij} \underline{g}_i \underline{g}_j = \delta^i_j \underline{g}_i \underline{g}^j = \delta^j_i \underline{g}^i \underline{g}_j = g_{ij} \underline{g}^i \underline{g}^j. \qquad (4.1.34)$$

Als Umkehrformel ergeben sich

$$g^{ij} \underset{(4.1.33)}{=} \underline{\underline{\delta}} : \underline{g}^i \underline{g}^j \underset{(4.1.8)}{=} \underline{g}^i \cdot \underline{g}^j,$$
$$\delta^i_j = \underline{\underline{\delta}} : \underline{g}^i \underline{g}_j = \underline{g}^i \cdot \underline{g}_j = \delta_{ij},$$
$$\delta^j_i = \underline{\underline{\delta}} : \underline{g}_i \underline{g}^j \underset{(4.1.30)}{=} \underline{g}_i \cdot \underline{g}^j = \delta_{ij},$$
$$g_{ij} = \underline{\underline{\delta}} : \underline{g}_i \underline{g}_j = \underline{g}_i \cdot \underline{g}_j,$$

oder wenn man noch ausnutzt, daß das Skalarprodukt zweier Vektoren nicht von der Reihenfolge der Faktoren abhängt,

$$g^{ij} = g^{ji} = \underline{g}^i \cdot \underline{g}^j,$$
$$\delta^j_i = \delta^i_j = \underline{g}^i \cdot \underline{g}_j = \underline{g}_i \cdot \underline{g}^j = \delta_{ij}, \qquad (4.1.35)$$
$$g_{ij} = g_{ji} = \underline{g}_i \cdot \underline{g}_j.$$

Dabei muß man sich zur Anwendung von (4.1.8) und beim Hinschreiben des Skalarprodukts zweier Dreibeine klarmachen, daß ein Dreibein für jeden Wert seines Index ein Vektor im Sinne der Definition im Abschnitt 1.1.4 ist. Nach (4.1.35) sind dann die Koordinaten des Einheitstensors Skalarprodukte von Basisvektoren, d. h. sie hängen nur von der Länge und der relativen Lage der Basisvektoren, nicht aber von ihrer absoluten Lage im Raum ab, m. a. W. sie sind invariant gegen Bewegungen der zugehörigen Basen. Einen Tensor, dessen kartesische Koordinaten gegenüber einer Bewegung des Koordinatensystems invariant sind, haben wir in Abschnitt 1.1.8 isotrop genannt. (Umlegungen definieren wir bei nichtkartesischen Koordinatensystemen nicht.) Wir haben am Beispiel des Einheitstensors gezeigt, daß diese Invarianzeigenschaft auch für nichtkartesische Koordinaten eines solchen Tensors gilt.

Die beiden Arten von gemischten Koordinaten des Einheitstensors sind offenbar gleich, weshalb man statt $\delta_i{}^j$ und $\delta^j{}_i$ einfach δ_i^j schreibt. Außerdem haben sie unabhängig von der gewählten Basis des Koordinatensystems (nicht nur unabhängig von ihrer Lage im Raum) stets denselben Wert, also für jede Basis denselben Wert wie für eine kartesische Basis, und da wir für die kartesischen Koordinaten des Einheitstensors ja δ_{ij} schreiben, verwendet man auch für die gemischten Koordinaten den Kernbuchstaben δ und stellt die beiden Indizes ohne Bedeutungsunterschied jeweils so, daß die (später formulierte) Regel über die Stellung der Indizes in Gleichungen zwischen holonomen Tensorkoordinaten erfüllt ist.

Die kovarianten und kontravarianten Koordinaten des Einheitstensors sind jedoch je nach der gewählten Basis verschieden. Zwischen beiden gilt die Beziehung

$$g_{ij}g^{jk} \underset{(4.1.35)}{=} \underline{g}_i \cdot \underline{g}_j g^j \cdot \underline{g}^k \underset{(4.1.30)}{=} \underline{g}_i \cdot \underline{\delta} \cdot \underline{g}^k \underset{(4.1.8)}{=} \underline{g}_i \cdot \underline{g}^k \underset{(4.1.35)}{=} \delta_i^k,$$

$$g_{ij}g^{jk} = \delta_i^k, \tag{4.1.36}$$

d. h. wenn die einen bekannt sind, lassen sich daraus die anderen berechnen. Aus (4.1.35) liest man ab, daß g^{11}, g^{22}, g^{33} die Normen (Längenquadrate) der Vektoren der zugehörigen kontravarianten Basis und g_{11}, g_{22}, g_{33} die Normen der zugehörigen kovarianten Basis sind. Die Koordinaten mit ungleichen Indizes stellen die Projektionen der entsprechenden Basisvektoren dar. Ist die Basis orthogonal, verschwinden also die Koordinaten mit ungleichen Indizes, und für die Koordinaten mit gleichen Indizes gilt nach (4.1.36) $g_{\alpha\alpha}g^{\alpha\alpha} = 1$; ist die Basis normiert, haben die Koordinaten mit gleichen Indizes den Wert Eins. Durch die kovarianten oder durch die kontravarianten Koordinaten des Einheitstensors ist also die Länge und die relative Lage der Basisvektoren zueinander umkehrbar eindeutig gegeben, sie bestimmen also die gewählte Basis bis auf ihre Lage im Raume. Die dadurch ausgedrückte Charakterisierung eines Koordinatensystems bzw. seiner Basis nennt man seine Metrik. Wenn man beispielsweise die Länge eines Vektors in einem geradlinigen Koordinatensystem berechnen will, benötigt man, wie wir später sehen werden, außer seinen kontravarianten oder kovarianten Koordinaten gerade noch die Metrik des Koordinatensystems. Von daher nennt man den Einheitstensor im Zusammenhang von nichtkartesischen Koordinaten auch Maßtensor oder Metriktensor; seine kovarianten und kontravarianten Koordinaten nennt man auch manchmal Metrikkoeffizienten.

Aufgabe 15: Man berechne die kontravarianten und die kovarianten Koordinaten des Einheitstensors für die beiden Beispiele der vorigen Aufgaben.

4.1.2.4 Hinauf- und Hinunterziehen von Indizes

Multipliziert man $(4.1.32)_1$ skalar mit $\underline{g}^j$, so erhält man $x^i \underline{g}_i \cdot \underline{g}^j = x_i \underline{g}^i \cdot \underline{g}^j$ oder mit (4.1.35)

$$x^i \delta_i^j = x^j = x_i g^{ij}.$$

Multipliziert man stattdessen skalar mit $\underline{g}_j$, so erhält man entsprechend $x^i \underline{g}_i \cdot \underline{g}_j = x_i \underline{g}^i \cdot \underline{g}_j,$

$$x^i g_{ij} = x_i \delta_j^i = x_j.$$

Analog erhält man für die Koordinaten eines Vektors

$$a^j = g^{ij} a_i, \qquad a_j = g_{ij} a^i.$$

Um bei den Koordinaten a^{ij} eines Tensors zweiter Stufe z. B. den Index i herunterzuziehen, multipliziere man die Gleichung $a^{ij} \underline{g}_i \underline{g}_j = a_i^{\ j} \underline{g}^i \underline{g}_j$ von links skalar mit $\underline{g}_k$, man erhält $a^{ij} g_{ik} \underline{g}_j = a_i^{\ j} \delta_k^i \underline{g}_j$ oder $a_k^{\ j} = g_{ik} a^{ij}$. Bei Tensoren höherer als zweiter Stufe muß man zuvor durch Isomerenbildung den in der Stellung zu verändernden Index nach (links oder rechts) außen bringen. Schließlich gilt auch

$$g_{ij} \underline{g}^j \underset{(4.1.35)}{=} \underline{g}_i \cdot \underline{g}_j \underline{g}^j \underset{(4.1.30)}{=} \underline{g}_i \cdot \underline{\delta} = \underline{g}_i.$$

Man kann also bei Punktkoordinaten, Tensorkoordinaten und Dreibeinen einen Index herauf- bzw. herunterholen, indem man mit den entsprechenden Koordinaten des Einheitstensors überschiebt:

$$
\begin{aligned}
x^i &= g^{im} x_m, & x_i &= g_{im} x^m, \\
a^i &= g^{im} a_m, & a_i &= g_{im} a^m, \\
a^i &= g^{im} a_m^{\ j} = g^{jn} a^i_{\ n} = g^{im} g^{jn} a_{mn},
\end{aligned}
\qquad (4.1.37)
$$

$$a^i{}_j = g^{im} a_{mj} = g_{jn} a^{in} = g^{im} g_{jn} a_m{}^n, \qquad (4.1.37)$$

$$a_i{}^j = g_{im} a^{mj} = g^{jn} a_{in} = g_{im} g^{jn} a^m{}_n,$$

$$a_{ij} = g_{im} a^m{}_j = g_{jn} a_i{}^n = g_{im} g_{jn} a^{mn},$$

$$\underline{g}^i = g^{im} \underline{g}_m, \qquad\qquad \underline{g}_i = g_{im} \underline{g}^m.$$

4.1.2.5 Der ε-Tensor

Wir wollen die nichtkartesischen Koordinaten des ε-Tensors mit dem Kernbuchstaben e bezeichnen. Etwa für die rein kontravarianten Koordinaten des ε-Tensors gilt dann

$$e^{\alpha\beta\gamma} \underset{(4.1.33)}{=} \underline{\underline{\varepsilon}} \vdots \underline{g}^\alpha \underline{g}^\beta \underline{g}^\gamma \underset{(4.1.10)}{=} \left[\underline{g}^\alpha, \underline{g}^\beta, \underline{g}^\gamma\right]$$

$$\underset{(4.1.11)}{=} \sqrt{\begin{vmatrix} \underline{g}^\alpha \cdot \underline{g}^\alpha & \underline{g}^\alpha \cdot \underline{g}^\beta & \underline{g}^\alpha \cdot \underline{g}^\gamma \\ \underline{g}^\beta \cdot \underline{g}^\alpha & \underline{g}^\beta \cdot \underline{g}^\beta & \underline{g}^\beta \cdot \underline{g}^\gamma \\ \underline{g}^\gamma \cdot \underline{g}^\alpha & \underline{g}^\gamma \cdot \underline{g}^\beta & \underline{g}^\gamma \cdot \underline{g}^\gamma \end{vmatrix}} \underset{(4.1.35)}{=} \sqrt{\begin{vmatrix} g^{\alpha\alpha} & g^{\alpha\beta} & g^{\alpha\gamma} \\ g^{\beta\alpha} & g^{\beta\beta} & g^{\beta\gamma} \\ g^{\gamma\alpha} & g^{\gamma\beta} & g^{\gamma\gamma} \end{vmatrix}} .$$

Analoge Formeln gelten für die übrigen sieben Arten von holonomen Koordinaten des ε-Tensors, sie lassen sich also jeweils als ein Spatprodukt von Basisvektoren und als die Wurzel aus einer Determinante von Koordinaten des δ-Tensors darstellen:

$$e^{\alpha\beta\gamma} = \left[\underline{g}^\alpha, \underline{g}^\beta, \underline{g}^\gamma\right] = \sqrt{\begin{vmatrix} g^{\alpha\alpha} & g^{\alpha\beta} & g^{\alpha\gamma} \\ g^{\beta\alpha} & g^{\beta\beta} & g^{\beta\gamma} \\ g^{\gamma\alpha} & g^{\gamma\beta} & g^{\gamma\gamma} \end{vmatrix}} ,$$

$$e^{\alpha\beta}{}_\gamma = \left[\underline{g}^\alpha, \underline{g}^\beta, \underline{g}_\gamma\right] = \sqrt{\begin{vmatrix} g^{\alpha\alpha} & g^{\alpha\beta} & \delta^\alpha{}_\gamma \\ g^{\beta\alpha} & g^{\beta\beta} & \delta^\beta{}_\gamma \\ \delta^\alpha{}_\gamma & \delta^\beta{}_\gamma & g_{\gamma\gamma} \end{vmatrix}} , \qquad (4.1.38)$$

$$\dots,$$

$$e_{\alpha\beta\gamma} = \left[\underline{g}_\alpha, \underline{g}_\beta, \underline{g}_\gamma\right] = \sqrt{\begin{vmatrix} g_{\alpha\alpha} & g_{\alpha\beta} & g_{\alpha\gamma} \\ g_{\beta\alpha} & g_{\beta\beta} & g_{\beta\gamma} \\ g_{\gamma\alpha} & g_{\gamma\beta} & g_{\gamma\gamma} \end{vmatrix}} .$$

Die Koordinaten des ε-Tensors sind also vom Koordinatensystem unabhängige Funktionen der Koordinaten des δ-Tensors, d. h. sie sind im selben Sinne isotrop wie die Koordinaten des δ-Tensors. Man entnimmt diesen Gleichungen weiter, daß die aus den Basisvektoren gebildeten Spatprodukte gerade die Koordinaten des ε-Tensors sind, man kann also z. B. in diesen Spatprodukten nach (4.1.37) Indizes durch

Überschieben mit den entsprechenden Koordinaten des Einheitstensors herauf- bzw. herunterholen:

$$[\underline{g}^i, \underline{g}^j, \underline{g}_k] = g_{km}[\underline{g}^i, \underline{g}^j, \underline{g}^m]. \tag{4.1.39}$$

Wir wollen die Determinante der kovarianten Koordinaten des Einheitstensors mit g bezeichnen. Durch Quadrieren der letzten Gleichung in (4.1.38) folgt, daß diese Determinante stets positiv ist, selbst dann, wenn die Reihenfolge der Vektoren im Spatprodukt so gewählt worden wäre, daß das Spatprodukt selbst negativ ist (was wir verabredungsgemäß ausschließen). Es ist also

$$g = \det g_{ij} > 0. \tag{4.1.40}$$

Weiter ist

$$[\underline{g}_1, \underline{g}_2, \underline{g}_3]\,[\underline{g}^1, \underline{g}^2, \underline{g}^3] \underset{(4.1.11)}{=} \begin{vmatrix} \underline{g}_1 \cdot \underline{g}^1 & \underline{g}_1 \cdot \underline{g}^2 & \underline{g}_1 \cdot \underline{g}^3 \\ \underline{g}_2 \cdot \underline{g}^1 & \underline{g}_2 \cdot \underline{g}^2 & \underline{g}_2 \cdot \underline{g}^3 \\ \underline{g}_3 \cdot \underline{g}^1 & \underline{g}_3 \cdot \underline{g}^2 & \underline{g}_3 \cdot \underline{g}^3 \end{vmatrix} \underset{(4.1.35)}{=} 1,$$

oder wenn man quadriert,

$$(\det g_{ij})\,(\det g^{mn}) = 1, \tag{4.1.41}$$

und nach der letzten bzw. ersten Gleichung (4.1.38)

$$[\underline{g}_1, \underline{g}_2, \underline{g}_3] = \sqrt{g}, \qquad [\underline{g}^1, \underline{g}^2, \underline{g}^3] = \frac{1}{\sqrt{g}}. \tag{4.1.42}$$

Da ein Spatprodukt verschwindet, wenn zwei seiner Vektoren gleich sind, und sein Vorzeichen wechselt, wenn man zwei seiner Vektoren vertauscht, gilt speziell für die rein kontravarianten und die rein kovarianten Koordinaten des ε-Tensors auch

$$e^{ijk} = \frac{1}{\sqrt{g}}\varepsilon_{ijk}, \qquad e_{ijk} = \sqrt{g}\,\varepsilon_{ijk}, \tag{4.1.43}$$

wobei ε_{ijk} weiterhin die kartesischen Koordinaten des ε-Tensors bedeuten soll. An der Spatproduktdarstellung der Koordinaten des ε-Tensors sieht man weiter, daß alle Koordinaten verschwinden, in denen zwei gleichgestellte Indizes denselben Wert haben. Aus einer Formel wie

$e^{ij}{}_k = g_{mk}e^{ijm} = \dfrac{1}{\sqrt{g}}\,g_{mk}\varepsilon_{ijm}$ folgt dann, daß für orthogonale Koordinaten-

systeme auch alle Koordinaten des ε-Tensors verschwinden, in denen zwei verschieden gestellte Indizes denselben Wert haben; denn in orthogonalen Koordinatensystemen verschwinden alle Elemente von g_{mk} außerhalb der Hauptdiagonale.

Das tensorielle Produkt der beiden Formeln (4.1.43) ergibt mit (1.1.18)

$$e_{ijk}e^{pqr} = \begin{vmatrix} \delta_i^p & \delta_i^q & \delta_i^r \\ \delta_j^p & \delta_j^q & \delta_j^r \\ \delta_k^p & \delta_k^q & \delta_k^r \end{vmatrix}. \tag{4.1.44}$$

Daraus folgt durch Überschiebung

$$e_{ijk}e^{pqk} = \delta_i^p\delta_j^q - \delta_j^p\delta_i^q, \tag{4.1.45}$$

$$e_{ijk}e^{pjk} = 2\delta_i^p, \tag{4.1.46}$$

$$e_{ijk}e^{ijk} = 6. \tag{4.1.47}$$

Entsprechend folgt aus (1.1.22)

$$e^{ijk}\delta_q^p = e^{pjk}\delta_q^i + e^{ipk}\delta_q^j + e^{ijp}\delta_q^k$$
$$= e_q^{\ jk}g^{ip} + e^i{}_q{}^k g^{jp} + e^{ij}{}_q g^{kp} \tag{4.1.48}$$

und daraus durch Überschiebung

$$e^{ijk}\delta_j^p = e^{ipk}. \tag{4.1.49}$$

In allen diesen Formeln kann man durch Herauf- und Herunterziehen von freien Indizes andere holonome Koordinaten des δ-Tensors und des ε-Tensors einführen.

Mit Hilfe ε-Tensors lassen sich auch die Beziehungen zwischen reziproken Dreibeinen eleganter schreiben. Offenbar lassen sich die Gleichungen (4.1.28) zusammenfassen zu

$$\underline{g}^i = \frac{1}{2}\,\varepsilon_{ijk}\frac{\underline{g}_j \times \underline{g}_k}{[\underline{g}_1,\underline{g}_2,\underline{g}_3]}\underset{(4.1.42)}{=}\frac{1}{2}\frac{\varepsilon_{ijk}}{\sqrt{g}}\,\underline{g}_j \times \underline{g}_k$$

bzw. mit (4.1.43)

$$\underline{g}^i = \frac{1}{2}\,e^{ijk}\underline{g}_j \times \underline{g}_k. \tag{4.1.50}$$

Daraus folgt mit (4.1.45)

$$e_{imn}\underline{g}^i = \frac{1}{2}\,(\delta_m^j\delta_n^k - \delta_m^k\delta_n^j)\,\underline{g}_j \times \underline{g}_k = \frac{1}{2}\,(\underline{g}_m \times \underline{g}_n - \underline{g}_n \times \underline{g}_m),$$

d. h. es gilt umgekehrt

$$\underline{g}_j \times \underline{g}_k = e_{ijk}\underline{g}^i. \tag{4.1.51}$$

Auch in diesen beiden Formeln kann man die Indizes herauf- und herunterziehen.

Aufgabe 16: Man berechne die verschiedenen Koordinaten des ε-Tensors für das erste Beispiel der vorigen Aufgaben.

4.1.2.6 Physikalische Koordinaten

Gegeben seien ein Vektor $\underline{a}$ und ein Dreibein $\underline{g}_i$, dann läßt sich der Vektor nach (4.1.32) stets eindeutig in seine Komponenten in bezug auf dieses Dreibein zerlegen: $\underline{a} = a^1\underline{g}_1 + a^2\underline{g}_2 + a^3\underline{g}_3$. Wenn die $\underline{g}_i$ nicht zufällig Einheitsvektoren sind, steckt die Länge der Komponenten natürlich teils in den Koordinaten, teils in den Basisvektoren. Wenn der Vektor $\underline{a}$ und damit auch seine Komponenten $a^\alpha\underline{g}_\alpha$ eine physikalische Größe darstellen, etwa eine Kraft, so steckt dementsprechend ihre physikalische Dimension teils in den Koordinaten, teils in den Basisvektoren. Das ist häufig unbequem, und deshalb definiert man zu jedem Dreibein ein anderes, dessen Vektoren in dieselbe Richtung weisen, aber Einheitsvektoren sind, und nennt es das zugehörige physikalische Dreibein. Wir wollen dieses Dreibein und die zugehörigen Koordinaten durch einen Stern kennzeichnen. Offenbar ist

$$\underline{g}_\alpha^* = \frac{\underline{g}_\alpha}{\sqrt{g_{\alpha\alpha}}}, \qquad \underline{g}^{*\alpha} = \frac{\underline{g}^\alpha}{\sqrt{g^{\alpha\alpha}}} \tag{4.1.52}$$

und beispielsweise für einen Vektor $\underline{a}$ gilt dann

$$\underline{a} = a^i\underline{g}_i = a^{*i}\underline{g}_i^* = a_i\underline{g}^i = a_i^*\underline{g}^{*i} \tag{4.1.53}$$

Die so definierten physikalischen Koordinaten geben konstruktionsgemäß die Länge der zugehörigen Komponenten an, und man kann sich überlegen, daß sie dieselbe physikalische Dimension wie der Vektor selbst haben. (4.1.53) läßt sich analog auf Punkte und Tensoren höherer Stufe erweitern, und man erhält durch Einsetzen von (4.1.52) für den Zusammenhang zwischen den physikalischen und den ihnen zugrunde liegenden holonomen Koordinaten

$$x^{*\alpha} = x^\alpha \sqrt{g_{\alpha\alpha}}, \qquad x_\alpha^* = x_\alpha \sqrt{g^{\alpha\alpha}},$$
$$a^{*\alpha} = a^\alpha \sqrt{g_{\alpha\alpha}}, \qquad a_\alpha^* = a_\alpha \sqrt{g^{\alpha\alpha}},$$
$$a^{*\alpha\beta} = a^{\alpha\beta} \sqrt{g_{\alpha\alpha}} \sqrt{g_{\beta\beta}}, \qquad a^{*\alpha}{}_\beta = a^\alpha{}_\beta \sqrt{g_{\alpha\alpha}} \sqrt{g^{\beta\beta}},$$
$$a^*{}_\alpha{}^\beta = a_\alpha{}^\beta \sqrt{g^{\alpha\alpha}} \sqrt{g_{\beta\beta}}, \qquad a^*{}_{\alpha\beta} = a_{\alpha\beta} \sqrt{g^{\alpha\alpha}} \sqrt{g^{\beta\beta}}. \tag{4.1.54}$$

Die Nichtanwendbarkeit der Summationskonvention deutet bereits darauf hin, daß man die dimensionelle Gleichheit der physikalischen Koordinaten mit größerer Schwerfälligkeit des Kalküls erkauft: Die besondere Eleganz des Tensorkalküls, deren Ausdruck die Nützlichkeit der Summationskonvention ist, existiert nur für holonome Koordinaten, und die physikalischen Koordinaten sind das praktisch wichtigste Beispiel anholonomer Koordinaten. Man wird deshalb alle Rechnungen nach Möglichkeit in holonomen Koordinaten ausführen und erst das Endergebnis gegebenenfalls vermöge obiger Formeln in physikalische Koordinaten umrechnen.

Beispielsweise sind die zu zwei reziproken Dreibeinen $\underline{g}_i$ und $\underline{g}^i$ gehörigen physikalischen Dreibeine $\underline{g}_i^*$ und $\underline{g}^{*i}$ im allgemeinen nicht reziprok, zwischen ihnen gelten also nicht die Orthogonalitätsrelationen (4.1.30). Für eine wichtige Gruppe von Dreibeinen ist das aber doch der Fall, nämlich für orthogonale Dreibeine: Ist das Ausgangsdreibein $\underline{g}_i$ orthogonal, so folgt aus der Definition (4.1.28) des reziproken Dreibeins sofort, daß das zum Ausgangsdreibein reziproke Dreibein $\underline{g}^i$ auch orthogonal ist und daß weiter jeder Vektor mit seinem reziproken Vektor in der Richtung zusammenfällt. Die zugehörigen physikalischen Dreibeine fallen dann natürlich völlig, d. h. nach Größe und Richtung zusammen, man schreibt dann

$$\underline{g}_i^* = \underline{g}^{*i} = \underline{g}_{\langle i\rangle} \tag{4.1.55}$$

und beispielsweise für einen Vektor

$$\underline{a} = a_{\langle i\rangle}\underline{g}_{\langle i\rangle}. \tag{4.1.56}$$

Das Dreibein $\underline{g}_{\langle i\rangle}$ ist (für geradlinige Koordinaten) kartesisch, es gelten also für solche Koordinaten dieselben Regeln wie für kartesische Koordinaten. Insbesondere ist ein solches Dreibein sich selbst reziprok, es gelten also die Orthogonalitätsrelationen

$$\underline{g}_{\langle i\rangle}\underline{g}_{\langle i\rangle} = \underline{\underline{\delta}}, \qquad \underline{g}_{\langle i\rangle} \cdot \underline{g}_{\langle j\rangle} = \delta_{ij} \tag{4.1.57}$$

und für das Vektorprodukt zweier Dreibeine nach (4.1.50) und (4.1.51)

$$\underline{g}_{\langle i\rangle} = \frac{1}{2}\,\varepsilon_{ijk}\underline{g}_{\langle j\rangle} \times \underline{g}_{\langle k\rangle}, \qquad \underline{g}_{\langle j\rangle} \times \underline{g}_{\langle k\rangle} = \varepsilon_{ijk}\underline{g}_{\langle i\rangle}. \tag{4.1.58}$$

Wir werden uns im folgenden, soweit wir überhaupt auf physikalische Koordinaten eingehen, auf orthogonale Koordinaten beschränken.

Aufgabe 17: Man gebe die physikalischen Dreibeine und die Koordinaten des Vektors $\underline{A} = \underline{e}_1 + \underline{e}_2 + \underline{e}_3$ in bezug auf diese Dreibeine für die beiden Beispiele der letzten Aufgaben an.

4.1.2.7 Tensorielles, inneres und äußeres Produkt

Wir werden in diesem Abschnitt die tensoralgebraischen (und später die tensoranalytischen) Operationen in nichtkartesischen Koordinaten einführen, indem wir in diese Operationen in symbolischer Schreibweise einfach die vorkommenden Tensoren als Summe ihrer Komponenten in bezug auf ein Paar reziproker Dreibeine einsetzen. Da wir die Operationen in symbolischer Schreibweise aus ihren Definitionen für kartesische Koordinaten gewonnen haben, können wir auf diese Weise die Definitionen für kartesische Koordinaten auf nichtkartesische Koordinaten verallgemeinern.

Das (tensorielle) Produkt $\underline{a}\,\underline{b} = \underline{c}$ etwa läßt sich $a^i \underline{g}_i\, b^j \underline{g}_j = c^{ij} \underline{g}_i \underline{g}_j$ schreiben. Indem wir die Dreibeine herauskürzen, folgt $a^i b^j = c^{ij}$. Ausgehend von einer geradlinigen (und im Falle der Verwendung physikalischer Koordinaten orthogonalen) Basis ergeben sich also gleichwertig die Koordinatenschreibweisen

$$a^i b^j = c^{ij}, \qquad a^i b_j = c^i{}_j, \qquad a_i b^j = c_i{}^j,$$
$$a_i b_j = c_{ij}, \qquad a_{\langle i\rangle} b_{\langle j\rangle} = c_{\langle ij\rangle}. \tag{4.1.59}$$

Offenbar spielt die Reihenfolge der Faktoren in dieser Schreibweise keine Rolle.

Das innere Produkt $\underline{a} \cdot \underline{b} = c$ etwa läßt sich $a^i \underline{g}_i \cdot b^j \underline{g}_j = a^i \underline{g}_i \cdot b_j \underline{g}^j = a_i \underline{g}^i \cdot b^j \underline{g}_j = a_i \underline{g}^i \cdot b_j \underline{g}^j = a_{\langle i\rangle} \underline{g}_{\langle i\rangle} \cdot b_{\langle j\rangle} \underline{g}_{\langle j\rangle} = c$ schreiben, woraus unter Berücksichtigung von (1.1.35) und (1.1.57)

$$a^i b^j g_{ij} = a^i b_i = a_i b^i = a_i b_j g^{ij} = a_{\langle i\rangle} b_{\langle i\rangle} = c \tag{4.1.60}$$

folgt. Nach der Regel (4.1.37) über das Hinauf- und Hinunterziehen von Indizes ist beispielsweise $a^i b^j g_{ij} = a^i b_i = a_i b^i$, ein inneres Produkt wird also durch Summation über zwei verschieden gestellte Indizes ausgeführt, wobei es gleich ist, welcher der beiden Faktoren den kovarianten bzw. den kontravarianten Index trägt, die Reihenfolge der Faktoren spielt also auch hier keine Rolle. Die Summation über zwei gleichgestellte Indizes führt kein inneres Produkt aus, der Ausdruck $a^i b^i$, wobei a^i und b^i kontravariante Vektorkoordinaten sind, ergibt also keinen Skalar. Deshalb wird häufig die Summationskonvention bei Verwendung holonomer Koordinaten auf verschieden gestellte gleiche Indizes beschränkt. Wir wollen diese Einschränkung nicht vornehmen; im Bereich holonomer Koordinaten werden aber ganz von alleine keine Summationen über gleichgestellte Indizes vorkommen, eben weil eine solche Summation keine holonomen Tensorkoordinaten ergibt.

10*

Für das äußere Produkt $\underline{a} \times \underline{b} = \underline{c}$ etwa ergeben sich $a_j g^j \times b_k g^k = c^i g_i$ und dazu holonome Formulierungen bzw. $a_{\langle j \rangle} g_{\langle j \rangle} \times b_{\langle k \rangle} g_{\langle k \rangle} = c_{\langle i \rangle} g_{\langle i \rangle}$, woraus mit (4.1.51) und (4.1.58)

$$e^{ijk} a_j b_k = c^i, \qquad \varepsilon_{ijk} a_{\langle j \rangle} b_{\langle k \rangle} = c_{\langle i \rangle} \tag{4.1.61}$$

und zur ersten Gleichung holonome Formulierungen folgen.

Für „richtige" Gleichungen zwischen Punkten, Tensoren, einem Paar reziproker Dreibeine und den zugehörigen Koordinaten ergeben sich damit folgende Regeln:

1. Die Anzahl der die tensorielle Stufe andeutenden Unterstreichungen muß unter Berücksichtigung des Einflusses der Rechensymbole in jedem Glied dieselbe sein.

2. Ein Index darf in jedem Glied höchstens zweimal vorkommen. Wenn er zweimal vorkommt, muß er beide Male verschieden gestellt sein, und es wird darüber summiert. Kommt er nur einmal vor, so muß dieser Index in jedem Glied der Gleichung einmal und jedesmal in derselben Stellung vorkommen.

4.1.3 Krummlinige Koordinaten

Im folgenden Abschnitt behandeln wir die Tensoranalysis im euklidischen Raum in voller Allgemeinheit. Zur Veranschaulichung des jeweils allgemein Gesagten wird empfohlen, die entsprechenden Größen in Zylinderkoordinaten zu berechnen. Die Lösungen dieser Übungsaufgaben brauchen dabei nicht gesondert in Abschnitt 6.1 angegeben zu werden, da sie in Abschnitt 6.2 nachgelesen werden können. Die Übungsaufgaben sind also nur dann numeriert, wenn außer den Lösungen noch andere Hinweise gegeben werden sollen.

4.1.3.1 Ein krummliniges Koordinatensystem und die zugehörigen holonomen Dreibeine und Tensorkoordinaten

Durch die (bis auf einzelne singuläre Stellen) umkehrbar eindeutigen Transformationsgleichungen

$$x_i = x_i(u^j), \qquad u^i = u^i(x_j) \tag{4.1.62}$$

werden den kartesischen Koordinaten x_i eines beliebigen Punktes $\underline{x}$ im Raum drei Größen u^i zugeordnet, durch die sich der Punkt ebenso eindeutig charakterisieren läßt wie durch die x_i. Die u^i stellen also ebenfalls Koordinaten des Punktes $\underline{x}$ dar, und die Gesamtheit der u^i für alle Punktes des Raumes bildet ein (im allgemeinen krummliniges) Koordinatensystem.

Aufgabe 18: Die Zylinderkoordinaten u^i sind mit den kartesischen Koordinaten x_i definitionsgemäß über die folgenden Transformationsgleichungen verknüpft: $x_1 = u^1 \cos u^2$, $x_2 = u^1 \sin u^2$, $x_3 = u^3$; mit den üblichen Bezeichnungen $x_1 = x$, $x_2 = y$, $x_3 = u^3 = z$, $u^1 = R$, $u^2 = \varphi$ lauten sie $x = R \cos \varphi$, $y = R \sin \varphi$. Wie lauten die Umkehrungen der Transformationsgleichungen, und an welchen Stellen sind sie singulär, d. h. (in diesem Falle) nicht eindeutig?

Aus $dx_i = \dfrac{\partial x_i}{\partial u^j} du^j$ folgt $\dfrac{\partial x_i}{\partial x_k} \equiv \delta_{ik} = \dfrac{\partial x^i}{\partial u^j} \dfrac{\partial u^j}{\partial x_k}$, aus $du^i = \dfrac{\partial u^i}{\partial x_j} dx_j$ folgt entsprechend $\dfrac{\partial u^i}{\partial u^k} \equiv \delta_{ik} = \dfrac{\partial u^i}{\partial x_j} \dfrac{\partial x_j}{\partial u^k}$, zwischen den partiellen Ableitungen der Transformationsgleichungen gelten also die Orthogonalitätsrelationen

$$\frac{\partial x_i}{\partial u^j} \frac{\partial u^j}{\partial x_k} = \delta_{ik}, \qquad \frac{\partial u^i}{\partial x_j} \frac{\partial x_j}{\partial u^k} = \delta_{ik}. \qquad (4.1.63)$$

Die Flächen $u_i = \text{const}$ nennt man die Koordinatenflächen. Abgesehen von den singulären Stellen, überdecken sie den Raum schlicht, d. h. durch jeden Punkt geht genau eine Fläche jeder Flächenschar. Je zwei der drei Koordinatenflächen durch einen Punkt schneiden sich längs einer Koordinatenlinie, so daß durch jeden Punkt, wieder abgesehen von den singulären Stellen, auch genau drei Koordinatenlinien gehen. Wenn nicht alle Koordinatenlinien Geraden sind, nennt man das Koordinatensystem krummlinig.

In jedem Punkt gilt zwischen den Differentialen dx_i und du^i der beiden Koordinatensysteme

$$dx_1 = \frac{\partial x_1}{\partial u^1} du^1 + \frac{\partial x_1}{\partial u^2} du^2 + \frac{\partial x_1}{\partial u^3} du^3,$$

$$dx_2 = \frac{\partial x_2}{\partial u^1} du^1 + \frac{\partial x_2}{\partial u^2} du^2 + \frac{\partial x_2}{\partial u^3} du^3,$$

$$dx_3 = \frac{\partial x_3}{\partial u^1} du^1 + \frac{\partial x_3}{\partial u^2} du^2 + \frac{\partial x_3}{\partial u^3} du^3.$$

Auf der Schnittlinie der Flächen $u^2 = \text{const}$ und $u^3 = \text{const}$ in einem beliebigen Punkt gilt also $du^2 = du^3 = 0$. Der Vektor mit den kartesischen Koordinaten $\left\{ \dfrac{\partial x_1}{\partial u^1}, \dfrac{\partial x_2}{\partial u^1}, \dfrac{\partial x_3}{\partial u^1} \right\}$ ist also ein (nicht normierter) Tangentenvektor an diese Koordinatenlinie. Wir wollen ihn als den Vektor $\underline{g}_1$ eines Dreibeins auffassen. Das auf diese Weise definierte Dreibein

$$\underline{g}_i = \frac{\partial x_j}{\partial u^i} \underline{e}_j \qquad (4.1.64)$$

mit den kartesischen Koordinaten

$$g_{\underset{i}{j}} = \frac{\partial x_j}{\partial u^i} \tag{4.1.65}$$

hat also die Eigenschaft, daß seine Vektoren die Koordinatenlinien der u-Koordinaten in jedem Punkt tangieren. Man nennt das so definierte Dreibein die natürliche oder kovariante Basis der u-Koordinaten im betrachteten Punkte.

Der (nicht normierte) Gradientenvektor mit den kartesischen Koordinaten $\left\{\dfrac{\partial u^1}{\partial x_1}, \dfrac{\partial u^1}{\partial x_2}, \dfrac{\partial u^1}{\partial x_3}\right\}$ steht bekanntlich auf der Fläche $u_1(x_1, x_2, x_3)$ = const im Punkte $\{x_1, x_2, x_3\}$ senkrecht. Wir wollen ihn als den Vektor $\underline{g}^1$ eines anderen Dreibeins auffassen. Das auf diese Weise definierte Dreibein

$$\underline{g}^i = \frac{\partial u^i}{\partial x_j}\, \underline{e}_j \tag{4.1.66}$$

mit den kartesischen Koordinaten

$$\overset{i}{g}_j = \frac{\partial u^i}{\partial x_j} \tag{4.1.67}$$

hat also die Eigenschaft, daß seine Vektoren auf den Koordinatenflächen der u-Koordinaten in jedem Punkte senkrecht stehen. Man nennt das so definierte Dreibein die kontravariante Basis der u-Koordinaten in diesem Punkte. Damit die beiden Basen Rechtssysteme bilden, muß man die Reihenfolge der u^i so wählen, daß die Funktionaldeterminante der Transformationsgleichungen (4.1.62) positiv ist.

Wenn diese Benennungen im Einklang mit unserem bisherigen Gebrauch der Begriffe kovariante und kontravariante Basis sein sollen, müssen die beiden Dreibeine $\underline{g}_i$ und $\underline{g}^i$ reziprok sein. Das ist auch der Fall; aus den Definitionsgleichungen (4.1.64) und (4.1.66) der beiden Dreibeine kann man unter Benutzung der Orthogonalitätsrelationen (4.1.63) leicht die Orthogonalitätsrelationen (4.1.30) für zwei reziproke Dreibeine herleiten. Indem man (4.1.64) mit $\dfrac{\partial u^i}{\partial x_k}$ und (4.1.66) mit $\dfrac{\partial x_k}{\partial u^i}$ überschiebt, lassen sie sich nach der kartesischen Basis auflösen, und man erhält

$$\underline{e}_i = \frac{\partial u^j}{\partial x_i}\, \underline{g}_j = \frac{\partial x_i}{\partial u^j}\, \underline{g}^j. \tag{4.1.68}$$

Durch ein System von Transformationsgleichungen (4.1.62) läßt sich also einem beliebig vorgegebenen kartesischen Koordinatensystem ein krummliniges Koordinatensystem zuordnen, d. h. jedem Punkt des Raumes ein Tripel krummliniger Koordinaten und ein Paar zugehöriger reziproker Dreibeine.

Aufgabe: Man gebe die kartesischen Koordinaten der kovarianten, der kontravarianten und der physikalischen Basis der Zylinderkoordinaten an. (Die Lösungen dieser und der folgenden Aufgaben sind in Abschnitt 6.2 angegeben.)

Ein Tensorfeld ordnet jedem Punkt des Raumes einen Tensor zu. Man erhält die krummlinigen Koordinaten eines solchen Feldtensors, indem man den Tensor in jedem Punkt auf die zu diesem Punkt gehörigen Dreibeine bezieht. Man erhält also wieder Gleichungen der Form $\underline{a} = a^i \underline{g}_i = a_i \underline{g}^i$, $\underline{\underline{a}} = a^{ij} \underline{g}_i \underline{g}_j = a^i{}_j \underline{g}_i \underline{g}^j = a_i{}^j \underline{g}^i \underline{g}_j = a_{ij} \underline{g}^i \underline{g}^j$, wobei jetzt sowohl die Koordinaten als auch die Dreibeine (als auch die Tensoren selbst) Funktionen des Ortes sind. Diese Ortsabhängigkeit kann man grundsätzlich sowohl durch die kartesischen als auch durch die krummlinigen Ortskoordinaten beschreiben, im allgemeinen bleibt man jedoch in einem Koordinatensystem, d. h. man gibt die krummlinigen Koordinaten eines Feldtensors in Abhängigkeit von den krummlinigen Koordinaten des Ortes an.

Aufgabe: Man gebe die holonomen Koordinaten des Einheitstensors und des ε-Tensors in Zylinderkoordinaten an.

Grundsätzlich könnte man natürlich auch durch die Gleichungen $\underline{x} = x^i \underline{g}_i = x_i \underline{g}^i$ die Punktes des Raumes selbst auf die zu diesen Punkten gehörigen Dreibeine beziehen und so kovariante und kontravariante Punktkoordinaten definieren. Keine dieser beiden Arten von Koordinaten sind jedoch mit den durch die Transformationsgleichungen (4.1.62) eingeführten krummlinigen Koordinaten identisch, und sie werden auch beide nicht verwendet. Zur Darstellung der Punkte des Raumes in einem Dreibein verwendet man immer ein (raumfestes) kartesisches Dreibein; um ein krummliniges Koordinatensystem zu definieren, muß man ja außer den Transformationsgleichungen (4.1.62) auch das kartesische Koordinatensystem vorgeben, worauf die x_i zu beziehen sind, so daß einem krummlinigen Koordinatensystem stets auch ein kartesisches zugeordnet ist.

Aus $\underline{x} = x_i \underline{e}_i$ folgt $d\underline{x} = dx_i \underline{e}_i$, da die kartesische Basis ja örtlich konstant ist. Außerdem ist $dx_i = \dfrac{\partial x_i}{\partial u^j} \, du^j$ und damit $d\underline{x} = \dfrac{\partial x_i}{\partial u^j} \, du^j \underline{e}_i$ und mit (4.1.64)

$$d\underline{x} = dx_i \underline{e}_i = du^i \underline{g}_i. \qquad (4.1.69)$$

Im Gegensatz zu den Ortskoordinaten selbst bilden deren Differentiale ja bekanntlich ein Vektorfeld, und nach der letzten Formel sind die Differentiale der krummlinigen Ortskoordinaten die kontravarianten Koordinaten dieses Feldvektors. Aus diesem Grunde schreiben wir die Indizes der krummlinigen Koordinaten oben.

4.1.3.2 Transformationen zwischen zwei krummlinigen Koordinatensystemen

Zwei krummlinige Koordinatensysteme seien durch ihre Transformationsgleichungen

$$x_i = x_i(u^j) \qquad u^i = u^i(x_j),$$
$$x_i = x_i(\tilde{u}^j), \qquad \tilde{u}^i = \tilde{u}^i(x_j) \tag{4.1.70}$$

in bezug auf dasselbe kartesische Koordinatensystem gegeben. Indem man dieses kartesische Koordinatensystem aus den obigen Gleichungen eliminiert, erhält man zwischen den beiden krummlinigen Koordinatensystemen selbst die analogen Transformationsgleichungen

$$u^i = u^i(\tilde{u}^j), \qquad \tilde{u}^i = \tilde{u}^i(u^j). \tag{4.1.71}$$

Indem man wie in Abschnitt 4.1.3.1 das Differential der ersten Gleichungen hinschreibt und geeignet differenziert, erhält man die Orthogonalitätsrelation.

$$\frac{\partial u^i}{\partial \tilde{u}^j} \frac{\partial \tilde{u}^j}{\partial u^k} = \delta_{ik}. \tag{4.1.72}$$

Wegen der Gleichberechtigung des ungeschweiften und des geschweiften Koordinatensystems ist es hier trivial, die der anderen Formel (4.1.63) entsprechende Formel hinzuzuschreiben.

Aus (4.168) folgt

$$\underline{e}_i = \frac{\partial u^j}{\partial x_i} \underline{g}_j = \frac{\partial \tilde{u}^j}{\partial x_i} \tilde{\underline{g}}_j = \frac{\partial x_i}{\partial u^j} \underline{g}^j = \frac{\partial x_i}{\partial \tilde{u}^j} \tilde{\underline{g}}^j,$$

$$\frac{\partial u^j}{\partial x_i} \underline{g}_j = \frac{\partial \tilde{u}^j}{\partial x_i} \tilde{\underline{g}}_j, \qquad \frac{\partial x_i}{\partial u^j} \underline{g}^j = \frac{\partial x_i}{\partial \tilde{u}^j} \tilde{\underline{g}}^j.$$

Mittels der Kettenregel folgt

$$\frac{\partial u^j}{\partial \tilde{u}^k} \frac{\partial \tilde{u}^k}{\partial x_i} \underline{g}_j = \frac{\partial \tilde{u}^j}{\partial x_i} \tilde{\underline{g}}_j, \qquad \frac{\partial x_i}{\partial \tilde{u}^k} \frac{\partial \tilde{u}^k}{\partial u^j} \underline{g}^j = \frac{\partial x^i}{\partial \tilde{u}^j} \tilde{\underline{g}}^j.$$

Durch geeignete Überschiebung folgt weiter

$$\frac{\partial u^j}{\partial \tilde{u}^k} \frac{\partial \tilde{u}^k}{\partial x_i} \frac{\partial x_i}{\partial \tilde{u}^m} \underline{g}_j = \frac{\partial \tilde{u}^j}{\partial x_i} \frac{\partial x_i}{\partial \tilde{u}^m} \tilde{\underline{g}}_j, \qquad \frac{\partial \tilde{u}^m}{\partial x_i} \frac{\partial x_i}{\partial \tilde{u}^k} \frac{\partial \tilde{u}^k}{\partial u^j} \underline{g}^j = \frac{\partial \tilde{u}^m}{\partial x_i} \frac{\partial x_i}{\partial \tilde{u}^j} \tilde{\underline{g}}^j,$$

Nach (4.1.63) erhält man daraus als Transformationsgleichungen zwischen gleichartigen Dreibeinen

$$\tilde{\underline{g}}_m = \frac{\partial u^j}{\partial \tilde{u}^m} \underline{g}_j, \qquad \tilde{\underline{g}}^m = \frac{\partial \tilde{u}^m}{\partial u^j} \underline{g}^j. \tag{4.1.73}$$

Wegen der Gleichberechtigung der beiden Koordinatensysteme kann man darin wieder die geschweiften und die ungeschweiften Größen vertauschen.

Aus diesen Gleichungen erhält man sofort die Transformationsgleichungen für gleichartige Tensorkoordinaten: Beispielsweise ist

$$\underline{a} = a^i \underline{g}_i = \tilde{a}^i \underline{\tilde{g}}_i = \tilde{a}^i \frac{\partial u^j}{\partial \tilde{u}^i} \, \underline{g}_j \quad \text{oder} \quad a^i = \frac{\partial u^i}{\partial \tilde{u}^k} \, \tilde{a}^k.$$

Die Transformationsgleichungen für Tensorkoordinaten sind also von der Form

$$\tilde{a}^i = \frac{\partial \tilde{u}^i}{\partial u^m} \, a^m, \qquad \tilde{a}_i = \frac{\partial u^m}{\partial \tilde{u}^i} \, a_m \, ,$$

$$\tilde{a}^{ij} = \frac{\partial \tilde{u}^i}{\partial u^m} \frac{\partial \tilde{u}^j}{\partial u^n} \, a^{mn}, \quad \tilde{a}^i{}_j = \frac{\partial \tilde{u}^i}{\partial u^m} \frac{\partial u^n}{\partial \tilde{u}^j} \, a^m{}_n, \qquad (4.1.74)$$

$$\tilde{a}_i{}^j = \frac{\partial u^m}{\partial \tilde{u}^i} \frac{\partial \tilde{u}^j}{\partial u^n} \, a_m{}^n, \quad \tilde{a}_{ij} = \frac{\partial u^m}{\partial \tilde{u}^i} \frac{\partial u^n}{\partial \tilde{u}^j} \, a_{mn} \, ,$$

usw.

Ein kovarianter Index an einer Tensorkoordinate transformiert sich also genauso wie ein kovarianter Index an einem Dreibein und genau „umgekehrt" wie ein kontravarianter Index an einer Tensorkoordinate oder einem Dreibein. Das muß auch so sein, denn die Überschiebung eines kovarianten und eines kontravarianten Index ergibt einen indexfreien und damit vom Koordinatensystem unabhängigen Ausdruck unabhängig davon, ob diese Indizes an Tensorkoordinaten oder Dreibeinen hängen: $a_i b^i = c$, $a_i \underline{g}^i = \underline{a}$, $\underline{g}_i \underline{g}^i = \underline{\delta}$.

Die Transformationsgleichungen (4.1.74) für Tensorkoordinaten sind offenbar Verallgemeinerungen der Transformationsgleichungen (1.1.4) bis (1.1.6) für kartesische Tensorkoordinaten beim Übergang zwischen kartesischen Koordinatensystemen, mit deren Hilfe wir Tensoren überhaupt definiert hatten. Wenn man die Herleitung der Transformationsgleichungen (4.1.74) rückwärts verfolgt, sieht man, daß dieses Transformationsverhalten auch hinreichend dafür ist, daß (ununterstrichene[1]) Größen Tensorkoordinaten der durch Anzahl und Stellung der Indizes gekennzeichneten Art sind.

Aufgabe: Man berechne die Transformationsgleichungen zwischen den kartesischen Koordinaten und den verschiedenen holonomen und den physikalischen Zylinderkoordinaten eines Vektors und eines Tensors zweiter Stufe.

---

[1] Natürlich hat es keinen Sinn zu sagen, die drei Vektoren eines Dreibeins seien Koordinaten eines Vektors.

4.1.3.3 Die Ableitung von Punkten

Wir wollen zunächst für die partielle Ableitung irgendeiner Größe **G** (Punkt, Tensor, Dreibein, Koordinate) nach einer krummlinigen Ortskoordinate eine allgemein übliche, bequeme Schreibweise einführen:

$$\frac{\partial \mathbf{G}}{\partial u^i} = \mathbf{G}_{,i}. \tag{4.1.75}$$

Diese Schreibweise wird übrigens häufig auch in kartesischen Koordinaten verwendet, die man ja als Sonderfall krummliniger Koordinaten auffassen kann.

Aus (4.1.69) folgt durch partielle Ableitung nach u^i

$$\frac{\partial \underline{x}}{\partial u^i} \equiv \underline{x}_{,i} = \frac{\partial u^j}{\partial u^i}\, \underline{g}_j = \delta_{ij}\underline{g}_j = \underline{g}_i,$$

$$\underline{x}_{,i} = \underline{g}_i, \tag{4.1.76}$$

die partielle Ableitung eines Punktes nach den krummlinigen Ortskoordinaten liefert also gerade das kovariante Dreibein. Zum selben Resultat kommt man, wenn man die Identität $\underline{x} = x_j\underline{e}_j$ nach u_i differenziert: $\underline{x}_{,i} = \dfrac{\partial x_j}{\partial u^i}\, \underline{e}_j = \underline{g}_i.$ (4.1.76) ist im Grunde nur eine andere Schreibweise für (4.1.64).

4.1.3.4 Die Ableitung von Dreibeinen. Christoffel-Symbole

Wir wollen die partielle Ableitung der beiden Dreibeine nach den krummlinigen Ortskoordinaten wieder auf das Ausgangsdreibein beziehen. Man erhält für die kovariante Basis

$$\underline{g}_{i,j} \underset{(4.1.64)}{=} \frac{\partial^2 x_k}{\partial u^i \partial u^j}\, \underline{e}_k \underset{(1.4.68)}{=} \frac{\partial^2 x_k}{\partial u^i \partial u^j}\, \frac{\partial u^m}{\partial x_k}\, \underline{g}_m.$$

Die darin auftretenden Größen

$$\Gamma_{ij}^m = \frac{\partial^2 x_k}{\partial u^i \partial u^j}\, \frac{\partial u^m}{\partial x^k} \tag{4.1.77}$$

nennt man Christoffel-Symbole (zweiter Art). Wie man sieht, sind sie symmetrisch in den unteren Indizes,

$$\Gamma_{ij}^m = \Gamma_{ji}^m. \tag{4.1.78}$$

Wie die Transformationskoeffizienten bei der Transformation von Koordinatensystemen sind sie keine Tensorkoordinaten (vgl. Aufgabe 19 am Ende dieses Abschnitts). Wenn die u^i geradlinige, speziell kartesische Koordinaten sind, verschwinden die Christoffel-Symbole.

Um die entsprechende Formel für die kontravariante Basis zu bekommen, differenziere man die Identität $\underline{g}^i \cdot \underline{g}_j = \delta_j^i$ nach u_k:

$$\underline{g}^i{}_{,k} \cdot \underline{g}_j + \underline{g}^i \cdot \underline{g}_{j,k} = 0,$$

$$\underline{g}^i{}_{,k} \cdot \underline{g}_j = -\Gamma_{jk}^m \underline{g}_m \cdot \underline{g}^i = -\Gamma_{jk}^m \delta_m^i = -\Gamma_{jk}^i,$$

$$\underline{g}^i{}_{,k} \cdot \underline{g}_j \underline{g}^j = \underline{g}^i{}_{,k} \cdot \underline{\delta} = \underline{g}^i{}_{,k} = -\Gamma_{jk}^i \underline{g}^j.$$

Es gilt also für die partielle Ableitung von Dreibeinen nach den krummlinigen Koordinaten

$$\underline{g}_{i,j} = \Gamma_{ij}^m \underline{g}_m,$$

$$\underline{g}^i{}_{,j} = -\Gamma_{jm}^i \underline{g}^m. \tag{4.1.79}$$

Um die Christoffel-Symbole als Funktion der Koordinaten des Einheitstensors auszudrücken, differenziere man die Identität $\underline{g}_i = g_{ij}\underline{g}^j$ nach u^k:

$$\underline{g}_{i,k} = g_{ij,k}\underline{g}^j + g_{ij}\underline{g}^j{}_{,k},$$

$$\Gamma_{ik}^m \underline{g}_m = g_{ij,k}\underline{g}^j - g_{ij}\Gamma_{km}^j \underline{g}^m.$$

Skalare Multiplikationen mit $\underline{g}^n$ ergibt mit (4.1.35)

$$\Gamma_{ik}^m \underline{g}_m \cdot \underline{g}^n = g_{ij,k}\underline{g}^j \cdot \underline{g}^n - g_{ij}\Gamma_{km}^j \underline{g}^m \cdot \underline{g}^n,$$

$$\Gamma_{ik}^n = g_{ij,k}g^{jn} - g_{ij}g^{mn}\Gamma_{km}^j.$$

Überschiebung mit g_{np} liefert mit (4.1.36)

$$g_{np}\Gamma_{ik}^n + g_{ij}g^{mn}g_{np}\Gamma_{km}^j = g_{ij,k}g^{jn}g_{np},$$

$$g_{pj}\Gamma_{ik}^j + g_{ij}\Gamma_{kp}^j = g_{ip,k}.$$

Durch zyklische Vertauschung der freien Indizes i, p und k erhalten wir dazu die Gleichungen

$$g_{kj}\Gamma_{pi}^j + g_{pj}\Gamma_{ik}^j = g_{pk,i},$$

$$g_{ij}\Gamma_{kp}^j + g_{kj}\Gamma_{pi}^j = g_{ki,p}.$$

Wir multiplizieren die ersten dieser drei Gleichungen mit $-\dfrac{1}{2}$, die beiden anderen mit $+\dfrac{1}{2}$ und addieren:

$$g_{kj}\Gamma_{ip}^j = \frac{1}{2}\left(g_{pk,i} + g_{ki,p} - g_{ip,k}\right).$$

Überschiebung mit g^{km} ergibt schließlich

$$\Gamma_{ip}^m = \frac{1}{2}\, g^{mk}(g_{ki,p} + g_{kp,i} - g_{ip,k})\,. \tag{4.1.80}$$

Aufgabe: Man berechne die Christoffel-Symbole für Zylinderkoordinaten.

Aufgabe 19: Man berechne das Transformationsgesetz für Christoffel-Symbole.

4.1.3.5 Die Ableitung von Tensoren. Die kovariante Ableitung von Tensorkoordinaten

Wir wollen auch die partiellen Ableitungen von Tensoren nach den krummlinigen Ortskoordinaten wieder auf das Ausgangsdreibein bzw. die Ausgangsdreibeine beziehen. Wir erhalten dann

$$\underline{a}_{,k} = (a^i \underline{g}_i)_{,k} = a^i_{\,,k}\underline{g}_i + a^i \underline{g}_{i,k} = a^i_{\,,k}\underline{g}_i + a^i \Gamma_{ik}^m \underline{g}_m$$

$$= (a^i_{\,,k} + \Gamma_{mk}^i a^m)\underline{g}_i$$

$$= (a_i \underline{g}^i)_{,k} = a_{i,k}\underline{g}^i + a_i \underline{g}^i_{,k} = a_{i,k}\underline{g}^i - a_i \Gamma_{km}^i \underline{g}^m$$

$$= (a_{i,k} - \Gamma_{ik}^m a_m)\,\underline{g}^i\,,$$

$$\underline{a}_{,k} = (a^{ij}\underline{g}_i\underline{g}_j)_{,k} = a^{ij}_{\,,k}\underline{g}_i\underline{g}_j + a^{ij}\underline{g}_{i,k}\underline{g}_j + a^{ij}\underline{g}_i\underline{g}_{j,k}$$

$$= a^{ij}_{\,,k}\underline{g}_i\underline{g}_j + a^{ij}\Gamma_{ik}^m \underline{g}_m\underline{g}_j + a^{ij}\underline{g}_i\Gamma_{jk}^m\underline{g}_m$$

$$= (a^{ij}_{\,,k} + \Gamma_{mk}^i a^{mj} + \Gamma_{mk}^j a^{im})\,\underline{g}_i\underline{g}_j\,,$$

$$= (a^i_{\ j}\underline{g}_i\underline{g}^j)_{,k} = \cdots$$

usw.

Die darin auftretenden Koeffizienten der Ausgangsdreibeine nennt man die kovariante oder absolute Ableitung der betreffenden krummlinigen Tensorkoordinaten und schreibt sie im Unterschied zur partiellen Ableitung durch einen senkrechten Strich; es ist also

$$a\big|_k = a_{,k}\,,$$

$$a^i\big|_k = a^i_{\,,k} + \Gamma_{mk}^i a^m\,,$$

$$a_i\big|_k = a_{i,k} - \Gamma_{ik}^m a_m\,,$$

$$a^{ij}\big|_k = a^{ij}_{\,,k} + \Gamma_{mk}^i a^{mj} + \Gamma_{mk}^j a^{im}\,, \tag{4.1.81}$$

$$a^i{}_j\big|_k = a^i{}_{j,k} + \Gamma^i_{mk} a^m{}_j - \Gamma^m_{jk} a^i{}_m\,, \qquad (4.1.81)$$

$$a_i{}^j\big|_k = a_i{}^j{}_{,k} - \Gamma^m_{ik} a_m{}^j + \Gamma^j_{mk} a_i{}^m\,,$$

$$a_{ij}\big|_k = a_{ij,k} - \Gamma^m_{ik} a_{mj} - \Gamma^m_{jk} a_{im}\,,$$

usw.

Mit Hilfe dieser kovarianten Ableitungen der Tensorkoordinaten schreiben sich die partiellen Ableitungen von Tensoren

$$a_{,k} = a\big|_k\,,$$

$$\underline{a}_{,k} = a^i\big|_k \underline{g}_i = a_i\big|_k \underline{g}^i\,,$$

$$\underline{a}_{,k} = a^{ij}\big|_k \underline{g}_i \underline{g}_j = a^i{}_j\big|_k \underline{g}_i \underline{g}^j = a_i{}^j\big|_k \underline{g}^i \underline{g}_j \qquad (4.1.82)$$

$$= a_{ij}\big|_k \underline{g}^i \underline{g}^j\,,$$

usw.

Die partiellen Ableitungen von Tensoren hängen natürlich vom Koordinatensystem ab, nach der Kettenregel ist offenbar

$$\frac{\partial \mathscr{A}}{\partial \tilde{u}^i} = \frac{\partial u^i}{\partial \tilde{u}^i}\, \frac{\partial \mathscr{A}}{\partial u^j}\,, \qquad (4.1.83)$$

der Index der partiellen Differentiation eines Tensors transformiert sich also wie ein kovarianter Index. Natürlich muß der Index k auf beiden Seiten der Gleichungen (4.1.82) dasselbe Transformationsverhalten zeigen, demnach ist die kovariante Ableitung einer beliebigen Tensorkoordinate wieder eine Tensorkoordinate, und zwar tritt durch die kovariante Ableitung ein kovarianter Index hinzu. Die partielle Ableitung einer Tensorkoordinate nach krummlinigen Ortskoordinaten ist demgegenüber keine Tensorkoordinate.

4.1.3.6 Das vollständige Differential von Tensoren. Das absolute Differential von Tensorkoordinaten. Ableitungen nach einem Parameter

Das vollständige Differential eines Tensors ist natürlich

$$d\mathscr{A} = \mathscr{A}_{,i}\, du^i\,. \qquad (4.1.84)$$

Wie zu erwarten, ist es koordinatenunabhängig: Der Index der partiellen Ableitung eines Tensors ist kovariant, der Index der Koordinatendifferentiale kontravariant.

Bei Tensorkoordinaten müssen wir zwei verschiedene Differentiale unterscheiden: Die mit der partiellen Ableitung gebildete Größe $a^{i\cdots j}_{m\ldots n,k}\,d\,u^k$ nennen wir das vollständige Differential und die analog mit der kovarianten oder absoluten Ableitung gebildete Größe

$$da^{i\cdots j}_{m\ldots n} = a^{\,i\cdots j}_{\,m\ldots n|k}\,d\,u^k \qquad (4.1.85)$$

nennen wir das absolute Differential. Nur für das absolute Differential einer Tensorkoordinate führen wir also ein Symbol ein. Man sieht sofort, daß nur das absolute Differential einer Tensorkoordinate wieder eine Tensorkoordinate ist, und zwar eine Tensorkoordinate derselben Art wie die Tensorkoordinate, von der es gebildet wurde. Das vollständige Differential eines Tensors ist offenbar mit dem absoluten Differential seiner Koordinaten verknüpft. Man erhält aus (4.1.84) mit Hilfe von (4.1.82) und (4.1.85)

$$da = da$$

$$d\underline{a} = da^i\,\underline{g}_i = da_i\,\underline{g}^i,$$

$$d\underline{\underline{a}} = da^{ij}\underline{g}_i\underline{g}_j = da^i{}_j\underline{g}_i\underline{g}^j = da_i{}^j\underline{g}^i\underline{g}_j \qquad (4.1.86)$$

$$= da_{ij}\underline{g}^i\underline{g}^j,$$

usw.

Hängen die krummlinigen Koordinaten u^i von einem Parameter t ab, so ergibt sich für die Ableitung einer Tensorkoordinate nach diesem Parameter

$$\frac{da^{i\cdots j}_{m\ldots n}}{dt} = a^{i\cdots j}_{m\ldots n|k}\,\frac{du^k}{dt}\,. \qquad (4.1.87)$$

Die so definierte Ableitung nach einem Parameter ist wieder eine Tensorkoordinate, und zwar eine Tensorkoordinate derselben Art wie die Tensorkoordinate, von der sie gebildet wurde.

4.1.3.7 Gradient, Divergenz, Rotation

Die partielle Ableitung (4.1.82) eines Tensors ist nicht koordinatenunabhängig, sondern enthält einen kovarianten Index. Sie ist also kein Tensor, man kann aber daraus einen Tensor machen, indem man sie mit dem zugehörigen kontravarianten Dreibein überschiebt. Je nachdem ob diese Überschiebung von links oder rechts vorgenommen wird, erhält man im allgemeinen verschiedene Tensoren; derjenige, der durch Überschiebung von links entsteht, ist offenbar der Gradient des ursprünglichen Tensors: Für den Spezialfall, daß das verwendete Koordinatensystem kartesisch ist, reduzieren die kovarianten Ableitungen zu partiellen und die kovarianten und kontravarianten Dreibeine zu kartesischen, und man erhält genau die Definition (4.1.13) bzw. in Koordinatenschreibweise (1.1.27). Da die so gebildete Größe als Tensor aber vom Koordinatensystem unabhängig ist, haben wir damit die Vorschrift gewonnen, wie wir den Gradienten eines Tensors aus seinen Koordinaten in bezug auf ein beliebiges krummliniges Koordinatensystem bilden können. Es ist also

$$\operatorname{grad} \mathscr{A} = \underline{g}^k \mathscr{A}_{,k}, \tag{4.1.88}$$

oder für Tensoren verschiedener Stufen ausgeschrieben,

$$\operatorname{grad} a = a\big|_k \underline{g}^k,$$

$$\operatorname{grad} \underline{a} = a^i\big|_k \underline{g}^k \underline{g}_i = a_i\big|_k \underline{g}^k \underline{g}^i,$$

$$\operatorname{grad} \underline{\underline{a}} = a^{ij}\big|_k \underline{g}^k \underline{g}_i \underline{g}_j = a^i{}_j\big|_k \underline{g}^k \underline{g}_i \underline{g}^j \tag{4.1.89}$$

$$= a_i{}^j\big|_k \underline{g}^k \underline{g}^i \underline{g}_j = a_{ij}\big|_k \underline{g}^k \underline{g}^i \underline{g}^j,$$

usw.

Die kovarianten Ableitungen der Koordinaten eines Tensors sind also Koordinaten des Gradienten dieses Tensors. Die auf diese Weise erhaltenen Koordinaten des Gradiententensors sind alle in bezug auf den ersten Index kovariant; die entsprechenden kontravarianten Koordinaten erhält man dann durch Substitution von $\underline{g}^k$ durch $g^{kp}\underline{g}_p$ nach (4.1.37). Man kann diese kontravarianten Koordinaten formal als kontravariante Ableitungen der Tensorkoordinaten schreiben, wenn man als kontravariante Ableitung einer Tensorkoordinate die Größe

$$a^{i\cdots j}_{m\cdots n}\big|^k = g^{kp} a^{i\cdots j}_{m\cdots n}\big|_p \tag{4.1.90}$$

definiert. Setzt man in den Ausdruck $dx \cdot \operatorname{grad} \mathscr{A}$ die beiden Faktoren nach (4.1.69) und (4.1.88) ein, so erhält man mit (4.1.84)

$$d\mathscr{A} = d\underline{x} \cdot \operatorname{grad} \mathscr{A}. \tag{4.1.91}$$

Bei Verwendung des Nabla-Operators ist der Gradient eines Tensors das tensorielle Produkt des Nabla-Operators und dieses Tensors. Aus (4.1.88) sieht man, daß der Nabla-Operator dann in krummlinigen Koordinaten

$$\nabla = \underline{g}^k \frac{\partial}{\partial u^k} \tag{4.1.92}$$

geschrieben werden muß.

Da der Einheitstensor und der ε-Tensor räumlich konstant sind, muß ihr Gradient verschwinden, und das heißt nach (4.1.89), daß die kovarianten Ableitungen ihrer Koordinaten verschwinden:

$$g^{ij}\big|_k = g_{ij}\big|_k = 0,$$
$$e^{ijk}\big|_m = e^{ij}{}_k\big|_m = \ldots = e_{ijk}\big|_m = 0. \tag{4.1.93}$$

(Die erste dieser Formeln nennt man auch den Satz von RICCI.) Die partiellen Ableitungen ihrer Koordinaten sind demnach von null verschieden, man kann sie mit Hilfe der Definition (4.1.81) der entsprechenden kovarianten Ableitung ausdrücken. Für die partiellen Ableitungen des Einheitstensors erhalten wir dabei wieder die Beziehungen, die wir bei der Herleitung von (4.1.80) benutzt haben.

Aus dem Gradienten eines Tensors erhält man seine Divergenz, indem man das tensorielle Produkt der ersten beiden Dreibeine des Gradienten durch ihr Skalarprodukt ersetzt, z. B. ist $\operatorname{div} \underline{a} = a^i\big|_k \underline{g}^k \cdot \underline{g}_i = a_i\big|_k \underline{g}^k \cdot \underline{g}^i$ oder mit (4.1.35) für Tensoren verschiedener Stufe.

$$\operatorname{div} \underline{a} = a^i\big|_i,$$
$$\operatorname{div} \underline{\underline{a}} = a^{ij}\big|_i \underline{g}_j = a^i{}_j\big|_i \underline{g}^j, \tag{4.1.94}$$
usw.

Analog erhält man aus dem Gradienten eines Tensors seine Rotation, indem man das tensorielle Produkt der ersten beiden Dreibeine des Gradienten durch ihr Vektorprodukt ersetzt, z. B. $\operatorname{rot} \underline{a} = a^i\big|_k \underline{g}^k \times \underline{g}_i = a_i\big|_k \underline{g}^k \times \underline{g}^i$ oder mit (4.1.51)

$$\operatorname{rot} \underline{a} = e^{ijk} a_k\big|_j \underline{g}_i = e_i{}^{jk} a_k\big|_j \underline{g}^i$$
$$= e^{ij}{}_k a^k\big|_j \underline{g}_i = e_i{}^j{}_k a^k\big|_j \underline{g}^i,$$
$$\operatorname{rot} \underline{\underline{a}} = e^{ijk} a_{km}\big|_j \underline{g}_i \underline{g}^m \ \text{usw.}, \tag{4.1.95}$$
usw.

Setzt man die kovariante Ableitung $a_k\big|_j$ nach (4.1.81) ein, so sieht man übrigens, daß man wegen der Antisymmetrie des ε-Tensors und der Symmetrie der Christoffel-Symbole in bezug auf die beiden unteren Indizes für die Rotation speziell eines Vektors auch schreiben kann

$$\operatorname{rot} \underline{a} = e^{ijk} a_{k,j}\, \underline{g}_i = e_i{}^{jk} a_{k,j}\, \underline{g}^i. \tag{4.1.96}$$

Diese Formeln enthalten zwar in Gestalt der partiellen Ableitungen tensoriell nicht invariante Größen, sind aber natürlich für die praktische Berechnung der Rotation bequem.

Im Zuge unserer Darstellung sind wir natürlich zu den holonomen Koordinaten der Tensoren grad a, div $\underline{a}$, rot $\underline{a}$ usw. gekommen. Wo in Physikbüchern von den Koordinaten dieser Tensoren in bezug auf ein krummliniges Koordinatensystem, etwa in bezug auf Zylinder- oder Kugelkoordinaten, die Rede ist, sind damit in der Regel die physikalischen Koordinaten gemeint. Es macht keine große Mühe, diese physikalischen Koordinaten aus beliebigen holonomen Koordinaten zu berechnen. Während die Differentialoperatoren grad, div, rot in bezug auf holonome Koordinaten unabhängig von der Stufe des Tensors stets dasselbe bedeuten, ist das in bezug auf physikalische Koordinaten nicht der Fall. Etwa die durch den Operator div ausgedrückte Rechenvorschrift läßt sich in Worten so beschreiben: Man erhält die Koordinaten des Tensors div $\mathscr{A}$, indem man die Koordinaten des Tensors $\mathscr{A}$ kovariant ableitet und den ersten Index dieser Koordinaten mit dem Index der kovarianten Differentiation überschiebt. Ein Vergleich etwa der Ausdrücke für div $\underline{a}$ und div $\underline{a}$ in physikalischen Zylinderkoordinaten (siehe Abschnitt 6.2, vgl. auch die folgende Aufgabe) zeigt, daß zwar die z-Koordinate von div $\underline{a}$ genauso gebildet wird wie div $\underline{a}$ (weil die z-Koordinate ja eine kartesische Koordinate ist), daß aber bei den beiden anderen Koordinaten jeweils ein Term hinzukommt.

Aufgabe 20: Man berechne die physikalischen Zylinderkoordinaten von grad a, div $\underline{a}$, rot $\underline{a}$, grad $\underline{a}$, $\underline{b} \cdot$ grad $\underline{a}$ und div $\underline{\underline{a}}$.

4.1.3.8 Zweite Ableitungen. Laplace-Operator

Nach (4.1.76) bzw. (4.1.83) transformiert sich der Index der partiellen Differentiation eines Punktes oder Tensors wie ein kovarianter Index. Wir konnten deshalb die kovariante Ableitung (4.1.81) von Tensorkoordinaten mit Hilfe der partiellen Ableitung von Tensoren nach (4.1.82) einführen. Für die zweite Ableitung gilt dieser Zusammenhang nicht: Partielle Differentiation von (4.1.76) ergibt $\underline{x}_{,ij} = \underline{g}_{i,j} = \Gamma_{ij}^{m}\underline{g}_{m}$; partielle Differentiation von (4.1.83) ergibt

$$\frac{\partial^2 \mathscr{A}}{\partial \tilde{u}^j \partial \tilde{u}^i} = \frac{\partial u^m}{\partial \tilde{u}^i} \frac{\partial u^n}{\partial \tilde{u}^j} \frac{\partial^2 \mathscr{A}}{\partial u^n \partial u^m} + \frac{\partial^2 u^m}{\partial \tilde{u}^j \partial \tilde{u}^i} \frac{\partial \mathscr{A}}{\partial u^m}, \qquad (4.1.97)$$

d. h. die Indizes i und j transformieren sich in beiden Fällen nicht wie Tensorindizes. Wir werden deshalb die zweite kovariante Ableitung rein formal einführen: Da die kovariante Ableitung einer Tensorkoordinate wieder eine Tensorkoordinate ist, ist auch die kovariante Ableitung der kovarianten Ableitung einer Tensorkoordinate erklärt und ebenfalls eine Tensorkoordinate. Wir nennen sie die zweite kovariante Ableitung der ursprünglichen Tensorkoordinate und schreiben

$$a^{i...j}_{m...n}\big|_p\big|_q = a^{i...j}_{m...n}\big|_{pq}. \qquad (4.1.98)$$

(Man achte auf die Bedeutung der Reihenfolge der Indizes der beiden kovarianten Differentiationen.) Die doppelte kovariante Ableitung einer Tensorkoordinate ist offenbar eine Koordinate des Gradienten des Gradienten des zugehörigen Tensors: Aus $\mathscr{B} = \operatorname{grad} \mathscr{A}$, $\mathscr{C} = \operatorname{grad} \mathscr{B} = \operatorname{grad} \operatorname{grad} \mathscr{A}$ folgt $b_{pi\ldots j} = a_{i\ldots j}|_p$, $c_{qpi\ldots j} = b_{pi\ldots j}|_q = a_{i\ldots j}|_{pq}$ bzw.

$$\operatorname{grad} \operatorname{grad} \mathscr{A} = a_{i\ldots j}|_{pq}\, \underline{g}^q\, \underline{g}^p\, \underline{g}^i \cdots \underline{g}^j \tag{4.1.99}$$

und Formulierungen in anderen holonomen Koordinaten.

Wir wollen den Tensor $\operatorname{rot} \operatorname{grad} \mathscr{A}$ bilden:

$$\operatorname{grad} \mathscr{A} = a_{i\ldots j}|_k\, \underline{g}^k\, \underline{g}^i \cdots \underline{g}^j = b_{ki\ldots i}\, \underline{g}^k\, \underline{g}^i \cdots \underline{g}^j = \mathscr{B},$$

$$\operatorname{rot} \operatorname{grad} \mathscr{A} = e_m{}^{nk}\, b_{ki\ldots j}|_n\, \underline{g}^m\, \underline{g}^i \cdots \underline{g}^j = e_m{}^{nk}\, a_{i\ldots j}|_{kn}\, \underline{g}^m\, \underline{g}^i \cdots \underline{g}^j.$$

Nach (4.1.17) verschwinden alle kartesischen Koordinaten dieses Tensors, was eine unmittelbare Folge der Tatsache war, daß die zweite partielle Ableitung einer Größe nicht von der Reihenfolge der Differentiationen abhängt. Wenn aber alle kartesischen Koordinaten eines Tensors null sind, verschwinden nach dem Transformationsgesetz (4.1.74) für Tensorkoordinaten auch alle holonomen Koordinaten dieses Tensors in einem beliebigen krummlinigen Koordinatensystem. Das ist aber **nur** möglich, wenn ganz allgemein

$$a^{i\ldots j}_{m\ldots n}|_{pq} = a^{i\ldots j}_{m\ldots n}|_{qp} \tag{4.1.100}$$

gilt, d. h. die zweite kovariante Ableitung einer Tensorkoordinate auch nicht von der Reihenfolge der Differentiationen abhängt.

Wir wollen schließlich noch $\Delta \mathscr{A} = \operatorname{div} \operatorname{grad} \mathscr{A}$ bilden. Es ist z. B.

$$\operatorname{grad} \underline{a} = a^i|_k\, \underline{g}^k\, \underline{g}_i = a^i|_m\, g^{mk}\, \underline{g}_k\, \underline{g}_i,$$

$$\operatorname{div} \operatorname{grad} \underline{a} = (a^i|_m\, g^{mk})|_k\, \underline{g}_i = g^{mk}\, a^i|_{mk}\, \underline{g}_i,$$

oder ganz allgemein

$$\Delta a = g^{mn}\, a|_{mn},$$

$$\Delta \underline{a} = g^{mn}\, a^i|_{mn}\, \underline{g}_i = g^{mn}\, a_i|_{mn}\, \underline{g}^i,$$

$$\Delta \underline{\underline{a}} = g^{mn}\, a^{ij}|_{mn}\, \underline{g}_i\, \underline{g}_j = g^{mn}\, a^i{}_j|_{mn}\, \underline{g}_i\, \underline{g}^j \tag{4.1.101}$$

$$= g^{mn}\, a_i{}^j|_{mn}\, \underline{g}^i\, \underline{g}_j = g^{mn}\, a_{ij}|_{mn}\, \underline{g}^i\, \underline{g}^j,$$

usw.

Aufgabe 21: Man beweise (4.1.100) für den Spezialfall einer kovarianten Vektorkoordinate durch Ausführung der beiden Differentiationen.

Aufgabe 22: Man berechne die physikalischen Zylinderkoordinaten von Δa und $\Delta \underline{a}$.

Aufgabe 23: Man beweise die tensoranalytische Identität (4.1.18) rot rot $\mathscr{A}$ = grad div $\mathscr{A}$ − div grad $\mathscr{A}$ durch Ausschreiben in allgemeinen krummlinigen Koordinaten.

Die drei letzten Aufgaben sind von unterschiedlicher Art: Aufgabe 21 ist durch Zurückgehen auf die Definition der kovarianten Ableitung zu lösen, Aufgabe 22 ist eine Anwendung der Tensorrechnung auf spezielle krummlinige Koordinaten, und Aufgabe 23 ist ein Beispiel für das Rechnen in allgemeinen krummlinigen Koordinaten.

4.1.3.9 Räumliche Integrale. Gaußscher und Stokesscher Satz

Wir hatten in Abschnitt 1.1.10 verschiedene Arten von räumlichen Integralen über kartesische Tensorkoordinaten definiert. Wenn man darin alle freien Indizes mit dem zugehörigen kartesischen Dreibein überschiebt, so kann man diese Dreibeine, da sie ja räumlich konstant sind, unter die Integrale ziehen und erhält damit an Stelle von räumlichen Integralen über kartesische Tensorkoordinaten räumliche Integrale über Tensoren, wie wir sie zur Formulierung des Gaußschen und des Stokesschen Satzes in symbolischer Schreibweise in Abschnitt 4.1.1.3 verwendet haben. Die Frage ist, ob wir daraus weiter räumliche Integrale über nichtkartesische Tensorkoordinaten herleiten können.

Man kann natürlich unter den Integralen die Tensoren als Summe ihrer Komponenten in bezug auf ein beliebiges nichtkartesisches Koordinatensystem schreiben, aber nur für geradlinige Koordinaten kann man die Dreibeine vor die Integration ziehen und dann herauskürzen. Bei krummlinigen Koordinaten sind die Dreibeine ja gerade ortsabhängig, und man kann sie deshalb nicht vor die Integrale holen. Damit ist eine echte Koordinatenschreibweise von räumlichen Integralen und damit auch von Integralsätzen wie dem Gaußschen und dem Stokesschen Satz in krummlinigen Koordinaten unmöglich. Allenfalls kann man sich behelfen, z. B. kann man die Dreibeine nach (4.1.64) bzw. (4.1.66) auf ein kartesisches Dreibein beziehen und dieses kartesische Dreibein dann vor die Integrale ziehen und herauskürzen, z. B. schreiben

$$\int\limits_V \underline{a}\, dV = \int\limits_V a_i \underline{g}^i\, dV \underset{(4.1.66)}{=} \int\limits_V a_i\, \frac{\partial u^i}{\partial x_j}\, \underline{e}_j\, dV = \underline{e}_j \int\limits_V a_i\, \frac{\partial u^i}{\partial x_j}\, dV.$$

Auf diese Weise erhält man zwar einen formal krummlinige Tensorkoordinaten enthaltenden Integranden, in Wirklichkeit stehen unter dem Integral aber nach dem Transformationsgesetz (4.1.74) für Tensorkoordinaten gerade die kartesischen Koordinaten des betreffenden Tensors, ausgedrückt als Funktion der krummlinigen Koordinaten. Solche Formulierungen sind manchmal nützlich, es handelt sich dabei jedoch eben letztlich um Formulierungen in kartesischen Tensorkoordinaten.

Es gibt jedoch zwei Sonderfälle, wo es sich dabei gleichzeitig auch um echte Formulierungen in krummlinigen Koordinaten handelt: Einmal wenn unter dem Integral eine skalare Kombination von Tensorkoordinaten steht, dann tritt unter dem Integral ja überhaupt kein Dreibein auf. So gilt etwa der Gaußsche Satz (4.1.24) in der speziellen Form

$$\int\limits_V a^i|_i \, dV = \oint\limits_A a^i \, dA_i \qquad (4.1.102)$$

und der Stokessche Satz (4.1.27) in der speziellen Form

$$\int\limits_A e^{ijk} a_k|_j \, dA_i = \oint\limits_C a_k \, du^k. \qquad (4.1.103)$$

Zum anderen ergeben sich echte Formulierungen in krummlinigen Koordinaten speziell für solche Koordinatensysteme, in denen ein Basisvektor räumlich konstant ist, beispielsweise für Zylinderkoordinaten, wo (in der üblichen Zählung der Indizes) der dritte Basisvektor räumlich konstant und in diesen Falle außerdem ein Einheitsvektor ist: $\underline{g}_3 = \underline{g}^3 = \underline{e}_3$. Da dann also alle Tensorkoordinaten, deren freie Indizes den Wert Drei haben, zugleich kartesisch sind, kann man darüber auch integrieren. Es gilt dann also z. B. auch der Gaußsche Satz (4.1.23) in der speziellen Form

$$\int\limits_V a|_3 \, dV = \oint\limits_A a \, dA_3 \qquad (4.1.104)$$

oder nach (4.1.25) in der speziellen Form

$$\int\limits_V e^{3jk} a_k|_j \, dV = \oint e^{3jk} a_k \, dA_j, \qquad (4.1.105)$$

usw.

Wir müssen noch überlegen, wie wir das Längenelement, das Flächenelement und das Volumenelement durch die Elemente der nichtkartesischen Koordinaten ausdrücken. Für das Längenelement gilt

$$d\underline{x} = du^i \underline{g}_i. \qquad (4.1.69)$$

Wir wollen speziell die Linienelemente der Koordinatenlinien mit $d\overset{1}{\underline{x}}, d\overset{2}{\underline{x}}, d\overset{3}{\underline{x}}$ bezeichnen. Da nach (4.1.64) die Basisvektoren $\underline{g}_i$ konstruktionsgemäß die Koordinatenlinien im betrachteten Punkte tangieren, folgt aus (4.1.69)

$$d\overset{1}{\underline{x}} = d u^1 \underline{g}_1, \qquad d\overset{2}{\underline{x}} = d u^2 \underline{g}_2, \qquad d\overset{3}{\underline{x}} = d u^3 \underline{g}_3. \qquad (4.1.106)$$

Weiter ist z. B.

$$\int_C \underline{a} \cdot d\underline{x} = \int_C a_i \, d u^i. \qquad (4.1.107)$$

Für das Flächenelement $d\underline{A}$ können wir analog

$$d\underline{A} = d A_i \underline{g}^i \qquad (4.1.108)$$

schreiben. Wir wollen speziell die Flächenelemente der Koordinatenflächen mit $d\overset{1}{\underline{A}}, d\overset{2}{\underline{A}}, d\overset{3}{\underline{A}}$ bezeichnen. Da nach (4.1.66) die Basisvektoren $\underline{g}^i$ konstruktionsgemäß auf den Koordinatenflächen im betrachteten Punkt senkrecht stehen, folgt aus (4.1.108)

$$d\overset{1}{\underline{A}} = d A_1 \underline{g}^1, \qquad d\overset{2}{\underline{A}} = d A_2 \underline{g}^2, \qquad d\overset{3}{\underline{A}} = d A_3 \underline{g}^3. \qquad (4.1.109)$$

Weiter ist z. B. $d\overset{1}{\underline{A}} = d\overset{2}{\underline{x}} \times d\overset{3}{\underline{x}}$. Setzt man darin die Linienelemente nach (4.1.106) ein, so folgt $d\overset{1}{\underline{A}} = d A_1 \underline{g}^1 = d u^2 \, d u^3 \underline{g}_2 \times \underline{g}_3$ und unter Berücksichtigung von (4.1.28) und (4.1.42)

$$d A_1 = \sqrt{g} \, d u^2 \, d u^3, \qquad d A_2 = \sqrt{g} \, d u^3 \, d u^1, \qquad d A_3 = \sqrt{g} \, d u^1 \, d u^2$$
$$(4.1.110)$$

und damit z. B.

$$\int_A \underline{a} \cdot d\underline{A} = \int_A a^i \, d A_i, \qquad (4.1.111)$$

worin wir die $d A_i$ nach (4.1.110) einsetzen können.

Für das Volumenelement gilt mit (4.1.106)

$$d V = [d\underline{x}_1, d\underline{x}_2, d\underline{x}_3] = [\underline{g}_1, \underline{g}_2, \underline{g}_3] \, d u^1 \, d u^2 \, d u^3$$

und unter Berücksichtigung von (4.1.42)

$$d V = \sqrt{g} \, d u^1 \, d u^2 \, d u^3. \qquad (4.1.112)$$

Übrigens ist

$$g \underset{(4.1.40)}{=} \det g_{ij} \underset{(4.1.35)}{=} \det (\underline{g}_i \cdot \underline{g}_j) \underset{(4.1.64)}{=} \det \left(\frac{\partial x_m}{\partial u^i} \underline{e}_m \cdot \frac{\partial x_n}{\partial u^j} \underline{e}_n \right)$$
$$\underset{(4.1.20)}{=} \det \left(\frac{\partial x_m}{\partial u^i} \frac{\partial x_m}{\partial u^j} \right),$$

und das ist nach dem Multiplikationssatz für Determinanten gleich $\left(\det \dfrac{\partial x_i}{\partial x_j}\right)^2$. Es ist also

$$\sqrt{g} = \frac{\partial(x_1, x_2, x_3)}{\partial(u^1, u^2, u^3)}. \qquad (4.1.113)$$

Aufgabe 24: Das Geschwindigkeitsprofil der laminaren Strömung einer Flüssigkeit mit der Zähigkeit η durch ein rundes Rohr mit dem Radius a infolge eines Druckgefälles I ist $c_2 = \dfrac{I a^2}{4\eta}\left[1 - \left(\dfrac{R}{a}\right)^2\right]$, vgl. Aufgabe 29, S. 182. Man berechne den Volumendurchsatz $\dot{V} = \int\limits_A c^i \, dA_i$ durch den Rohrquerschnitt.

4.2 Umschreibung der Grundgleichungen

Alle in den Abschnitten 2 und 3 enthaltenen Gleichungen zwischen kartesischen Tensorkoordinaten kann man leicht in symbolischer Schreibweise niederschreiben, indem man sie, wie in Abschnitt 4.1.1.2 gezeigt, mit den entsprechenden kartesischen Dreibeinen überschiebt und für die Überschiebung aus Tensorkoordinaten und Dreibeinen nach (4.1.22) den Tensor selber einführt. Diese Form ist dem physikalischen Gehalt solcher Gleichungen am angemessensten, indem sie ohne Rückgriff auf irgendein Koordinatensystem auskommt und damit auch formal zum Ausdruck bringt, daß die durch solche Gleichungen ausgedrückten physikalischen Gesetzmäßigkeiten von der Wahl eines Koordinatensystems unabhängig sind. Um allerdings mit Hilfe solcher Gleichungen einen physikalischen Vorgang zu berechnen, muß man ein Koordinatensystem einführen; zahlenmäßig angeben kann man einen Tensor nur, indem man seine Koordinaten in einem irgendwie festgelegten Koordinatensystem angibt. Grundsätzlich läßt sich eine solche Rechnung in jedem Koordinatensystem ausführen, also z. B. in einem kartesischen Koordinatensystem. Häufig ist sie aber in einem nichtkartesischen Koordinatensystem bequemer. Aus den symbolisch geschriebenen Gleichungen gewinnt man nun die zugehörigen Gleichungen zwischen nichtkartesischen, also im allgemeinen krummlinigen Koordinaten, indem man die Tensoren nach (4.1.32) durch ihre Darstellungen in holonomen Koordinaten ersetzt und die Dreibeine herauskürzt, man vergleiche die entsprechende Überlegung für kartesische Koordinaten in Abschnitt 4.1.1.2. Bei krummlinigen Koordinaten lassen sich aber die Dreibeine nur dann herauskürzen, wenn sie nicht unter einem Integral stehen, auf krummlinige Koordinaten umschreiben lassen sich also alle differentiellen Formulierungen, aber integrale Formulierungen nur von skalaren Gleichungen. Tensorgleichungen mindestens erster Stufe lassen sich gleichwertig in den verschiedenen Arten von holonomen Koordinaten schreiben; diese verschiedenen Formulierungen gehen durch Hinauf- bzw. Hinunterziehen von Indizes ineinander über.

Wir wollen als ein Beispiel die Definition (1.2.6) der substantiellen zeitlichen Ableitung betrachten, die in kartesischen Koordinaten

$$\frac{Da_{i\ldots j}}{Dt} = \frac{\partial a_{i\ldots j}}{\partial t} + c_k \frac{\partial a_{i\ldots j}}{\partial x_k} \tag{4.2.1}$$

lautet. Daraus folgt in symbolischer Schreibweise

$$\frac{D\mathscr{A}}{Dt} = \frac{\partial \mathscr{A}}{\partial t} + \underline{c} \cdot \operatorname{grad} \mathscr{A}. \tag{4.2.2}$$

Nun ist, wenn man z. B. die rein kontravarianten Koordinaten von $\mathscr{A}$ nimmt,

$$\underline{c} \cdot \operatorname{grad} \mathscr{A} = c^k \underline{g}_k \cdot a^{i\ldots j}\big|_p g^p \underline{g}_i \ldots \underline{g}_j = c^k a^{i\ldots j}\big|_k \underline{g}_i \ldots \underline{g}_j,$$

damit erhält man in krummlinigen Koordinaten

$$\frac{Da^{i\ldots j}}{Dt} = \frac{\partial a^{i\ldots j}}{\partial t} + c^k a^{i\ldots j}\big|_k.$$

Darin kann man die Indizes $i\ldots j$ auch teilweise oder ganz nach unten holen und schreibt deshalb allgemeiner

$$\frac{Da^{i\ldots j}_{m\ldots n}}{Dt} = \frac{\partial a^{i\ldots j}_{m\ldots n}}{\partial t} + c^k a^{i\ldots j}_{m\ldots n}\big|_k. \tag{4.2.3}$$

Will man auch die kovarianten Geschwindigkeitskoordinaten einführen, so erhält man stattdessen

$$\frac{Da^{i\ldots j}_{m\ldots n}}{Dt} = \frac{\partial a^{i\ldots j}_{m\ldots n}}{\partial t} + g^{pk} c_p a^{i\ldots j}_{m\ldots n}\big|_k. \tag{4.2.4}$$

Ein Vergleich der letzten beiden Gleichungen zeigt, daß man zwar grundsätzlich alle Arten von holonomen Koordinaten einführen kann, daß manchmal aber eine bestimmte Art von Koordinaten den Vorteil hat, daß dann keine Koordinaten des Einheitstensors auftreten.

Die symbolische Schreibweise der Grundgleichungen kann man also mühelos aus der Formulierung für kartesische Tensorkoordinaten ablesen. Als Beispiel wollen wir die Kontinuitätsgleichung und den Impulssatz betrachten. In der Form (2.1.3) enthält die Kontinuitätsgleichung nur Skalare, man kann also überhaupt nicht zwischen Koordinaten-

schreibweise und symbolischer Schreibweise unterscheiden. Die Formen
(2.1.5), (2.1.6) und (2.1.8) ergeben in symbolischer Schreibweise

$$\frac{\partial \varrho}{\partial t} + \operatorname{div}(\varrho\, \underline{c}) = 0, \qquad (4.2.5)$$

$$\frac{d}{dt} \int_V \varrho\, dV = -\oint_{A^+ + A^-} \varrho\, \underline{c} \cdot d\underline{A}, \qquad (4.2.6)$$

$$\{\varrho\, \underline{C} \cdot \underline{n}\} = 0. \qquad (4.2.7)$$

Der Impulssatz in den Formulierungen (2.2.20) bis (2.2.23) ergibt

$$\frac{d}{dt} \int_{\mathfrak{B}} \varrho\, \underline{c}\, dV = \int_{\mathfrak{B}} \underline{K}\, dV + \oint_{\mathfrak{A}} d\underline{A} \cdot \underline{\underline{\pi}}, \qquad (4.2.8)$$

$$\frac{d}{dt} \int_V \varrho\, \underline{c}\, dV = -\oint_{A^+ + A^-} \varrho\, \underline{c}\, \underline{c} \cdot d\underline{A} + \int_V \underline{K}\, dV + \oint_{A^+ + A^-} d\underline{A} \cdot \underline{\underline{\pi}}, \qquad (4.2.9)$$

$$\varrho\, \frac{D\underline{c}}{Dt} = \underline{K} + \operatorname{div} \underline{\underline{\pi}}, \qquad (4.2.10)$$

$$\varrho^{\pm}\, \underline{C}^{\pm} \cdot \underline{n}\, \{\underline{c}\} = \{\underline{n} \cdot \underline{\underline{\pi}}\}. \qquad (4.2.11)$$

Auch die Formulierung in nichtkartesischen Tensorkoordinaten läßt
sich, sofern sie existiert, unmittelbar aus der Formulierung in kartesischen Koordinaten ablesen. Man muß dazu offenbar nur alle kartesischen Koordinaten durch holonome Koordinaten und alle partiellen
Ableitungen nach den Ortskoordinaten durch kovariante Ableitungen
ersetzen und alle Indizes so stellen, daß gebundene Indizes beide Male
verschieden und freie Indizes in jedem Gliede gleich gestellt sind. Wir
wollen als Beispiel wieder die Kontinuitätsgleichung und den Impulssatz betrachten. Die Form (2.1.3) der Kontinuitätsgleichung bleibt wieder
unverändert, und die Formen (2.1.5), (2.1.6) und (2.1.8) gehen über in

$$\frac{\partial \varrho}{\partial t} + (\varrho\, c^i)\big|_i = 0, \qquad (4.2.12)$$

$$\frac{d}{dt} \int_V \varrho\, dV = -\oint_{A^+ + A^-} \varrho\, c^i\, dA_i, \qquad (4.2.13)$$

$$\{\varrho\, C^i n_i\} = 0. \qquad (4.2.14)$$

Da der Impulssatz eine Vektorgleichung ist, lassen sich nur die differentiellen Formen (2.2.22) und (2.2.23) übertragen. Sie werden zu

$$\varrho \, \frac{Dc^i}{Dt} = K^i + \pi^{ji}\big|_j \,, \tag{4.2.15}$$

$$\varrho^{\pm} \, C^{\pm i} n_j \, \{c^i\} = \{\pi^{ji} n_j\} \,. \tag{4.2.16}$$

Für eine integrale Formulierung wie (2.2.20) kann man allenfalls

$$\frac{d}{dt} \int\limits_{\mathfrak{B}} \varrho \, c^i \underline{g}_i \, dV = \int\limits_{\mathfrak{B}} K^i \underline{g}_i \, dV + \oint\limits_{\mathfrak{A}} \pi^{ji} \underline{g}_i \, dA_j \tag{4.2.17}$$

oder

$$\frac{d}{dt} \int\limits_{\mathfrak{B}} \varrho \, c^i \frac{\partial x_k}{\partial u^i} \, dV = \int\limits_{\mathfrak{B}} K^i \frac{\partial x_k}{\partial u^i} \, dV + \oint\limits_{\mathfrak{A}} \pi^{ji} \frac{\partial x_k}{\partial u^i} \, dA_j \tag{4.2.18}$$

schreiben, das ist faktisch im ersten Falle die symbolische Schreibweise, im zweiten Falle die Formulierung für kartesische Tensorkoordinaten, nur daß die Tensoren bzw. ihre kartesischen Koordinaten jeweils als Funktionen der nichtkartesischen Koordinaten geschrieben wurden. Wir haben die letzten vier Gleichungen für die kontravarianten Koordinaten des jeweiligen Vektors hingeschrieben, stattdessen hätten wir sie natürlich auch für die kovarianten Koordinaten formulieren können. Zum Beispiel Gleichung (4.2.15) lautete dann $\varrho \, \frac{Dc_i}{Dt} = K_i + \pi^j{}_i\big|_j$. Bei Tensorgleichungen mindestens erster Stufe soll in Zukunft eine Formulierung generell zugleich für alle anderen stehen, die durch Hinauf- oder Hinunterziehen von Indizes daraus hervorgehen.

Da sich sowohl die symbolische Schreibweise als auch die Formulierung für nichtkartesische Koordinaten so leicht aus der Formulierung für kartesische Koordinaten ablesen lassen, können wir darauf verzichten, die Gleichungen der Abschnitte 2 und 3 sämtlich umzuschreiben, zumal der Text dieser Abschnitte ohnehin unabhängig von der Schreibweise der Gleichungen ist.

5. Anwendungsbeispiele

In Abschnitt 2 haben wir die universellen Grundgleichungen der Kontinuumstheorie formuliert, in Abschnitt 3 haben wir Beispiele für spezielle Grundgleichungen gegeben. Der nun folgende Abschnitt enthält eine Reihe von Beispielen für die Anwendung solcher Grundgleichungen auf bestimmte Klassen physikalischer Vorgänge bzw. (in den Übungsaufgaben) auf einzelne Konfigurationen aus diesen Klassen.

Wir verwenden dabei grundsätzlich kartesische Koordinaten, weil sich die physikalischen Sachverhalte und die nötigen Rechnungen darin am einfachsten darstellen lassen. Eine Reihe von komplizierteren und wichtigen Gleichungen schreiben wir allerdings außerdem auf nicht-kartesische Koordinaten um und geben sie dann auch in physikalischen Zylinderkoordinaten an.

Wenn man theoretische Aussagen über einen bestimmten physikalischen Vorgang machen will, muß man zunächst aus dem Vorrat der Grundgleichungen ein geschlossenes Gleichungssystem konstruieren, das die wesentlichen Phänomene des zu untersuchenden Vorgangs beschreibt. Dabei heißt ein Gleichungssystem geschlossen, wenn es nach Vorgabe geeigneter Randbedingungen gerade lösbar, also weder über- noch unterbestimmt ist. Um ein solches Gleichungssystem zu erhalten, muß man einerseits geeignete spezielle Grundgleichungen auswählen und andererseits Phänomene vernachlässigen, die für den zu untersuchenden Vorgang unwesentlich sind, indem man in den Grundgleichungen entsprechende Vereinfachungen vornimmt. Ein auf diese Weise gewonnenes Gleichungssystem beschreibt jeweils eine ganze Klasse physikalischer Vorgänge, und die folgenden Unterabschnitte behandeln jeder ein solches geschlossenes Gleichungssystem bzw. die dadurch zu beschreibende Klasse von physikalischen Vorgängen. Dabei kann es sich im Rahmen dieses Buches nur um ausgewählte Beispiele für solche Gleichungssysteme handeln. Mit den Grundgleichungen der Abschnitte 2 und 3 lassen sich viele physikalische Vorgänge beschreiben, die in den Gleichungssystemen der folgenden Abschnitte nicht enthalten sind, und die Anzahl der auf diese Weise zu behandelnden Vorgänge erhöht sich noch einmal, wenn man andere als die in Abschnitt 3 angeführten speziellen Grundgleichungen in die Betrachtung mit einbezieht.

Um ein solches Gleichungssystem lösen zu können, muß man noch geeignete Randbedingungen vorgeben. Was für Randbedingungen geeignet sind, läßt sich in der Regel aus der physikalischen Anschauung sofort sagen. Durch die Auswahl bestimmter Randbedingungen wird aus der Gesamtheit der vom Gleichungssystem beschriebenen Vorgänge eine Untergruppe von sogenannten physikalisch ähnlichen Vorgängen ausgewählt. Die Lösung eines so definierten Randwertproblems ist dann Aufgabe der Mathematik. In den folgenden Abschnitten werden jeweils nur ganz wenige solcher Randbedingungen wiederum als Beispiele in Gestalt von mathematisch möglichst einfachen Übungsaufgaben behandelt. Mit der Vorgabe von Randbedingungen entscheidet sich im übrigen, in welchem Koordinatensystem die Rechnung am bequemsten auszuführen ist; das ist offenbar dasjenige Koordinatensystem, in dem die Randbedingungen die einfachste Form annehmen.

Aus einem solchen Gleichungssystem kann man aber häufig auch ohne die Vorgabe von Randbedingungen bestimmte anschaulich interpretierbare Sätze herleiten, die dann für die ganze zugehörige Klasse von physikalischen Vorgängen gelten. Auch von solchen Aussagen enthalten die folgenden Ausführungen eine Reihe von Beispielen.

5.1 Statik

Wir betrachten in diesem Abschnitt ein ruhendes Kontinuum; d. h. wir setzen in unseren Grundgleichungen die Geschwindigkeit c_i gleich null.

Dann folgt aus der Kontinuitätsgleichung (2.1.5)

$$\frac{\partial \varrho}{\partial t} = 0 \,, \tag{5.1.1}$$

die Dichte ist also zeitlich konstant. Der Impulssatz (2.2.22) ergibt die allgemeinen Gleichgewichtsbedingungen

$$K_i + \frac{\partial \pi_{ji}}{\partial x_j} = 0 \tag{5.1.2}$$

und der Energiesatz (2.3.38) die allgemeine Wärmeleitungsgleichung

$$\varrho \, \frac{\partial u}{\partial t} = w - \frac{\partial q_i}{\partial r_i} \,. \tag{5.1.3}$$

In den Maxwellschen Gleichungen tritt die Geschwindigkeit nur insofern auf, als bei ruhendem Medium der Unterschied zwischen den substantiellen und den gewöhnlichen Feldgrößen fortfällt, wie man aus den Gleichungen (2.4.9) bis (2.4.11) sofort abliest.

Die Grenzbedingung (2.1.8) der Kontinuitätsgleichung ergibt, daß entweder keine bewegten Diskontinuitätsflächen vorhanden sind oder die Dichte an ihnen stetig ist,

$$u_N\{\varrho\} = 0, \tag{5.1.4}$$

die Grenzbedingung (2.2.23) des Impulssatzes ergibt die Stetigkeit des Spannungsvektors

$$\{\pi_{ji}\,n_j\} \equiv \{f_i\} = 0, \tag{5.1.5}$$

und die Grenzbedingung (2.3.39) des Energiesatzes ergibt die Beziehung

$$\varrho\,u_N\{u\} = \{q_N\}, \tag{5.1.6}$$

woraus bei Abwesenheit bewegter Diskontinuitätsflächen die Stetigkeit der Normalkomponente der Wärmestromdichte folgt. Bei den Grenzbedingungen der Elektrodynamik wollen wir von vorneherein annehmen, daß keine bewegten Diskontinuitätsflächen vorhanden sind, dann erhalten wir aus den Gleichungen (2.4.31), (2.4.42), (2.4.32), (2.4.36) bzw. (2.4.39) die Beziehungen

$$\{D_N\} = \omega \quad \text{bzw.} \quad \{j_N\} = -\frac{\partial\omega}{\partial t}, \tag{5.1.7}$$

$$\{B_N\} = 0, \tag{5.1.8}$$

$$\{E_i\,t_i\} = 0, \tag{5.1.9}$$

$$\{H_i\,t_i\} = \varepsilon_{ijk}\,G_i\,n_j\,t_k. \tag{5.1.10}$$

Für weitergehende Untersuchungen muß man spezielle Stoffgesetze einführen. Wir betrachten als Beispiele einige einfache Spezialfälle der allgemeinen Gleichgewichtsbedingungen.

5.1.1 Hydrostatik

Für ein inkompressibles Newton-Medium gilt nach (2.3.47) und (3.3.5) in der Ruhe

$$\pi_{ij} = -\overline{p}\,\delta_{ij}. \tag{5.1.11}$$

Es unterscheidet sich dann also nicht von einem inkompressiblen mechanisch idealen Medium, für das diese Beziehung nach (3.3.3) ganz allgemein (d. h. auch im bewegten Medium) gilt. Für beide Arten von Medien nehmen die Gleichgewichtsbedingungen (5.1.2) also die Form

$$K_i - \frac{\partial\overline{p}}{\partial x_i} = 0 \tag{5.1.12}$$

an. Diese Gleichung nennt man die Grundgleichung der Hydrostatik; man kann sie gut für alle normalen Flüssigkeiten verwenden.

Der Zustand der Ruhe ist also in einem solchen Medium nur möglich, wenn die Kraftdichte ein Potential hat; dieses Potential ist dann negativ gleich dem mittleren Druck. In der Regel führt man nach (2.2.42) das Potential U der durch die Dichte dividierten Kraftdichte ein, dann gilt gleichwertig mit (5.1.12)

$$\frac{\partial \left(U + \dfrac{\bar{p}}{\varrho} \right)}{\partial x_i} = 0 \, . \tag{5.1.13}$$

Das bedeutet, daß die Größe $U + \dfrac{\bar{p}}{\varrho}$ zu einem bestimmten Zeitpunkt in allen Punkten des Raumes denselben Wert hat, also höchstens noch eine Funktion der Zeit ist. Wir schreiben dafür

$$U + \frac{\bar{p}}{\varrho} = f(t) \, ,$$

$$U_{(1)} + \frac{\bar{p}_{(1)}}{\varrho} = U_{(2)} + \frac{\bar{p}_{(2)}}{\varrho} \tag{5.1.14}$$

Dabei soll eine in Klammern gesetzte Zahl als Index generell bedeuten, daß die betreffende Größe an einem durch diese Zahl bezeichneten Punkt des Raumes zu nehmen ist; so indizierte Feldgrößen sind also auch höchstens noch Funktionen der Zeit.

Mit Hilfe dieser Gleichung kann man z. B. die Druckverteilung in ruhenden Medien und die daraus resultierenden Kräfte und Momente auf Behälterwände berechnen; damit läßt sich dann weiter die Lage und die Stabilität schwimmender Körper ermitteln. Man kann damit auch die Druckverteilung einer mit konstanter Winkelgeschwindigkeit rotierenden Flüssigkeit bestimmen, wenn man die Rechnung im mitbewegten Koordinatensystem ausführt, d. h. die in diesem System auftretende Zentrifugalbeschleunigung mitberücksichtigt.

Aufgabe 25: Welche Form nimmt die Oberfläche einer Flüssigkeit an, die im Schwerefeld mit konstanter Winkelgeschwindigkeit um eine senkrechte Achse rotiert?

5.1.2 Aerostatik

Für ein kompressibles Newton-Medium gilt nach (2.3.43) und (3.3.5) in der Ruhe

$$\pi_{ij} = -p\delta_{ij} \, . \tag{5.1.15}$$

Es unterscheidet sich dann also nicht von einem kompressiblen mechanisch idealen Medium, für das diese Beziehung nach (3.3.2) ganz allgemein gilt. Für beide Arten von Medien nehmen die Gleichgewichtsbedingungen (5.1.2) also die Form

$$K_i - \frac{\partial p}{\partial x_i} = 0 \tag{5.1.16}$$

an. Diese Gleichung nennt man die Grundgleichung der Aerostatik; man kann sie gut für Gase verwenden.

Der Zustand der Ruhe ist wieder nur möglich, wenn die Kraftdichte ein Potential hat; es ist in diesem Falle negativ gleich dem thermodynamischen Druck. Der wichtigste Fall einer Kraftdichte ist die Schwerkraft nach (3.2.3), deshalb führt man auch hier in der Regel nicht das Potential der Kraftdichte selbst, sondern das Potential U der durch die Dichte dividierten Kraftdichte nach (2.2.42) ein, dann erhält man die Grundgleichung der Aerostatik in der Form

$$\frac{\partial U}{\partial x_i} + \frac{1}{\varrho} \frac{\partial p}{\partial x_i} = 0. \tag{5.1.17}$$

Bei einer solchen Kraftdichte muß sich also auch $\dfrac{1}{\varrho} \dfrac{\partial p}{\partial x_i}$ als Gradient eines Skalars schreiben lassen, d. h. es muß nach Aufgabe 10a

$$\varepsilon_{ijk} \frac{\partial}{\partial x_j} \frac{1}{\varrho} \frac{\partial p}{\partial x_k} = 0$$

oder wegen

$$\varepsilon_{ijk} \frac{\partial}{\partial x_j} \frac{1}{\varrho} \frac{\partial p}{\partial x_k} = -\frac{1}{\varrho^2} \varepsilon_{ijk} \frac{\partial \varrho}{\partial x_j} \frac{\partial p}{\partial x_k} + \frac{1}{\varrho} \varepsilon_{ijk} \frac{\partial^2 p}{\partial x_j \, \partial x_k}$$

$$\underset{(1.1.15)}{=} -\frac{1}{\varrho^2} \varepsilon_{ijk} \frac{\partial \varrho}{\partial x_j} \frac{\partial p}{\partial x_k}$$

$$\varepsilon_{ijk} \frac{\partial \varrho}{\partial x_j} \frac{\partial p}{\partial x_k} = 0 \tag{5.1.18}$$

sein. Dann sind also entweder die Dichte oder der Druck räumlich konstant, oder die Flächen $\varrho = \text{const}$ fallen zu jedem Zeitpunkt mit den Flächen $p = \text{const}$ zusammen. Dieser letzte Fall ist offenbar gleichbedeutend mit der Existenz einer Beziehung $f(p, \varrho, t) = 0$. Praktisch wichtig ist vor allem der etwas speziellere Fall, daß in der Strömung[1]

$$f(p, \varrho) = 0 \tag{5.1.19}$$

---

[1] Diese Überlegung gilt auch, wenn das Medium in Bewegung ist.

ist. Eine solche Strömung nennt man barotrop. Ist die Existenz einer solchen Beziehung eine Materialeigenschaft des strömenden Mediums, d. h. besitzt es eine thermodynamische Zustandsgleichung dieser Form, nennt man es piezotrop, vgl. Abschnitt **3.1.3**. Eine Strömung kann aber auch dadurch barotrop sein, daß ein Medium mit einer nichtdegenerierten Zustandsgleichung der Form $f(p, \varrho, T) = 0$ bzw. $f(p, \varrho, s) = 0$, z. B. ein (thermodynamisch) ideales Gas, isotherm oder isentrop strömt, dann gelten in einer solchen Strömung natürlich dieselben Beziehungen wie für piezotrope Medien, nur eben nicht als Materialeigenschaft, sondern als Eigenschaft der Strömung.

Man verifiziert leicht, daß in einer barotropen Strömung

$$\frac{1}{\varrho}\,\frac{\partial p}{\partial x_i} = \frac{\partial}{\partial x_i}\int \frac{dp}{\varrho} \tag{5.1.20}$$

ist: Wir führen vorübergehend die Abkürzung $P(p) = \displaystyle\int \frac{dp}{\varrho}$ ein, dann ist

$$\frac{\partial P}{\partial x_i} = \frac{dP}{dp}\,\frac{\partial p}{\partial x_i} = \frac{1}{\varrho}\,\frac{\partial p}{\partial x_i}\,.$$

Die Gleichung (5.1.17) muß sich also zu

$$U + \int \frac{dp}{\varrho} = f(t),$$

$$U_{(2)} - U_{(1)} + \int\limits_{(1)}^{(2)} \frac{dp}{\varrho} = 0 \tag{5.1.21}$$

integrieren lassen.

Aufgabe 26: Man berechne die Druckabnahme in der Atmosphäre mit der Höhe unter der Annahme, daß die Erdbeschleunigung und die Temperatur der Luft konstant sind und die Luft ein thermisch ideales Gas ist (barometrische Höhenformel).

5.1.3 Elastostatik

Für ein isotropes Hooke-Medium gilt nach (3.3.18) und (1.2.76)

$$\pi_{ij} = \lambda\,\frac{\partial \xi_k}{\partial x_k}\,\delta_{ij} + \mu\left(\frac{\partial \xi_i}{\partial x_j} + \frac{\partial \xi_j}{\partial x_i}\right) \tag{5.1.22}$$

oder in nichtkartesischen Koordinaten

$$\pi_{ij} = \lambda\,\xi^k|_k\,g_{ij} + \mu\,(\xi_i|_j + \xi_j|_i)\,. \tag{5.1.23}$$

Speziell in physikalischen Zylinderkoordinaten ergibt sich

$$\pi_{RR} = \lambda \left(\frac{\partial \xi_R}{\partial R} + \frac{\xi_R}{R} + \frac{1}{R} \frac{\partial \xi_\varphi}{\partial \varphi} + \frac{\partial \xi_z}{\partial z} \right) + 2\mu \frac{\partial \xi_R}{\partial R},$$

$$\pi_{\varphi\varphi} = \lambda \left(\frac{\partial \xi_R}{\partial R} + \frac{\xi_R}{R} + \frac{1}{R} \frac{\partial \xi_\varphi}{\partial \varphi} + \frac{\partial \xi_z}{\partial z} \right) + 2\mu \left(\frac{1}{R} \frac{\partial \xi_\varphi}{\partial \varphi} + \frac{\xi_R}{R} \right),$$

$$\pi_{zz} = \lambda \left(\frac{\partial \xi_R}{\partial R} + \frac{\xi_R}{R} + \frac{1}{R} \frac{\partial \xi_\varphi}{\partial \varphi} + \frac{\partial \xi_z}{\partial z} \right) + 2\mu \frac{\partial \xi_z}{\partial z},$$

$$\pi_{R\varphi} = \mu \left(\frac{1}{R} \frac{\partial \xi_R}{\partial \varphi} + \frac{\partial \xi_\varphi}{\partial R} - \frac{\xi_\varphi}{R} \right),$$

$$\pi_{\varphi z} = \mu \left(\frac{\partial \xi_\varphi}{\partial z} + \frac{1}{R} \frac{\partial \xi_z}{\partial \varphi} \right),$$

$$\pi_{zR} = \mu \left(\frac{\partial \xi_z}{\partial R} + \frac{\partial \xi_R}{\partial z} \right). \tag{5.1.24}$$

Die Divergenz des Spannungstensors ergibt

$$\frac{\partial \pi_{ji}}{\partial x_j} = \lambda \frac{\partial^2 \xi_k}{\partial x_i \, \partial x_k} + \mu \left(\frac{\partial^2 \xi_j}{\partial x_j \, \partial x_i} + \frac{\partial^2 \xi_i}{\partial x_j^2} \right),$$

damit nehmen die Gleichgewichtsbedingungen (5.1.2) die Form

$$K_i + (\lambda + \mu) \frac{\partial^2 \xi_j}{\partial x_i \, \partial x_j} + \mu \frac{\partial^2 \xi_i}{\partial x_j^2} = 0 \tag{5.1.25}$$

bzw. in nichtkartesischen Koordinaten

$$K_i + (\lambda + \mu) \xi^j\big|_{ji} + \mu g^{jk} \xi_i\big|_{jk} = 0 \tag{5.1.26}$$

an. Speziell in physikalischen Zylinderkoordinaten erhält man

$$K_R + (\lambda + \mu) \left(\frac{\partial^2 \xi_R}{\partial R^2} + \frac{1}{R} \frac{\partial \xi_R}{\partial R} - \frac{\xi_R}{R^2} + \frac{1}{R^2} \frac{\partial^2 \xi_\varphi}{\partial R \, \partial \varphi} - \frac{1}{R^2} \frac{\partial \xi_\varphi}{\partial \varphi} + \frac{\partial^2 \xi_z}{\partial R \, \partial z} \right)$$

$$+ \mu \left(\frac{\partial^2 \xi_R}{\partial R^2} + \frac{1}{R} \frac{\partial \xi_R}{\partial R} - \frac{\xi_R}{R^2} + \frac{1}{R^2} \frac{\partial^2 \xi_R}{\partial \varphi^2} + \frac{\partial^2 \xi_R}{\partial z^2} - \frac{2}{R^2} \frac{\partial \xi_\varphi}{\partial \varphi} \right) = 0,$$

$$K_\varphi + (\lambda + \mu) \left(\frac{1}{R} \frac{\partial^2 \xi_R}{\partial \varphi \, \partial R} + \frac{1}{R^2} \frac{\partial \xi_R}{\partial \varphi} + \frac{1}{R^2} \frac{\partial^2 \xi_\varphi}{\partial \varphi^2} + \frac{1}{R} \frac{\partial^2 \xi_z}{\partial \varphi \, \partial R} \right)$$

$$+ \mu \left(\frac{\partial^2 \xi_\varphi}{\partial R^2} + \frac{1}{R} \frac{\partial \xi_\varphi}{\partial R} - \frac{\xi_\varphi}{R^2} + \frac{1}{R^2} \frac{\partial^2 \xi_\varphi}{\partial \varphi^2} + \frac{\partial^2 \xi_\varphi}{\partial z^2} + \frac{2}{R^2} \frac{\partial \xi_R}{\partial \varphi} \right) = 0, \tag{5.1.27}$$

$$K_z + (\lambda + \mu) \left(\frac{\partial^2 \xi_R}{\partial z \, \partial R} + \frac{1}{R} \frac{\partial \xi_R}{\partial z} + \frac{1}{R} \frac{\partial^2 \xi_\varphi}{\partial z \, \partial \varphi} + \frac{\partial^2 \xi_z}{\partial z^2} \right)$$

$$+ \mu \left(\frac{\partial^2 \xi_z}{\partial R^2} + \frac{1}{R} \frac{\partial \xi_z}{\partial R} + \frac{1}{R^2} \frac{\partial^2 \xi_z}{\partial \varphi^2} \frac{\partial^2 \xi_z}{\partial z^2} \right) = 0.$$

Die Gleichung (5.1.25), (5.1.26) bzw. (5.1.27) nennt man die Grundgleichung der Elastostatik; man kann sie bei genügend kleinen Verschiebungen gut für die meisten festen Körper verwenden.

Als Randbedingungen sind im allgemeinen auf einem Teil der Oberfläche der Verschiebungsvektor, auf der restlichen Oberfläche der Spannungsvektor vorgegeben. Die folgende Aufgabe behandelt ein besonders einfaches Beispiel einer solchen Randwertaufgabe.

Aufgabe 27: Ein kreiszylindrischer Stab werde um seine Achse tordiert. Man berechne den Deformationstensor und den Spannungstensor im Stab und das an den Endflächen angreifende Drehmoment.

5.2 Hydrodynamik

Wir betrachten in diesem Abschnitt ein strömendes Medium mit den folgenden Eigenschaften:

1. Es sei inkompressibel, d. h. seine Dichte sei konstant.

2. Hinsichtlich seines Spannungstensors sei es entweder ein isotropes Newton-Medium nach (3.3.8) oder (als dessen formaler Spezialfall) ein mechanisch ideales Medium nach (3.3.1).

3. Für seine Wärmestromdichte gelte der isotrope Fouriersche Ansatz (3.4.2).

4. Elektromagnetische Felder seien nicht wirksam.

Ein solches Medium ist ein gutes Modell für viele Flüssigkeiten unter normalen Versuchsbedingungen, und wir werden es im folgenden einfach als Flüssigkeit bezeichnen.

Nach (2.3.47) und (3.3.8) bzw. (3.3.1) folgt dann für den Spannungstensor

$$\pi_{ij} \equiv -\bar{p}\,\delta_{ij} + \tau_{ij} = -\bar{p}\,\delta_{ij} + \eta\left(\frac{\partial c_i}{\partial x_j} + \frac{\partial c_j}{\partial x_i}\right) \qquad (5.2.1)$$

bzw. in nichtkartesischen Koordinaten

$$\pi_{ij} \equiv -\bar{p}\,g_{ij} + \tau_{ij} = -\bar{p}\,g_{ij} + \eta\,(c_i|_j + c_j|_i). \qquad (5.2.2)$$

Zwischen dem Zähigkeitsspannungstensor τ_{ij} und der Deformationsgeschwindigkeit d_{ij} gilt also die einfache Beziehung

$$\tau_{ij} = 2\eta\,d_{ij} = \eta\left(\frac{\partial c_i}{\partial x_j} + \frac{\partial c_j}{\partial x_i}\right). \qquad (5.2.3)$$

Wegen der Symmetrie des Spannungstensors ist der Drehimpulssatz in der Form (2.2.29) erfüllt. Für $\eta \geq 0$ ist nach (3.3.14) der zweite Hauptsatz in der Form (2.3.56) erfüllt; und zwar ist für eine Newtonsche

Flüssigkeit $\eta > 0$ und für eine (mechanisch) ideale Flüssigkeit $\eta = 0$. Eine zweite Zähigkeitskonstante tritt bei inkompressiblen Medien nicht auf.

Wir wollen noch die physikalischen Zylinderkoordinaten des Spannungstensors angeben. Sie ergeben sich zu

$$\pi_{RR} = -\overline{p} + 2\eta \frac{\partial c_R}{\partial R},$$

$$\pi_{\varphi\varphi} = -\overline{p} + 2\eta \left(\frac{1}{R} \frac{\partial c_\varphi}{\partial \varphi} + \frac{c_R}{R} \right),$$

$$\pi_{zz} = -\overline{p} + 2\eta \frac{\partial c_z}{\partial z},$$

$$\pi_{R\varphi} = \eta \left(\frac{1}{R} \frac{\partial c_R}{\partial \varphi} + \frac{\partial c_\varphi}{\partial R} - \frac{c_\varphi}{R} \right), \tag{5.2.4}$$

$$\pi_{\varphi z} = \eta \left(\frac{c_\varphi}{\partial z} + \frac{1}{R} \frac{\partial c_z}{\partial \varphi} \right),$$

$$\pi_{zR} = \eta \left(\frac{\partial c_z}{\partial R} + \frac{\partial c_R}{\partial z} \right).$$

5.2.1 Die Navier-Stokesschen Gleichungen

Wir betrachten eine Newtonsche Flüssigkeit mit konstanter Zähigkeit; wir vernachlässigen also insbesondere die Temperaturabhängigkeit der Zähigkeit. Dann folgt aus (5.2.1)

$$\frac{\partial \pi_{ji}}{\partial x_j} = -\frac{\partial \overline{p}}{\partial x_i} + \eta \left(\frac{\partial^2 c_j}{\partial x_j \partial x_i} + \frac{\partial^2 c_i}{\partial x_j^2} \right) \underset{(2.1.5)}{=} -\frac{\partial \overline{p}}{\partial x_i} + \eta \frac{\partial^2 c_i}{\partial x_j^2}$$

Wir setzen das in den Impulssatz (2.2.22) ein und dividieren die ganze Gleichung durch die konstante Dichte; zu diesem Zweck führen wir den kinematischen Druck

$$q = \frac{\overline{p}}{\varrho}, \tag{5.2.5}$$

die kinematische Zähigkeit

$$\nu = \frac{\eta}{\varrho} \tag{5.2.6}$$

und die äußere Beschleunigung

$$b_i = \frac{K_i}{\varrho} \tag{5.2.7}$$

ein. Dann erhalten wir die Kontinuitätsgleichung (2.1.5) und den Impulssatz (2.2.22) in der Form

$$\frac{\partial c_i}{\partial x_i} = 0,$$

$$\frac{Dc_i}{Dt} \equiv \frac{\partial c_i}{\partial t} + c_j \frac{\partial c_i}{\partial x_j} = b_i - \frac{\partial q_i}{\partial x_i} + \nu \frac{\partial^2 c_i}{\partial x_j^2} \tag{5.2.8}$$

bzw. in nichtkartesischen Koordinaten

$$c^i|_i = 0,$$

$$\frac{Dc_i}{Dt} \equiv \frac{\partial c_i}{\partial t} + c^j c_i|_j = b_i - q|_i + \nu g^{mn} c_i|_{mn}. \tag{5.2.9}$$

Speziell in physikalischen Zylinderkoordinaten erhält man

$$\frac{\partial c_R}{\partial R} + \frac{c_R}{R} + \frac{1}{R} \frac{\partial c_\varphi}{\partial \varphi} + \frac{\partial c_z}{\partial z} = 0,$$

$$\frac{\partial c_R}{\partial t} + c_R \frac{\partial c_R}{\partial R} + \frac{c_\varphi}{R} \frac{\partial c_R}{\partial \varphi} + c_z \frac{\partial c_R}{\partial z} - \frac{c_\varphi^2}{R}$$

$$= b_R - \frac{\partial q}{\partial R} + \nu \left(\frac{\partial^2 c_R}{\partial R^2} + \frac{1}{R} \frac{\partial c_R}{\partial R} - \frac{c_R}{R^2} + \frac{1}{R^2} \frac{\partial^2 c_R}{\partial \varphi^2} \right.$$

$$\left. + \frac{\partial^2 c_R}{\partial z^2} - \frac{2}{R^2} \frac{\partial c_\varphi}{\partial \varphi} \right),$$

$$\frac{\partial c_\varphi}{\partial t} + c_R \frac{\partial c_\varphi}{\partial R} + \frac{c_\varphi}{R} \frac{\partial c_\varphi}{\partial \varphi} + c_z \frac{\partial c_\varphi}{\partial z} + \frac{c_R c_\varphi}{R} \tag{5.2.10}$$

$$= b_\varphi - \frac{1}{R} \frac{\partial q}{\partial \varphi} + \nu \left(\frac{\partial^2 c_\varphi}{\partial R^2} + \frac{1}{R} \frac{\partial c_\varphi}{\partial R} - \frac{c_\varphi}{R^2} + \frac{1}{R^2} \frac{\partial^2 c_\varphi}{\partial \varphi^2} \right.$$

$$\left. + \frac{\partial^2 c_\varphi}{\partial z^2} + \frac{2}{R^2} \frac{\partial c_R}{\partial \varphi} \right),$$

$$\frac{\partial c_z}{\partial t} + c_R \frac{\partial c_z}{\partial R} + \frac{c_\varphi}{R} \frac{\partial c_z}{\partial \varphi} + c_z \frac{\partial c_z}{\partial z}$$

$$= b_z - \frac{\partial q}{\partial z} + \nu \left(\frac{\partial^2 c_z}{\partial R^2} + \frac{1}{R} \frac{\partial c_z}{\partial R} + \frac{1}{R^2} \frac{\partial^2 c_z}{\partial \varphi^2} + \frac{\partial^2 c_z}{\partial z^2} \right).$$

Man nennt die Gleichungen (5.2.8), (5.2.9) bzw. (5.2.10) die Navier-Stokesschen Gleichungen. Nach der Kontinuitätsgleichung ist die Geschwindigkeit divergenzfrei, nach dem Impulssatz wird die substantielle Beschleunigung, die sich wie immer in die lokale und die konvektive Beschleunigung aufspalten läßt, durch die äußere Beschleunigung, den kinematischen Druck und die kinematische Zähigkeit bestimmt. Formal wird diese Beziehung häufig als Gleichgewicht von Kräften (genauer

12*

Kräften pro Masseneinheit, also Beschleunigungen) beschreiben: Die Trägheitskräfte $\dfrac{Dc_i}{Dt}$ sind gleich der Summe aus den äußeren Kräften b_i, den Druckkräften $-\dfrac{\partial q}{\partial x_i}$ und den Zähigkeitskräften $\nu\dfrac{\partial^2 c_i}{\partial x_j^2}$.

Wenn die kinematische Zähigkeit ν und die äußere Beschleunigung b_i bekannt sind, bilden die Navier-Stokesschen Gleichungen ein geschlossenes Gleichungssystem für die Geschwindigkeit c_i und den kinematischen Druck q. Als Randbedingung tritt dazu als ein zusätzliches Postulat die sogenannte Wandhaftbedingung: Die Flüssigkeit haftet an den Wänden, d. h. dort ist ihre Geschwindigkeit gleich der Geschwindigkeit der Wand.

Es ist vielleicht noch bemerkenswert, daß sich infolge der Inkompressibilität alle in den Navier-Stokesschen Gleichungen vorkommenden Größen dimensionell als Potenzprodukte zweier Größenarten (Länge und Zeit oder Länge und Geschwindigkeit) schreiben lassen. Wir haben es also trotz der Ausnutzung des Impulssatzes dimensionell mit einem kinematischen, nicht mit einem dynamischen Problem zu tun.

Die Grenzbedingungen (2.1.8) und (2.2.23) ergeben

$$\{c_N\} = 0,$$
$$\varrho\, C_N\,\{c_i\} = \{\pi_{ij} n_j\} \equiv \{f_i\}. \tag{5.2.11}$$

Aus der Kontinuitätsgleichung folgt, daß die Normalkomponente der Geschwindigkeit an einer Diskontinuitätsfläche stetig ist. Wenn man den Impulssatz mit n_i überschiebt, folgt daraus, daß auch die Normalkomponente des Spannungsvektors stetig ist. Nun muß man aber bei einem Newton-Medium die Stetigkeit aller Geschwindigkeitskomponenten im ganzen Raum fordern, da sonst der Spannungstensor unendlich würde. Dann folgt aus der zweiten Grenzbedingung auch die Stetigkeit der Tangentialkomponenten des Spannungsvektors, d. h. bei einer Newtonschen Flüssigkeit können höchstens Ableitungen der Geschwindigkeit und des Spannungsvektors unstetig sein.

5.2.1.1 Einige lineare Spezialfälle

Eine besondere Schwierigkeit bei der Lösung der Navier-Stokesschen Gleichungen ist ihre Nichtlinearität: in der konvektiven Beschleunigung tritt die Geschwindigkeit quadratisch auf. Lösungen sind selbstverständlicherweise vor allem in den Fällen gefunden worden, in denen die nichtlinearen Glieder verschwinden, bei der Lösung zurücktreten oder vernachlässigt werden können. Dafür sollen in diesem Abschnitt einige Beispiele gegeben werden.

Hier kann man zunächst den Fall der Hydrostatik einordnen, den wir bereits im Abschnitt 5.1.1 behandelt haben: Wenn das Medium in Ruhe ist, tritt keine konvektive Beschleunigung auf.

Im folgenden wollen wir annehmen, daß keine äußere Beschleunigung vorhanden ist. In diese Voraussetzung läßt sich leicht der Fall einbeziehen, daß die äußere Beschleunigung ein Potential hat. Dann kann man nämlich dieses Potential U mit dem kinematischen Druck q formal zu einer neuen Variablen

$$q' = U + q \qquad (5.2.12)$$

zusammenfassen, die in den Navier-Stokesschen Gleichungen formal an die Stelle des kinematischen Druckes q tritt. Wegen der Linearität des Druckes in den Navier-Stokesschen Gleichungen läßt sich der kinematische Druck dann nämlich aufspalten in einen hydrostatischen Anteil $-U$, der der äußeren Beschleunigung das Gleichgewicht hält, und in einen hydrodynamischen Anteil q', der durch die Bewegung hervorgerufen wird.

Die konvektive Beschleunigung in einer Strömung verschwindet offenbar vollständig, wenn die Stromlinien parallele Geraden sind; man nennt solche Strömungen Parallelströmungen. Es existiert dann bei geeigneter Orientierung eines kartesischen Koordinatensystems nur eine Koordinate der Geschwindigkeit, wir wählen c_z. Die Kontinuitätsgleichung $(5.2.8)_1$ ergibt dann, daß c_z nicht von z abhängt. Aus den beiden ersten Komponenten des Impulssatzes $(5.2.8)_2$ folgt entsprechend, daß q nicht von x und y abhängt, d. h. wir erhalten als einzige Gleichung aus der dritten Komponente des Impulssatzes $(5.2.8)_2$

$$\nu \left(\frac{\partial^2 c_z}{\partial x^2} + \frac{\partial^2 c_z}{\partial y^2} \right) - \frac{\partial c_z}{\partial t} = \frac{\partial q}{\partial z},$$
$$c_z = c_z(x, y, t), \qquad q = q(z, t), \qquad (5.2.13)$$

bzw. in Zylinderkoordinaten

$$\nu \left(\frac{\partial^2 c_z}{\partial R^2} + \frac{1}{R} \frac{\partial c_z}{\partial R} + \frac{1}{R^2} \frac{\partial^2 c_z}{\partial \varphi^2} \right) - \frac{\partial c_z}{\partial t} = \frac{\partial q}{\partial z},$$
$$c_z = c_z(R, \varphi, t), \qquad q = q(z, t). \qquad (5.2.14)$$

Daraus liest man sofort ab, daß beide Seiten dieser Gleichung höchstens Funktionen der Zeit sein können. Weiter folgt daraus, daß der Druck höchstens eine lineare Funktion von z sein kann.

$$q = q_0(t) - I(t)z. \qquad (5.2.15)$$

Lösungen von (5.2.13) und (5.2.14) sind die Strömungen zwischen parallelen Platten und koaxialen nicht rotierenden Kreiszylindern, wobei eine der Platten oder einer der Zylinder auch fehlen bzw. ins Unendliche rücken können. Die Strömung kann von einem Druckgradienten $I(t)$ und von der Bewegung einer der Wände in z-Richtung herrühren, wobei die Zeitabhängigkeit des Druckgradienten und der Bewegung beliebig sein kann. Praktisch wichtig sind neben den in den beiden folgenden Aufgaben behandelten stationären Fällen vor allem Anlaufvorgänge, Auslaufvorgänge und periodische Bewegungen.

Aufgabe 28: Man berechne die Geschwindigkeitsverteilung zwischen zwei parallelen Wänden, wenn sich die eine Wand gegenüber der anderen mit konstanter Geschwindigkeit in sich selbst bewegt und außerdem in der Richtung dieser Bewegung ein konstanter Druckgradient herrscht.

Aufgabe 29: Man berechne die Geschwindigkeitsverteilung, die in einem kreiszylindrischen Rohr durch einen konstanten Druckgradienten hervorgerufen wird (Hagen-Poiseuille-Strömung).

Wenn die Stromlinien koaxiale Schraubenlinien oder als deren Spezialfall Kreise sind, hat die konvektive Beschleunigung keine Komponente in Richtung der Stromlinien und tritt deshalb bei der Lösung zunächst nicht auf. Es existieren dann in Zylinderkoordinaten nur die beiden Geschwindigkeitskomponenten c_φ und c_z, und alle Größen sind unabhängig von φ. Die Kontinuitätsgleichung ergibt nach (5.2.10), daß c_z auch nicht von z abhängt. Wenn wir dasselbe auch für c_φ voraussetzen, ergibt der Impulssatz nach (5.2.10)

$$\frac{c_\varphi^2}{R} = \frac{\partial q}{\partial R},$$

$$v\left(\frac{\partial^2 c_\varphi}{\partial R^2} + \frac{1}{R}\frac{\partial c_\varphi}{\partial R} - \frac{c_\varphi}{R^2}\right) - \frac{\partial c_\varphi}{\partial t} = 0,$$

$$v\left(\frac{\partial^2 c_z}{\partial R^2} + \frac{1}{R}\frac{\partial c_z}{\partial R}\right) - \frac{\partial c_z}{\partial t} = \frac{\partial q}{\partial z},$$

$$c_\varphi = c_\varphi(R, t), \qquad c_z = c_z(R, t), \qquad q = q(R, z, t).$$

$$(5.2.16)$$

Aus der letzten Gleichung liest man wieder ab, daß der Druck höchstens eine lineare Funktion von z sein kann; dann folgt aus der ersten Gleichung, daß der Faktor von z unabhängig von R sein muß:

$$q = q_0(R, t) - I(t)z. \qquad (5.2.17)$$

Der Druck läßt sich also in einen von z und einen von R unabhängigen Anteil aufspalten, von denen der eine in die erste, der andere in die letzte Gleichung eingeht. Die beiden ersten Gleichungen für c_φ sind damit von der letzten Gleichung für c_z entkoppelt, d. h. Lösungen für c_φ und für c_z lassen sich superponieren. Die Nichtlinearität der ersten Gleichung tritt bei der Lösung des Gleichungssystems zurück: Die Gleichung für c_z ist linear, und c_φ berechnet sich allein aus der ebenfalls linearen zweiten Gleichung. Die erste Gleichung dient dann allein zur Berechnung des einen Anteils des Druckes, und im Druck ist sie ebenfalls linear. Lösungen von (5.2.16) sind die Strömungen zwischen beliebig in sich bewegten koaxialen Kreiszylindern, wobei einer der beiden Zylinder auch fehlen kann.

Wenn die konvektive Beschleunigung im ganzen Strömungsfeld klein gegenüber anderen Termen im Impulssatz ist, kann man sie offenbar vernachlässigen. Man spricht dann von schleichenden Bewegungen. Wir gehen auf diesen Fall nicht näher ein.

5.2.1.2 Einführung einer Stromfunktion

In manchen Fällen läßt sich die Kontinuitätsgleichung durch die Einführung einer Stromfunktion ψ integrieren. Wenn z. B. in kartesischen Koordinaten entweder nur c_x und c_y existieren oder alle Komponenten der Geschwindigkeit unabhängig von z sind, lautet die Kontinuitätsgleichung

$$\frac{\partial c_x}{\partial x} + \frac{\partial c_y}{\partial y} = 0. \tag{5.2.18}$$

Diese Gleichung ist durch den Ansatz

$$c_x = \frac{\partial \psi}{\partial y}, \qquad c_y = -\frac{\partial \psi}{\partial x} \tag{5.2.19}$$

identisch erfüllt. Oder wenn z. B. in Zylinderkoordinaten nur c_R und c_z existieren oder alle Komponenten der Geschwindigkeit unabhängig von φ sind, läßt sich die Kontinuitätsgleichung auf die Form

$$\frac{\partial}{\partial R}(Rc_R) + \frac{\partial}{\partial z}(Rc_z) = 0 \tag{5.2.20}$$

bringen. Diese Gleichung ist durch den Ansatz

$$c_R = \frac{1}{R}\frac{\partial y}{\partial z}, \qquad c_z = -\frac{1}{R}\frac{\partial y}{\partial R} \tag{5.2.21}$$

identisch erfüllt.

5.2.1.3 Die Wirbeltransportgleichung

In jedem Falle kann man schließlich den Druck aus den Navier-Stokesschen Gleichungen (5.2.8) eliminieren, indem man von ihnen die Rotation nimmt. Dann erhält man unter Berücksichtigung von (1.2.89)

$$\frac{\partial u_i}{\partial x_i} = 0,$$

$$\frac{\partial u_i}{\partial t} + \varepsilon_{ijk}\frac{\partial \varepsilon_{kmn} u_m c_n}{\partial x_j} = \varepsilon_{ijk}\frac{\partial b_k}{\partial x_j} + \nu\frac{\partial^2 u_i}{\partial x_j^2},$$

$$(5.2.22)$$

oder wenn man die Überschiebung der beiden ε-Tensoren nach (1.1.19) ausführt und die Kontinuitätsgleichung $(5.2.8)_1$ berücksichtigt

$$\frac{\partial u_i}{\partial x_i} = 0,$$

$$\frac{Du_i}{Dt} \equiv \frac{\partial u_i}{\partial t} + c_j\frac{\partial u_i}{\partial x_j} = u_j\frac{\partial c_i}{\partial x_j} + \varepsilon_{ijk}\frac{\partial b_k}{\partial x_j} + \nu\frac{\partial^2 u_i}{\partial x_j^2}.$$

$$(5.2.23)$$

Indem man vom Transformationsgesetz (1.3.12) für die Geschwindigkeit die Rotation nimmt, sieht man übrigens sofort, daß die Wirbelstärke im Gegensatz zur Geschwindigkeit eine absolute Größe ist.

In dieser Form nennt man den Impulssatz die Wirbeltransportgleichung. In der Regel hat die äußere Beschleunigung ein Potential, dann hat man mit dem Druck zugleich die äußere Beschleunigung aus den Navier-Stokesschen Gleichungen eliminiert.

Der erste Term auf der rechten Seite der Wirbeltransportgleichung ist die mit dem Betrag der Wirbelstärke multiplizierte Richtungsableitung der Geschwindigkeit (bzw. ihrer Koordinaten) in Richtung der Wirbelstärke; er verschwindet also, wenn sich die Geschwindigkeit in Richtung der Wirbelstärke nicht ändert. Das ist zum Beispiel in einer ebenen Strömung der Fall, d. h. wenn $c_x = c_x(x, y)$, $c_y = c_y(x, y)$ und $c_z = 0$ ist, denn dann existiert von der Wirbelstärke nur die z-Koordinate. Wenn die äußere Beschleunigung ein Potential hat, lautet die Wirbeltransportgleichung dann

$$\frac{\partial u_z}{\partial t} + c_x\frac{\partial u_z}{\partial x} + c_y\frac{\partial u_z}{\partial y} = \nu\Delta_2 u_z,$$

$$(5.2.24)$$

wobei

$$\Delta_2 = \frac{\partial^2}{\partial x^2} + \frac{\partial^2}{\partial y^2}$$

$$(5.2.25)$$

ist. Da in diesem Falle auch eine Stromfunktion (5.2.19) existiert, können wir die Geschwindigkeit und die Wirbelstärke durch die Stromfunktion ausdrücken; aus der Definition (1.2.62) der Wirbelstärke folgt $u_z = -\Delta_2\psi$. Damit reduziert sich das System der Navier-Stokesschen Gleichungen auf die einzige Gleichung

$$\frac{\partial \Delta_2\psi}{\partial t} + \frac{\partial \psi}{\partial y}\frac{\partial \Delta_2\psi}{\partial x} - \frac{\partial \psi}{\partial x}\frac{\partial \Delta_2\psi}{\partial y} = \nu\,\Delta_2\Delta_2\psi. \tag{5.2.26}$$

Man beachte, daß die drei Komponenten der Wirbeltransportgleichung nicht unabhängig voneinander sind: Wenn man aus den drei Navier-Stokesschen Gleichungen eine Größe eliminiert, erhält man nur zwei unabhängige Gleichungen. Die Kontinuitätsgleichung und zwei Komponenten der Wirbeltransportgleichung bilden also im allgemeinen Falle ein geschlossenes Gleichungssystem für die Geschwindigkeit. Da die Wirbeltransportgleichung aus den Navier-Stokesschen Gleichungen durch Differentiation hervorgeht, kann es vorkommen, daß eine Lösung der Wirbeltransportgleichung keine Lösung der Navier-Stokesschen Gleichungen ist; eine derartige Lösung ist offenbar physikalisch unbrauchbar.

Unter Verwendung von (2.4.8) und des Gaußschen und Stokesschen Satzes erhält man übrigens aus den beiden Gleichungen (5.2.22) die integralen Formulierungen

$$\oint_{\mathfrak{A}} u_i\,dA_i = 0,$$

$$\frac{d}{dt}\int_{\mathfrak{A}} u_i\,dA_i = \oint_{\mathfrak{C}} b_i\,dx_i + \nu\int_{\mathfrak{A}} \frac{\partial^2 u_i}{\partial x_j^2}\,dA_i. \tag{5.2.27}$$

Die erste ergibt den ersten Helmholtzschen Wirbelsatz; die zweite gibt an, wie sich die Intensität einer Wirbelröhre bei Nichterhaltung ändert.

5.2.1.4 Die Navier-Stokesschen Gleichungen in integraler Form

In integraler Form lauten die Navier-Stokesschen Gleichungen (5.2.8)

$$\oint_{A} c_i\,dA_i = 0,$$

$$\frac{d}{dt}\int_{V} c_i\,dV = -\oint_{A^+ + A^-} c_i c_j\,dA_j + \int_{V} b_i\,dV - \oint_{A^+ + A^-} q\,dA_i \tag{5.2.28}$$

$$+ \nu\oint_{A^+ + A^-} \left(\frac{\partial c_i}{\partial x_j} + \frac{\partial c_j}{\partial x_i}\right) dA_j.$$

Der Impulssatz ist als Vektorgleichung natürlich nicht **auf** nichtkartesische Koordinaten übertragbar. Zum Beispiel in Zylinderkoordinaten existiert von der integralen Form nur die axiale Komponente. Man kann in diesem Falle als Ersatz für die fehlenden Komponenten des Impulssatzes die axiale Komponente des Drehimpulssatzes und des mechanischen Energiesatzes nehmen. Diese drei Gleichungen sind dann voneinander unabhängig, obwohl sich Drehimpulssatz und mechanischer Energiesatz grundsätzlich aus dem Impulssatz herleiten lassen. Wir notieren hier deshalb auch den Drehimpulssatz (2.2.27) und den mechanischen Energiesatz (2.2.41) in integraler Form:

$$\frac{d}{dt}\int_V \varepsilon_{ijk} y_j c_k \, dV = - \oint_{A^+ + A^-} \varepsilon_{ijk} y_j c_k c_l \, dA_l + \int_V \varepsilon_{ijk} y_j b_k \, dV$$

$$- \oint_{A^+ + A^-} \varepsilon_{ijk} y_j q \, dA_k + \nu \oint_{A^+ + A^-} \varepsilon_{ijk} y_j \left(\frac{\partial c_k}{\partial x_l} + \frac{\partial c_l}{\partial x_k} \right) dA_l,$$

$$\frac{d}{dt}\int_V \varepsilon \, dV = - \oint_A \varepsilon c_i \, dA_i + \int_V c_i b_i \, dV - \oint_A c_i q \, dA_i$$

$$+ \nu \oint_A c_i \left(\frac{\partial c_i}{\partial x_j} + \frac{\partial c_j}{\partial x_i} \right) dA_j - \int_V \Phi \, dV .$$

$$(5.2.29)$$

Aufgabe 30: Man spezialisiere die vier Bilanzgleichungen (5.2.28) und (5.2.29) für die stationäre, axialsymmetrische (d. h. von φ unabhängige), kraftdichtefreie Strömung in einem geraden, kreiszylindrischen Rohr.

5.2.2 Der Energiesatz

Für inkompressible Medien ist nach Abschnitt 2.3.2.4 jede thermodynamische Zustandsgröße als Funktion nur einer anderen thermodynamischen Zustandsgröße darstellbar, nach (2.3.35) bzw. (3.1.5) gilt also

$$du = T \, ds = c_V \, dT, \qquad (5.2.30)$$

d. h. der Energiesatz (2.3.42) bzw. (2.3.45) läßt sich auch als Bilanzgleichung für die Temperatur schreiben. Wir betrachten wieder eine Newtonsche Flüssigkeit, führen für die Wärmestromdichte den isotropen Fourierschen Ansatz (3.4.2) ein und nehmen an, daß λ konstant, also insbesondere temperaturunabhängig ist, dann erhalten wir den Energiesatz in der Form

$$\frac{DT}{Dt} = \frac{\Phi}{\varrho c_V} + \frac{w}{\varrho c_V} + \frac{\lambda}{\varrho c_V} \frac{\partial^2 T}{\partial x_i^2} . \qquad (5.2.31)$$

Die Größe $\lambda / \varrho c_V$ bezeichnet man auch als Temperaturleitfähigkeit.

Wir wollen zunächst die Dissipationsfunktion $\Phi = \tau_{ij} d_{ij}$ für ein inkompressibles Newton-Medium berechnen. Nach (5.2.3) erhält man

$$\frac{\Phi}{\varrho} = \frac{1}{2\eta\varrho}\, \tau_{ij}^2 = 2\,\nu\, d_{ij}^2, \tag{5.2.32}$$

oder wenn man d_{ij} nach (1.2.56) einsetzt,

$$\frac{\Phi}{\varrho} = \frac{\nu}{2}\left(\frac{\partial c_i}{\partial x_j} + \frac{\partial c_j}{\partial x_i}\right)^2 = \nu\left[\left(\frac{\partial c_i}{\partial x_j}\right)^2 + \frac{\partial c_i}{\partial x_j}\,\frac{\partial c_j}{\partial x_i}\right]; \tag{5.2.33}$$

die zweite Form folgt aus der ersten durch Ausmultiplizieren des Quadrats. Nach dem zweiten Hauptsatz in der Form (2.3.56) darf die Dissipationsfunktion nicht negativ sein; man sieht an der ersten Form von (5.2.33) sofort, daß diese Bedingung im Einklang mit (3.3.14) für $\eta \geqq 0$ erfüllt ist. In nichtkartesischen Koordinaten erhält man

$$\frac{\Phi}{\varrho} = \frac{1}{2\eta\varrho}\, \tau_{ij}\tau^{ij} = \nu[g^{jk} c^i|_j c_i|_k + c^i|_j c^j|_i]. \tag{5.2.34}$$

Um die Dissipationsfunktion in speziellen Koordinaten zu erhalten, berechnet man am einfachsten zunächst die Koordinaten des Zähigkeitsspannungstensors und daraus die Dissipationsfunktion nach $(5.2.34)_1$. Diese Formel lautet ausgeschrieben

$$\frac{\Phi}{\varrho} = \frac{1}{\eta\varrho}\left(\frac{1}{2}\,\tau_{11}\tau^{11} + \frac{1}{2}\,\tau_{22}\tau^{22} + \frac{1}{2}\,\tau_{33}\tau^{33} + \tau_{12}\tau^{12} + \tau_{23}\tau^{23} + \tau_{31}\tau^{31}\right), \tag{5.2.35}$$

speziell in kartesischen Koordinaten

$$\frac{\Phi}{\varrho} = \nu\left[2\left(\frac{\partial c_x}{\partial x}\right)^2 + 2\left(\frac{\partial c_y}{\partial y}\right)^2 + 2\left(\frac{\partial c_z}{\partial z}\right)^2 + \left(\frac{\partial c_x}{\partial y} + \frac{\partial c_y}{\partial x}\right)^2 \right.$$
$$\left. + \left(\frac{\partial c_y}{\partial z} + \frac{\partial c_z}{\partial y}\right)^2 + \left(\frac{\partial c_z}{\partial x} + \frac{\partial c_x}{\partial z}\right)^2\right] \tag{5.2.36}$$

und in physikalischen Zylinderkoordinaten

$$\frac{\Phi}{\varrho} = \nu\left[2\left(\frac{\partial c_R}{\partial R}\right)^2 + 2\left(\frac{1}{R}\,\frac{\partial c_\varphi}{\partial\varphi} + \frac{c_R}{R}\right)^2 + 2\left(\frac{\partial c_z}{\partial z}\right)^2 \right.$$
$$\left. + \left(\frac{1}{R}\,\frac{\partial c_R}{\partial\varphi} + \frac{\partial c_\varphi}{\partial R} - \frac{c_\varphi}{R}\right)^2 + \left(\frac{\partial c_\varphi}{\partial z} + \frac{1}{R}\,\frac{\partial c_z}{\partial\varphi}\right)^2 + \left(\frac{\partial c_z}{\partial R} + \frac{\partial c_R}{\partial z}\right)^2\right]. \tag{5.2.37}$$

Über die konvektive Änderung der Temperatur und die Dissipationsfunktion hängt die Temperaturverteilung nach der Energiegleichung (5.2.31) also von der Geschwindigkeitsverteilung ab. Solange man die Temperaturabhängigkeit der Zähigkeit vernachlässigt, hängt dagegen die Geschwindigkeitsverteilung nach den Navier-Stokesschen Gleichungen (5.2.8) nicht von der Temperaturverteilung ab. Man kann dann also zunächst das Geschwindigkeits- und Druckfeld aus den Navier-Stokesschen Gleichungen berechnen, und wenn außerdem die Wärmeleitzahl λ, die spezifische Wärmekapazität c_V (beide eventuell als Funktion der Temperatur) und die Wärmequelldichte w bekannt sind, ist die Energiegleichung prinzipiell lösbar. Um daraus das Temperaturfeld berechnen zu können, benötigt man noch Randbedingungen für die Temperatur. In der Regel ist entweder die Temperaturverteilung längs einer Wand oder die Wärmestromdichte (d. h. nach dem Fourierschen Ansatz der Temperaturgradient) normal zur Wand gegeben; im einfachsten Fall hat eine Wand konstante Temperatur (isotherme Wand), oder der Wärmestrom durch eine Wand ist null (adiabate Wand). Die substantielle Änderung der Temperatur läßt sich wie üblich aufspalten in die lokale und die konvektive Änderung. Die lokale Änderung der Temperatur [bzw. nach (5.2.30) auch die lokale Änderung der spezifischen inneren Energie und der spezifischen Entropie] wird nach (5.2.31) durch Konvektion, Dissipation, räumlich verteilte Wärmequellen und Wärmeleitung im Inneren des Mediums beeinflußt; das Temperaturfeld selbst hängt außerdem noch (über die Randbedingungen) von der Wärmezufuhr durch die Berandung des Mediums ab. Dabei ist über die physikalische Natur der räumlich verteilten Wärmequellen nichts ausgesagt, sie können z. B. durch chemische oder durch Kernreaktionen oder durch Absorption von Strahlung entstehen. Man kann auch die Dissipationsfunktion als Wärmequelldichte interpretieren, im Gegensatz zu den durch w erfaßten Erscheinungen entstammt sie aber der Leistung der äußeren Kräfte und nicht der Wärmezufuhr im Sinne des ersten Hauptsatzes.

Aufgabe 31: Man berechne die Temperaturverteilung der Strömung zwischen zwei parallelen Wänden auf Grund eines Druckgradienten für den Fall, daß beide Wände isotherm (im allgemeinen auf verschiedenen Temperaturen) bzw. beide Wände adiabat sind.

Wenn man $\dfrac{\Phi}{\varrho c_V}$, $\dfrac{w}{\varrho c_V}$ und $\dfrac{\lambda}{\varrho c_V}$ als einheitliche „kinematische" Größen auffaßt, lassen sich alle in der Energiegleichung (5.2.31) vorkommenden Größen dimensionell als Potenzprodukte dreier Grundgrößen (z. B. einer Länge, einer Geschwindigkeit und einer Temperatur) schreiben. Die Inkompressibilität hat also wieder zur Folge, daß die Masse bzw. die Dichte als Grundgrößenart nicht auftritt.

Die Grenzbedingung (2.3.39) ergibt zunächst unter Berücksichtigung von (5.2.11)$_1$

$$\varrho C_N \{u + \varepsilon\} = \{c_i f_i - q_N\}.$$

Für ein Newton-Medium sind die Geschwindigkeit und der Spannungsvektor stetig, also reduziert sich diese Gleichung zu

$$\varrho\, C_N\{u\} = -\{q_N\}.$$ (5.2.38)

Wenn der Fouriersche Wärmestromansatz gilt, muß die Temperatur überall stetig sein, da sonst die Wärmestromdichte unendlich würde. Nach (5.2.30) sind dann auch die spezifische innere Energie und die spezifische Entropie stetig, und dann muß nach (5.2.38) auch die Normalkomponente der Wärmestromdichte stetig sein.

5.2.3 Die Reynoldsschen Gleichungen

Als Folge der Nichtlinearität der konvektiven Glieder in den Navier-Stokesschen Gleichungen und in der Energiegleichung haben Geschwindigkeits- und Temperaturschwankungen einen Einfluß auf die mittlere Strömung. Man erhält ihn, indem man Geschwindigkeit, Druck und Temperatur in den Gleichungen in Mittelwert und Schwankungen zerlegt und dann von den Gleichungen den Mittelwert nimmt. Wir schreiben also

$$c_i = \bar{c}_i + \tilde{c}_i,$$

$$q = \bar{q} + \tilde{q},$$ (5.2.39)

$$T = \bar{T} + \tilde{T},$$

wobei die überstrichenen Größen die Mittelwerte und die geschweiften Größen die Schwankungen darstellen sollen, und setzen das in die Navier-Stokesschen Gleichungen (5.2.8) und die Energiegleichung (5.2.31) ein:

$$\frac{\partial \bar{c}_i}{\partial x_i} + \frac{\partial \tilde{c}_i}{\partial x_i} = 0,$$

$$\frac{\partial \bar{c}_i}{\partial t} + \frac{\partial \tilde{c}_i}{\partial t} + \bar{c}_j \frac{\partial \bar{c}_i}{\partial x_j} + \tilde{c}_j \frac{\partial \bar{c}_i}{\partial x_j} + \bar{c}_j \frac{\partial \tilde{c}_i}{\partial x_j} + \tilde{c}_j \frac{\partial \tilde{c}_i}{\partial x_j}$$

$$= b_i - \frac{\partial \bar{q}}{\partial x_i} - \frac{\partial \tilde{q}}{\partial x_i} + \nu \frac{\partial^2 \bar{c}_i}{\partial x_j^2} + \nu \frac{\partial^2 \tilde{c}_i}{\partial x_j^2},$$

$$\frac{\partial \bar{T}}{\partial t} + \frac{\partial \tilde{T}}{\partial t} + \bar{c}_i \frac{\partial \bar{T}}{\partial x_i} + \tilde{c}_i \frac{\partial \bar{T}}{\partial x_i} + \bar{c}_i \frac{\partial \tilde{T}}{\partial x_i} + \tilde{c}_i \frac{\partial \tilde{T}}{\partial x_i}$$

$$= \frac{\bar{\Phi}}{\varrho c_V} + \frac{\tilde{\Phi}}{\varrho c_V} + \frac{w}{\varrho c_V} + \frac{\lambda}{\varrho c_V} \frac{\partial^2 \bar{T}}{\partial x_i^2} + \frac{\lambda}{\varrho c_V} \frac{\partial^2 \tilde{T}}{\partial x_i^2}.$$

Nimmt man von diesen Gleichungen den Mittelwert, so verschwinden alle in den Schwankungen linearen Glieder, und man erhält

$$\frac{\partial \bar{c}_i}{\partial x_i} = 0,$$

$$\frac{D\bar{c}_i}{Dt} + \tilde{c}_j \frac{\partial \tilde{c}_i}{\partial x_j} = b_i - \frac{\partial \bar{q}}{\partial x_i} + \nu \frac{\partial^2 \bar{c}_i}{\partial x_j^2},$$

$$\frac{D\bar{T}}{Dt} + \tilde{c}_i \frac{\partial \tilde{T}}{\partial x_i} = \frac{\bar{\Phi}}{\varrho c_V} + \frac{w}{\varrho c_V} + \frac{\lambda}{\varrho c_V} \frac{\partial^2 \bar{T}}{\partial x_i^2},$$

wobei hier $\dfrac{D}{Dt} = \dfrac{\partial}{\partial t} + \bar{c}_i \dfrac{\partial}{\partial x_i}$ ist.

Wegen $\dfrac{\partial \tilde{c}_j}{\partial x_j} = 0$ ist $\tilde{c}_j \dfrac{\partial \tilde{c}_i}{\partial x_j} = \dfrac{\partial \overline{\tilde{c}_i \tilde{c}_j}}{\partial x_j}$ und $\tilde{c}_i \dfrac{\partial \tilde{T}}{\partial x_i} = \dfrac{\partial \overline{\tilde{c}_i \tilde{T}}}{\partial x_i}$, und man erhält

$$\frac{\partial \bar{c}_i}{\partial x_i} = 0,$$

$$\frac{D\bar{c}_i}{Dt} = b_i - \frac{\partial \bar{q}}{\partial x_i} + \nu \frac{\partial^2 \bar{c}_i}{\partial x_j^2} - \frac{\partial \overline{\tilde{c}_i \tilde{c}_j}}{\partial x_j}, \tag{5.2.40}$$

$$\frac{D\bar{T}}{Dt} = \frac{\bar{\Phi}}{\varrho c_V} + \frac{w}{\varrho c_V} + \frac{\lambda}{\varrho c_V} \frac{\partial^2 \bar{T}}{\partial x_i^2} - \frac{\partial \overline{\tilde{c}_i \tilde{T}}}{\partial x_i}.$$

Diese Gleichungen, speziell die mittlere daraus, nennt man die Reynoldsschen Gleichungen.

Die Größe $-\varrho \overline{\tilde{c}_i \tilde{c}_j}$ stellt offenbar Spannungen dar, die beim Vorhandensein von Geschwindigkeitsschwankungen zu den Zähigkeitsspannungen hinzutreten; die zweite Gleichung (5.2.40) läßt sich auch

$$\frac{D\bar{c}_i}{Dt} = b_i - \frac{\partial \bar{q}}{\partial x_i} + \frac{1}{\varrho} \frac{\partial}{\partial x_j} \left(\bar{\tau}_{ij} - \varrho \overline{\tilde{c}_i \tilde{c}_j} \right) \tag{5.2.41}$$

schreiben. Man nennt die Größe $-\varrho \overline{\tilde{c}_i \tilde{c}_j}$ den Reynoldsschen (Schub-)Spannungstensor. Entsprechend stellt die Größe $\varrho c_V \overline{\tilde{c}_i \tilde{T}}$ eine Wärmestromdichte dar, die beim Vorhandensein von Geschwindigkeits- und Temperaturschwankungen zur Wärmestromdichte infolge Wärmeleitung hinzutritt; die dritte Gleichung (5.2.40) läßt sich analog auch

$$\frac{D\bar{T}}{Dt} = \frac{\bar{\Phi}}{\varrho c_V} + \frac{w}{\varrho c_V} - \frac{1}{\varrho c_V} \frac{\partial}{\partial x_i} \left(\bar{q}_i + \varrho c_V \overline{\tilde{c}_i \tilde{T}} \right) \tag{5.2.42}$$

schreiben. Die volle Berechtigung dieser Interpretation der Zusatzterme ergibt sich innerhalb der kinetischen Theorie, wo Zähigkeit und Wärmeleitfähigkeit als Folge der Schwankungsbewegung der Moleküle gedeutet werden. Deshalb bezeichnet man $\bar{\tau}_{ij}$ und $\bar{q}_i$ auch als molekulare und $-\varrho\overline{\tilde{c}_i\tilde{c}_j}$ und $\varrho\,c_V\overline{\tilde{c}_i\tilde{T}}$ als turbulente Schubspannung bzw. Wärmestromdichte.

Aus den Gleichungen (5.2.41) und (5.2.42) kann man ablesen, wann man bei der Berechnung der mittleren Strömung von den stets vorhandenen Geschwindigkeits- und Temperaturschwankungen absehen, die Strömung also als laminar betrachten kann. Offenbar ist das zulässig, wenn überall in der Strömung $\left|\varrho\overline{\tilde{c}_i\tilde{c}_j}\right| \ll \left|\bar{\tau}_{ij}\right|$ bzw. $\left|\varrho\,c_V\,\overline{\tilde{c}_i\tilde{T}}\right| \ll \left|\bar{q}_i\right|$ ist. Durch das Hinzutreten der turbulenten Zusatzterme ist das Gleichungssystem (5.2.40) für den Mittelwert turbulenter Strömungen übrigens unterbestimmt. Um es lösen zu können, benötigt man analog zum Newtonschen Schubspannungsansatz (3.3.8) und zum Fourierschen Wärmestromansatz (3.4.2) für die molekularen Größen Ansätze für die zugehörigen turbulenten Größen, eine sogenannte Turbulenzhypothese. Ein allgemein befriedigender Ansatz dafür ist nicht bekannt.

5.2.4 Die Eulerschen Gleichungen

Wir betrachten eine (mechanisch) ideale Flüssigkeit, dann ist nach (5.2.1) $\pi_{ij} = -\bar{p}\,\delta_{ij}$, und Kontinuitätsgleichung und Impulssatz nehmen die Form

$$\frac{\partial c_i}{\partial x_i} = 0,$$

$$\frac{Dc_i}{Dt} = b_i - \frac{\partial q}{\partial x_i} \tag{5.2.43}$$

an. Diese Gleichungen nennt man die Eulerschen Gleichungen, sie stellen bei bekannter äußerer Beschleunigung b_i ein geschlossenes Gleichungssystem für die Geschwindigkeit c_i und den kinematischen Druck q dar. Da sie formal der Spezialfall der Navier-Stokesschen Gleichungen (5.2.8) für $\eta - 0$ sind, können wir es uns sparen, sie auch in nichtkartesischen Koordinaten zu notieren und verweisen deswegen auf (5.2.9) und (5.2.10). Allerdings hat sich gegenüber den Navier-Stokesschen Gleichungen die Ordnung des Differentialgleichungssystems verringert, wir können deshalb als Randbedingung nicht mehr das Verschwinden aller drei Geschwindigkeitskomponenten relativ zur Wand fordern, sondern nur noch das Verschwinden der Normalkomponente.

Die Grenzbedingungen (2.1.8) und (2.2.23) ergeben

$$\{c_N\} = 0,$$

$$C_N\{c_i\} = -\{q\}\,n_i. \tag{5.2.44}$$

Aus der Kontinuitätsgleichung folgt wieder, daß die Normalkomponente der Geschwindigkeit an einer Diskontinuitätsfläche stetig sein muß. Wenn man den Impulssatz mit n_i überschiebt, folgt daraus die Stetigkeit des kinematischen Druckes, es gilt also auch

$$C_N\{c_i\} = 0. \tag{5.2.45}$$

Es müssen also entweder alle Geschwindigkeitskomponenten verschwinden, dann können wie bei den Newtonschen Flüssigkeiten höchstens Ableitungen der Geschwindigkeit oder des Druckes unstetig sein. Oder es muß die Normalkomponente der Geschwindigkeit relativ zur Diskontinuitätsfläche verschwinden, d. h. die Diskontinuitätsfläche muß materiell sein; in diesem Falle können die Tangentialkomponenten der Geschwindigkeit an der Diskontinuitätsfläche einen Sprung haben. Die Grenzbedingungen an Diskontinuitätsflächen entsprechen also bei Newtonschen wie bei idealen Flüssigkeiten genau den Randbedingungen an festen Wänden, wo die Normalkomponente der Geschwindigkeit relativ zur Wand ja verschwinden muß: Bei Newtonschen müssen auch die Tangentialkomponenten der Geschwindigkeit relativ zur Wand verschwinden, bei idealen Flüssigkeiten nicht.

Wenn die äußere Beschleunigung ein Potential hat, ist die substantielle Beschleunigung nach $(5.2.43)_2$ offenbar wirbelfrei. Nach $(1.2.96)$ sind ideale Flüssigkeiten dann also zirkulationserhaltend. Als Folge davon gelten dann auch der zweite und der dritte Helmholtzsche Wirbelsatz, während der erste Helmholtzsche Wirbelsatz ja auch für nicht zirkulationserhaltende Strömungen gilt.

Aufgabe 32: Man zeige, daß in einer idealen Flüssigkeit im Schwerefeld längs einer Stromlinie die Bernoullische Gleichung

$$\int\limits_{(1)}^{(2)} \frac{\partial c}{\partial t}\, dx + \frac{c_{(2)}^2 - c_{(1)}^2}{2} + (q_{(2)} - q_{(1)}) + g(H_{(2)} - H_{(1)}) = 0 \tag{5.2.46}$$

gilt, wobei c der Betrag der Geschwindigkeit ist.

5.2.5 Potentialströmungen

Wir betrachten die Strömung einer Newtonschen oder idealen Flüssigkeit, in der die Wirbelstärke überall verschwindet, dann läßt sich das Geschwindigkeitsfeld nach $(1.2.42)$ als Gradient eines Geschwindigkeitspotentials φ darstellen:

$$c_i = \frac{\partial \varphi}{\partial x_i}. \tag{5.2.47}$$

Eine solche Strömung nennt man deshalb eine Potentialströmung. Geht man mit (5.2.47) in die Navier-Stokesschen Gleichungen (5.2.8) ein, so geht die Kontinuitätsgleichung in die Potentialgleichung oder Laplacesche Differentialgleichung

$$\frac{\partial^2 \varphi}{\partial x_i^2} = 0 \tag{5.2.48}$$

über; in nichtkartesischen Koordinaten lautet sie

$$g^{ij} \varphi\big|_{ij} = 0, \tag{5.2.49}$$

speziell in physikalischen Zylinderkoordinaten, wenn wir vorübergehend das Geschwindigkeitspotential mit $\tilde{\varphi}$ bezeichnen, um es von der Koordinate φ zu unterscheiden,

$$\frac{\partial^2 \tilde{\varphi}}{\partial R^2} + \frac{1}{R} \frac{\partial \tilde{\varphi}}{\partial R} + \frac{1}{R^2} \frac{\partial^2 \tilde{\varphi}}{\partial \varphi^2} + \frac{\partial^2 \tilde{\varphi}}{\partial z^2} = 0. \tag{5.2.50}$$

Der Impulssatz ergibt, wenn die äußere Beschleunigung b_i ein Potential U nach (2.2.42) hat und man die substantielle Beschleunigung nach (1.2.89) einsetzt,

$$\frac{\partial}{\partial x_i} \left(\frac{\partial \varphi}{\partial t} + \varepsilon + U + q - \nu \frac{\partial^2 \varphi}{\partial x_j^2} \right) = 0.$$

Dabei haben wir zweimal die Reihenfolge von Differentiationen vertauscht, um $\dfrac{\partial}{\partial x_i}$ vorziehen zu können. Der letzte Term verschwindet nach der Kontinuitätsgleichung (5.2.48), damit erhalten wir integriert

$$\frac{\partial \varphi}{\partial t} + \varepsilon + U + q = f(t). \tag{5.2.51}$$

Diese Gleichung nennt man ebenso wie (5.2.46) Bernoullische Gleichung. In der Regel setzt man die spezifische kinetische Energie ε nach ihrer Definition (1.2.87) ein und spezialisiert für das Schwerefeld nach (3.2.4), wobei die Erdbeschleunigung g_i entgegen der h-Achse gerichtet sein soll, dann nimmt (5.2.51) die Form

$$\frac{\partial \varphi}{\partial t} + \frac{c^2}{2} + gh + q = f(t) \tag{5.2.52}$$

an.

Durch die Existenz eines Geschwindigkeitspotentials haben wir statt der vier Navier-Stokesschen Gleichungen für c_i und q nur die beiden

13 Schade, Kontinuumstheorie

Gleichungen (5.2.48) und (5.2.52) für φ und q, die zudem teilweise entkoppelt sind. Um eine Potentialströmung zu berechnen, bestimmt man also zunächst das Geschwindigkeitspotential aus der Kontinuitätsgleichung (5.2.48) und anschließend den Druck aus der Bernoullischen Gleichung (5.2.52).

Da das Reibungsglied im Impulssatz in diesem Falle identisch verschwindet, ist jede Potentialströmung, die eine Lösung der Eulerschen Gleichungen ist, zugleich eine Lösung der Navier-Stokesschen Gleichungen. Andererseits kann man bei der Lösung der Laplaceschen Differentialgleichung am Rande nur eine Randbedingung fordern, hier natürlich das Verschwinden der Normalkomponente der Geschwindigkeit, $\dfrac{\partial \varphi}{\partial n} = 0$, wie das zu den Eulerschen Gleichungen paßt, nicht aber noch das Verschwinden der beiden Tangentialkomponenten der Geschwindigkeit, wie das zu den Navier-Stokesschen Gleichungen gehört: Da die Zähigkeit in einer Potentialströmung ohne Einfluß auf die Impulsbilanz ist, lassen sich mit Potentialströmungen die Bedingungen der Wandhaftung und der Abwesenheit von Diskontinuitätsflächen der Geschwindigkeit im allgemeinen nicht erfüllen, sie spielen deshalb praktisch nur in der Theorie der idealen Flüssigkeit eine Rolle.

Aufgabe 33: Als ein Beispiel für eine Potentialströmung, die auch die Wandhaftbedingung erfüllt, berechne man die Strömung im Außenraum eines mit konstanter Winkelgeschwindigkeit rotierenden Kreiszylinders.

Damit die Zähigkeit in der Nähe von festen Wänden und von möglichen Diskontinuitätsflächen der Geschwindigkeit wirksam werden kann, muß das Geschwindigkeitsfeld dort wirbelbehaftet sein. Es bilden sich dann dort Schichten, in denen Trägheits- und Reibungskräfte von gleicher Größenordnung sind. Außerhalb dieser Schichten ist die Strömung häufig praktisch wirbelfrei, so daß die Trägheitskräfte dort groß gegenüber den Reibungskräften sind und die Strömung in guter Näherung als Potentialströmung behandelt werden kann. Strömungen, die in dieser Weise in wirbelbehaftete Schichten und eine praktisch wirbelfreie Strömung aufgeteilt werden können, nennt man Grenzschichtströmungen, die wirbelbehafteten Schichten Grenzschichten. Bei der Berechnung solcher Grenzschichtströmungen geht man grundsätzlich so vor, daß man zunächst eine Potentialströmung unter Berücksichtigung der vorgegebenen Berandung und u. U. vorgegebener Diskontinuitätsflächen der Geschwindigkeit berechnet und zur Erfüllung der Rand- bzw. Grenzbedingungen diese Potentialströmung in der Nähe von Wänden bzw. Diskontinuitätsflächen durch eine Grenzschichtberechnung korrigiert.

5.2.6 Freie Konvektion

Wenn einem Medium (durch eine Wärmequelldichte im Inneren oder durch eine Wärmestromdichte über die Berandung) Wärme zugeführt wird und seine Dichte von der Temperatur abhängt, bildet sich darin zugleich mit dem Temperaturfeld ein Dichtefeld aus. Unter der Wirkung der Erdbeschleunigung kann dieses Dichtefeld zu einer wirbelbehafteten Kraftdichte führen, die nach den Abschnitten 5.1.1 und 5.1.2 eine Bewegung des Mediums zur Folge hat. Eine solche Strömung nennt man eine freie Konvektionsströmung, den damit nach dem Energiesatz (2.3.42) bzw. (5.2.31) verbundenen Transport von spezifischer innerer Energie freie Konvektion. Wenn dagegen eine Strömung, die auch ohne Wärmezufuhr existierte, z. B. durch einen von außen aufgeprägten Druckgradienten, infolge von Wärmezufuhr mit einem Transport von spezifischer innerer Energie verbunden ist, spricht man von erzwungener Konvektion.

Freie Konvektion kann also in einem inkompressiblen Medium nicht auftreten. Nun sind Flüssigkeiten ja nur in erster Näherung inkompressibel, in zweiter Näherung lassen sie sich als thermodynamisch ideale Flüssigkeiten im Sinne des Abschnittes 3.1.2 beschreiben. Für Probleme der freien Konvektion kann man in der Regel den Kompressionsmodul als unendlich annehmen und voraussetzen, daß $\beta_0(T - T_0) \ll 1$ ist, dann können wir statt (3.1.16) eine thermische Zustandsgleichung

$$\varrho = \varrho_0[1 - \beta(T - T_0)] \qquad (5.2.53)$$

postulieren; dabei haben wir den Index Null am kalorischen Ausdehnungskoeffizienten weggelassen, obwohl wir ihn als Konstante betrachten. Außerdem kann man überall außer in der Kraftdichte ϱ durch ϱ_0 ersetzen und im Energiesatz die Dissipation gegenüber der Wärmeleitung vernachlässigen. Diese Annahmen zusammen bezeichnet man als Boussinesqsche Näherung.

Die Navier-Stokesschen Gleichungen (5.2.8) und der Energiesatz (5.2.31) nehmen dann die folgende Form an:

$$\frac{\partial c_i}{\partial x_i} = 0,$$

$$\frac{Dc_i}{Dt} = [1 - \beta(T - T_0)]g_i - \frac{\partial q}{\partial x_i} + \nu \frac{\partial^2 c_i}{\partial x_j^2}, \qquad (5.2.54)$$

$$\frac{DT}{Dt} = \frac{w}{\varrho_0 c_V} + \frac{\lambda}{\varrho_0 c_V} \frac{\partial^2 T}{\partial x_i^2}.$$

13*

T_0 ist dann diejenige Temperatur, die keine Auftriebskraft hervorruft. Häufig ist es üblich, den vom Schwerefeld allein herrührenden hydrostatischen Anteil des Druckes nach (5.2.12) abzuspalten, also

$$g_i = -\frac{\partial U}{\partial x_i}, \qquad q = -U + q' \qquad (5.2.55)$$

einzuführen, dann nimmt der Impulssatz im Gleichungssystem (5.2.54) die Form

$$\frac{Dc_i}{Dt} = -\beta(T - T_0)g_i - \frac{\partial q'}{\partial x_i} + \nu\,\frac{\partial^2 c_i}{\partial x_j^2} \qquad (5.2.56)$$

an.

Aufgabe 34: Man berechne Geschwindigkeit, Druck, Temperatur und Volumenstrom der freien Konvektionsströmung, die sich in einer Flüssigkeit zwischen zwei parallelen senkrechten Wänden dadurch ausbildet, daß die eine Wand geheizt oder gekühlt wird.

5.3 Gasdynamik

Wir betrachten in diesem Abschnitt ein strömendes Medium unter den folgenden Einschränkungen:

1. Das Medium sei mechanisch ideal, d. h. der Zähigkeitsspannungstensor sei null.
2. Das Medium sei nicht wärmeleitend, d. h. die Wärmestromdichte sei null.
3. Es seien keine Volumenwärmequellen vorhanden.
4. Die Kraftdichte lasse sich aus einem Potential herleiten.
5. Elektromagnetische Felder seien nicht wirksam.

Ein solches Medium ist ein gutes Modell für viele Vorgänge in Gasen.

Um zu einem geschlossenen Gleichungssystem zu gelangen, müssen wir außerdem noch eine spezielle Fundamentalgleichung (bzw. zwei einer solchen äquivalente nichtfundamentale Zustandsgleichungen) postulieren. Wir verschieben das auf später und beschränken uns zunächst auf Aussagen, die sich allein aus den auf Grund der obigen Annahmen spezialisierten universellen Grundgleichungen herleiten lassen.

Zuvor wollen wir noch zwei weitere Feldgrößen einführen, die in der Gasdynamik eine wichtige Rolle spielen. In der Thermodynamik beweist man, daß $\left(\frac{\partial p}{\partial \varrho}\right)_s \geq 0$ ist, wir können deshalb

$$\left(\frac{\partial p}{\partial \varrho}\right)_s = a^2 \qquad (5.3.1)$$

setzen. Die so definierte Größe a ist offenbar eine weitere thermodynamische Zustandsgröße. Sie wird sich als die Ausbreitungsgeschwindigkeit von Schall im ruhenden Medium erweisen, man nennt sie deshalb die Schallgeschwindigkeit. Das Verhältnis des Betrages der Geschwindigkeit zur Schallgeschwindigkeit nennt man die Mach-Zahl,

$$Ma = \frac{c}{a}. \tag{5.3.2}$$

5.3.1 Die universellen Grundgleichungen in differentieller Form

Die Kontinuitätsgleichung (2.1.4) gilt in ihrer allgemeinen Form

$$\frac{D\varrho}{Dt} + \varrho\,\frac{\partial c_i}{\partial x_i} = 0. \tag{5.3.3}$$

Der Impulssatz (2.2.22) lautet mit (2.2.42) und (2.3.43)

$$\frac{Dc_i}{Dt} = -\frac{\partial U}{\partial x_i} - \frac{1}{\varrho}\,\frac{\partial p}{\partial x_i}, \tag{5.3.4}$$

der mechanische Energiesatz (2.2.39) ergibt

$$\frac{D\varepsilon}{Dt} = -c_i\,\frac{\partial U}{\partial x_i} - \frac{c_i}{\varrho}\,\frac{\partial p}{\partial x_i} \tag{5.3.5}$$

oder

$$\frac{D(\varepsilon + U)}{Dt} + \frac{1}{\varrho}\,\frac{Dp}{Dt} = \frac{\partial U}{\partial t} + \frac{1}{\varrho}\,\frac{\partial p}{\partial t}. \tag{5.3.6}$$

Aus dem Energiesatz in den vier gleichwertigen Formulierungen (2.3.38), (2.3.42), (2.3.45) und (2.3.48) folgt

$$\frac{D(u + \varepsilon)}{Dt} = -c_i\,\frac{\partial U}{\partial x_i} - \frac{1}{\varrho}\,\frac{\partial c_i p}{\partial x_i}, \tag{5.3.7}$$

$$\frac{Du}{Dt} = -\frac{p}{\varrho}\,\frac{\partial c_i}{\partial x_i}, \tag{5.3.8}$$

$$\frac{Ds}{Dt} = 0, \tag{5.3.9}$$

$$\frac{Dh}{Dt} = \frac{1}{\varrho}\,\frac{Dp}{Dt}. \tag{5.3.10}$$

Der Drehimpulssatz (2.2.29) und wegen (5.3.9) auch der zweite Hauptsatz (2.3.54) sind identisch erfüllt.

Als anschaulich deutbar fällt sofort (5.3.9) auf: Die substantielle Änderung der spezifischen Entropie verschwindet, d. h. die Entropie jedes Teilchens ist konstant.

5.3.2 Die Grenzbedingungen

Die Kontinuitätsgleichung (2.1.8) gilt in ihrer allgemeinen Form

$$\{\varrho\, C_N\} = 0. \tag{5.3.11}$$

Der Impulssatz (2.2.23) ergibt

$$\varrho^{\pm} C_N^{\pm} \{c_i\} + \{p\, n_i\} = 0. \tag{5.3.12}$$

Zerlegt man diese Gleichung in ihre Normal- und ihre Tangentialkomponente, so erhält man

$$\varrho^{\pm} C_N^{\pm} \{c_N\} + \{p\} = 0,$$
$$\varrho^{\pm} C_N^{\pm} \{c_{Ti}\} = 0. \tag{5.3.13}$$

An Stelle der ersten dieser Gleichungen kann man auch mit (5.3.11) schreiben

$$\{\varrho\, C_N^2 + p\} = 0. \tag{5.3.14}$$

Daraus folgt wieder unter Verwendung von (5.3.11)

$$\{p\} = -\varrho^{\pm} C_N^{\pm} \{C_N\} = -(\varrho^{\pm} C_N^{\pm})^2 \{v\} = C_N^{+} C_N^{-} \{\varrho\}.$$

Die erste Identität ergibt, wenn man sie mit $C_N^{+} + C_N^{-}$ multipliziert und durch $\varrho^{\pm} C_N^{\pm}$ dividiert,

$$\{p\}\, \frac{C_N^{+} + C_N^{-}}{\varrho^{\pm} C_N^{\pm}} = -\{C_N^2\},$$

$$\{p\}\,(v^{+} + v^{-}) = -\{C_N^2\}, \tag{5.3.15}$$

die zweite und dritte Identität ergeben

$$\frac{\{p\}}{\{v\}} = -(\varrho^{\pm} C_N^{\pm})^2, \tag{5.3.16}$$

$$\frac{\{p\}}{\{\varrho\}} = C_N^{+} C_N^{-}. \tag{5.3.17}$$

Die letzte Gleichung ist die Spezialisierung von (2.2.24) auf mechanisch ideale Medien.

Der Energiesatz ergibt in der Form (2.3.39)

$$\varrho^{\pm} C_N^{\pm} \{u + \varepsilon\} = - \{p c_N\}, \qquad (5.3.18)$$

in der Form (2.3.52)

$$\varrho^{\pm} C_N^{\pm} \left\{ h + \frac{1}{2} C_N^2 + \frac{1}{2} c_T^2 \right\} = 0. \qquad (5.3.19)$$

Die Entropieungleichung (2.3.57) ergibt

$$\varrho^{\pm} C_N^{\pm} \{s\} \geqq 0. \qquad (5.3.20)$$

Man muß wieder unterscheiden zwischen Diskontinuitätsflächen mit stetiger Normalkomponente der Geschwindigkeit und Stoßfronten. Für eine Diskontinuitätsfläche mit stetiger Normalkomponente der Geschwindigkeit, also speziell für eine materielle Diskontinuitätsfläche, läßt sich nur folgern, daß dort nach (5.3.13)$_1$ der Druck stetig ist. Für eine Stoßfront ergeben (5.3.11), (5.3.13)$_2$, (5.3.14), (5.3.19) und (5.3.20) die folgenden voneinender unabhängigen Grenzbedingungen

$$\{\varrho C_N\} = 0,$$

$$\{c_{Ti}\} = 0,$$

$$\{\varrho C_N^2 + p\} = 0, \qquad (5.3.21)$$

$$\{h + \frac{1}{2} C_N^2\} = 0,$$

$$\{s\} \geqq 0 \qquad \text{für} \qquad C_N^{\pm} \geqq 0.$$

Nach der ersten dieser Gleichungen haben C_N^+ und C_N^- immer dasselbe Vorzeichen. Sind beide positiv, so bedeutet das nach Abb. 4 auf S. 22, daß die Materie von der negativ indizierten zur positiv indizierten Seite durch die Stoßfront tritt. Aus der letzten Gleichung (5.3.21) folgt dann, daß die spezifische Entropie beim Durchströmen einer Stoßfront nicht abnehmen kann.

Nach den ersten vier Gleichungen des Systems (5.3.21) sind der thermodynamische Zustand, die normale und die tangentiale Komponente der relativen Geschwindigkeit C_i auf der einen Seite einer Stoßfront durch dieselben Größen auf der anderen Seite der Stoßfront bestimmt. Da die tangentiale Geschwindigkeitskomponente von den übrigen Größen entkoppelt ist, kann man sie auch aus der Betrachtung herauslassen, es sind also auch der thermodynamische Zustand und die Normalkomponente der relativen Geschwindigkeit auf der einen Seite einer Stoßfront durch dieselben Angaben auf der anderen Seite der

Stoßfront bestimmt. Allgemeiner ausgedrückt, wenn die thermodynamischen Zustandsgleichungen bekannt sind, stellen die erste, dritte und vierte Gleichung des Systems (5.3.21) drei Beziehungen zwischen zwei thermodynamischen Zustandsgrößen und der Normalkomponente der relativen Geschwindigkeit auf beiden Seiten einer Stoßfront dar; d. h. wenn von diesen sechs Größen drei bekannt sind, kann man die übrigen drei daraus berechnen.

Beispielsweise kann man aus diesen drei Gleichungen die beiden Geschwindigkeiten eliminieren und erhält dann eine Beziehung nur zwischen thermodynamischen Zustandsgrößen: Aus $(5.3.21)_4$ und $(5.3.15)$ folgt

$$\{h\} = \frac{1}{2}\,(v^+ + v^-)\,\{p\} \equiv \frac{1}{2}\left(\frac{1}{\varrho^+} + \frac{1}{\varrho^-}\right)\{p\}. \qquad (5.3.22)$$

Diese Beziehung heißt (Rankine-)Hugoniot-Relation. Sind der thermodynamische Zustand vor einer Stoßfront und eine thermodynamische Zustandsgröße hinter der Stoßfront gegeben, so ist dadurch der thermodynamische Zustand hinter der Stoßfront festgelegt. In einem p^+-v^+-Diagramm liegen alle für ein Wertepaar $(p^-,\ v^-)$ nach (5.3.22) zugelassenen Punkte auf einer Kurve, die natürlich durch den Ausgangspunkt $(p^-,\ v^-)$ geht. Man nennt sie die (Rankine-)Hugoniot-Kurve, auch Hugoniot-Adiabate oder dynamische Adiabate; ihre Gleichung läßt sich bei bekannter Zustandsgleichung $h = h(p, v)$ aus (5.3.22) berechnen. Alle diese Kurven für verschiedene Ausgangspunkte fallen zu einer zusammen, wenn man $\dfrac{p^+}{p^-}$ über $\dfrac{v^+}{v^-}$ aufträgt.

Wir wollen jetzt voraussetzen, daß

$$\left(\frac{\partial p}{\partial v}\right)_s < 0,\ \left(\frac{\partial^2 p}{\partial v^2}\right)_s < 0,\ \left(\frac{\partial s}{\partial p}\right)_v > 0 \qquad (5.3.23)$$

ist. Die erste dieser drei Ungleichungen ist der Bedingung $\left(\dfrac{\partial p}{\partial \varrho}\right)_s > 0$ äquivalent, die wir bereits bei der Definition der Schallgeschwindigkeit nach (5.3.1) ausgenutzt haben. Sie läßt sich aus thermodynamischen Stabilitätsforderungen herleiten und bedeutet, daß alle Isentropen im p-v-Diagramm eine negative Steigung haben. Die beiden anderen Ungleichungen sind zusätzliche Postulate, die für Gase in der Regel erfüllt sind. Die zweite Bedingung bedeutet, daß alle Isentropen im p-v-Diagramm konvex (d. h. von der Abszissenachse weg gekrümmt) sind, die dritte Bedingung hat zusammen mit der ersten auch $\left(\dfrac{\partial s}{\partial v}\right)_p > 0$ zur Folge und bedeutet, daß von zwei Isentropen im p-v-Diagramm zu derjenigen der größere Wert der spezifischen Entropie gehört, die rechts und oberhalb der anderen liegt (Abb. 12).

Unter Ausnutzung von (5.3.23) läßt sich zeigen, daß nur der Teil der Hugoniot-Kurve oberhalb des Ausgangspunktes mit dem zweiten Hauptsatz (5.3.21)$_5$ verträglich ist. Wir definieren dazu die Hugoniot-Funktion

$$H(p, v) = 2(h - h^-) - (p - p^-)(v + v^-), \qquad (5.3.24)$$

dann ist die Hugoniot-Kurve nach (5.3.22) durch $H = 0$ gegeben. Durch Differentiation folgt unter Ausnutzung der universellen Fundamentalgleichung (2.3.24) für die Enthalpie

$$dH = 2T\,ds + (v - v^-)\,dp - (p - p^-)\,dv. \qquad (5.3.25)$$

Führt man darin die Funktion

$$r = \frac{p - p^-}{v - v^-} \qquad (5.3.26)$$

ein, so erhält man

$$dH = 2T\,ds + (v - v^-)^2\,dr. \qquad (5.3.27)$$

Wenn man eine Isentrope im p-v-Diagramm von links oben nach rechts unten durchläuft, nimmt r wegen (5.3.23)$_2$ monoton zu. Längs einer Isentrope gilt $dH = (v - v^-)^2\,dr$, also nimmt dann auch H monoton zu. Da im Ausgangspunkt $H = 0$ ist, ist H auf der Isentrope

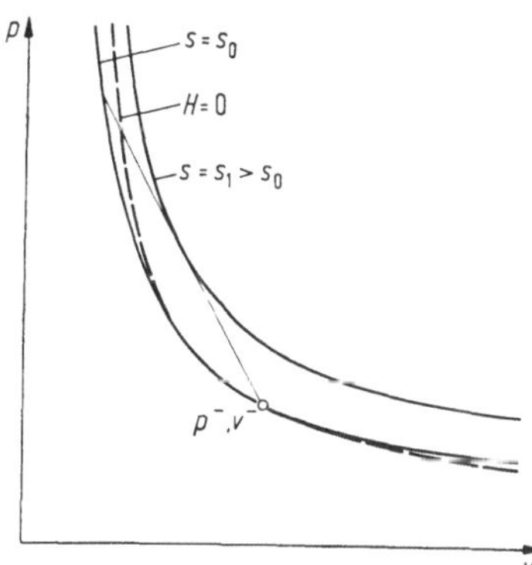

Abb. 12. Isentropen und Hugoniot-Kurve.

durch den Ausgangspunkt darüber negativ und darunter positiv. Längs einer beliebigen Geraden durch den Ausgangspunkt gilt $dH = 2T\,ds$. Liegt die Gerade so, daß sie die Isentrope durch den Ausgangspunkt ein zweites Mal schneidet, so muß s und damit auch H auf dem Wege vom Ausgangspunkt zu diesem zweiten Schnittpunkt wegen der Ungleichungen (5.3.23) zunächst (nämlich bis zu dem Punkt, wo die Gerade eine Isentrope tangiert) monoton zunehmen und dann (und zwar auch über den zweiten Schnittpunkt hinaus) monoton abnehmen, vgl. Abb. 12.

Während aber s beim Erreichen des zweiten Schnittpunktes seinen Ausgangswert annimmt, hat H dort einen negativen Wert, wenn der Schnittpunkt oberhalb des Ausgangspunktes liegt, und einen positiven Wert, wenn er darunter liegt. Auf dem Wege zu einem darüber gelegenen Schnittpunkt geht H also durch null, bevor man den Schnittpunkt erreicht, auf dem Wege zu einem unterhalb des Ausgangspunktes gelegenen Schnittpunkt erst danach. Oberhalb des Ausgangspunktes ist die spezifische Entropie auf der Hugoniot-Kurve also größer als im Ausgangspunkt, darunter kleiner. Nach dem zweiten Hauptsatz $(5.3.21)_5$ ist also nur der Teil der Hugoniot-Kurve oberhalb des Ausgangspunktes zulässig.

Aufgabe 35: Man beweise die folgenden Formeln für den Sprung der spezifischen Entropie an einer Stoßfront:

$$\{s\} = - \frac{1}{12\,T^-} \left(\frac{\partial^2 p}{\partial v^2}\right)_{s,-} \{v\}^3 + \mathrm{O}\left(\{v\}^4\right)$$

$$= \frac{1}{12\,T^-} \left(\frac{\partial^2 v}{\partial p^2}\right)_{s,-} \{p\}^3 + \mathrm{O}\left(\{p\}^4\right) \tag{5.3.28}$$

$$= \frac{1}{12\,T^-(\varrho^-)^3} \left\{\varrho^- \left(\frac{\partial^2 p}{\partial \varrho^2}\right)_{s,-} + 2 \left(\frac{\partial p}{\partial \varrho}\right)_{s,-}\right\} \{\varrho\}^3 + \mathrm{O}(\{\varrho\}^4).$$

Dabei bedeutet der Index $s,-$ an einer partiellen Ableitung, daß sie für konstante spezifische Entropie und im Ausgangspunkt, also vor der Stoßfront genommen werden soll.

Aufgabe 36: Man zeige, daß unter den Voraussetzungen (5.3.23) beim Durchströmen einer Stoßfront Druck, Dichte und Enthalpie steigen und die Normalkomponente der relativen Geschwindigkeit und die damit gebildete Mach-Zahl fallen, und zwar die Mach-Zahl von einem Wert über Eins auf einen Wert unter Eins.

Man nennt eine Stoßfront schwach, wenn alle Sprünge so klein sind, daß man sie durch die entsprechenden Differentiale ersetzen kann. Für schwache Stoßfronten geht die Hugoniot-Relation (5.3.22) in $dh = \dfrac{dp}{\varrho}$ über; nach der universellen Fundamentalgleichung (2.3.24) für die Enthalpie sind schwache Stoßfronten also isentrop. Das läßt sich natürlich auch aus (5.3.28) schließen. Wegen dieser Isentropie ergibt (5.3.17)

$$C_N^2 = \left(\frac{\partial p}{\partial \varrho}\right)_{s\ (5.3.1.)} = a^2;$$

eine schwache Stoßfront bewegt sich also relativ zum ruhenden Medium mit Schallgeschwindigkeit.

5.3.3 Stationäre Strömungen

Für stationäre Strömungen folgt aus (5.3.9) $c_i\, \dfrac{\partial s}{\partial x_i} = 0$, d. h. es verschwindet dann auch die konvektive Änderung der spezifischen Entropie, die spezifische Entropie ist dann längs einer Stromlinie konstant. Wenn sie im ganzen Strömungsfeld räumlich konstant ist, nennen wir die Strömung homentrop.

Es liegt nahe, (5.3.6) und (5.3.10) zu addieren. Man erhält dann die Gleichung

$$\frac{D(h + \varepsilon + U)}{Dt} = \frac{\partial U}{\partial t} + \frac{1}{\varrho}\,\frac{\partial p}{\partial t}, \tag{5.3.29}$$

die wir in unserer Terminologie als Langform des ersten Hauptsatzes für die Enthalpie charakterisieren können. Speziell für stationäre Strömungen folgt daraus

$$\frac{D(h + \varepsilon + U)}{Dt} = 0, \tag{5.3.30}$$

die Summe aus Enthalpie, kinetischer und potentieller Energie ist dann also für ein Teilchen konstant. Wegen der vorausgesetzten Stationarität folgt daraus, daß längs einer Stromlinie

$$h + \varepsilon + U = \text{const} \tag{5.3.31}$$

ist. Diese Gleichung nennt man die Bernoullische Gleichung der Gasdynamik. Ist die Konstante auf der rechten Seite, die sogenannte Bernoullische Konstante, auf allen Stromlinien gleich, wollen wir die Strömung homenergetisch nennen.

Aufgabe 37: Man leite den Croccoschen Wirbelsatz

$$\frac{\partial c_i}{\partial t} + \varepsilon_{ijk} u_j c_k = -\frac{\partial(h + \varepsilon + U)}{\partial x_i} + T\,\frac{\partial s}{\partial x_i} \tag{5.3.32}$$

her.

Aus dem Croccoschen Wirbelsatz folgen zwei wichtige Aussagen über den Zusammenhang zwischen stationären, wirbelfreien, homenergetischen und homentropen Strömungen:

1. In einer wirbelfreien Strömung kann keine der drei übrigen Bedingungen als einzige verletzt sein.

2. In einer ebenen Strömung kann keine der vier Bedingungen als einzige verletzt sein.

Der erste Satz läßt sich direkt aus dem Croccoschen Wirbelsatz ablesen. Zum Beweis des zweiten Satzes beachte man, daß in einer ebenen Strömung Geschwindigkeit und Wirbelstärke aufeinander senkrecht stehen. Ihr äußeres Produkt verschwindet dann also nur, wenn einer der Faktoren verschwindet.

Aufgabe 38: In einer kraftdichtefreien Strömung habe die Geschwindigkeit in physikalischen Zylinderkoordinaten die Form $c_R = 0$, $c_\varphi = c_\varphi(R)$, $c_z = 0$, und die thermodynamischen Zustandsgrößen seien nur Funktionen von R. Man zeige, daß dann die Zirkulation längs jeder die Achse einmal umschlingenden Linie gleich ist.

Für stationäre Strömungen läßt sich der Druck im mechanischen Energiesatz durch Dichte und Schallgeschwindigkeit ersetzen. Ganz allgemein ist wegen

$$dp = \left(\frac{\partial p}{\partial \varrho}\right)_s d\varrho + \left(\frac{\partial p}{\partial s}\right)_\varrho ds$$

bei Berücksichtigung von (5.3.1)

$$c_i \frac{\partial p}{\partial x_i} = a^2 c_i \frac{\partial \varrho}{\partial x_i} + \left(\frac{\partial p}{\partial s}\right)_\varrho c_i \frac{\partial s}{\partial x_i}.$$

Setzen wir jetzt Stationarität voraus, so verschwindet nach (5.3.9) das letzte Glied, und der mechanische Energiesatz (5.3.5) läßt sich in einer Strömung ohne Kraftdichte

$$\varrho c_i c_j \frac{\partial c_i}{\partial x_j} + a^2 c_i \frac{\partial \varrho}{\partial x_i} = 0$$

schreiben. Aus dieser Gleichung und der Kontinuitätsgleichung (5.3.3), die für stationäre Strömungen

$$\varrho \frac{\partial c_i}{\partial x_i} + c_i \frac{\partial \varrho}{\partial x_i} = 0$$

lautet, läßt sich eine Beziehung gewinnen, die nur die Geschwindigkeit und die Schallgeschwindigkeit enthält. Wenn man nämlich aus diesen beiden Gleichungen $c_i \dfrac{\partial \varrho}{\partial x_i}$ eliminiert, ergibt sich

$$a^2 \frac{\partial c_i}{\partial x_i} - c_i c_j \frac{\partial c_i}{\partial x_j} = 0 \tag{5.3.33}$$

bzw. in nichtkartesischen Koordinaten

$$a^2 c^i\big|_i - c_i c^j c^i\big|_j = 0. \tag{5.3.34}$$

Diese Beziehung nennt man die gasdynamische Gleichung. In kartesischen Koordinaten lautet sie ausgeschrieben

$$(a^2 - c_x^2)\,\frac{\partial c_x}{\partial x} + (a^2 - c_y^2)\,\frac{\partial c_y}{\partial y} + (a^2 - c_z^2)\,\frac{\partial c_z}{\partial z}$$

$$- c_x c_y \left(\frac{\partial c_x}{\partial y} + \frac{\partial c_y}{\partial x} \right) - c_y c_z \left(\frac{\partial c_y}{\partial z} + \frac{\partial c_z}{\partial y} \right)$$

$$- c_z c_x \left(\frac{\partial c_z}{\partial x} + \frac{\partial c_x}{\partial z} \right) = 0, \tag{5.3.35}$$

in physikalischen Zylinderkoordinaten

$$(a^2 - c_R^2)\,\frac{\partial c_R}{\partial R} + (a^2 - c_\varphi^2) \left(\frac{1}{R}\,\frac{\partial c_\varphi}{\partial \varphi} + \frac{c_R}{R} \right) + (a^2 - c_z^2)\,\frac{\partial c_z}{\partial z}$$

$$- c_R c_\varphi \left(\frac{1}{R}\,\frac{\partial c_R}{\partial \varphi} + \frac{\partial c_\varphi}{\partial R} - \frac{c_\varphi}{R} \right) - c_\varphi c_z \left(\frac{\partial c_\varphi}{\partial z} + \frac{1}{R}\,\frac{\partial c_z}{\partial c_\varphi} \right)$$

$$- c_z c_R \left(\frac{\partial c_z}{\partial R} + \frac{\partial c_R}{\partial z} \right) = 0. \tag{5.3.36}$$

Die gasdynamische Gleichung hat eine gewisse Verwandtschaft mit der Kontinuitätsgleichung $(5.2.8)_1$ für inkompressible Medien, indem sie eine partielle Differentialgleichung nur für die Geschwindigkeit ist. Im Gegensatz dazu sind die Koeffizienten der gasdynamischen Gleichung jedoch nicht konstant, sondern enthalten die in der Regel ebenfalls unbekannte Schallgeschwindigkeit. Deshalb reduziert sich diese Gleichung für wirbelfreie Strömungen auch nicht analog zur Potentialgleichung (5.2.48) auf eine für sich allein lösbare Differentialgleichung nur für das Geschwindigkeitspotential. Außerdem ist die gasdynamische Gleichung nichtlinear.

Ist die Strömung außerdem wirbelfrei, läßt sich die gasdynamische Gleichung z. B. in der Form (5.3.35) unter teilweiser Einführung des Geschwindigkeitspotentials auch

$$(a^2 - c_x^2)\,\frac{\partial^2 \varphi}{\partial x^2} + (a^2 - c_y^2)\,\frac{\partial^2 \varphi}{\partial y^2} + (a^2 - c_z^2)\,\frac{\partial^2 \varphi}{\partial z^2}$$

$$- c_x c_y\,\frac{\partial^2 \varphi}{\partial x\,\partial y} - c_y c_z\,\frac{\partial^2 \varphi}{\partial y\,\partial z} - c_z c_x\,\frac{\partial^2 \varphi}{\partial z\,\partial x} = 0 \tag{5.3.37}$$

schreiben.

Damit man analog zu Abschnitt 5.2.1.2 eine Stromfunktion einführen kann, muß man hier außer der auch dort zu fordernden Zweidimensionalität auch Stationarität voraussetzen. Zum Beispiel für eine ebene Strömung läßt sich die Kontinuitätsgleichung dann durch den Ansatz

$$c_x = \frac{1}{\varrho}\,\frac{\partial \psi}{\partial y}, \quad c_y = -\frac{1}{\varrho}\,\frac{\partial \psi}{\partial x} \tag{5.3.38}$$

identisch erfüllen. In diesem Falle kann man eine der Gleichung (5.3.37) ähnliche Beziehung gewinnen, auch wenn die Strömung wirbelbehaftet ist. Im folgenden soll ein gotischer Buchstabe als Index bedeuten, daß es sich um einen Vektor in der Strömungsebene handelt; entsprechend ist bei Summation über einen gotischen Index nur von eins bis zwei zu summieren. Dann ist offenbar

$$\frac{\partial \psi}{\partial x_{\mathfrak{m}}} = \{-\varrho\,c_y,\, \varrho\,c_x\}$$

und damit

$$\left(\frac{\partial \psi}{\partial x_{\mathfrak{m}}}\right)^2 = \varrho^2 (c_x^2 + c_y^2) = \varrho^2 c^2, \tag{5.3.39}$$

$$\frac{\partial^2 \psi}{\partial x_{\mathfrak{m}}^2} = -\frac{\partial \varrho}{\partial x}\,c_y - \varrho\,\frac{\partial c_y}{\partial x} + \frac{\partial \varrho}{\partial y}\,c_x + \varrho\,\frac{\partial c_x}{\partial y},$$

$$\frac{\partial^2 \psi}{\partial x_{\mathfrak{m}}^2} = -\varrho\,u + \frac{1}{\varrho}\,\frac{\partial \psi}{\partial x_{\mathfrak{m}}}\,\frac{\partial \varrho}{\partial x_{\mathfrak{m}}}, \tag{5.3.40}$$

wobei

$$u = \frac{\partial c_y}{\partial x} - \frac{\partial c_x}{\partial y} \tag{5.3.41}$$

der Betrag der Wirbelstärke der Strömung ist. Um aus (5.3.40) den Dichtegradienten zu eliminieren, gehen wir vom Impulssatz (5.3.4) aus. Für eine stationäre, ebene Strömung ohne Kraftdichte können wir ihn unter Ausnutzung von (1.2.89)

$$\varepsilon_{mjk}u_j c_k + \frac{\partial \varepsilon}{\partial x_{\mathfrak{m}}} + \frac{1}{\varrho}\,\frac{\partial p}{\partial x_{\mathfrak{m}}} = 0$$

schreiben. Für eine ebene Strömung ist

$$\varepsilon_{mjk}\,u_j c_k = u\{-c_y,\, c_x\} = \frac{u}{\varrho}\,\frac{\partial \psi}{\partial x_{\mathfrak{m}}},$$

$$\varrho^2\,\frac{\partial \varepsilon}{\partial x_{\mathfrak{m}}} = \frac{\partial \varrho^2 \varepsilon}{\partial x_{\mathfrak{m}}} - 2\varrho\varepsilon\,\frac{\partial \varrho}{\partial x_{\mathfrak{m}}} = \frac{1}{2}\,\frac{\partial}{\partial x_{\mathfrak{m}}}\left(\frac{\partial \psi}{\partial x_{\mathfrak{n}}}\right)^2 - \varrho c^2\,\frac{\partial \varrho}{\partial x_{\mathfrak{m}}}$$

$$= \frac{\partial \psi}{\partial x_{\mathfrak{n}}}\,\frac{\partial^2 \psi}{\partial x_{\mathfrak{m}}\,\partial x_{\mathfrak{n}}} - \varrho c^2\,\frac{\partial \varrho}{\partial x_{\mathfrak{m}}},$$

$$\frac{1}{\varrho}\,\frac{\partial p}{\partial x_m} = \frac{1}{\varrho}\left(\frac{\partial p}{\partial \varrho}\right)_s \frac{\partial \varrho}{\partial x_m} + \frac{1}{\varrho}\left(\frac{\partial p}{\partial s}\right)_\varrho \frac{\partial s}{\partial x_m}.$$

Für stationäre Strömungen ist die spezifische Entropie nach (5.3.9)
längs einer Stromlinie konstant, sie läßt sich in unserem Falle also als
Funktion nur der Stromfunktion darstellen, und es ist

$$\frac{1}{\varrho}\,\frac{\partial p}{\partial x_m} = \frac{a^2}{\varrho}\,\frac{\partial \varrho}{\partial x_m} + \frac{1}{\varrho}\left(\frac{\partial p}{\partial s}\right)_\varrho \frac{ds}{d\psi}\,\frac{\partial \psi}{\partial x_m}.$$

Setzt man diese Identitäten in den Impulssatz ein, so erhält man

$$\frac{u}{\varrho}\,\frac{\partial \psi}{\partial x_m} + \frac{1}{\varrho^2}\,\frac{\partial \psi}{\partial x_n}\,\frac{\partial^2 \psi}{\partial x_m \partial x_n} - \frac{c^2}{\varrho}\,\frac{\partial \varrho}{\partial x_m} + \frac{a^2}{\varrho}\,\frac{\partial \varrho}{\partial x_m} + \frac{1}{\varrho}\left(\frac{\partial p}{\partial s}\right)_\varrho \frac{ds}{d\psi}\,\frac{\partial \psi}{\partial x_m}$$

oder aufgelöst nach $\dfrac{\partial \varrho}{\partial x_m}$, mit $\dfrac{\partial \psi}{\partial x_m}$ überschoben und unter Berücksichtigung von (5.3.39)

$$\frac{a^2 - c^2}{\varrho}\,\frac{\partial \varrho}{\partial x_m}\,\frac{\partial \psi}{\partial x_m} = -u\varrho c^2 - \frac{1}{\varrho^2}\,\frac{\partial \psi}{\partial x_m}\,\frac{\partial \psi}{\partial x_n}\,\frac{\partial^2 \psi}{\partial x_m \partial x_n} - \left(\frac{\partial p}{\partial s}\right)_\varrho \frac{ds}{d\psi}\,\varrho c^2.$$

Eliminiert man daraus und aus (5.3.40) den Dichtegradienten, so
erhält man

$$(a^2 - c^2)\,\frac{\partial^2 \psi}{\partial x_m^2} = -u\varrho a^2 - \frac{1}{\varrho}\,\frac{\partial \psi}{\partial x_m}\,\frac{1}{\varrho}\,\frac{\partial \psi}{\partial x_n}\,\frac{\partial^2 \psi}{\partial x_m \partial x_n} - \left(\frac{\partial p}{\partial s}\right)_\varrho \frac{ds}{d\psi}\,\varrho c^2$$

oder ausgeschrieben

$$(a^2 - c_x^2)\,\frac{\partial^2 \psi}{\partial x^2} - 2c_x c_y\,\frac{\partial^2 \psi}{\partial x\,\partial y} + (a^2 - c_y^2)\,\frac{\partial^2 \psi}{\partial y^2}$$

$$= -\varrho\left(u a^2 + \left(\frac{\partial p}{\partial s}\right)_\varrho \frac{ds}{d\psi}\,c^2\right). \tag{5.3.42}$$

Der erste Term auf der rechten Seite verschwindet bei wirbelfreier
Strömung, der zweite bei Homentropie.

Aufgabe 39: Man untersuche, wann diese Differentialgleichung
elliptisch, parabolisch bzw. hyperbolisch ist.

5.3.4 Barotrope Strömungen

Um weitergehende Aussagen machen zu können, müssen wir Annahmen über eine thermodynamische Zustandsgleichung treffen. Wir
setzen deshalb in diesem Abschnitt voraus, daß die betrachtete Strömung barotrop ist, d. h. daß nach (5.1.19) eine Beziehung $f(p, \varrho) = 0$
gilt. Die in der Gasdynamik praktisch wichtigsten barotropen Strömungen sind die homentropen Strömungen.

Für barotrope Strömungen vereinfacht sich (5.3.1) zu $a^2 = \dfrac{dp}{d\varrho}$, es gilt also

$$dp = a^2\, d\varrho.\qquad(5.3.43)$$

Damit läßt sich hier auch bei Instationarität der Druck im mechanischen Energiesatz durch Schallgeschwindigkeit und Dichte ersetzen. Die Kontinuitätsgleichung (5.3.3) und der mechanische Energiesatz (5.3.5) für eine Strömung ohne Kraftdichte lassen sich

$$\frac{\partial \varrho}{\partial t} + \varrho\,\frac{\partial c_i}{\partial x_i} + c_i\,\frac{\partial \varrho}{\partial x_i} = 0,$$

$$\varrho c_i\,\frac{D c_i}{Dt} + a^2 c_i\,\frac{\partial \varrho}{\partial x_i} = 0$$

schreiben. Eliminiert man aus beiden Gleichungen $c_i\,\dfrac{\partial \varrho}{\partial x_i}$, so erhält man

$$\frac{1}{\varrho}\,\frac{\partial \varrho}{\partial t} + \frac{\partial c_i}{\partial x_i} - \frac{c_i}{a^2}\,\frac{D c_i}{Dt} = 0\qquad(5.3.44)$$

Für stationäre Strömungen ergibt sich daraus sofort die gasdynamische Gleichung (5.3.33).

Für Potentialströmungen läßt sich der Impulssatz (5.3.4) unter Ausnutzung von (1.2.89)

$$\frac{\partial}{\partial x_i}\left(\frac{\partial \varphi}{\partial t} + \varepsilon + U\right) = -\frac{1}{\varrho}\,\frac{\partial p}{\partial x_i}$$

schreiben. Wenn die Strömung barotrop ist, läßt sich nach (5.1.20) auch das Druckglied als Gradient schreiben, und wir erhalten in Analogie zu (5.2.51)

$$\frac{\partial \varphi}{dt} + \varepsilon + U + \int \frac{dp}{\varrho} = f(t),\qquad(5.3.45)$$

speziell für das Schwerefeld in Analogie zu (5.2.52)

$$\frac{\partial \varphi}{\partial t} + \varepsilon + gH + \int \frac{dp}{\varrho} = f(t).\qquad(5.3.46)$$

Ist die Strömung wirbelbehaftet, so gelten ähnlich gebaute Formeln jeweils nur längs einer Stromlinie, speziell im Schwerefeld analog zu (5.2.46) z. B.

$$\int \frac{\partial c}{\partial t}\,dx + \varepsilon + gH + \int \frac{dp}{\varrho} = f(t).\qquad(5.3.47)$$

Potentialströmungen zeichnen sich m. a. W. dadurch aus, daß die Funktion auf der rechten Seite von (5.3.47) für alle Stromlinien gleich ist. Beziehungen wie (5.3.45) bis (5.3.47) werden ebenfalls als Bernoullische Gleichungen bezeichnet. Genau wie die entsprechenden Gleichungen für inkompressible Medien sind es Formen des mechanischen Energiesatzes, also mechanische Aussagen. Die Bernoullische Gleichung (5.3.31) ist dagegen eine Form des ersten Hauptsatzes, also eine thermodynamische Aussage.

Der Thomsonsche Satz (1.2.96) ergibt unter Berücksichtigung des Impulssatzes (5.3.4) und der allgemeinen Fundamentalgleichung (2.3.24) für die Enthalpie

$$\frac{d}{dt} \oint_{\mathfrak{C}} c_i \, dx_i = - \oint_{\mathfrak{C}} \frac{dp}{\varrho} = \oint_{\mathfrak{C}} T \, ds. \qquad (5.3.48)$$

Eine Strömung ist also genau dann zirkulationserhaltend, wenn sie barotrop ist. Dann gelten also auch die Helmholtzschen Wirbelsätze.

Wir wollen weiter die Wellengleichungen der klassischen Akustik herleiten. Dazu setzen wir zusätzlich zur Barotropie noch folgendes voraus:

1. Alle Feldgrößen lassen sich in einen zeitlich und räumlich konstanten Mittelwert und eine kleine Schwankung aufspalten, also beispielsweise $\varrho = \bar{\varrho} + \varrho'$, wobei klein wie üblich heißen soll, daß man die Gleichungen linearisieren, d. h. die in den Schwankungsgrößen mindestens quadratischen Glieder vernachlässigen kann.

2. Das Medium sei im Mittel in Ruhe, der Mittelwert der Geschwindigkeit verschwinde also.

3. Die Kraftdichte sei vernachlässigbar.

Dann lauten die Kontinuitätsgleichung (5.3.3) und der Impulssatz (5.3.4) unter Berücksichtigung von (5.3.43)

$$\frac{\partial \varrho}{\partial t} + \bar{\varrho} \, \frac{\partial c_i}{\partial x_i} = 0,$$

$$\bar{\varrho} \, \frac{\partial c_i}{\partial t} + \bar{a}^2 \, \frac{\partial \varrho}{\partial x_i} = 0. \qquad (5.3.49)$$

Eliminiert man daraus durch kreuzweise Differentiation die Geschwindigkeit, so erhält man die Wellengleichung

$$\frac{\partial^2 \varrho}{\partial x_i^2} - \frac{1}{\bar{a}^2} \, \frac{\partial^2 \varrho}{\partial t^2} = 0 \qquad (5.3.50)$$

für die Dichte; wegen (5.3.43) gilt dann für den Druck ebenfalls die Wellengleichung

$$\frac{\partial^2 p}{\partial x_i^2} - \frac{1}{\bar{a}^2}\frac{\partial^2 p}{\partial t^2} = 0 \,. \tag{5.3.51}$$

Eliminiert man umgekehrt aus (5.3.49) die Dichte, so erhält man die Differentialgleichung

$$\frac{\partial^2 c_j}{\partial x_i\,\partial x_j} - \frac{1}{\bar{a}^2}\frac{\partial^2 c_i}{\partial t^2} = 0 \tag{5.3.52}$$

für die Geschwindigkeit.

Um auch hier auf die Wellengleichung zu kommen, müssen wir zusätzlich voraussetzen, daß die Strömung wirbelfrei ist, also $c_i = \dfrac{\partial\varphi}{\partial x_i}$ gilt. Dann folgt aus (5.3.52)

$$\frac{\partial^3 \varphi}{\partial x_i\,\partial x_j^2} - \frac{1}{\bar{a}^2}\frac{\partial^3 \varphi}{\partial t^2\,\partial x_i} = 0 \,,$$

oder wenn man die Reihenfolge der Differentiationen vertauscht und statt des Geschwindigkeitspotentials wieder die Geschwindigkeit einführt,

$$\frac{\partial^2 c_i}{\partial x_j^2} - \frac{1}{\bar{a}^2}\frac{\partial^2 c_i}{\partial t^2} = 0 \,. \tag{5.3.53}$$

Läßt man das Geschwindigkeitspotential stehen, so erhält man ebenfalls nach Vertauschung der Reihenfolge der Differentiationen

$$\frac{\partial}{\partial x_i}\left(\frac{\partial^2 \varphi}{\partial x_j^2} - \frac{1}{\bar{a}^2}\frac{\partial^2 \varphi}{\partial t^2}\right) = 0$$

bzw.

$$\frac{\partial^2 \varphi}{\partial x_j^2} - \frac{1}{\bar{a}^2}\frac{\partial^2 \varphi}{\partial t^2} = f(t) \,.$$

Die allgemeine Lösung dieser Differentialgleichung läßt sich zusammensetzen aus der allgemeinen Lösung der homogenen Differentialgleichung und einer partikulären Lösung der inhomogenen Differentialgleichung. Eine solche partikuläre Lösung erhält man, indem man das inhomogene Glied, das ja höchstens eine Funktion der Zeit ist, zweimal über die Zeit integriert und mit $\bar{a}^2$ multipliziert. Diese Lösung ist nur eine Funktion der Zeit und liefert deshalb keinen Beitrag zum Gradienten von φ, der allein physikalische Bedeutung hat. Wenn wir uns nur für Lösungen mit nicht verschwindendem Gradienten interessieren, können wir also

$$\frac{\partial^2 \varphi}{\partial x_i^2} - \frac{1}{\bar{a}^2}\frac{\partial^2 \varphi}{\partial t^2} = 0 \tag{5.3.54}$$

setzen. Für eine Potentialströmung folgt weiter aus dem Impulssatz $(5.3.49)_2$

$$\frac{\partial}{\partial x_i}\left(\bar{\varrho}\,\frac{\partial \varphi}{\partial t} + \bar{a}^2 \varrho\right) = 0\,, \quad \bar{\varrho}\,\frac{\partial \varphi}{\partial t} + \bar{a}^2 \varrho = f(t)\,.$$

Nimmt man an, daß genügend weit entfernt von allen Störquellen alle Störgrößen verschwinden, so erhält man unter Beachtung von (5.3.43)

$$p' \equiv \bar{a}^2 \varrho' = -\,\bar{\varrho}\,\frac{\partial \varphi}{\partial t}\,. \tag{5.3.55}$$

Aufgabe 40: Man gewinne aus der Wellengleichung (5.3.54) für das Geschwindigkeitspotential die Differentialgleichung für die Umströmung eines schlanken Körpers, indem man (5.3.54) von einem mit konstanter Geschwindigkeit bewegten System aus betrachtet.

5.3.5 Thermodynamisch ideale Gase

Durch die Annahme der Barotropie haben wir die thermodynamischen Zustandsgleichungen nur einer einschränkenden Bedingung unterworfen, sie aber nicht vollständig festgelegt. Jetzt wollen wir eine bestimmte spezielle Fundamentalgleichung postulieren, und zwar wollen wir annehmen, daß das strömende Medium ein thermodynamisch ideales Gas im Sinne des Abschnittes 3.1.1 ist. Dann bilden die Kontinuitätsgleichung (5.3.3), der Impulssatz (5.3.4), der Energiesatz (5.3.10) unter Ausnutzung der kalorischen Zustandsgleichung $(3.1.11)_2$ und die thermische Zustandsgleichung (3.1.1) das folgende geschlossene Gleichungssystem für Geschwindigkeit, Dichte, Druck und Temperatur:

$$\begin{aligned}
&\frac{D\varrho}{Dt} + \varrho\,\frac{\partial c_i}{\partial x_i} = 0\,,\\[2mm]
&\frac{Dc_i}{Dt} = -\,\frac{\partial U}{\partial x_i} - \frac{1}{\varrho}\,\frac{\partial p}{\partial x_i}\,,\\[2mm]
&c_P\,\frac{DT}{Dt} = \frac{1}{\varrho}\,\frac{Dp}{Dt}\\[2mm]
&\frac{p}{\varrho} = RT\,.
\end{aligned} \tag{5.3.56}$$

Damit diese vier Gleichungen ein geschlossenes Gleichungssystem bilden, müssen also das Kräftepotential U und die spezifische Wämekapazität c_P für konstanten Druck und die individuelle Gaskonstante R des Mediums bekannt sein. Formal dieselben Gleichungen ergäben sich übrigens wegen $(3.1.9)_2$ auch in dem allgemeineren Fall eines thermisch

14*

idealen Gases, d. h. wenn statt (3.1.11) nur die Bedingung (3.1.8) für die
kalorische Zustandsgleichung vorausgesetzt würde. Damit das Gleichungssystem (5.3.56) geschlossen ist, müßte dann außerdem $c_P = c_P(T)$
bekannt sein.

Durch die Annahme einer speziellen Fundamentalgleichung sind alle
thermodynamischen Zustandsgleichungen festgelegt. In den vier folgenden Aufgaben sollen einige davon, die häufig vorkommen, berechnet
werden. Die beiden Aufgaben danach spezialisieren die Grenzbedingungen an einer Stoßfront auf ein thermodynamisch ideales Gas.

Aufgabe 41: Man zeige, daß in homentropen Strömungen die sogenannte Isentropengleichung

$$\frac{p}{\varrho^\varkappa} = \text{const}, \quad \frac{p}{T^{\frac{\varkappa}{\varkappa-1}}} = \text{const}, \quad \frac{T}{\varrho^{\varkappa-1}} = \text{const} \qquad (5.3.57)$$

gilt.

Aufgabe 42: Man zeige, daß sich für die Schallgeschwindigkeit die
Gleichung

$$a^2 = \varkappa R T = c_P(\varkappa - 1)T = \varkappa \frac{p}{\varrho} \qquad (5.3.58)$$

ergibt.

Aufgabe 43: Man leite die folgenden Formeln für die spezifische
innere Energie und die spezifische Enthalpie eines thermodynamisch
idealen Gases her:

$$u - \hat{u} = c_V T = \frac{1}{\varkappa - 1} \frac{p}{\varrho} = \frac{a^2}{\varkappa(\varkappa - 1)},$$

$$h - \hat{h} = c_P T = \frac{\varkappa}{\varkappa - 1} \frac{p}{\varrho} = \frac{a^2}{\varkappa - 1}, \qquad (5.3.59)$$

$$h - \hat{h} = \varkappa(u - \hat{u}).$$

Aufgabe 44: Man beweise die folgenden Formeln für eine beliebige
Entropieänderung eines thermodynamisch idealen Gases:

$$ds = c_V \frac{dT}{T} - R \frac{d\varrho}{\varrho},$$

$$(5.3.60)$$

$$s_{(2)} - s_{(1)} = c_V \ln \frac{T_{(2)}}{T_{(1)}} - R \ln \frac{\varrho_{(2)}}{\varrho_{(1)}}.$$

Aufgabe 45: Man zeige, daß die Hugoniot-Relation für ein thermodynamisch ideales Gas in den folgenden Formen geschrieben werden kann:

$$\left(p^+ + \frac{\varkappa - 1}{\varkappa + 1}\, p^-\right)\left(v^+ - \frac{\varkappa - 1}{\varkappa + 1}\, v^-\right) = \frac{4\varkappa}{(\varkappa + 1)^2}\, p^- v^-,$$

$$\frac{p^+}{p^-} = \frac{(\varkappa + 1)\varrho^+ - (\varkappa - 1)\varrho^-}{(\varkappa + 1)\varrho^- - (\varkappa - 1)\varrho^+}, \qquad (5.3.61)$$

$$\frac{p^+ - p^-}{\varrho^+ - \varrho^-} = \varkappa\, \frac{p^+ + p^-}{\varrho^+ + \varrho^-}.$$

Aufgabe 46: Man zeige, daß für ein thermodynamisch ideales Gas an einer Stoßfront die folgenden Beziehungen gelten:

$$\frac{\varrho^+}{\varrho^-} = \frac{v^-}{v^+} = \frac{C_N^-}{C_N^-} = \frac{(\varkappa + 1)\,(Ma^-)^2}{2 + (\varkappa - 1)(Ma^-)^2},$$

$$\frac{p^+}{p^-} = \frac{2\varkappa(Ma^-)^2 - (\varkappa - 1)}{\varkappa + 1},$$

$$\frac{T^+}{T^-} = \frac{[2\varkappa(Ma^-)^2 - (\varkappa - 1)][2 + (\varkappa - 1)(Ma^-)^2]}{(\varkappa + 1)^2(Ma^-)^2}, \qquad (5.3.62)$$

$$1 - (Ma^+)^2 = \frac{(\varkappa + 1)[(Ma^-)^2 - 1]}{(\varkappa + 1) + 2\varkappa[(Ma^-)^2 - 1]},$$

$$\text{mit}\quad Ma^\pm = \frac{C_N^\pm}{a^\pm}.$$

Wählt man als zwei der die Strömung vor der Stoßfront charakterisierenden Größen C_N^- und a^-, so treten sie in den obigen Gleichungen also nur in Gestalt der daraus gebildeten Mach-Zahl auf.

5.3.6 Stationäre Stromfadentheorie

Wir setzen in diesem Abschnitt wieder voraus, daß die Strömung stationär ist. Dann gilt nach (5.3.9) bzw. (5.3.31) längs einer Stromlinie

$$s = \text{const}, \qquad (5.3.63)$$

$$h + \varepsilon + U = \text{const} \qquad (5.3.64)$$

und nach der integralen Form (2.1.6) der Kontinuitätsgleichung (5.3.3) längs eines Stromfadens

$$\varrho c A = \text{const}. \qquad (5.3.65)$$

Wegen (5.3.63) ist die Strömung längs einer Stromlinie stets barotrop, es gilt also mit (5.3.47) für ein beliebiges Kraftdichtepotential

$$\varepsilon + U + \int \frac{dp}{\varrho} = \varepsilon + U + \int \frac{a^2}{\varrho}\, d\varrho = \text{const.}$$

Nach der allgemeinen Fundamentalgleichung (2.3.24) für die Enthalpie ist diese Gleichung mit (3.5.64) identisch.

In Differentialform lautet die Bernoullische Gleichung (5.3.64)

$$d(\varepsilon + U) = -dh = -\frac{dp}{\varrho} = -\frac{a^2}{\varrho}\, d\varrho, \qquad (5.3.66)$$

d. h. wenn die spezifische mechanische Energie $\varepsilon + U$ längs einer Stromlinie steigt, sinkt die spezifische Enthalpie, der Druck und die Dichte. Aus der universellen Fundamentalgleichung $(2.3.16)_2$ für die innere Energie folgt, daß dann auch die spezifische innere Energie sinkt. Setzt man statt $(5.3.23)_2$ die allgemeinere Bedingung

$$\left(\frac{\partial^2 p}{\partial \varrho^2}\right)_s \equiv \left(\frac{\partial a}{\partial \varrho}\right)_s \geqq 0 \qquad (5.3.67)$$

voraus[1], so sinkt mit der Dichte auch die Schallgeschwindigkeit. Ist $dU = 0$, so lautet (5.3.66)

$$c\, dc = -dh = -\frac{dp}{\varrho} = -\frac{a^2}{\varrho}\, d\varrho, \qquad (5.3.68)$$

steigende spezifische mechanische Energie bedeutet dann steigende Geschwindigkeit, und mit (5.3.67) folgt daraus steigende Mach-Zahl. Aus der letzten Gleichung folgt weiter

$$\frac{d\varrho}{\varrho} = -Ma^2 \frac{dc}{c}. \qquad (5.3.69)$$

Setzt man das in die Kontinuitätsgleichung (5.3.65) ein, folgt die sogenannte Flächen-Geschwindigkeits-Beziehung

$$\frac{dA}{A} = (Ma^2 - 1)\frac{dc}{c}. \qquad (5.3.70)$$

Bei Erweiterung eines Stromfadens sinkt die Geschwindigkeit also bei Unterschallströmung und steigt bei Überschallströmung. Die Mach-Zahl Eins kann nur an Stellen erreicht werden, wo der Stromfadenquerschnitt ein Extremum hat.

---

[1] Daraus und aus $(5.3.23)_1$ läßt sich $(5.3.23)_2$ herleiten.

Speziell für thermodynamisch ideale Gase lautet die Bernoullische Gleichung (5.3.64) ohne Berücksichtigung der Kraftdichte unter Ausnutzung von $(5.3.59)_2$

$$\frac{c^2}{2} + c_P T = \frac{c^2}{2} + \frac{\varkappa}{\varkappa - 1} \frac{p}{\varrho} = \frac{c^2}{2} + \frac{a^2}{\varkappa - 1} = \text{const.} \quad (5.3.71)$$

Man kann die Bernoullische Konstante anschaulich deuten, indem man eine beliebige Stelle einer Stromlinie mit einer ausgezeichneten Stelle vergleicht. Zum Vergleich bietet sich beispielsweise eine Stelle an, wo die Geschwindigkeit verschwindet; das kann ein großer Kessel sein, aus dem die Strömung kommt, oder ein Staupunkt an einem umströmten Körper. Die Strömungsgrößen in einem solchen Punkt nennt man Ruhgrößen und bezeichnet sie mit dem Index Null. Es gilt dann also, zum Teil unter Verwendung der Isentropengleichung (5.3.57)

$$\frac{c^2}{2} + \frac{a^2}{\varkappa - 1} = \frac{a_0^2}{\varkappa - 1},$$

$$\frac{a_0^2}{a^2} = \frac{T_0}{T} = \frac{h_0}{h} = 1 + \frac{\varkappa - 1}{2} Ma^2,$$

$$\frac{p_0}{p} = \left(1 + \frac{\varkappa - 1}{2} Ma^2\right)^{\frac{\varkappa}{\varkappa - 1}},$$

$$\frac{\varrho_0}{\varrho} = \left(1 + \frac{\varkappa - 1}{2} Ma^2\right)^{\frac{1}{\varkappa - 1}}. \qquad (5.3.72)$$

Zur anschaulichen Deutung der Bernoullischen Konstanten kann man auch eine Stelle benutzen, wo die Mach-Zahl gerade eins ist. In einem solchen Punkt nennt man die Strömungsgrößen kritisch und bezeichnet sie mit einem Stern. Es gilt dann also

$$\frac{c^2}{2} + \frac{a^2}{\varkappa - 1} = \frac{\varkappa + 1}{2(\varkappa - 1)} a^{*2},$$

$$\frac{a^2}{a^{*2}} = \frac{T}{T^*} = \frac{h}{h^*} = \frac{\varkappa + 1}{2} - \frac{\varkappa - 1}{2} \frac{c^2}{a^{*2}},$$

$$\frac{p}{p^*} = \left(\frac{\varkappa + 1}{2} - \frac{\varkappa - 1}{2} \frac{c^2}{a^{*2}}\right)^{\frac{\varkappa}{\varkappa - 1}},$$

$$\frac{\varrho}{\varrho^*} = \left(\frac{\varkappa + 1}{2} - \frac{\varkappa - 1}{2} \frac{c^2}{a^{*2}}\right)^{\frac{1}{\varkappa - 1}}. \qquad (5.3.73)$$

Aufgabe 47: Wie weit muß man den Druck längs einer Stromlinie relativ zum Ruhdruck absenken, wenn die Strömungsgeschwindigkeit Schallgeschwindigkeit erreichen soll?

Aufgabe 48: Nach $(5.3.21)_4$ gilt die Bernoullische Gleichung (5.3.31) auch durch eine senkrechte, ruhende Stoßfront hindurch, d. h. wenn $c_T = 0$ und $u_N = 0$ ist, wenn man voraussetzen kann, daß die Kraftdichte an der Stoßfront stetig ist. Man kann dann also auch einer durch eine Stoßfront durchtretenden Stromlinie kritische und Ruhgrößen zuordnen. Man beweise unter diesen Voraussetzungen die sogenannte Prandtlsche Gleichung

$$c_N^+ c_N^- = a^{*2}. \tag{5.3.74}$$

5.3.7 Strömungsakustik

Die Strömungsakustik beschäftigt sich mit der Entstehung und Ausbreitung von Schall, wenn die Voraussetzungen der klassischen Akustik nicht gegeben sind. Wir wollen hier in Anlehnung an LIGHTHILL[1] die Ausgangsgleichungen für die Untersuchung der Schallerzeugung durch Strömungen herleiten. Dabei brauchen wir die zu Beginn des Abschnittes 5.3 formulierten Einschränkungen nicht vorauszusetzen.

Wir gehen aus von der Kontinuitätsgleichung (2.1.5)

$$\frac{\partial \varrho}{\partial t} + \frac{\partial \varrho c_i}{\partial x_i} = 0 \tag{3.5.75}$$

und vom Impulssatz (2.2.22) unter Berücksichtigung von (2.3.43)

$$\varrho \frac{\partial c_i}{\partial t} + \varrho c_j \frac{\partial c_i}{\partial x_j} = K_i - \frac{\partial p}{\partial x_i} + \frac{\partial \tau_{ji}}{\partial x_i}. \tag{5.3.76}$$

Wir addieren die mit c_i erweiterte Kontinuitätsgleichung (5.3.75) zum Impulssatz (5.3.76),

$$\frac{\partial \varrho c_i}{\partial t} + \frac{\partial \varrho c_i c_j}{\partial x_j} = K_i - \frac{\partial p}{\partial x_i} + \frac{\partial \tau_{ji}}{\partial x_j},$$

differenzieren diese Gleichung nach x_i,

$$\frac{\partial^2 \varrho c_i}{\partial x_i \partial t} + \frac{\partial^2 \varrho c_i c_j}{\partial x_i \partial x_j} - \frac{\partial K_i}{\partial x_i} + \frac{\partial^2 p}{\partial x_i^2} - \frac{\partial^2 \tau_{ji}}{\partial x_i \partial x_j} = 0,$$

und die Kontinuitätsgleichung (5.3.75) nach t,

$$\frac{\partial^2 \varrho}{\partial t^2} + \frac{\partial^2 \varrho c_i}{\partial t \partial x_i} = 0,$$

---

[1] M. J. LIGHTHILL, On sound generated aerodynamically. Proc. Roy. Soc. London (A) 211 (1952) 564—587.

und subtrahieren beide. Dann erhalten wir die Gleichung

$$\frac{\partial^2 \varrho}{\partial t^2} - \frac{\partial^2 \varrho c_i c_j}{\partial x_i \, \partial x_j} + \frac{\partial K_i}{\partial x_i} - \frac{\partial^2 p}{\partial x_i^2} + \frac{\partial^2 \tau_{ji}}{\partial x_i \, \partial x_j} = 0. \qquad (5.3.77)$$

Man kann daraus formal eine inhomogene Wellengleichung für die Dichte herleiten, indem man $a^2 \dfrac{\partial^2 \varrho}{\partial x_i^2}$ addiert und subtrahiert, wobei a zunächst eine beliebige Konstante ist. Man erhält dann

$$\frac{\partial^2 \varrho}{\partial t^2} - a^2 \frac{\partial^2 \varrho}{\partial x_i^2} = \frac{\partial^2 T_{ij}}{\partial x_i \, \partial x_j} - \frac{\partial K_i}{\partial x_i}, \qquad (5.3.78)$$

wobei

$$T_{ij} = \varrho c_i c_j + (p - a^2 \varrho)\, \delta_{ij} - \tau_{ij} \qquad (5.3.79)$$

der sogenannte Lighthill-Tensor ist. Ebenso kann man aus (5.3.77) formal eine inhomogene Wellengleichung für den Druck herleiten, indem man $\dfrac{1}{a^2} \dfrac{\partial^2 p}{\partial t^2}$ addiert und subtrahiert. Man erhält dann

$$\frac{1}{a^2} \frac{\partial^2 p}{\partial t^2} - \frac{\partial^2 p}{\partial x_i^2} = \frac{\partial^2 (\varrho c_i c_j - \tau_{ij})}{\partial x_i \, \partial x_j} + \frac{1}{a^2} \frac{\partial^2 (p - a^2 \varrho)}{\partial t^2} - \frac{\partial K_i}{\partial x_i}. \qquad (5.3.80)$$

Wir betrachten jetzt einen Freistrahl in ruhender Umgebung und fragen nach dem vom Freistrahl in der Umgebung erzeugten Schallfeld. Wir nehmen zunächst an, daß die Kraftdichte quellenfrei ist. Das ist im praktisch allein wichtigen Schwerefeld ja der Fall, und damit fällt der letzte Term in den Gleichungen (5.3.78) und (5.3.80) fort. Wir identifizieren weiter a mit der Schallgeschwindigkeit der ruhenden Umgebung, dann verschwinden außerhalb des Freistrahls auch alle Ableitungen von $p - a^2 \varrho$. Schließlich können wir dort im Rahmen der Näherung der klassischen Akustik auch das in der Geschwindigkeit quadratische Glied und den Zähigkeitsspannungstensor vernachlässigen. Außerhalb des Freistrahls reduzieren sich also die Gleichungen (5.3.78) und (5.3.80) zu den homogenen Wellengleichungen (5.3.50) und (5.3.51) der klassischen Akustik, welche die Ausbreitung des Schalls in einem von Schallquellen freien ruhenden Medium beschreiben. Innerhalb des Freistrahls kommen die jeweils auf der rechten Seite stehenden Terme als Quellterme hinzu.

5.4 Magnetohydrodynamik

Wir betrachten in diesem Abschnitt ein strömendes Medium mit den folgenden Eigenschaften:

1. Es sei inkompressibel, d. h. seine Dichte sei konstant.

2. Hinsichtlich seines Spannungstensors sei es ein isotropes Newton-Medium nach (3.3.8) mit konstanter kinematischer Zähigkeit.

3. Für seine Wärmestromdichte gelte der isotrope Fouriersche Ansatz (3.4.2).

4. Als äußere Kraft wirke auf die Strömung eine Lorentz-Kraft nach (3.2.5) bzw. (3.2.8), als Wärmezufuhr eine Joulesche Wärmezufuhr nach (3.2.9) bzw. (3.2.13).

5. Die Strömung sei ladungsdichtefrei, d. h. die Ladungsdichte sei überall null. Da wir die dielektrische Verschiebung als eine von räumlich verteilten Ladungen ausgehende Erregung interpretiert haben, muß dann auch die dielektrische Verschiebung überall verschwinden.

6. Als elektrodynamische Stoffgesetze sollen das verallgemeinerte Ampèresche Gesetz (3.5.7) und das Ohmsche Gesetz (3.5.8) gelten[1].

7. Die Leitfähigkeit und die Permeabilität seien konstant.

Ein solches Medium ist ein gutes Modell für viele gut elektrisch leitende Flüssigkeiten, also z. B. flüssige Metalle.

Die ersten drei Einschränkungen entsprechen denen des Abschnittes 5.2, wir haben es also hinsichtlich der mechanischen und thermodynamischen Eigenschaften wieder mit einer Newtonschen Flüssigkeit zu tun. Die folgenden vier Einschränkungen definieren das elektrodynamische Verhalten des betrachteten Mediums, man bezeichnet sie als magnetohydrodynamische Näherung.

5.4.1 Die magnetohydrodynamische Näherung

Unter den Bedingungen, welche die magnetohydrodynamische Näherung ausmachen, ist die Ladungsdichtefreiheit besonders einschneidend. Um ihren physikalischen Inhalt zu beschreiben, kann man von der Beziehung

$$D_i = \frac{\varepsilon}{\sigma}\,(j_i - \gamma c_i) \qquad (5.4.1)$$

ausgehen, die sich aus dem verallgemeinerten Coulombschen Gesetz (3.5.6) und dem Ohmschen Gesetz (3.5.8) ergibt. Mit Hilfe dieser Gleichung können wir D_i aus den Maxwellschen Gleichungen (2.4.12), (2.4.13), (2.4.6) und (2.4.7), den Ansätzen (3.2.7) und (3.2.10) für die Kraftdichte und die Wärmequelldichte und den Stoffgesetzen (3.5.7)

---

[1] Wegen des Verschwindens der dielektrischen Verschiebung wird das verallgemeinerte Coulombsche Gesetz (3.5.6) nicht benötigt. Wollte man es formal erfüllen, müßte man die Dielektrizitätskonstante null setzen, was physikalisch unrealistisch ist; sie ist bekanntlich für alle Medien größer als im Vakuum.

und (3.5.8) eliminieren. Wenn wir die Konstanz von ε und σ berücksichtigen, erhalten wir die Gleichungen

$$\varepsilon_{ijk}\,\frac{\partial E_k}{\partial x_j} = -\,\frac{\partial B_i}{\partial t}\,,$$

$$\varepsilon_{ijk}\,\frac{\partial H_k}{\partial x_j} = \frac{\varepsilon}{\sigma}\,\frac{\partial(j_i - \gamma c_i)}{\partial t} + j_i\,,$$

$$\frac{\varepsilon}{\sigma}\,\frac{\partial(j_i - \gamma c_i)}{\partial x_i} = \gamma\,,$$

$$\frac{\partial B_i}{\partial x_i} = 0\,,$$

$$K_i = \gamma E_i + \varepsilon_{ijk} j_j B_k\,,$$

$$w = j_i E_i - c_i(\gamma E_i + \varepsilon_{ijk} j_j B_k)\,,$$

$$B_i = \mu\left(H_i - \frac{\varepsilon}{\sigma}\,\varepsilon_{ijk} c_j j_k\right)\,,$$

$$j_i - \gamma c_i = \sigma(E_i + \varepsilon_{ijk} c_j B_k)\,.$$

$$\text{(5.4.2)}$$

Setzen wir dagegen in den ursprünglichen Gleichungen Ladungsdichtefreiheit voraus, d. h. $\gamma = 0$ und $D_i = 0$, so erhalten wir stattdessen das Gleichungssystem

$$\varepsilon_{ijk}\,\frac{\partial E_k}{\partial x_j} = -\,\frac{\partial B_i}{\partial t}\,,$$

$$\varepsilon_{ijk}\,\frac{\partial H_k}{\partial x_j} = j_i\,,$$

$$\frac{\partial B_i}{\partial x_i} = 0\,,$$

$$K_i = \varepsilon_{ijk} j_j B_k\,,$$

$$w = j_i E_i - \varepsilon_{ijk} c_i j_j B_k\,,$$

$$B_i = \mu H_i\,,$$

$$j_i = \sigma(E_i + \varepsilon_{ijk} c_j B_k)\,.$$

$$\text{(5.4.3)}$$

Aus der zweiten dieser Gleichungen erhält man dann durch Divergenzbildung die Kontinuitätsgleichung für die Ladung in der Form

$$\frac{\partial j_i}{\partial x_i} = 0\,.$$

$$\text{(5.4.4)}$$

Damit (5.4.3) eine zulässige Näherung von (5.4.2) ist, müssen die folgenden Relationen gelten:

$$\left|\gamma c_i\right| \ll \left|j_i\right|,$$

$$\left|\frac{\varepsilon}{\sigma}\frac{\partial j_i}{\partial t}\right| \ll \left|j_i\right|, \qquad \left|\frac{\varepsilon}{\sigma}\frac{\partial \gamma c_i}{\partial t}\right| \ll \left|j_i\right|,$$

$$\left|\frac{\varepsilon}{\sigma}\frac{\partial j_k}{\partial x_k}E_i\right| \ll \left|\varepsilon_{ijk}j_j B_k\right|, \qquad \left|\frac{\varepsilon}{\sigma}\frac{\partial \gamma c_k}{\partial x_k}E_i\right| \ll \left|\varepsilon_{ijk}j_j B_k\right|, \tag{5.4.5}$$

$$\left|\frac{\varepsilon}{\sigma}\varepsilon_{ijk}c_j j_k\right| \ll \left|H_i\right|.$$

Da nach $(5.4.2)_3$ $\gamma \sim \dfrac{\varepsilon}{\sigma}$ ist, ist für das Vorliegen von Ladungsdichtefreiheit offenbar hinreichend, daß $\dfrac{\varepsilon}{\sigma}$ klein genug ist. Das ist in flüssigen Metallen, dem Hauptanwendungsgebiet der Magnetohydrodynamik, normalerweise der Fall.

Die Transformationsgleichungen (2.4.18) bis (2.4.21) lauten in magnetohydrodynamischer Näherung

$$B_i = B_i', \qquad\qquad B_i' = B_i,$$

$$j_i = j_i'', \qquad\qquad j_i'' = j_i,$$

$$E_i = E_i' - \varepsilon_{ijk}v_j B_k', \qquad E_i' = E_i + \varepsilon_{ijk}v_j B_k, \tag{5.4.6}$$

$$H_i = H_i', \qquad\qquad H_i' = H_i,$$

nur die elektrische Feldstärke ist dann also noch eine relative Größe. Man überzeugt sich leicht, daß mit diesen Transformationsgesetzen die Gleichungen (5.4.3) galileiinvariant sind. Damit ist die magnetohydrodynamische Näherung auch relativitätstheoretisch widerspruchsfrei.

Die Grenzbedingungen (2.4.32), (2.4.36), (2.4.39) und (2.4.42) ergeben

$$\{B_N\} = 0,$$

$$\{E_i t_i\} = \varepsilon_{ijk}\{B_i\}u_j t_k,$$

$$\{H_i t_i\} = \varepsilon_{ijk}G_i n_j t_k, \tag{5.4.7}$$

$$\{j_N\} = 0.$$

Mit Hilfe der vorletzten, zweiten und letzten Gleichung (5.4.3) lassen sich H_i, j_i und E_i auf B_i (im letzten Fall genauer auf B_i und c_i) zurückführen, es ist

$$H_i = \frac{1}{\mu} B_i,$$

$$j_i = \frac{1}{\mu}\, \varepsilon_{ijk}\, \frac{\partial B_k}{\partial x_j}, \qquad (5.4.8)$$

$$E_i = \frac{1}{\sigma\mu}\, \varepsilon_{ijk}\, \frac{\partial B_k}{\partial x_j} - \varepsilon_{ijk} c_j B_k.$$

Das Feld der magnetischen Induktion ist dadurch unter den vier elektrodynamischen Feldern ausgezeichnet. Man bezeichnet es auch kürzer als Magnetfeld und seine Vektorlinien als magnetische Feldlinien.

Unter Verwendung von (5.4.8) können wir auch in den Gleichungen $(5.4.3)_4$ und $(5.4.3)_5$ für die Kraftdichte und die Wärmequelldichte j_i und E_i eliminieren und erhalten dann

$$K_i = \frac{1}{\mu}\, \varepsilon_{ijk} \varepsilon_{jmn}\, \frac{\partial B_n}{\partial x_m}\, B_k = \frac{1}{\mu}\, B_j\, \frac{\partial B_i}{\partial x_j} - \frac{1}{2\mu}\, \frac{\partial B_j^2}{\partial x_i},$$

$$w = \frac{1}{\sigma\mu^2}\left(\varepsilon_{ijk}\, \frac{\partial B_k}{\partial x_j}\right)^2. \qquad (5.4.9)$$

5.4.2 Die Magnetfeldgleichungen

Aus den beiden bisher noch nicht verwendeten Gleichungen des Systems (5.4.3) lassen sich zwei Differentialgleichungen gewinnen, die nur B_i und c_i enthalten. Setzt man $(5.4.8)_3$ in $(5.4.3)_2$ ein, so erhält man

$$\frac{\partial B_i}{\partial t} = \varepsilon_{ijk}\, \frac{\partial \varepsilon_{kmn} c_m B_n}{\partial x_j} - \frac{1}{\sigma\mu}\, \varepsilon_{ijk}\varepsilon_{kmn}\, \frac{\partial^2 B_n}{\partial x_j\, \partial x_m}.$$

Nach (1.1.19) ist

$$\varepsilon_{ijk}\varepsilon_{kmn}\, \frac{\partial^2 B_n}{\partial x_j\, \partial x_m} = (\delta_{im}\delta_{jn} - \delta_{in}\delta_{jm})\, \frac{\partial^2 B_n}{\partial x_j\, \partial x_m} = \frac{\partial^2 B_j}{\partial x_i\, \partial x_j} - \frac{\partial^2 B_i}{\partial x_j^2}.$$

Nach $(5.4.3)_3$ verschwindet der erste dieser beiden Terme, und wir erhalten für B_i die beiden Differentialgleichungen

$$\frac{\partial B_i}{\partial x_i} = 0,$$

$$\frac{\partial B_i}{\partial t} + \varepsilon_{ijk}\, \frac{\partial \varepsilon_{kmn} B_m c_n}{\partial x_j} = \frac{1}{\sigma\mu}\, \frac{\partial^2 B_i}{\partial x_j^2}, \qquad (5.4.10)$$

oder wenn man auch im anderen Glied die Überschiebung der beiden ε-Tensoren ausführt und die Kontinuitätsgleichung $(5.2.8)_1$ ausnutzt,

$$\frac{\partial B_i}{\partial x_i} = 0 ,$$

$$\frac{DB_i}{Dt} \equiv \frac{\partial B_i}{\partial t} + c_j \frac{\partial B_i}{\partial x_j} = B_j \frac{\partial c_i}{\partial x_j} + \frac{1}{\sigma\mu} \frac{\partial^2 B_i}{\partial x_j^2} .$$

$$(5.4.11)$$

Diese Gleichungssysteme entsprechen den in der Wirbelstärke geschriebenen Navier-Stokesschen Gleichungen (5.2.22) bzw. (5.2.23), wenn dort die Kraftdichte wirbelfrei ist und man ν durch $1/\sigma\mu$ ersetzt. Wir wollen sie die Magnetfeldgleichungen nennen. Die der Wirbeltransportgleichung $(5.2.22)_2$ entsprechende Gleichung $(5.4.10)_2$ nennt man auch Magnetfeldtransportgleichung oder Induktionsgleichung; sie läßt sich offenbar als Gleichgewicht zwischen der lokalen Änderung des Magnetfeldes, seiner Konvektion und seiner Diffusion interpretieren. Die Größe $1/\sigma\mu$ stellt die Diffusivität des Magnetfeldes dar, sie hat damit dieselbe Dimension Länge^2/Zeit wie die kinematische Zähigkeit ν oder die Temperaturleitfähigkeit $\lambda/\varrho c_V$. Das Größenordnungsverhältnis des konvektiven und des diffusiven Gliedes in der Magnetfelddiffusionsgleichung wird dann in der Regel durch die sogenannte magnetische Reynoldszahl

$$Re_M = \sigma\mu WL \tag{5.4.12}$$

angegeben, wobei W eine charakteristische Geschwindigkeit und L eine charakteristische Länge der betrachteten Strömung ist.

Unter Verwendung von (2.4.8) erhält man aus (5.4.10) die integralen Formulierungen

$$\int_{\mathfrak{A}} B_i \, dA_i = 0 ,$$

$$\frac{d}{dt} \int_{\mathfrak{A}} B_i \, dA_i = \frac{1}{\sigma\mu} \int_{\mathfrak{A}} \frac{\partial^2 B_i}{\partial x_j^2} .$$

$$(5.4.13)$$

Den darin auftretenden Fluß $\int_{\mathfrak{A}} B_i \, dA_i$ des Magnetfeldes nennt man den magnetischen Fluß durch die betrachtete Fläche. Nach der ersten dieser Gleichungen ist die Intensität der Vektorröhren eines Magnetfeldes in jedem Querschnitt gleich; die zweite gibt an, wie sich der magnetische Fluß durch eine Fläche und damit auch die Intensität von Vektorröhren des Magnetfeldes zeitlich ändert. Damit sie erhalten bleibt, muß

$$\frac{1}{\sigma\mu} \frac{\partial^2 B_i}{\partial x_j^2} = 0 \tag{5.4.14}$$

sein; das ergibt sich auch nach (1.2.48) aus den differentiellen Formulierungen (5.4.10). Für die Erhaltung der magnetischen Feldlinien genügt nach (1.2.50) die schwächere Bedingung

$$\frac{1}{\sigma\mu}\,\varepsilon_{ijk}B_j\,\frac{\partial^2 B_k}{\partial x_m^2} = 0. \tag{5.4.15}$$

Beide Bedingungen sind vor allem dann erfüllt, wenn das Medium ideal leitend, also seine Leitfähigkeit unendlich ist.

5.4.3 Die Grundgleichungen der Magnetohydrodynamik

Das System der Grundgleichungen der Magnetohydrodynamik in differentieller Form besteht aus den Magnetfeldgleichungen (5.4.10), den Navier-Stokesschen Gleichungen (5.2.8), wenn man darin für die äußere Beschleunigung b_i die durch die konstante Dichte dividierte Lorentz-Kraftdichte $(5.4.9)_1$ einsetzt, und dem Energiesatz (5.2.31), wenn man darin für die Wärmequelldichte w die Joulesche Wärmequelldichte $(5.4.9)_2$ einsetzt. Das ergibt das folgende Gleichungssystem für magnetische Induktion, Geschwindigkeit und Temperatur:

$$\frac{\partial B_i}{\partial x_i} = 0,$$

$$\frac{DB_i}{Dt} = B_j\,\frac{\partial c_i}{\partial x_j} + \frac{1}{\sigma\mu}\,\frac{\partial^2 B_i}{\partial x_j^2},$$

$$\frac{\partial c_i}{\partial x_i} = 0,$$

$$\frac{Dc_i}{Dt} = \frac{1}{\varrho\mu}\,\varepsilon_{ijk}\varepsilon_{jmn}\,\frac{\partial B_n}{\partial x_m}\,B_k - \frac{\partial q}{\partial x_i} + \nu\,\frac{\partial^2 c_i}{\partial x_j^2}$$

$$\qquad = \frac{1}{\varrho\mu}\,B_j\,\frac{\partial B_i}{\partial x_j} - \frac{1}{2\varrho\mu}\,\frac{\partial B_j^2}{\partial x_i} - \frac{\partial q}{\partial x_i} + \nu\,\frac{\partial^2 c_i}{\partial x_j^2},$$

$$\frac{DT}{Dt} = \frac{\Phi}{\varrho c_V} + \frac{1}{\varrho c_V \sigma\mu^2}\left(\varepsilon_{ijk}\,\frac{\partial B_k}{\partial x_j}\right)^2 + \frac{\lambda}{\varrho c_V}\,\frac{\partial^2 T}{\partial x_j^2}. \tag{5.4.16}$$

Wegen der Konstanz der Materialkonstanten σ, μ, ν, c_V und λ hängen das Magnetfeld und das Geschwindigkeitsfeld nicht vom Temperaturfeld ab. Hat man das Magnetfeld und das Geschwindigkeitsfeld berechnet, so kann man nach (5.4.8) die übrigen elektromagnetischen Felder bestimmen.

Das System der Grenzbedingungen besteht aus den elektrodynamischen Grenzbedingungen (5.4.7), der Kontinuitätsgleichung in der Form $(5.2.11)_1$ und entsprechenden Formulierungen des Impulssatzes und des Energiesatzes. Dafür geht man am besten von (3.2.25) und (3.2.26) aus und setzt darin $\hat{\varepsilon} = 0$ und $\hat{\mu} = \mu$, dann folgt aus (2.4.48), (2.4.49) und (2.4.44) unter Berücksichtigung von $(5.4.8)_1$

$$T_{ij} = \frac{1}{\mu}\, B_i B_j - \frac{1}{2\,\mu}\, B_k^2\, \delta_{ij},$$

$$k_i = 0, \qquad q = 0. \tag{5.4.17}$$

Damit lauten die Grenzbedingungen

$$\{B_N\} = 0,$$

$$\{E_i t_i\} = \varepsilon_{ijk}\, \{B_i\}\, u_j t_k,$$

$$\{H_i t_i\} = \varepsilon_{ijk}\, G_i\, n_j t_k,$$

$$\{j_N\} = 0, \tag{5.4.18}$$

$$\{c_N\} = 0,$$

$$\varrho C_N \{c_i\} = -\left\{ f_i + \frac{1}{\mu}\, B_i B_N - \frac{1}{2\,\mu}\, B_k^2\, n_i \right\},$$

$$\varrho C_N \{u + \varepsilon\} - \left\{ \frac{1}{2\,\mu}\, B_i^2 \right\} u_N = \left\{ c_i \pi_{ji} n_j - q_N - \frac{1}{\mu}\, \varepsilon_{jmn} E_m B_n n_j \right\}.$$

Darin kann man natürlich noch E_i und j_i nach (5.4.8) eliminieren. Die Grenzbedingung des Impulssatzes spaltet man häufig in ihre Komponenten normal und tangential zur Diskontinuitätsfläche auf, dann erhält man

$$\left\{ f_N - \frac{1}{2\,\mu}\, B_k^2 \right\} = -\left\{ \frac{1}{\mu} \right\} B_N^2,$$

$$\varrho\, C_N \{c_{Ti}\} = \left\{ f_{Ti} + \frac{1}{\mu}\, B_{Ti} B_N \right\}. \tag{5.4.19}$$

Aufgabe 49: Man berechne die Strömung, die zwischen zwei ruhenden parallelen Wänden auf Grund eines konstanten Druckgradienten parallel zu den Wänden und eines konstanten äußeren Magnetfeldes senkrecht zu den Wänden entsteht, wenn die Wände elektrisch isolierend und auf derselben Temperatur sind und alle Strömungsgrößen (außer dem Druck) nur von der Koordinate senkrecht zu den Wänden abhängen (Hartmann-Strömung).

6. Anhang

6.1. Lösung der Übungsaufgaben

Aufgabe 1

$$\left(\frac{\partial u_i}{\partial x_j}\right)^2 = \frac{\partial u_i}{\partial x_j}\frac{\partial u_i}{\partial x_j}, \quad \text{zu summieren ist also (nacheinander) über } i \text{ und } j:$$

$$\left(\frac{\partial u_i}{\partial x_j}\right)^2 = \left(\frac{\partial u_1}{\partial x_j}\right)^2 + \left(\frac{\partial u_2}{\partial x_j}\right)^2 + \left(\frac{\partial u_2}{\partial x_j}\right)^2 = \left(\frac{\partial u_1}{\partial x_1}\right)^2 + \left(\frac{\partial u_1}{\partial x_2}\right)^2 + \left(\frac{\partial u_1}{\partial x_3}\right)^2 + \left(\frac{\partial u_2}{\partial x_1}\right)^2$$

$$+ \left(\frac{\partial u_2}{\partial x_2}\right)^2 + \left(\frac{\partial u_2}{\partial x_3}\right)^2 + \left(\frac{\partial u_3}{\partial x_1}\right)^2 + \left(\frac{\partial u_3}{\partial x_2}\right)^2 + \left(\frac{\partial u_3}{\partial x_3}\right)^2.$$

Aufgabe 2

Summation über i ergibt nach der eben erläuterten Rechenregel δ_{ij}, und das ist gleich 3. Natürlich kommt man zum selben Ergebnis, wenn man die doppelte Summation analog zu Aufgabe 1 als neungliedrige Summe ausschreibt.

Aufgabe 3

Die Gleichung steht für neun Gleichungen, da jeder der beiden freien Indizes i und j die Werte Eins bis Drei annehmen kann. Man erhält

für $i = 1$, $j = 1$: $\alpha_{11}\alpha_{11} + \alpha_{12}\alpha_{12} + \alpha_{13}\alpha_{13} = 1$,

für $i = 1$, $j = 2$: $\alpha_{11}\alpha_{21} + \alpha_{12}\alpha_{22} + \alpha_{13}\alpha_{23} = 0$,

usw.

Aufgabe 4

Die Größen δ_{ij} haben definitionsgemäß unabhängig vom gewählten kartesischen Koordinatensystem denselben Wert. Wenn sie die kartesischen Koordinaten eines Tensors zweiter Stufe sind, muß also gelten $\delta_{ij} = \alpha_{im}\alpha_{jn}\delta_{mn}$. Das ist in der Tat der Fall: $\alpha_{im}\alpha_{jn}\delta_{mn} = \alpha_{im}\alpha_{jm} = \delta_{ij}$.

Aufgabe 5

In zwei verschiedenen kartesischen Koordinatensystemen gilt $a_{ij}b_j = c_i$ bzw. $a'_{ij}b_j' = c_i'$. Da die a_{ij} und die c_i Tensorkoordinaten sind, gilt $a'_{ij} = \alpha_{mi}\alpha_{nj}a_{mn}$, $c_i' = \alpha_{mi}c_m$. Damit folgt aus $a'_{ij}b_j' = c_j'$: $\alpha_{mi}\alpha_{nj}a_{mn}b_j' = \alpha_{mi}c_m = \alpha_{mi}a_{mn}b_n$. Überschiebung mit α_{ki} ergibt $\alpha_{nj}a_{kn}b_j' = a_{kn}b_n$. Da a_{kn} ein beliebiger Tensor sein soll, kann man es herauskürzen, und es bleibt übrig $b_n = \alpha_{nj}b_j'$, d. h. b_n ist ein Vektor.

Aufgabe 6

$$a_{(ij)}b_{[ij]} = \frac{1}{2}\,(a_{ij} + a_{ji})\,\frac{1}{2}\,(b_{ij} - b_{ji}) = \frac{1}{4}\,(a_{ij}b_{ij} + a_{ji}b_{ij} - a_{ij}b_{ji}$$

$- a_{ji}b_{ji})$. Um zu sehen, daß die Klammer verschwindet, braucht man nur z. B. in den beiden letzten Gliedern in der Klammer den gebundenen Index i durch j und entsprechend j durch i zu ersetzen.

Aufgabe 7

Durch Einsetzen von (1.1.16) folgt $\quad c_1 = a_2 b_3 - a_3 b_2, \quad c_2 = a_3 b_1 - a_1 b_3, \quad c_3 = a_1 b_2 - a_2 b_1$.

Aus (1.1.15) folgt übrigens sofort, daß das Vektorprodukt eines Vektors mit sich selbst verschwindet: Der Ausdruck $\varepsilon_{ijk}a_j a_k$ läßt sich deuten als doppelte Überschiebung des ε-Tensors mit dem symmetrischen Tensor $a_j a_k$.

Aufgabe 8

In Koordinatenschreibweise lautet die linke Seite $\varepsilon_{ijk}a_j\,\varepsilon_{kmn}\,b_m c_n$, wofür wir zur Abkürzung A_i setzen wollen. Nach (1.1.19) unter Berücksichtigung von (1.1.17) ist $\varepsilon_{ijk}\varepsilon_{kmn} = \delta_{im}\delta_{jn} - \delta_{in}\delta_{jm}$. Setzt man das ein, folgt $A_i = (\delta_{im}\delta_{jn} - \delta_{in}\delta_{jm})\,a_j b_m c_n = a_j c_j b_i - a_j b_j c_i$. (Die Beziehung (1.1.19) ist eine der ganze wenigen Formeln der Tensorrechnung, die es auswendig zu wissen lohnt, weil die Überschiebung zweier ε-Tensoren häufig vorkommt.)

Aufgabe 9

Setzt man in (1.1.26) $i = j$, so erhält man $a_{ii} = 3\bar{a} + \mathring{a}_{ii}$. Da $\mathring{a}_{ij}$ ein Deviator sein soll, ist $\mathring{a}_{ii} = 0$, und es folgt $\bar{a} = \frac{1}{3}\,a_{ii}$. Weil dadurch für einen beliebigen gegebenen Tensor a_{ij} die Größe $\bar{a}$ und damit über (1.1.26) auch $\mathring{a}_{ij}$ eindeutig bestimmt ist, ist diese Zerlegung stets eindeutig möglich.

Aufgabe 10

$$\text{a) rot grad } \mathfrak{a} \triangleq \varepsilon_{ijk}\,\frac{\partial}{\partial x_j}\,\frac{\partial a}{\partial x_k} = \varepsilon_{ijk}\,\frac{\partial^2 a}{\partial x_j\,\partial x_k},$$

$$\text{div rot } \mathfrak{a} \triangleq \frac{\partial}{\partial x_i}\,\varepsilon_{ijk}\,\frac{\partial a_k}{\partial x_j} = \varepsilon_{ijk}\,\frac{\partial^2 a_k}{\partial x_i\,\partial x_j}.$$

Beide Ausdrücke verschwinden nach (1.1.15). Man beachte die formale Verwandtschaft der beiden Ausdrücke, die in symbolischer Schreibweise nicht zu erkennen ist.

b) Die Produktenregel der Differentialrechnung liefert sofort

$$\varepsilon_{ijk}\frac{\partial \lambda a_k}{\partial x_j} = \lambda\,\varepsilon_{ijk}\frac{\partial a_k}{\partial x_j} + \varepsilon_{ijk}\frac{\partial \lambda}{\partial x_j}\,a_k.$$

c) $\displaystyle \varepsilon_{ijk}\frac{\partial}{\partial x_j}\,\varepsilon_{kmn}\frac{\partial a_n}{\partial x_m} = (\delta_{im}\delta_{jn} - \delta_{in}\delta_{jm})\frac{\partial^2 a_n}{\partial x_j\,\partial x_m} = \frac{\partial^2 a_j}{\partial x_j\,\partial x_i} - \frac{\partial^2 a_i}{\partial x_j\,\partial x_j}$

$$= \frac{\partial}{\partial x_i}\,\frac{\partial a_j}{\partial x_j} - \frac{\partial^2 a_i}{\partial x_j^2}.$$

Aufgabe 11

Ein Kurvenintegral zweiter Art über eine Kurve C, die in Parameterform, also in der Form $x_i = x_i(u)$ gegeben ist, läßt sich nach der folgenden Formel berechnen:

$$\int\limits_C a_{i\dots j}(x_p)\,dx_k = \int\limits_{u_1}^{u_2} a_{i\dots j}\big(x_p(u)\big)\frac{dx_k}{du}\,du. \tag{6.1.1}$$

Damit ist

$$W = m \int\limits_C g_i\,dx_i = m \int\limits_0^T (-g)\,(-g\,t)\,dt, \quad \text{wobei} \quad H = \frac{g}{2}\,T^2 \quad \text{ist.}$$

Ausführung der Integration ergibt $W = mgH$.

Aufgabe 12

Ein Flächenintegral zweiter Art über eine Fläche A, die in Parameterform, also in der Form $x_i = x_i(u, v)$ gegeben ist, läßt sich nach der folgenden Formel berechnen:

$$\int\limits_A a_{i\dots j}(x_p)\,dA_1 = \int\limits_{u_1}^{u_2}\int\limits_{v_1}^{v_2} a_{i\dots j}\big(x_p(u, v)\big)\frac{\partial(x_2, x_3)}{\partial(u, v)}\,du\,dv,$$

$$\int\limits_A a_{i\dots j}(x_p)\,dA_2 = \int\limits_{u_1}^{u_2}\int\limits_{v_1}^{v_2} a_{i\dots j}\big(x_p(u, v)\big)\frac{\partial(x_3, x_1)}{\partial(u, v)}\,du\,dv, \tag{6.1.2}$$

$$\int\limits_A a_{i\dots j}(x_p)\,dA_3 = \int\limits_{u_1}^{u_2}\int\limits_{v_1}^{v_2} a_{i\dots j}\big(x_p(u, v)\big)\frac{\partial(x_1, x_2)}{\partial(u, v)}\,du\,dv.$$

Dabei ändert man das Vorzeichen der Integrale und damit die Orientierung der Integrationsfläche, wenn man die Reihenfolge von u und v vertauscht. Bei vorgegebener Orientierung der Integrationsfläche ist die zugehörige Reihenfolge von u und v durch die folgende Regel

15*

festgelegt: Wenn man z. B. von der positiven Seite der x_3-Achse auf die x_1-x_2-Ebene blickt und dabei auf die positive Seite der Integrationsfläche sieht, muß die Funktionaldeterminante $\dfrac{\partial(x_1, x_2)}{\partial(u, v)} > 0$ sein.

Die Parameterdarstellung der Halbkugelschale ist $x_1 = R \sin u \cos v$, $x_2 = R \sin u \sin v$, $x_3 = R \cos u$. Dabei ist die Reihenfolge von u und v bereits so gewählt, daß die Außenseite der Halbkugelschale positiv ist. Damit ist

$$F_3 = \int\limits_A p \, dA_3 = \int\limits_0^{\frac{\pi}{2}} \int\limits_0^{2\pi} \varrho g (H - R \cos u) \frac{\partial(x_1, x_2)}{\partial(u, v)} \, du \, dv.$$

Ausführung der Integration ergibt $\quad F_3 = \varrho g \left(\pi R^2 H - \dfrac{2\pi}{3} R^3 \right).$

Aufgabe 13

1. Beispiel: Anwendung der Definitionsgleichungen (4.1.28) bzw. (4.1.29) ergibt mit dem Zwischenresultat $[g_1, g_2, g_3] = 6$

$$\underline{g}^1 = \frac{1}{3} \underline{e}_1, \qquad \underline{g}^2 = \frac{1}{2} \underline{e}_2, \qquad \underline{g}^3 = \underline{e}_3.$$

Wegen der Orthogonalität des Ausgangsdreibeins weisen zwei reziproke Vektoren jeweils in dieselbe Richtung, und das Produkt ihrer Beträge ist eins.

2. Beispiel: Berechnung des Ausgangsdreibeins: Da dessen Vektoren sämtlich Einheitsvektoren sind, gilt $\underline{g}_1 \cdot \underline{g}_1 = \underline{g}_2 \cdot \underline{g}_2 = \underline{g}_3 \cdot \underline{g}_3 = 1$, da sie sämtlich einen Winkel von 60° einschließen, gilt $\underline{g}_1 \cdot \underline{g}_2 = \underline{g}_2 \cdot \underline{g}_3 = \underline{g}_3 \cdot \underline{g}_1 = \dfrac{1}{2}$. Das dritte Gleichungstripel zur Berechnung der neun Koordinaten der drei Vektoren in einem vorgegebenen kartesischen Koordinatensystem ist durch die relative Lage des Dreibeins zu diesem Koordinatensystem gegeben, in unserem Beispiel ist $\underline{g}_1 \cdot \underline{e}_2 = \underline{g}_1 \cdot \underline{e}_3 = \underline{g}_2 \cdot \underline{e}_3 = 0$. Aus diesen neun Gleichungen erhält man

$$\underline{g}_1 = \{1, 0, 0\}, \qquad \underline{g}_2 = \left\{ \frac{1}{2}, \frac{1}{2} \sqrt{3}, 0 \right\}, \qquad \underline{g}_3 = \left\{ \frac{1}{2}, \frac{1}{6} \sqrt{3}, \frac{1}{3} \sqrt{6} \right\}.$$

Das zugehörige Spatprodukt ist $[\underline{g}_1, \underline{g}_2, \underline{g}_3] = \dfrac{1}{2} \sqrt{2}$. (Das Volumen des Tetraeders ist nach einem Lehrsatz der Stereometrie gleich einem Drittel dieses Wertes.)

Das reziproke Dreibein ergibt sich nach (4.1.28) bzw. (4.1.29) zu

$$\underline{g}^1 = \left\{1, -\frac{1}{3}\sqrt{3}, -\frac{1}{6}\sqrt{6}\right\}, \qquad \underline{g}^2 = \left\{0, \frac{2}{3}\sqrt{3}, -\frac{1}{6}\sqrt{6}\right\},$$

$$\underline{g}^3 = \left\{0, 0, \frac{1}{2}\sqrt{6}\right\}.$$

Konstruktionsgemäß stehen diese drei Vektoren auf den von den Ausgangsvektoren gebildeten Flächen senkrecht, weisen also in Richtung von drei Höhen des Ausgangstetraeders. Obwohl das Ausgangsdreibein normiert war, ist es das reziproke Dreibein nicht. Wegen der besonderen Symmetrie des Ausgangsdreibeins haben die drei Vektoren des reziproken Dreibeins jedoch dieselbe Länge.

Die Gleichwertigkeit jeder der beiden Orthogonalitätsrelationen (4.1.30) mit den Formeln (4.1.28) kommt darin zum Ausdruck, daß sich das reziproke Dreibein auch daraus berechnen läßt, allerdings auf dem Umweg über die Lösung eines Systems von neun linearen Gleichungen. Im vorliegenden Fall läßt sich dieses System allerdings mühelos sukzessiv lösen, z. B. im Falle der zweiten Gleichung (4.1.30):

$$\underline{g}_1 \cdot \underline{g}^1 = 1 \cdot \overset{1}{g}_1 + 0 \cdot \overset{1}{g}_2 + 0 \cdot \overset{1}{g}_3 = 1, \qquad \text{daraus folgt} \quad \overset{1}{g}_1 = 1,$$

$$\underline{g}_1 \cdot \underline{g}^2 = 1 \cdot \overset{2}{g}_1 + 0 \cdot \overset{2}{g}_2 + 0 \cdot \overset{2}{g}_3 = 0, \qquad \text{daraus folgt} \quad \overset{2}{g}_1 = 0,$$

$$\underline{g}_2 \cdot \underline{g}^1 = \frac{1}{2} \cdot 1 + \frac{1}{2}\sqrt{3} \cdot \overset{1}{g}_2 + 0 \cdot \overset{1}{g}_3 = 0, \quad \text{daraus folgt} \quad \overset{1}{g}_2 = -\frac{1}{3}\sqrt{3},$$

usw.

Aufgabe 14

1. Beispiel:

$$A^1 = \underline{A} \cdot \underline{g}^1 = (\underline{e}_1 + \underline{e}_2 + \underline{e}_3) \cdot \frac{1}{3}\underline{e}_1 = \frac{1}{3}, \quad \text{analog} \quad A^2 = \frac{1}{2}, \quad A^3 = 1;$$

$$A_1 = 3, \; A_2 = 2, \; A_3 = 1. \quad \underline{A} = \frac{1}{3}\underline{g}_1 + \frac{1}{2}\underline{g}_2 + \underline{g}_3 = 3\underline{g}^1 + 2\underline{g}^2 + \underline{g}^3.$$

2. Beispiel:

$$A^1 = \underline{A} \cdot \underline{g}^1 = \{1, 1, 1\} \cdot \left\{1, -\frac{1}{3}\sqrt{3}, -\frac{1}{6}\sqrt{6}\right\} = 1 - \frac{1}{3}\sqrt{3} - \frac{1}{6}\sqrt{6},$$

$$A^2 = \frac{2}{3}\sqrt{3} - \frac{1}{6}\sqrt{6}, \quad A^3 = \frac{1}{2}\sqrt{6}; \quad A_1 = 1, \quad A_2 = \frac{1}{2} + \frac{1}{2}\sqrt{3},$$

$$A_3 = \frac{1}{2} + \frac{1}{6}\sqrt{3} + \frac{1}{3}\sqrt{6}.$$

$$\underline{A} = \left(1 - \frac{1}{3}\sqrt{3} - \frac{1}{6}\sqrt{6}\right)\underline{g}_1 + \left(\frac{2}{3}\sqrt{3} - \frac{1}{6}\sqrt{6}\right)\underline{g}_2 + \frac{1}{2}\sqrt{6}\,\underline{g}_3$$

$$= \underline{g}^1 + \left(\frac{1}{2} + \frac{1}{2}\sqrt{3}\right)\underline{g}^2 + \left(\frac{1}{2} + \frac{1}{6}\sqrt{3} + \frac{1}{3}\sqrt{6}\right)\underline{g}^3.$$

Aufgabe 15

1. Beispiel:

$$g^{ij} = \begin{pmatrix} \dfrac{1}{9} & 0 & 0 \\[2mm] 0 & \dfrac{1}{4} & 0 \\[2mm] 0 & 0 & 1 \end{pmatrix}, \qquad g_{ij} = \begin{pmatrix} 9 & 0 & 0 \\ 0 & 4 & 0 \\ 0 & 0 & 1 \end{pmatrix}.$$

2. Beispiel:

$$g^{ij} = \begin{pmatrix} \dfrac{3}{2} & -\dfrac{1}{2} & -\dfrac{1}{2} \\[2mm] -\dfrac{1}{2} & \dfrac{3}{2} & -\dfrac{1}{2} \\[2mm] -\dfrac{1}{2} & -\dfrac{1}{2} & \dfrac{3}{2} \end{pmatrix}, \qquad g_{ij} = \begin{pmatrix} 1 & \dfrac{1}{2} & \dfrac{1}{2} \\[2mm] \dfrac{1}{2} & 1 & \dfrac{1}{2} \\[2mm] \dfrac{1}{2} & \dfrac{1}{2} & 1 \end{pmatrix}.$$

Aufgabe 16

Alle Koordinaten mit mehreren gleichen Indizes verschwinden, bei zyklischer Vertauschung der Indizes ändert sich der Wert einer Koordinate nicht, bei Vertauschung zweier Indizes ändert er nur das Vorzeichen. Es brauchen also nur die Koordinaten berechnet zu werden, deren Indizes (in dieser Reihenfolge) 123 lauten. Nach $(4.1.43)_2$ ist $e_{123} = 6$. Daraus gewinnt man die übrigen zu berechnenden Koordinaten durch Heraufziehen von Indizes nach dem folgenden Muster:

$$e_{12}{}^3 = e_{12k}\,g^{k3} = e_{123}\,g^{33} = 6 \cdot 1 = 6.$$

Man erhält dann weiter

$$e_1{}^2{}_3 = e_1{}^{23} = \frac{3}{2}, \qquad e^1{}_{23} = e^1{}_2{}^3 = \frac{2}{3}, \qquad e^{12}{}_3 = e^{123} = \frac{1}{6}.$$

Aufgabe 17

1. Beispiel:

$$\underline{g}^{\langle i\rangle} = \underline{e}_i, \qquad \underline{A} = \underline{g}^{\langle 1\rangle} + \underline{g}^{\langle 2\rangle} + \underline{g}^{\langle 3\rangle}.$$

2. Beispiel:

$$\underline{g}_i^* = \underline{g}_i, \quad A^{*i} = A^i;$$

$$\underline{A} = \left(1 - \frac{1}{3}\sqrt{3} - \frac{1}{6}\sqrt{6}\right)\underline{g}_1^* + \left(\frac{2}{3}\sqrt{3} - \frac{1}{6}\sqrt{6}\right)\underline{g}_2^* + \frac{1}{2}\sqrt{6}\,\underline{g}_3^*.$$

$$\underline{g}^{*i} = \sqrt{\frac{2}{3}}\,\underline{g}^i = \frac{1}{3}\sqrt{6}\,\underline{g}^i, \quad A_i^* = \sqrt{\frac{3}{2}}\,A_i = \frac{1}{2}\sqrt{6}\,A_i;$$

$$\underline{A} = \frac{1}{2}\sqrt{6}\,\underline{g}^{*1} + \left(\frac{1}{4}\sqrt{6} + \frac{3}{4}\sqrt{2}\right)\underline{g}^{*2} + \left(\frac{1}{4}\sqrt{6} + \frac{1}{4}\sqrt{2} + 1\right)\underline{g}^{*3}.$$

Aufgabe 18

An den singulären Stellen verschwindet die Funktionaldeterminante $\dfrac{\partial(x_1, x_2, x_3)}{\partial(u^1, u^2, u^3)}$. In unserem Falle hat sie den Wert R, singulär ist also die Achse $R = 0$.

Aufgabe 19

Man transformiere z. B. in $\dfrac{\partial \tilde{g}_i}{\partial \tilde{u}^j} = \tilde{\Gamma}_{ij}^m \tilde{g}_m$ sowohl $\dfrac{\partial \tilde{g}_i}{\partial \tilde{u}^j}$ als auch $\tilde{g}_m$:

$$\frac{\partial \tilde{g}_i}{\partial \tilde{u}^j} \underset{(4.1.73)}{=} \frac{\partial}{\partial \tilde{u}^j}\left(\frac{\partial u^m}{\partial \tilde{u}^i}\,\underline{g}_m\right) = \frac{\partial^2 u^m}{\partial \tilde{u}^i\,\partial \tilde{u}^j}\,\underline{g}_m + \frac{\partial u^m}{\partial \tilde{u}_i}\,\frac{\partial u^n}{\partial \tilde{u}_j}\,\frac{\partial \underline{g}_m}{\partial u^n}$$

$$\underset{(1.1.79)}{=} \frac{\partial^2 u^m}{\partial \tilde{u}^i\,\partial \tilde{u}^j}\,\underline{g}_m + \frac{\partial u^m}{\partial \tilde{u}^i}\,\frac{\partial u^n}{\partial \tilde{u}^j}\,\Gamma_{mn}^l\,\underline{g}_l,$$

$$\tilde{g}_m \underset{(4.1.73)}{=} \frac{\partial u^l}{\partial \tilde{u}^m}\,\underline{g}_l.$$

Gleichsetzen der Koeffizienten des Dreibeins $\underline{g}_l$ ergibt

$$\tilde{\Gamma}_{ij}^m \frac{\partial u^l}{\partial \tilde{u}^m} = \frac{\partial u^m}{\partial \tilde{u}^i}\,\frac{\partial u^n}{\partial \tilde{u}^j}\,\Gamma_{mn}^l + \frac{\partial^2 u^l}{\partial \tilde{u}^i\,\partial \tilde{u}^j}.$$

Überschiebung mit $\dfrac{\partial \tilde{u}^k}{\partial u^l}$ ergibt wegen (4.1.72)

$$\tilde{\Gamma}_{ij}^k = \frac{\partial u^m}{\partial \tilde{u}^i}\,\frac{\partial u^n}{\partial \tilde{u}^j}\,\frac{\partial \tilde{u}^k}{\partial u^l}\,\Gamma_{mn}^l + \frac{\partial^2 u^l}{\partial \tilde{u}^i\,\partial \tilde{u}^j}\,\frac{\partial \tilde{u}^k}{\partial u^l}. \tag{6.1.3}$$

Infolge des zweiten Gliedes ist das Transformationsgesetz für Tensorkoordinaten nicht erfüllt. Wenn das ungestrichene System geradlinig, speziell kartesisch ist, verschwinden darin die Christoffel-Symbole, es bleibt dann also nur das zweite Glied übrig. Die Formel (4.1.77) gilt also analog auch für nichtkartesische geradlinige Koordinatensysteme.

Geht man von der Identität $\dfrac{\partial \tilde{g}^i}{\partial \tilde{u}^j} = -\tilde{\Gamma}^i_{jm}\,\tilde{g}^m$ aus, erhält man das Transformationsgesetz in der Form

$$\tilde{\Gamma}^k_{ij} = \frac{\partial u^m}{\partial \tilde{u}^i}\frac{\partial u^n}{\partial \tilde{u}^j}\frac{\partial \tilde{u}^k}{\partial u^l}\,\Gamma^l_{mn} - \frac{\partial^2 \tilde{u}^k}{\partial u^m\,\partial u^n}\frac{\partial u^m}{\partial \tilde{u}^i}\frac{\partial u^n}{\partial \tilde{u}^j}. \tag{6.1.4}$$

Beide Formen müssen natürlich identisch sein, man sieht ihnen das aber nicht ohne weiteres an.

Aufgabe 20

Nach $(4.1.89)_1$ unter Berücksichtigung von $(4.1.81)_1$ sind die kovarianten Koordinaten von $\mathrm{grad}\,a$ allgemein gleich $a_{,i}$, speziell in Zylinderkoordinaten $\left\{\dfrac{\partial a}{\partial R}, \dfrac{\partial a}{\partial \varphi}, \dfrac{\partial a}{\partial z}\right\}$. Dann sind die physikalischen Koordinaten $\left\{\dfrac{\partial a}{\partial R}, \dfrac{1}{R}\dfrac{\partial a}{\partial \varphi}, \dfrac{\partial a}{\partial z}\right\}$.

Der Gradient eines Skalars ist ein Vektor, zwischen seinen kartesischen und seinen physikalischen Zylinderkoordinaten gelten also in jedem Punkte die Transformationsgleichungen (6.2.4) und (6.2.5). Indem man diese Beziehungen speziell für den Gradienten eines Skalars hinschreibt, erhält man Transformationsgleichungen für die partiellen Ableitungen nach den Ortskoordinaten, in Zylinderkoordinaten z. B.

$$\begin{aligned}
\frac{\partial}{\partial x} &= \cos\varphi\frac{\partial}{\partial R} - \frac{\sin\varphi}{R}\frac{\partial}{\partial \varphi}, \\[2mm]
\frac{\partial}{\partial y} &= \sin\varphi\frac{\partial}{\partial R} + \frac{\cos\varphi}{R}\frac{\partial}{\partial \varphi}; \\[2mm]
\frac{\partial}{\partial R} &= \cos\varphi\frac{\partial}{\partial x} + \sin\varphi\frac{\partial}{\partial y}, \\[2mm]
\frac{\partial}{\partial \varphi} &= -R\sin\varphi\frac{\partial}{\partial x} + R\cos\varphi\frac{\partial}{\partial y}.
\end{aligned} \tag{6.1.5}$$

Nach $(4.1.94)_1$ ist allgemein $\mathrm{div}\,\underline{a} = a^1|_1 + a^2|_2 + a^3|_3$. Nach $(4.1.81)_2$ ist speziell in Zylinderkoordinaten, d. h. wenn man die Christoffel-Symbole einsetzt und dann noch die kontravarianten durch die physikalischen Zylinderkoordinaten ausdrückt,

$$a^1|_1 = a^1{}_{,1} \qquad\qquad = a^1{}_{,1} \qquad\qquad = \frac{\partial a_R}{\partial R},$$

$$a^2|_2 = a^2{}_{,2} + \Gamma^2_{12}a^1 = a^2{}_{,2} + \frac{1}{R}a^1 = \frac{\partial}{\partial\varphi}\left(\frac{a_\varphi}{R}\right) + \frac{1}{R}a_R,$$

$$a^3|_3 = a^3{}_{,3} \qquad\qquad = a^3{}_{,3} \qquad\qquad = \frac{\partial a_z}{\partial z}.$$

Hier wie bei allen solchen Umrechnungen kann man auch von der Formel für kartesische Koordinaten ausgehen und darin sowohl für die kartesischen Koordinaten als auch für die Ableitungen nach den kartesischen Ortskoordinaten die Transformationsgesetze benutzen, bei der Umrechnung auf Zylinderkoordinaten also die Gleichungen (6.2.5) und (6.1.5):

$$\frac{\partial a_x}{\partial x} + \frac{\partial a_y}{\partial y} + \frac{\partial a_z}{\partial z} = \left(\cos\varphi\,\frac{\partial}{\partial R} - \frac{\sin\varphi}{R}\,\frac{\partial}{\partial\varphi}\right)(a_R\cos\varphi - a_\varphi\sin\varphi)$$

$$+ \left(\sin\varphi\,\frac{\partial}{\partial R} + \frac{\cos\varphi}{R}\,\frac{\partial}{\partial\varphi}\right)(a_\varphi\cos\varphi + a_R\sin\varphi) + \frac{\partial a_z}{\partial z}.$$

Diese „elementare" Methode ist aber auch für die praktische Rechnung in der Regel umständlicher.

Nach (4.1.96) sind die kontravarianten Koordinaten von rot $\underline{a}$ allgemein $\dfrac{1}{\sqrt{g}}\{a_{3,2} - a_{2,3},\, a_{1,3} - a_{3,1},\, a_{2,1} - a_{1,2}\}$, speziell in Zylinderkoordinaten und unter Einsetzen der physikalischen Koordinaten erhält man $\dfrac{1}{R}\left\{\dfrac{\partial a_z}{\partial\varphi} - \dfrac{\partial R a_\varphi}{\partial z},\, \dfrac{\partial a_R}{\partial z} - \dfrac{\partial a_z}{\partial R},\, \dfrac{\partial R a_\varphi}{\partial R} - \dfrac{\partial a_R}{\partial\varphi}\right\}$. Daraus ergeben sich die physikalischen Koordinaten der Rotation zu

$$\left\{\frac{1}{R}\left(\frac{\partial a_z}{\partial\varphi} - \frac{\partial R a_\varphi}{\partial z}\right),\, \frac{\partial a_R}{\partial z} - \frac{\partial a_z}{\partial R},\, \frac{1}{R}\left(\frac{\partial R a_\varphi}{\partial R} - \frac{\partial a_R}{\partial z}\right)\right\}.$$

grad $\underline{a}$ hat z. B. die kovariant-kontravarianten Koordinaten $a^j|_i = a^j_{,i} + \Gamma^j_{mi}a^m$, daraus folgt speziell für Zylinderkoordinaten

$$a^1|_1 = a^1_{,1}, \qquad\qquad a^2|_1 = a^2_{,1} + \Gamma^2_{21}a^2, \qquad a^3|_1 = a^3_{,1},$$

$$a^1|_2 = a^1_{,2} + \Gamma^1_{22}\,a^2, \qquad a^2|_2 = a^2_{,2} + \Gamma^2_{12}a^1, \qquad a^3|_2 = a^3_{,2},$$

$$a^1|_3 = a^1_{,3}, \qquad\qquad a^2|_3 = a^2_{,3}, \qquad\qquad a^3|_3 = a^3_{,3}.$$

Setzt man darin die Christoffel-Symbole ein und ersetzt die kontravarianten durch die physikalischen Zylinderkoordinaten, so erhält man

$$a^1|_1 = \frac{\partial a_R}{\partial R}, \qquad a^2|_1 = \frac{\partial}{\partial R}\left(\frac{a_\varphi}{R}\right) + \frac{1}{R}\,\frac{a_\varphi}{R}, \qquad a^3|_1 = \frac{\partial a_z}{\partial R},$$

$$a^1|_2 = \frac{\partial a_R}{\partial R} - R\,\frac{a_\varphi}{R}, \qquad a^2|_2 = \frac{\partial}{\partial\varphi}\left(\frac{a_\varphi}{R}\right) + \frac{1}{R}\,a_R, \qquad a^3|_2 = \frac{\partial a_z}{\partial\varphi},$$

$$a^1|_3 = \frac{\partial a_R}{\partial z}, \qquad a^2|_3 = \frac{\partial}{\partial z}\left(\frac{a_\varphi}{R}\right), \qquad a^3|_3 = \frac{\partial a_z}{\partial z}.$$

Jetzt muß man noch von den kovariant-kontravarianten Koordinaten des gesuchten Tensors auf seine physikalischen übergehen.

Zur Berechnung der physikalischen Zylinderkoordinaten von $\underline{b}$ grad $\underline{a}$ kann man zwei Wege einschlagen. Entweder man rechnet zunächst in holonomen Zylinderkoordinaten und geht erst zum Schluß auf physikalische Zylinderkoordinaten über, oder man geht von den physikalischen Zylinderkoordinaten des Vektors $\underline{b}$ und des Tensors grad $\underline{a}$ aus und berechnet deren Skalarprodukt. Der erste Weg verläuft völlig analog zur Berechnung von grad $\underline{a}$. Da wir die physikalischen Zylinderkoordinaten von grad $\underline{a}$ bereits berechnet haben, kann man das Ergebnis nach der zweiten Methode sofort hinschreiben. (Wenn $\underline{b}$ ein Einheitsvektor ist, nennt man den Vektor $\underline{b} \cdot$ grad $\underline{a}$ die Richtungsableitung von $\underline{a}$ in Richtung von $\underline{b}$.)

div $\underline{a}$ berechnet man analog zu grad $\underline{a}$.

Aufgabe 21

Man berechne nach (4.1.81) $b_{ki} = a_i|_k$ und weiter $c_{lki} = b_{ki}|_l = a_i|_{kl}$, dann erhält man

$$a_i|_{kl} - a_i|_{lk} = (\Gamma^m_{il,k} - \Gamma^m_{ik,l} + \Gamma^n_{il}\Gamma^m_{nk} - \Gamma^n_{ik}\Gamma^m_{nl})\, a_m .$$

Nach der Quotientenregel stellt die Klammer auf der rechten Seite die Koordinaten eines Tensors vierter Stufe dar. Da die Christoffel-Symbole für kartesische Koordinaten verschwinden, verschwinden alle kartesischen Koordinaten dieses Tensors. Nach dem Transformationsgesetz für Tensorkoordinaten verschwinden dann auch alle seine Koordinaten in einem beliebigen krummlinigen Koordinatensystem. Der Tensor

$$R^m_{ijk} = \Gamma^m_{ij,k} - \Gamma^m_{ik,j} + \Gamma^n_{ij}\Gamma^m_{nk} - \Gamma^n_{ik}\Gamma^m_{nj} \tag{6.1.6}$$

heißt gemischter Riemannscher Krümmungstensor. Sein Verschwinden ist charakteristisch für euklidische Räume.

Aufgabe 22

Man kann die Rechnung wieder ganz in holonomen Zylinderkoordinaten ausführen und erst zum Schluß auf physikalische Zylinderkoordinaten übergehen, oder man kann den Laplace-Operator aus den früher berechneten Ausdrücken für die physikalischen Koordinaten des entsprechenden Gradienten und der entsprechenden Divergenz zusammensetzen.

Für den Laplace-Operator eines Skalars wollen wir beide Wege skizzieren. Wenn wir in holonomen Koordinaten rechnen, ist nach (4.1.101)

$$\Delta a = g^{mn} a|_{mn} .$$

Bei der Berechnung einer solchen mehrfachen kovarianten Ableitung geht man zweckmäßig von außen nach innen vor:

$$a|_{mn} = a|_m|_n = (a|_m)_{,n} - \Gamma^j_{mn} a|_j = a_{,mn} - \Gamma^j_{mn} a_{,j},$$

$$\Delta a = g^{mn} a_{,mn} - g^{mn} \Gamma^j_{mn} a_{,j}.$$

Speziell für Zylinderkoordinaten folgt

$$\Delta a = g^{11} a_{,11} + g^{22} a_{,22} + g^{33} a_{,33} - g^{22} \Gamma^1_{22} a_{,1},$$

oder wenn man die Koordinaten des Einheitstensors und die Christoffel-Symbole einsetzt,

$$\Delta a = \frac{\partial^2 a}{\partial R^2} + \frac{1}{R^2} \frac{\partial^2 a}{\partial \varphi^2} + \frac{\partial^2 a}{\partial z^2} + \frac{1}{R^2} R \frac{\partial a}{\partial R}.$$

Berechnet man in physikalischen Koordinaten die Divergenz des Gradienten von a, so erhält man aus (6.2.15) und (6.2.14)

$$\Delta a = \frac{\partial}{\partial R} \frac{\partial a}{\partial R} + \frac{1}{R} \frac{\partial a}{\partial R} + \frac{1}{R} \frac{\partial}{\partial \varphi} \left(\frac{1}{R} \frac{\partial a}{\partial \varphi} \right) + \frac{\partial}{\partial z} \frac{\partial a}{\partial z}.$$

Für den Laplace-Operator eines Vektors folgt in holonomen Koordinaten

$$\Delta \underline{a} = g^{mn} a^i|_{mn} \underline{g}_i = g^{mn} a_i|_{mn} \underline{g}^i.$$

Zum Beispiel für die doppelte kovariante Ableitung der kontravarianten Koordinaten des Vektors a^i folgt ganz allgemein

$$a^i|_{mn} = a^i|_m|_n = (a^i|_m)_{,n} - \Gamma^j_{mn} a^i|_j + \Gamma^i_{jn} a^j|_m$$
$$= a^i_{,mn} + \Gamma^i_{jm,n} a^j + \Gamma^i_{jm} a^j_{,n} - \Gamma^j_{mn} a^i_{,j} - \Gamma^j_{mn} \Gamma^i_{kj} a^k$$
$$+ \Gamma^i_{jn} a^j_{,m} + \Gamma^i_{jn} \Gamma^j_{km} a^k.$$

Die weitere Rechnung geht analog den vorigen Beispielen. Rechnet man in physikalischen Koordinaten, so folgt z. B. für die radiale physikalische Zylinderkoordinate von Δa

$$(\Delta \underline{a})_R = \frac{\partial}{\partial R} \frac{\partial a_R}{\partial R} + \frac{1}{R} \frac{\partial}{\partial \varphi} \left(\frac{1}{R} \frac{\partial a_R}{\partial \varphi} - \frac{a_\varphi}{R} \right) + \frac{\partial}{\partial z} \frac{\partial a_R}{\partial z} + \frac{1}{R} \left(\frac{\partial a_R}{\partial R} - \frac{1}{R} \frac{\partial a_\varphi}{\partial \varphi} \right)$$
$$- \frac{1}{R} a_R \Bigg).$$

Aufgabe 23

Wir wollen in rein kovarianten Koordinaten rechnen:

$$\operatorname{rot} \mathcal{A} = e_i^{jk} a_{km\ldots n}|_j \underline{g}^i \underline{g}^m \cdots \underline{g}^n,$$

$$\operatorname{rot} \operatorname{rot} \mathcal{A} = e_p^{qi} e_i^{jk} a_{km\ldots n}|_{jq} \underline{g}^p \underline{g}^m \cdots \underline{g}^n.$$

Nach (4.1.45) ist

$$e_p{}^{qi} e_i{}^{jk} = e_p{}^{qi} e^{jk}{}_i = \delta_p^j g^{qk} - \delta_p^k g^{qj},$$

also

$$e_p{}^{qi} e_i{}^{jk} a_{km\ldots n}|_{jq} = g^{qk} a_{km\ldots n}|_{pq} - g^{qj} a_{pm\ldots n}|_{jq},$$

$$e_p{}^{qi} e_i{}^{jk} a_{km\ldots n}|_{jq} = a^q{}_{m\ldots n}|_{qp} - g^{qj} a_{pm\ldots n}|_{qj}. \qquad (6.1.7)$$

Der erste Term auf der rechten Seite stellt offenbar die rein kovarianten Koordinaten von grad div $\mathcal{A}$ dar, der zweite Term nach Aufgabe 22 offenbar die rein kovarianten Koordinaten von $\Delta \mathcal{A} = \text{div}$ grad $\mathcal{A}$.

Aufgabe 24

$$\dot V = \int_A c^3 \, dA_3 = \int_0^a \int_0^{2\pi} c^3 \sqrt{g} \, dR \, d\varphi = \int_0^a \int_0^{2\pi} c_z \, R \, dR \, d\varphi.$$

Ausführung der Integration ergibt $\dot V = \dfrac{\pi I R^4}{8\eta}$.

Aufgabe 25

Im mitrotierenden Bezugssystem wirkt in physikalischen Zylinderkoordinaten die Schwerebeschleunigung $\{0, 0, -g\}$ und die Zentrifugalbeschleunigung $\{\Omega^2 R, 0, 0\}$, wenn Ω die (konstante) Winkelgeschwindigkeit ist. Die Kraftdichte $K_i = \{\Omega^2 R, 0, -g\}$ hat das Potential $U = -\dfrac{1}{2} \Omega^2 R^2 + gz$. Da längs der Oberfläche nach (5.1.5) der Druck gleich dem äußeren Luftdruck, also konstant sein muß, folgt aus der Grundgleichung der Hydrostatik in der Form $(5.1.14)_1$ auf der Oberfläche $\Omega^2 R^2 - 2gz = \text{const}$, d. h. die Oberfläche ist ein Rotationsparaboloid.

Aufgabe 26

Die Schwerebeschleunigung hat das Potential $U = gz$, für ein thermisch ideales Gas gilt nach (3.1.1) $\dfrac{1}{\varrho} = \dfrac{RT}{p}$, damit folgt aus der Grundgleichung der Aerostatik in der Form $(5.1.21)_2$

$$g(z_{(2)} - z_{(1)}) + RT \ln \frac{p_{(2)}}{p_{(1)}} = 0,$$

oder wenn H die Höhe über dem Erdboden, p_0 den Druck am Erdboden und p den Druck in der Höhe H bedeuten sollen,

$$p = p_0 e^{-\frac{gH}{RT}}. \qquad (6.1.8)$$

Aufgabe 27

Der Stab habe den Radius a und die Länge l, und sein Endquerschnitt werde gegenüber dem Anfangsquerschnitt um den Winkel γ tordiert. (Damit alle Verschiebungen infinitesimal sind, muß auch γ infinitesimal sein.) Eine Kraftdichte tritt nicht auf.

Gesucht ist zunächst der Verschiebungsvektor. Er muß die Grundgleichungen der Elastostatik und folgende Randbedingungen erfüllen: Auf dem Mantel des Stabes muß der Spannungsvektor verschwinden, im Anfangsquerschnitt muß der Verschiebungsvektor verschwinden und im Endquerschnitt muß er in physikalischen Zylinderkoordinaten die Form $\xi_R = \xi_z = 0$, $\xi_\varphi = \gamma R$ haben. Die Lösung kann man in diesem Falle der Anschauung entnehmen, sie lautet

$$\xi_R = \xi_z = 0, \quad \xi_\varphi = \frac{xRz}{l}.$$

Man überzeuge sich, daß sie die Differentialgleichungen (5.1.27) und die Randbedingungen erfüllt.

Dann folgt aus (5.1.24), daß nur die z-Koordinate des Spannungstensors und nach (3.3.18) auch nur dieselbe Koordinate des Deformationstensors von null verschieden ist, und zwar ist

$$\varepsilon_{\varphi z} = \frac{\gamma R}{2l}, \qquad \pi_{\varphi z} = \frac{\mu \gamma R}{l}. \tag{6.1.9}$$

Das im Endquerschnitt angreifende Drehmoment kann man aus (2.2.27) entnehmen. Uns interessiert das Drehmoment um die z-Achse. Da die axiale Zylinderkoordinate zugleich kartesisch ist, können wir nach dem, was in Abschnitt 4.1.3.9 über räumliche Integrale in nichtkartesischen Koordinaten gesagt wurde, dafür

$$\mathfrak{M}^3 = \int\limits_A e^{3jk} y_j \pi^l{}_k \, dA_l$$

schreiben. Wegen der Orientierung der Integrationsfläche ist dA_l nur für $l = 3$ von null verschieden. Da vom Spannungstensor ebenfalls nur eine Koordinate existiert, muß $k = 2$ sein. Dann liefert der ε-Tensor nur für $j = 1$ einen Beitrag, wir erhalten also

$$\mathfrak{M}^3 = \int\limits_{A_3} e^{312} y_1 \pi^3{}_2 \, dA_3$$

und mit (4.1.43) und (4.1.110)

$$\mathfrak{M}^3 = \int\limits_{u^1} \int\limits_{u^2} \frac{1}{\sqrt{g}}\, e^{312} y_1 \pi^3{}_2 \sqrt{g} \, du^1 \, du^2,$$

speziell für Zylinderkoordinaten und für unsere Integrationsfläche

$$\mathfrak{M}^3 = \int\limits_0^a \int\limits_0^{2\pi} R^2 \pi_{\varphi z}\, dR\, d\varphi$$

oder ausintegriert

$$M_z = \frac{\pi\mu\gamma a^4}{2l}. \tag{6.1.10}$$

Aufgabe 28

In diesem Falle ist $c_z = c_z(x)$ und $q = -Iz$. Setzt man das in (5.2.13) ein, so erhält man

$$\frac{d^2 c_z}{dx^2} = -\frac{I}{\nu}. \tag{6.1.11}$$

Zweimalige Integration ergibt als allgemeine Lösung

$$c_z = -\frac{I}{2\nu}\, x^2 + A_1 x + A_2, \tag{6.1.12}$$

wobei A_1 und A_2 Integrationskonstanten sind[1]. Die beiden Wände sollen bei $x = \pm H$ liegen; die Wand bei $x = -H$ sei in Ruhe und die Wand bei $x = +H$ habe die Geschwindigkeit W, dann erhält man

$$c_z = \frac{IH^2}{2\nu}\left[1 - \left(\frac{x}{H}\right)^2\right] + \frac{W}{2}\left[1 + \frac{x}{H}\right]. \tag{6.1.13}$$

Wir wollen dieses Ergebnis dimensionsanalytisch interpretieren. Wie das bei einer linearen Differentialgleichung sein muß, überlagern sich der Einfluß des Druckgradienten und der Einfluß der bewegten Wand, ohne daß es eine Wechselwirkung beider gibt. Wir können beide Anteile also für sich betrachten.

Das Randwertproblem für die Strömung infolge eines Druckgradienten zwischen zwei ruhenden Wänden (ebene Hagen-Poiseuille-Strömung) enthält nur die beiden Konstanten $\frac{I}{\nu}$ und H, daraus läßt sich kein Parameter (d. h. keine dimensionslose Kombination) bilden. Die Lösung des Randwertproblems muß in impliziter Form vom Typ

$$f\left(c_z,\, x,\, \frac{I}{\nu},\, H\right) = 0$$

---

[1] Bei der Lösung dieser und ähnlicher Aufgaben lohnt es sich nicht, an der Konvention der Tensorrechnung festzuhalten, wonach alle Indizes Matrixindizes sind, also im Dreidimensionalen von eins bis drei laufen. Verwechslungen können dadurch kaum auftreten.

sein. Diese vier Argumente lassen sich auf zwei Grundgrößen zurückführen. Nach dem π-Theorem der Dimensionsanalyse lassen sich die vier Argumente also auf zwei reduzieren, und die Lösung läßt sich

$$f\left(\frac{c_z \nu}{I H^2}, \frac{x}{H}\right) = 0$$

oder explizit

$$c_z = \frac{I H^2}{\nu}\, f\left(\frac{x}{H}\right) \tag{6.1.14}$$

schreiben. Analog enthält das Randwertproblem für die Strömung infolge zweier relativ zueinander bewegter Wände ohne Druckgradienten (ebene Couette-Strömung) nur die beiden Konstanten W und H, der zweite Term von (6.1.13) muß also die Form

$$c_z = W f\left(\frac{x}{H}\right) \tag{6.1.15}$$

haben. Die Überlagerung beider Mechanismen enthält die drei Konstanten $\frac{I}{\nu}$, W und H, daraus kann man den Parameter

$$P = \frac{I H^2}{\nu W} \tag{6.1.16}$$

bilden. Er läßt sich auf Grund von (6.1.13) anschaulich als das Verhältnis der von den beiden Mechanismen in der Symmetrieebene erzeugten Geschwindigkeit deuten.

Aufgabe 29

In diesem Falle ist $c_z = c_z(R)$ und $q = -I z$. Setzt man das in (5.2.14) ein, so erhält man als allgemeine Lösung

$$c_z = -\frac{I R^2}{4 \nu} + A_1 \ln R + A_2 \tag{6.1.17}$$

mit A_1 und A_2 als Integrationskonstanten. Wenn die Strömung in der Rohrachse endlich und an der Rohrwand bei $R = a$ null sein soll, erhält man

$$c_z = \frac{I a^2}{4 \nu}\left[1 - \left(\frac{R}{a}\right)^2\right]. \tag{6.1.18}$$

Diese Formel läßt sich dimensionsanalytisch in derselben Weise wie die für die ebene Hagen-Poiseuille-Strömung in der vorigen Aufgabe deuten. Daß der Proportionalitätsfaktor hier kleiner ist als im ebenen

Fall, ist plausibel: Bei gleichem Druckgradienten und „Wandabstand" ist der bremsende Einfluß der Wand bei dem allseitig umgreifenden Rohr größer als bei zwei ebenen Platten.

Der aus dieser Geschwindigkeitsverteilung resultierende Massenstrom wurde bereits in Aufgabe 24 berechnet.

Aufgabe 30

Für eine stationäre Strömung ohne Kraftdichte und für Zylinderkoordinaten lauten die Bilanzgleichungen

$$\oint_A c^i \, dA_i = 0,$$

$$\oint_A c_3 c^j \, dA_j + \oint_A q \, dA_3 = \nu \oint_A (c_3|_j + c_j|_3) \, g^{jk} \, dA_k,$$

$$\oint_A e^{3jk} y_j c_k c^l \, dA_l + \oint_A e^{3jk} y_j q \, dA_k = \nu \oint_A e^{3jk} y_j (c_k|_l + c_l|_k) g^{lm} \, dA_m,$$

$$\oint_A \varepsilon c^i \, dA_i + \oint_A c^i q \, dA_i = \nu \oint_A c^i (c_i|_j + c_j|_i) g^{jk} \, dA_k - \int_V \Phi \, dV.$$

Wendet man diese Formeln auf ein Volumen an, das aus zwei infinitesimal benachbarten Rohrquerschnitten und dem zugehörigen Ring des Rohrmantels besteht, und berücksichtigt die Wandhaftung und die Axialsymmetrie, so erhält man daraus, wenn das Rohr den Radius a hat und der Drehimpuls in bezug auf die Rohrachse genommen wird,

$$\frac{\partial}{\partial z} \int_0^a c_z R \, dR = 0,$$

$$\frac{\partial}{\partial z} \int_0^a \left\{ c_z^2 + q - 2\nu \frac{\partial c_z}{\partial z} \right\} R \, dR = \nu a \frac{\partial c_z}{\partial R} \bigg|_{R=a},$$

$$\frac{\partial}{\partial z} \int_0^a \left\{ c_\varphi c_z - \nu \frac{\partial c_\varphi}{\partial z} \right\} R^2 \, dR = \nu a^2 \frac{\partial c_\varphi}{\partial R} \bigg|_{R=a},$$

$$\frac{\partial}{\partial z} \int_0^a \left\{ \frac{1}{2} (c_R^2 + c_\varphi^2 + c_z^2) c_z + q c_z - \nu c_R \left(\frac{\partial c_R}{\partial z} + \frac{\partial c_z}{\partial R} \right) - \nu c_\varphi \frac{\partial c_\varphi}{\partial z} \right.$$

$$\left. - 2\nu c_z \frac{\partial c_z}{\partial R} \right\} R \, dR = \nu a \frac{\partial}{\partial R} \left(c_R^2 + \frac{1}{2} c_\varphi^2 + \frac{1}{2} c_z^2 \right) \bigg|_{R=a}$$

$$- \int_0^a \Phi R \, dR.$$

(6.1.19)

Aufgabe 31

Die Geschwindigkeitsverteilung ergibt sich aus (6.1.13). Wir führen als charakteristische Konstante die Geschwindigkeit

$$W = \frac{I H^2}{2 \nu} \qquad (6.1.20)$$

in der Symmetrieebene ein, dann erhält man für das Geschwindigkeitsfeld

$$c_x = c_y = 0, \qquad c_z = W \left[1 - \left(\frac{x}{H} \right)^2 \right]. \qquad (6.1.21)$$

Damit lautet die Energiegleichung (5.2.31), wenn man die Dissipationsfunktion nach (5.2.36) einsetzt und bezüglich des Temperaturfeldes zunächst nur voraussetzt, daß es nicht von y abhängt,

$$\frac{\partial T}{\partial t} + c_z \frac{\partial T}{\partial z} - \frac{\lambda}{\varrho c_V} \left(\frac{\partial^2 T}{\partial x^2} + \frac{\partial^2 T}{\partial z^2} \right) = \frac{\nu}{c_V} \left(\frac{d c_z}{d x} \right)^2. \qquad (6.1.22)$$

Darin stellt das von T unabhängige Glied auf der rechten Seite die Quelldichte der Temperatur infolge von Dissipation dar; nach (5.2.30) ist die einer Quelldichte der spezifischen inneren Energie und der spezifischen Entropie proportional; diese Größen sind physikalisch anschaulicher. Diese Quelldichte hängt (wie die Geschwindigkeit) nur von x ab.

Wir wollen zunächst den Fall betrachten, daß beide Wände isotherm sind. Dann kann die in einem Querschnitt zugeführte innere Energie bzw. Entropie quer zur Strömung durch Wärmeleitung abfließen, wir können also annehmen, daß die Temperatur ebenfalls nur von x abhängt. Die Wärmezufuhr wird dann allein durch Wärmeleitung ausgeglichen, die Differentialgleichung für die Temperatur nimmt die einfache Form

$$\frac{d^2 T}{d x^2} = - \frac{\eta}{\lambda} \left(\frac{d c_z}{d x} \right)^2 \equiv - \frac{4 \eta W^2}{\lambda H^4} x^2 \equiv - \frac{\varrho I^2}{\lambda \eta} x^2 \qquad (6.1.23)$$

an. Zweimalige Integration ergibt

$$T = - \frac{\eta W^2}{3 \lambda H^4} x^4 + A_1 x + A_2 \qquad (6.1.24)$$

mit A_1 und A_2 als Integrationskonstanten. Hat die Wand bei $x = -H$ die Temperatur T_- und die Wand bei $x = +H$ die Temperatur T_+, so erhält man

$$T = \frac{\eta W^2}{3 \lambda} \left[1 - \left(\frac{x}{H} \right)^4 \right] + \frac{T_+ - T_-}{2} \frac{x}{H} + \frac{T_+ + T_-}{2}. \qquad (6.1.25)$$

16 Schade, Kontinuumstheorie

Wir wollen das Ergebnis wieder dimensionsanalytisch interpretieren. Das erste Glied beschreibt den Einfluß der Dissipation, das zweite den Einfluß des Temperaturgefälles, das dritte erlaubt die Festlegung des Nullpunkts der Temperaturskala und ist Ausdruck der Tatsache, daß die Differentialgleichung nur Ableitungen der Temperatur enthält. Wegen der Linearität der Differentialgleichung gibt es keine Wechselwirkung zwischen den einzelnen Einflüssen. Das Randwertproblem enthält die Konstanten $\frac{\eta\,W^2}{\lambda H^4}$, H, T_+ und T_-, oder wenn man die Abkürzungen

$$\Delta T = |T_+ - T_-|, \qquad T_0 = \frac{T_+ + T_-}{2} \tag{6.1.26}$$

einführt, die Konstanten $\frac{\eta\,W^2}{\lambda H^4}$, H, ΔT und T_0. Da es keine Wechselwirkung zwischen Dissipation und Temperaturgefälle gibt, dürfen in den Dissipationsterm nur $\frac{\eta\,W^2}{\lambda\,H^4}$ und H und in den Temperaturgefälleterm nur ΔT und H eingehen, die Dimensionsanalyse ergibt also eine Lösung der Form

$$T = \frac{\eta\,W^2}{\lambda}\, f_1\left(\frac{x}{H}\right) + \Delta T f_2\left(\frac{x}{H}\right) + T_0. \tag{6.1.27}$$

Noch anschaulicher wird das Ergebnis, wenn man von der Temperatur (6.1.25) durch Differentiation auf die Wärmestromdichte übergeht. Es ist

$$q_x \equiv -\lambda\,\frac{dT}{dx} = \frac{4\eta\,W^2}{3\,H}\left(\frac{x}{H}\right)^3 - \lambda\,\frac{T_+ - T_-}{2\,H}. \tag{6.1.28}$$

Der von der Dissipation herrührende Wärmestrom nimmt also nach den Wänden hin zu und ist an jeder Wand nach außen gerichtet, der vom Temperaturgefälle hervorgerufene Wärmestrom ist unabhängig von x und proportional dem Temperaturgefälle zwischen den beiden Wänden. An der kälteren Wand addieren sich beide Anteile, an der wärmeren Wand subtrahieren sie sich.

Insgesamt ist das Problem zweiparametrig, als Parameter kann man wählen

$$P_1 = \frac{8\eta\,W^2}{3\lambda\,\Delta T} = \frac{2\,\varrho^2 I^2 H^4}{3\eta\lambda\,\Delta T}, \qquad P_2 = \frac{\Delta T}{T_0}. \tag{6.1.29}$$

P_1 läßt sich anschaulich als Verhältnis der Einflüsse von Dissipation und Temperaturgefälle deuten, P_2 als Verhältnis von Temperaturgefälle zu Temperaturniveau. Der Zahlenfaktor von P_1 wurde gerade so gewählt, daß dieser Parameter das Verhältnis der beiden Anteile der Wärmestromdichte an den Wänden darstellt. Ist er gleich eins, sind die beiden Anteile gerade gleich groß; die wärmere Wand ist dann zugleich isotherm und adiabat, die gesamte durch Dissipation erzeugte innere Energie bzw. Entropie fließt durch die kältere Wand ab. Die Wärmestromdichte an dieser Wand ist dann genau doppelt so groß, wie wenn sich der Wärmestrom gleichmäßig auf beide Wände verteilte, d. h. beide Wände dieselbe Temperatur hätten. Ist der Parameter P_1 größer als eins, so überwiegt der Anteil der Dissipation, d. h., an beiden Wänden ist der Wärmestrom nach außen gerichtet; ist dieser Parameter kleiner als eins, so überwiegt der Einfluß des Temperaturgefälles zwischen den beiden Wänden, d. h., an der wärmeren Wand ist der Wärmestrom nach innen und an der kälteren nach außen gerichtet.

Sind beide Wände adiabat, kann die durch Dissipation erzeugte innere Energie bzw. Entropie nicht quer zur Strömung abfließen. Man muß dann entweder eine lokale Erhöhung der Temperatur oder einen Anstieg der Temperatur in Strömungsrichtung zulassen. Wegen der Linearität von (6.1.22) in der Temperatur sind beide Annahmen natürlich auch gleichzeitig möglich, wir wollen hier aber beide Fälle für sich behandeln.

Wir diskutieren zunächst den Fall, daß die Dissipation eine lokale Erhöhung der Temperatur zur Folge hat, daß also $T = T(x, t)$ ist. Die Differentialgleichung (6.1.22) lautet dann

$$\frac{\partial^2 T}{\partial x^2} - \frac{\varrho c_V}{\lambda} \frac{\partial T}{\partial t} = - \frac{4 \eta W^2}{\lambda H^4} x^2. \qquad (6.1.30)$$

Die allgemeine Lösung dieser inhomogenen linearen Differentialgleichung setzt sich zusammen aus der allgemeinen Lösung der zugehörigen homogenen Differentialgleichung und einem partikulären Integral der inhomogenen Differentialgleichung. Ein solches partikuläres Integral ist die Lösung (6.1.24) der stationären Differentialgleichung (6.1.23) mit $A_1 = A_2 = 0$. Die zugehörige Wärmestromdichte ist ebenfalls stationär. Damit die Randbedingung der Adiabasie an beiden Wänden erfüllt sind, muß die Wärmestromdichte, die von der homogenen Gleichung herrührt, ebenfalls stationär sein, d. h. wir können für die zugehörige Temperaturverteilung den Ansatz

$$T = f(x) + A_1 t \qquad (6.1.31)$$

machen, wobei A_1 eine Konstante ist. Dieser Ansatz führt auf die Lösung

$$T = - \frac{\eta W^2}{3 \lambda H^4} x^4 + A_1 \left(\frac{\varrho c_V}{\lambda} x^2 + t \right) + A_2 x + A_3 \qquad (6.1.32)$$

16*

mit A_2 und A_3 als weiteren Konstanten. Wenn beide Wände adiabat sein und zur Zeit $t = 0$ die Temperatur T_0 haben sollen, folgt

$$T = -\frac{\eta\, W^2}{3\lambda}\left[1 - 2\left(\frac{x}{H}\right)^2 + \left(\frac{x}{H}\right)^4\right] + \frac{4\nu\, W^2}{3c_V H^2}\,t + T_0. \qquad (6.1.33)$$

Die dimensionsanalytische Interpretation geht davon aus, daß die Lösung des Randwertproblems die Form

$$f\left(T,\, x,\, t,\, \frac{\eta\, W^2}{\lambda H^4},\, \frac{\varrho c_V}{\lambda},\, H,\, T_0\right) = 0$$

hat. Da die Differentialgleichung die Temperatur nur in Gestalt ihrer Ableitungen enthält, ist sie gegenüber der Substitution $T \parallel T - T_0$ invariant. Vermöge dieser Substitution ist T_0 durch null zu ersetzen, es ist also auch

$$f\left(T - T_0,\, x,\, t,\, \frac{\eta\, W^2}{\lambda H^4},\, \frac{\varrho c_V}{\lambda},\, H\right) = 0.$$

Diese sechs Argumente lassen sich auf drei Grundgrößen zurückführen, nach dem π-Theorem ergibt sich also

$$f\left(\frac{(T - T_0)\lambda}{\eta\, W^2},\; \frac{x}{H},\; \frac{\lambda t}{\varrho c_V H^2}\right) = 0$$

oder nach T aufgelöst

$$T = \frac{\eta\, W^2}{\lambda}\; f\left(\frac{x}{H},\; \frac{\lambda t}{\varrho c_V H^2}\right) + T_0.$$

Berücksichtigt man schließlich den Ansatz (6.1.31), so erhält man als Ergebnis der dimensionsanalytischen Betrachtung

$$T = \frac{\eta\, W^2}{\lambda}\; f\left(\frac{x}{H}\right) + Z\,\frac{\nu\, W^2}{c_V H^2}\,t + T_0, \qquad (6.1.34)$$

wobei Z ein Zahlenfaktor ist. Aus den Konstanten des Problems läßt sich ein Parameter bilden, z. B.

$$P = \frac{\eta\, W^2}{3\lambda T_0} = \frac{\varrho^2 I^2 H^4}{12\eta\lambda T_0}. \qquad (6.1.35)$$

In dieser Form stellt er das Verhältnis der durch die Dissipation bedingten Temperatur in der Symmetrieebene zu der Temperatur der adiabaten Wände im Zeitpunkt $t = 0$ dar. Mit wachsender Zeit geht dieses Verhältnis stets gegen eins.

Wir diskutieren schließlich den Fall, daß die Dissipation einen Temperaturanstieg in Strömungsrichtung zur Folge hat, daß also $T = T(x, z)$ ist. Die Differentialgleichung (6.1.22) nimmt dann die Form

$$\frac{\partial^2 T}{\partial x^2} + \frac{\partial^2 T}{\partial z^2} - \frac{\varrho\, c_V\, W}{\lambda} \left[1 - \left(\frac{x}{H}\right)^2 \right] \frac{\partial T}{\partial z} = - \frac{4\eta\, W^2}{\lambda H^4}\, x^2 \qquad (6.1.36)$$

an. Dieselben Überlegungen wie bei der Gleichung (6.1.30) führen hier über den Ansatz

$$T = f(x) + A_1 z \qquad (6.1.37)$$

auf die Lösung

$$T = - \frac{\eta\, W^2}{3\lambda H^4}\, x^4 + A_1 \left[\frac{\varrho\, c_V\, W}{2\lambda}\, x^2 - \frac{\varrho\, c_V\, W}{12\lambda H^2}\, x^4 + z \right] + A_2 x + A_3. \qquad (6.1.38)$$

Wenn beide Wände adiabat sind und im Querschnitt $z = 0$ die Temperatur T_0 herrscht, folgt

$$T = - \frac{\eta\, W^2}{2\lambda} \left[1 - 2\left(\frac{x}{H}\right)^2 + \left(\frac{x}{H}\right)^4 \right] + \frac{2\nu\, W}{c_V\, H}\, \frac{z}{H} + T_0. \qquad (6.1.39)$$

Aus den Konstanten des Problems lassen sich die beiden Parameter

$$P_1 = \frac{\eta\, W^2}{2\lambda T_0} = \frac{\varrho^2 I^2 H^4}{8\eta\lambda T_0}, \qquad P_2 = \frac{\varrho\, c_V\, H\, W}{\lambda} = \frac{\varrho^2 c_V I H^3}{2\eta\lambda} \qquad (6.1.40)$$

bilden. P_1 stellt das Verhältnis der Temperatur in der Symmetrieebene zu der Temperatur an den adiabaten Wänden im Querschnitt $z = 0$ dar. Beim Fortschreiten in Strömungsrichtung geht dieses Verhältnis stets gegen eins. Dieser Parameter entspricht also dem Parameter (6.1.35). P_2 ist ein Maß für das Verhältnis von Wärmezufuhr durch Dissipation und Wärmeabfuhr in Strömungsrichtung durch Wärmeleitung und Konvektion.

Aufgabe 32

Der Impulssatz $(5.2.43)_2$ lautet unter Berücksichtigung von (1.2.89) und speziell für das Schwerefeld

$$\frac{\partial c_i}{\partial t} + \varepsilon_{ijk} u_j c_k = - \frac{\partial(\varepsilon + q + gH)}{\partial x_i}.$$

Skalare Multiplikation mit einem Element dx_i einer Stromlinie ergibt unter Berücksichtigung von $(1.2.37)_2$

$$\frac{\partial c}{\partial t}\, dx + \frac{\partial(\varepsilon + q + gH)}{\partial x_i}\, dx_i.$$

Integration längs einer Stromlinie führt auf (5.2.46).

Aufgabe 33

Der Ansatz $\tilde{\varphi} = \tilde{\varphi}(\varphi)$ in der Potentialgleichung (5.2.50) in physikalischen Zylinderkoordinaten führt auf die Lösung $\tilde{\varphi} = A_1 \varphi + A_2$, wobei A_1 und A_2 Integrationskonstanten sind. Daraus folgt $c_R = c_z = 0$, $c_\varphi = \dfrac{A_1}{R}$. Wenn der Zylinder den Radius a und die Umfangsgeschwindigkeit W hat, ist

$$c_\varphi = \frac{Wa}{R} \tag{6.1.41}$$

die gesuchte Lösung.

Aufgabe 34

Die Schwerkraft wirke wie üblich entgegengesetzt der z-Richtung, die beiden Wände mögen in den Ebenen $x = 0$ und $x = H$ liegen, dann sind die Ansätze $c_x = c_y = 0$, $c_z = c_z(x)$, $q' = \text{const}$ und $T = T(x)$ plausibel. Die Kontinuitätsgleichung $(5.2.54)_1$ ist dann identisch erfüllt, die Energiegleichung $(5.2.54)_3$ reduziert sich zu

$$\frac{d^2 T}{dx^2} = 0 \tag{6.1.42}$$

mit der Lösung

$$T = T_0 + \frac{\Delta T}{H}\, x, \tag{6.1.43}$$

wenn die Wand bei $x = 0$ die Temperatur T_0 hat und wir die Temperaturdifferenz der Wand bei $x = H$ gegenüber der Wand bei $x = 0$ mit ΔT bezeichnen. Der Impulssatz (5.2.56) ergibt dann

$$\frac{d^2 c_z}{dx^2} = -\frac{\beta g\, \Delta T}{\nu H}\, x \tag{6.1.44}$$

oder nach zweimaliger Integration unter Berücksichtigung der Wandhaftung

$$c_z = \frac{\beta g\, \Delta T\, H^2}{6\nu} \left[\frac{x}{H} - \left(\frac{x}{H}\right)^3 \right]. \tag{6.1.45}$$

Daraus berechnet sich der Volumenstrom pro Längeneinheit in y-Richtung zu

$$\int_0^H c_z\, dx = \frac{\beta g\, \Delta T\, H^3}{24\nu}. \tag{6.1.46}$$

Die Druckverteilung schließlich ist nach $(5.2.55)_2$ rein hydrostatisch: Es sei q_0 der kinematische Druck in der Ebene $z = 0$, dann gilt

$$q = q_0 - gz. \qquad (6.1.47)$$

Die dimensionsanalytische Interpretation dieser Ergebnisse verläuft wie in früheren Aufgaben und ohne Besonderheiten.

Aufgabe 35

Aus (5.3.25) folgt durch weitere Differentiation

$$d^2 H = 2T\,d^2s + 2dT\,ds + (v - v^-)\,d^2p - (p - p^-)\,d^2v,$$
$$d^3 H = 2T\,d^3s + 4dT\,d^2s + 2d^2T\,ds + (v - v^-)\,d^3p + dv\,d^2p$$
$$- (p - p^-)\,d^3v - dp\,d^2v.$$

Längs der Hugoniot-Kurve verschwinden die Differentiale von H, und für die Differentiale von s auf dieser Kurve im Ausgangspunkt erhalten wir

$$ds = 0, \quad d^2s = 0, \quad 2T^-\,d^3s = dp\,d^2v - dv\,d^2p. \qquad (6.1.48)$$

Daraus folgt

$$\left(\frac{\partial^3 s}{\partial p^3}\right)_{H,-} = \frac{1}{2T^-}\left(\frac{\partial^2 v}{\partial p^2}\right)_{H,-}, \qquad \left(\frac{\partial^3 s}{\partial v^3}\right)_{H,-} = -\frac{1}{2T^-}\left(\frac{\partial^2 p}{\partial v^2}\right)_{H,-},$$

wobei der Index $H, -$ an einer partiellen Ableitung bedeuten soll, daß sie längs der Hugoniot-Kurve im Ausgangspunkt genommen werden soll. Da die ersten beiden Differentiale von s längs der Hugoniotkurve im Ausgangspunkt verschwinden, okulieren die Hugoniot-Kurve und die Isentrope dort einander, alle ersten und zweiten Ableitungen sind dort deshalb längs der beiden Kurven gleich. Nach der Taylorschen Formel folgen dann die Gleichungen (5.3.28).

Aufgabe 36

Während die Isentrope durch den Ausgangspunkt links von dem nach dem zweiten Hauptsatz zulässigen Teil der Hugoniot-Kurve liegt, verläuft der geometrische Ort aller Punkte, in denen eine Gerade durch den Ausgangspunkt eine Isentrope tangiert, rechts davon, vgl. Abb. 12. Wegen $(5.3.23)_1$ muß der Radiusvektor vom Ausgangspunkt zu einem beliebigen Punkt dieses geometrischen Ortes negative Steigung haben; dasselbe gilt für den Radiusvektor zu einem beliebigen Punkt der Isentrope. Da die Hugoniot-Kurve dazwischen liegt, muß für alle Stoßfronten $\{p\} > 0$ und $\{v\} < 0$ und damit $\{\varrho\} > 0$ sein. Dann folgt aus $(5.3.21)_1$ $\{C_N\} < 0$ und weiter aus $(5.3.21)_4$ $\{h\} > 0$.

Für einen beliebigen Punkt des zulässigen Teils der Hugoniot-Kurve
gilt nach Abb. 12

$$\left(\frac{\partial p}{\partial v}\right)_{s,+} < r < \left(\frac{\partial p}{\partial v}\right)_{s,-}.$$

Nun ist

$$\left(\frac{\partial p}{\partial v}\right)_{s} = -\frac{1}{v^2}\left(\frac{\partial p}{\partial \varrho}\right)_{s} = -\varrho^2 a^2$$

und

$$r = \frac{\{p\}}{\{v\}} \underset{(5.3.16)}{=} -(\varrho^{\pm} C_N^{\pm})^2,$$

also gilt

$$(\varrho^+ a^+)^2 > (\varrho^+ C_N^+)^2 \qquad \text{und} \qquad (\varrho^- C_N^-)^2 > (\varrho^- a^-)^2$$

oder

$$Ma^+ < 1, \quad Ma^- > 1.$$

Aufgabe 37

Der Croccosche Wirbelsatz folgt aus dem Impulssatz (5.3.4) unter
Ausnutzung von (1.2.89) und (2.3.24).

Aufgabe 38

Es handelt sich um eine Strömung, deren Stromlinien ebene Spiralen
sind. Wegen der Stationarität der Strömung ist nach (5.3.9) s längs jeder Stromlinie konstant, nach der Bernoullischen Gleichung (5.3.31) auch
$h + \varepsilon$. Wegen der Axialsymmetrie sind der Betrag der Geschwindigkeit und alle thermodynamischen Zustandsgrößen auch auf allen Zylindern $R = \text{const}$ konstant. Wenn die Stromlinien nicht auf solchen
Zylindern liegen, d. h. für $c_R \neq 0$, sind s und die Bernoullische Konstante
also auch quer zu den Stromlinien konstant, d. h.. die Strömung ist
homentrop und homenergetisch. Nach dem Croccoschen Wirbelsatz
(5.3.32) ist sie dann auch wirbelfrei, und damit ist nach (6.2.16)

$$\frac{dc_\varphi}{dR} + \frac{c_\varphi}{R} = 0 \qquad \text{oder} \qquad c_q = \frac{A_1}{R}.$$

Für die Zirkulation folgt nach ihrer Definition (1.2.94) unter Berücksichtigung von (4.1.107)

$$\Gamma = \oint_C c_i \, du^i = \oint_C c_R(R) \, dR + \oint_C R c_\varphi(R) \, d\varphi.$$

Das erste Integral verschwindet, da das Integrationsintervall bei
einem geschlossenen Umlauf zweimal in verschiedener Richtung durch-
laufen wird. Das zweite Integral beträgt $2\pi R c_\varphi(R)$, d. h., es ist $\Gamma = 2\pi A_1$.

Aufgabe 39

Die Diskriminante der Differentialgleichung ist

$$(a^2 - c_x^2)\,(a^2 - c_y^2) - c_x^2 c_y^2 = a^2(a^2 - c^2),$$

die Differentialgleichung ist also an einer Stelle elliptisch, parabolisch oder hyperbolisch, je nachdem ob dort $Ma \lessgtr 1$ ist.

Aufgabe 40

Aus (1.3.9) und (1.3.10) folgt ganz allgemein

$$\frac{\partial^2}{\partial x_i^2} = \frac{\partial^2}{\partial x_i'^2},$$

$$\frac{\partial^2}{\partial t^2} = \left(\frac{\partial}{\partial t'} - v_i\,\frac{\partial}{\partial x_i'}\right)\left(\frac{\partial}{\partial t'} - v_j\,\frac{\partial}{\partial x_j'}\right) = \frac{\partial^2}{\partial t'^2} - 2v_i\,\frac{\partial^2}{\partial t'\,\partial x_i'} + v_i v_j\,\frac{\partial^2}{\partial x_i'\,\partial x_i'}.$$

Wir wollen die beiden Koordinatensysteme so legen, daß im ungestrichenen System die Wellengleichung der Akustik gilt, also die Geschwindigkeit im Mittel verschwindet, und im gestrichenen System die Geschwindigkeit im Mittel die Form $\{W, 0, 0\}$ hat, dann ist nach (1.3.12)

$$v_i = \{-W, 0, 0\}, \qquad (6.1.49)$$

und damit ist

$$\frac{\partial^2}{\partial x_i^2} = \frac{\partial^2}{\partial x_i'^2}, \quad \frac{\partial^2}{\partial t^2} = \frac{\partial^2}{\partial t'^2} + 2\,W\,\frac{\partial^2}{\partial t'\,\partial x'} + W^2\,\frac{\partial^2}{\partial x'^2}.$$

Setzt man das in die Wellengleichung (5.3.54) ein, so folgt, wenn man jetzt die Striche wieder wegläßt und

$$\overline{Ma} = \frac{W}{\bar a} \qquad (6.1.50)$$

einführt,

$$(1 - \overline{Ma}^2)\,\frac{\partial^2\varphi}{\partial x^2} + \frac{\partial^2\varphi}{\partial y^2} + \frac{\partial^2\varphi}{\partial z^2} = \frac{2\,\overline{Ma}}{\bar a}\,\frac{\partial^2\varphi}{\partial x\,\partial t} + \frac{1}{a^2}\,\frac{\partial^2\varphi}{\partial t^2}. \qquad (6.1.51)$$

Ist die Strömung in diesem Koordinatensystem stationär, so folgt speziell

$$(1 - \overline{Ma}^2)\,\frac{\partial^2\varphi}{\partial x^2} + \frac{\partial^2\varphi}{\partial y^2} + \frac{\partial^2\varphi}{\partial z^2} = 0. \qquad (6.1.52)$$

Diese Formel folgt aus (5.3.37) für $c_y \ll c_x$, $c_z \ll c_x$. Sie ist wieder elliptisch, parabolisch oder hyperbolisch, je nachdem ob $\overline{Ma} \lessgtr 1$ ist.

Aufgabe 41

In homentropen Strömungen gilt $ds = 0$, z. B. die universelle Fundamentalgleichung (2.3.16) für die innere Energie lautet dann

$$du = \frac{p}{\varrho^2}\, d\varrho$$

oder speziell für thermodynamisch ideale Gase unter Ausnutzung der Zustandsgleichungen (3.1.1) und (3.1.11)

$$c_V\, dT = \frac{RT}{\varrho}\, d\varrho,$$

$$\frac{dT}{T} = \frac{R}{c_V}\frac{d\varrho}{\varrho} = (\varkappa - 1)\frac{d\varrho}{\varrho},$$

$$\ln T = (\varkappa - 1)\ln \varrho + \text{const},$$

$$\frac{T}{\varrho^{\varkappa-1}} = \text{const}.$$

Unter Ausnutzung der thermischen Zustandsgleichung (3.1.1) erhält man daraus die beiden anderen Formen.

Aufgabe 42

Aus der Isentropengleichung (5.3.57)$_1$ folgt

$$\left(\frac{\partial p}{\partial \varrho}\right)_s = \text{const}\,\varkappa\varrho^{\varkappa-1} = \varkappa\,\frac{p}{\varrho}\underset{(3.1.1)}{} = \varkappa RT\underset{\substack{(3.1.6)\\(3.1.10)}}{} = c_P(\varkappa - 1)T.$$

Die Formel läßt sich auch unter Berücksichtigung von (2.3.17) aus der speziellen Fundamentalgleichung (3.1.13) herleiten.

Aufgabe 43

Die Formeln ergeben sich aus (3.1.11) bei Berücksichtigung von (3.1.1), (3.1.6), (3.1.10) und (5.3.58).

Aufgabe 44

Aus (2.3.16) folgt mit (3.1.11) und (3.1.1) sofort die Formel für eine differentielle Entropieänderung, durch Integration daraus die Formel für eine endliche Entropieänderung.

Aufgabe 45

Aus (5.3.22) folgt mit (5.3.59)$_2$

$$\frac{\varkappa}{\varkappa - 1}\,(p^+ v^+ - p^- v^-) = \frac{1}{2}\,(v^+ + v^-)(p^+ - p^-),$$

daraus ergeben sich die drei Formen von (5.3.61) durch einfache algebraische Umformungen. Die letzte Form geht für schwache Stoßfronten in $\dfrac{\varDelta p}{\varDelta \varrho} = \varkappa\,\dfrac{p}{\varrho}\underset{(5.3.58)}{=} a^2$ über, woraus wegen der Definition der Schallgeschwindigkeit wieder folgt, daß schwache Stoßfronten isentrop sind.

Aufgabe 46

Nach (5.3.17) unter Ausnutzung von (5.3.11) ist

$$(C_N^-)^2 = (Ma^-)^2\,\varkappa\,\frac{p^-}{\varrho^-} = \frac{\varrho^+}{\varrho^-}\,\frac{\{p\}}{\{\varrho\}}\,,$$

$$\varkappa(Ma^-)^2 = \frac{\varrho^+}{\varrho^-}\,\frac{\dfrac{p^+}{p^-} - 1}{\dfrac{\varrho^+}{\varrho^-} - 1}\,.$$

Setzt man darin (5.3.61)$_2$ ein und löst nach $\dfrac{\varrho^+}{\varrho^-}$ auf, so erhält man (5.3.62)$_1$. Setzt man das wiederum in (5.3.61)$_2$ ein, so ergibt sich (5.3.62)$_2$. Wegen

$$\frac{T^+}{T^-} = \frac{p^+}{p^-}\,\frac{\varrho^-}{\varrho^+}$$

folgt aus den beiden ersten Formeln (5.3.62) sofort die dritte, wegen

$$(Ma^+)^2 = \frac{(C_N^+)^2 \varrho^+}{\varkappa p^+} \underset{(5.3.11)}{=} \frac{(C_N^-)^2 (\varrho^-)^2}{\varkappa \varrho^+ p^+} = (Ma^-)^2\,\frac{\varrho^-}{\varrho^+}\,\frac{p^-}{p^+}$$

mit einiger Rechnung die vierte.

Aufgabe 47

Aus (5.3.72)$_3$ folgt für dieses sogenannte kritische Druckverhältnis

$$\frac{p^*}{p_0} = \left(\frac{2}{\varkappa + 1}\right)^{\frac{\varkappa}{\varkappa - 1}}, \tag{6.1.53}$$

speziell für Luft mit $\varkappa = 1{,}4$ ergibt sich z. B. $\dfrac{p^*}{p_0} = 0{,}528$.

Aufgabe 48

Es ist

$$C_N^+ C_N^- \underset{(5.2.17)}{=} \frac{p^-}{\varrho^-} \frac{\dfrac{p^+}{p^-} - 1}{\dfrac{\varrho^+}{\varrho^-} - 1} = \frac{(a^-)^2}{\varkappa} \frac{\dfrac{p^+}{p^-} - 1}{\dfrac{\varrho^+}{\varrho^-} - 1}$$

$$\underset{(5.3.62)_{1,2}}{=} \frac{2(a^-)^2}{\varkappa + 1}\left[1 + \frac{\varkappa - 1}{2}(Ma^-)^2\right] \underset{(5.3.72)_2}{=} \frac{2a_0^2}{\varkappa + 1}.$$

Aus $(5.3.72)_2$ folgt weiter

$$\frac{a_0^2}{a^{*2}} = \frac{\varkappa + 1}{2}.$$

Setzt man das in die Gleichung zuvor ein, so erhält man die zu beweisende Formel.

Aufgabe 49

Das Koordinatensystem werde wieder so gelegt, daß die beiden Wände in den Ebenen $x = \pm H$ liegen und der Druckgradient nur eine z-Komponente hat. Dann sind alle Strömungsgrößen außer dem Druck nur Funktionen von x, und der Druck hat die Form

$$q = -Iz + f(x), \tag{6.1.54}$$

wobei I eine Konstante ist.

Wegen der teilweisen Entkoppelung der Temperatur können wir zunächst von der Energiegleichung absehen. Dann liefert die Kontinuitätsgleichung $(5.4.16)_3$ $c_x = \text{const}$, und daraus folgt wegen der Randbedingungen

$$c_x = 0. \tag{6.1.55}$$

Die analoge Gleichung $(5.4.16)_1$ für das Magnetfeld liefert $B_x = \text{const}$; wenn wir das konstante äußere Magnetfeld mit B_0 bezeichnen, ergibt die Grenzbedingung $(5.4.18)_1$

$$B_x = B_0. \tag{6.1.56}$$

Unter Ausnutzung der bisherigen Resultate ergibt die x-Komponente des Impulssatzes $(5.4.16)_4$

$$\frac{1}{2\mu} \frac{d(B_y^2 + B_z^2)}{dx} = -\frac{\partial q}{\partial x}, \tag{6.1.57}$$

während die x-Komponente der analogen Gleichung $(5.4.16)_2$ für das Magnetfeld identisch erfüllt ist. Die y-Komponenten dieser beiden

Gleichungen ergeben

$$\frac{B_0}{\varrho\mu}\frac{dB_y}{dx} + \nu\frac{d^2 c_y}{dx^2} = 0,$$

$$B_0\frac{dc_y}{dx} + \frac{1}{\sigma\mu}\frac{d^2 B_y}{dx^2} = 0,$$

$$(6.1.58)$$

die z-Komponenten

$$\frac{B_0}{\varrho\mu}\frac{dB_z}{dx} + \nu\frac{d^2 c_z}{dx^2} = -I,$$

$$B_0\frac{dc_z}{dx} + \frac{1}{\sigma\mu}\frac{d^2 B_z}{dx^2} = 0.$$

$$(6.1.59)$$

Man sieht, daß sich B_y und c_y allein aus (6.1.58) und B_z und c_z allein aus (6.1.59) berechnen lassen. Wenn B_y und B_z bekannt sind, ergibt sich q aus (6.1.57).

Wir berechnen zunächst B_z und c_z aus den Gleichungen (6.1.59). Integration von $(6.1.59)_2$ ergibt

$$\frac{dB_z}{dx} + \sigma\mu B_0 c_z = A_1.$$

$$(6.1.60)$$

Setzt man das in $(6.1.59)_1$ ein, so erhält man

$$\frac{d^2 c_z}{dx^2} - \frac{\sigma B_0^2}{\eta}c_z = -\frac{\varrho\mu I + A_1 B_0}{\eta\mu}.$$

Die allgemeine Lösung dieser Gleichung ist

$$c_z = \frac{\varrho\mu I + A_1 B_0}{\sigma\mu B_0^2} + A_2\cosh\sqrt{\frac{\sigma}{\eta}}\,B_0 x + A_3\sinh\sqrt{\frac{\sigma}{\eta}}\,B_0 x.$$

Die Randbedingungen $c_z\,(\pm H) = 0$ führen auf

$$c_z = \frac{\varrho\mu I + A_1 B_0}{\sigma\mu B_0^2}\left(1 - \frac{\cosh\sqrt{\dfrac{\sigma}{\eta}}\,B_0 x}{\cosh\sqrt{\dfrac{\sigma}{\eta}}\,B_0 H}\right).$$

$$(6.1.61)$$

Geht man damit in (6.1.60) ein, so ergibt sich

$$\frac{dB_z}{dx} = -\frac{\varrho\mu I}{B_0} + \frac{\varrho\mu I + A_1 B_0}{B_0\cosh\sqrt{\dfrac{\sigma}{\eta}}\,B_0 H}\cosh\sqrt{\frac{\sigma}{\eta}}\,B_0 x$$

bzw. integriert

$$B_z = -\frac{\varrho\mu I}{B_0}\, x + \frac{\varrho\mu I + A_1 B_0}{B_0^2 \cosh \sqrt{\dfrac{\sigma}{\eta}}\, B_0 H}\, \sqrt{\frac{\eta}{\sigma}}\, \sinh \sqrt{\frac{\sigma}{\eta}}\, B_0 x + A_4. \qquad (6.1.62)$$

Die Konstanten A_1 und A_4 müssen aus Forderungen über die Stromdichte oder die elektrische Feldstärke in der Strömung und die Flächenstromdichte in den Wänden bestimmt werden. Nach $(5.4.8)_2$, $(5.4.8)_3$ unter Ausnutzung von $(6.1.60)$ und $(5.4.18)_3$ in Verbindung mit $(5.4.8)_1$ ist

$$j_y = -\frac{1}{\mu}\frac{dB_z}{dx},$$

$$E_y = \frac{1}{\sigma}\, j_y - B_0 c_z = -\frac{1}{\sigma\mu}\frac{dB_z}{dx} - B_0 c_z = -\frac{A_1}{\sigma\mu}, \qquad (6.1.63)$$

$$-\frac{B_z(H)}{\mu} = -G_y(H), \qquad \frac{B_z(-H)}{\mu} = -G_y(-H).$$

Die Forderungen zur Bestimmung von A_1 und A_4 sind also dadurch eingeschränkt, daß die elektrische Feldstärke E_y konstant, also auch unabhängig von x sein muß und daß die durch eine x-z-Ebene zwischen den Wänden pro Längeneinheit in z-Richtung fließende Stromstärke

$$J_y = \int\limits_{-H}^{+H} j_y\, dx \qquad (6.1.64)$$

mit den Flächenstromdichten in den Wänden über die Beziehung

$$J_y + G_y(H) + G_y(-H) = 0 \qquad (6.1.65)$$

verknüpft ist. Wenn die Wände isolierend sind, können keine Flächenstromdichten auftreten, d. h. B_z muß an beiden Wänden verschwinden. Daraus folgt

$$\varrho\mu I + A_1 B_0 = \varrho\mu I H B_0 \sqrt{\frac{\sigma}{\eta}}\, \coth \sqrt{\frac{\sigma}{\eta}}\, B_0 H,$$
$$A_4 = 0$$

und damit aus $(6.1.61)$ bis $(6.1.64)$

$$c_z = \frac{\varrho I H}{B_0 \sqrt{\sigma\eta}}\, \frac{\cosh \sqrt{\dfrac{\sigma}{\eta}}\, B_0 H - \cosh \sqrt{\dfrac{\sigma}{\eta}}\, B_0 x}{\sinh \sqrt{\dfrac{\sigma}{\eta}}\, B_0 H},$$

$$(6.1.66)$$

$$B_z = \frac{\varrho\,\mu\,I\,H}{B_0}\left(\frac{\sinh\sqrt{\dfrac{\sigma}{\eta}}\,B_0\,x}{\sinh\sqrt{\dfrac{\sigma}{\eta}}\,B_0\,H} - \frac{x}{H}\right), \tag{6.1.66}$$

$$j_y = \frac{\varrho\,I}{B_0}\left(1 - \sqrt{\frac{\sigma}{\eta}}\,B_0\,H\,\frac{\cosh\sqrt{\dfrac{\sigma}{\eta}}\,B_0\,x}{\sinh\sqrt{\dfrac{\sigma}{\eta}}\,B_0\,H}\right),$$

$$E_y = \frac{\varrho\,I}{\sigma\,B_0}\left(1 - \sqrt{\frac{\sigma}{\eta}}\,B_0\,H\,\coth\sqrt{\frac{\sigma}{\eta}}\,B_0\,H\right),$$

$$J_y = 0.$$

Die Forderung isolierender Wände hat nach (6.1.65) zur Folge, daß die Stromstärke J_y verschwindet. Die umgekehrte Forderung ideal leitender Wände führt auf die Bedingung $E_y = 0$, womit dann eine von null verschiedene Stromstärke J_y und entsprechend Flächenstromdichten in den Wänden zur Rückführung dieses Stromes verbunden sind. Auch andere Forderungen sind denkbar.

Die Gleichungen (6.1.58) für B_y und c_y unterscheiden sich von den Gleichungen (6.1.59) für B_z und c_z nur dadurch, daß darin $I = 0$ ist. Damit folgt durch Vergleich mit $(6.1.66)_1$ und $(6.1.66)_2$

$$c_y = 0, \qquad B_y = 0. \tag{6.1.67}$$

Durch Integration von (6.1.57) und Vergleich mit (6.1.54) folgt weiter

$$q = -I\,z + \frac{B_z^2}{2\,\mu} + q_0. \tag{6.1.68}$$

Aus (5.4.8) folgt schließlich

$$j_x = j_z = 0, \qquad E_x = E_z = 0. \tag{6.1.69}$$

Die Ergebnisse der Rechnung lassen sich folgendermaßen anschaulich deuten, man vergleiche dazu Abb. 13: Eine Strömung kommt auch bei Anwesenheit des äußeren Magnetfeldes B_0 nur auf Grund eines Druckgradienten zustande. Wenn man den Impulssatz $(6.1.59)_1$ zwischen der Symmetrieebene $x = 0$ und einer beliebigen Ebene $x = x_0$ integriert, erhält man

$$\nu\,\frac{dc_z}{dx}\bigg|_{x=x_0} = -I\,x_0 - \frac{B_0}{\varrho\,\mu}\,B_z(x_0). \tag{6.1.70}$$

Da B_z nach $(6.1.66)_2$ im Intervall $0 < x < H$ negativ und im Intervall $-H < x < 0$ positiv ist, wird die Steigung des Geschwindigkeitsprofils durch die Wirkung des Magnetfeldes in jedem Punkte außer an den Wänden (und in der Symmetrieebene) abgeflacht, der Volumen-

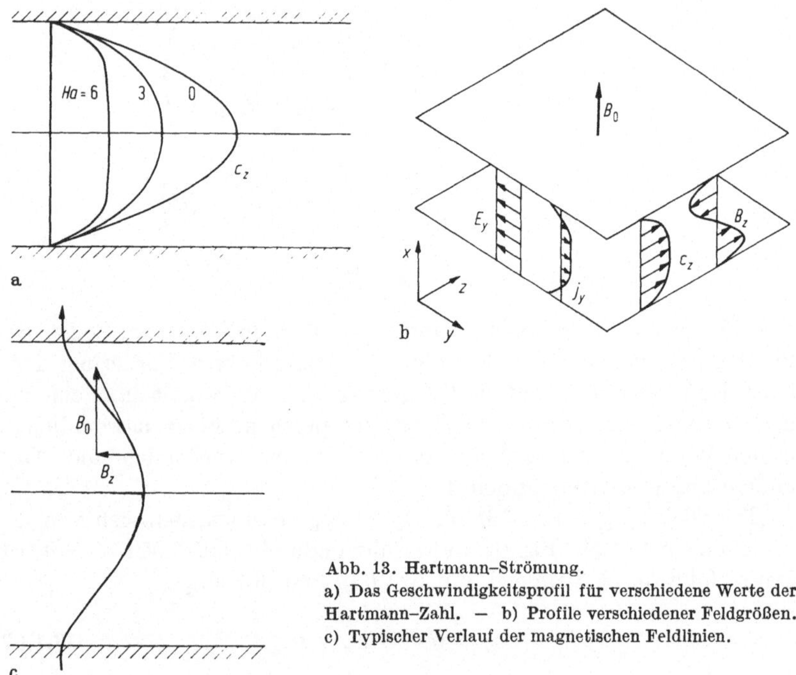

Abb. 13. Hartmann–Strömung.
a) Das Geschwindigkeitsprofil für verschiedene Werte der Hartmann–Zahl. — b) Profile verschiedener Feldgrößen. c) Typischer Verlauf der magnetischen Feldlinien.

strom sinkt also infolge des Magnetfeldes, auf den Reibungswiderstand hat es jedoch keinen Einfluß. Das Zusammenwirken von Strömung in z-Richtung und äußerem Magnetfeld in x-Richtung induziert nach dem Ohmschen Gesetz eine elektrische Feldstärke und eine Stromdichte in y-Richtung: Wenn man $(6.1.63)_2$ unter Ausnutzung des Verschwindens von J_y und der Konstanz von E_y zwischen den Wänden integriert, folgt

$$E_y = -\frac{B_0}{2H} \int\limits_{-H}^{+H} c_z \, dx = -B_0 c_m, \qquad (6.1.71)$$

wobei c_m die dem Volumenstrom proportionale mittlere Geschwindigkeit ist; diese Gleichung bietet übrigens eine bequeme Möglichkeit zur Messung des Volumenstromes. Setzt man (6.1.71) wieder in das Ohmsche Gesetz $(6.1.63)_2$ ein, so erhält man

$$j_y = \sigma B_0 (c_z - c_m). \qquad (6.1.72)$$

Diese Stromdichteverteilung bildet in der x-y-Ebene beiderseits der Symmetrieebene geschlossene Stromkreise, die ein Magnetfeld in z-Richtung induzieren, und zwar ist dieses Magnetfeld in Einklang mit $(6.1.66)_2$ im Bereich $0 < x < H$ negativ und im Bereich $-H < x < 0$ positiv gerichtet. Dieses induzierte Magnetfeld bewirkt, daß die magnetischen Feldlinien von der Strömung „mitgenommen" werden. Sowohl zusammen mit dem äußeren wie mit dem induzierten Magnetfeld bildet die Stromdichte eine Lorentz-Kraftdichte. Die mit dem äußeren Magnetfeld gebildete Lorentz-Kraftdichte hat nur eine z-Komponente. Sie ist nicht aus einem Potential herleitbar, beeinflußt also das Geschwindigkeitsfeld. In Wandnähe, wo $c_z < c_m$ ist, wirkt sie in Richtung des Druckabfalls, im Innenbereich, wo $c_z > c_m$ ist, dem Druckabfall entgegen, die flacht das Geschwindigkeitsprofil im Innenbereich also sehr viel stärker ab als an den Rändern, vgl. Abb. 13a. Die mit dem induzierten Magnetfeld gebildete Lorentz-Kraftdichte hat nur eine x-Komponente. Sie ist aus einem Potential herleitbar, beeinflußt also nur das Druckfeld.

Wir wollen das Ergebnis der Rechnung auch dimensionsanalytisch interpretieren. Das Gleichungssystem (6.1.59) und die zugehörigen Randbedingungen enthalten die Konstanten

$$\frac{B_0}{\eta\mu}, \ \frac{I}{\nu}, \ B_0\sigma\mu, \ H.$$

Daraus läßt sich als einziger Parameter die Hartmann-Zahl

$$Ha = \sqrt{\frac{\sigma}{\eta}} \, B_0 H \tag{6.1.73}$$

bilden. Sie stellt offenbar ein Maß für das Verhältnis der die Geschwindigkeitsverteilung beeinflussenden Lorentz-Kraftdichte zur Reibungskraftdichte dar: Die auf die Geschwindigkeitsverteilung einwirkende Lorentz-Kraftdichte hat den Betrag $j_y B_0$, nach (6.1.72) ist sie also von der Größenordnung $\sigma B_0^2 c_m$, und die Reibungskraftdichte $\eta \dfrac{d^2 c_z}{dx^2}$ ist von der Größenordnung $\eta c_m/H^2$. Die Lösung des Randwertproblems für B_z und c_z muß von der Form

$$f\left(c_z, \, x, \, \frac{B_0}{\eta\mu}, \, \frac{I}{\nu}, \, B_0\sigma\mu, \, H\right) = 0,$$

$$f\left(B_z, \, x, \, \frac{B_0}{\eta\mu}, \, \frac{I}{\nu}, \, B_0\sigma\mu, \, H\right) = 0$$

sein. Die sechs Argumente lassen sich jeweils auf drei Grundgrößen, z. B. eine Länge, eine Geschwindigkeit und eine magnetische Induktion, zurückführen, es ist

$$f\left(\frac{c_z\nu}{IH^2}, \frac{x}{H}, \sqrt{\frac{\sigma}{\eta}}\,B_0 H\right) = 0,$$

$$f\left(\frac{B_z B_0}{\varrho\mu IH}, \frac{x}{H}, \sqrt{\frac{\sigma}{\eta}}\,B_0 H\right) = 0$$

oder explizit

$$c_z = \frac{IH^2}{\nu}\,f\left(\frac{x}{H}, \sqrt{\frac{\sigma}{\eta}}\,B_0 H\right),$$

$$B_z = \frac{\varrho\mu IH}{B_0}\,f\left(\frac{x}{H}, \sqrt{\frac{\sigma}{\eta}}\,B_0 H\right).$$

$$(6.1.74)$$

Nach (6.1.63) folgt daraus unter Ausnutzung der Konstanz von E_y

$$f\left(j_y, \frac{\varrho I}{B_0}, \frac{x}{H}, \sqrt{\frac{\sigma}{\eta}}\,B_0 H\right) = 0,$$

$$f\left(E_y, \frac{\varrho I}{\sigma B_0}, \frac{B_0 IH^2}{\nu}, \sqrt{\frac{\sigma}{\eta}}\,B_0 H\right) = 0.$$

In der ersten Gleichung sind die beiden ersten Argumente dimensionsgleich und die beiden anderen dimensionslos, man erhält also

$$j_y = \frac{\varrho I}{B_0}\,f\left(\frac{x}{H}, \sqrt{\frac{\sigma}{\eta}}\,B_0 H\right), \qquad (6.1.75)$$

in der zweiten Gleichung lassen sich aus den ersten drei Argumenten die beiden dimensionslosen Größen

$$\frac{E_y \sigma B_0}{\varrho I}, \quad \sqrt{\frac{\sigma}{\eta}}\,B_0 H$$

bilden, man erhält also

$$E_y = \frac{\varrho I}{\sigma B_0}\,f\left(\sqrt{\frac{\sigma}{\eta}}\,B_0 H\right). \qquad (6.1.76)$$

Die Temperaturverteilung ergibt sich jetzt aus der Energiegleichung $(5.4.16)_5$. Nach Einsetzen des Geschwindigkeits- und des Magnetfeldes lautet sie

$$\frac{d^2 T}{dx^2} = -\frac{\varrho^2 I^2 H^2}{\lambda\eta}\,\frac{\cosh 2\sqrt{\dfrac{\sigma}{\eta}}\,B_0 x}{\sinh^2\sqrt{\dfrac{\sigma}{\eta}}\,B_0 H} + \frac{2\varrho^2 I^2 H}{\lambda B_0\sqrt{\sigma\eta}}\,\frac{\cosh\sqrt{\dfrac{\sigma}{\eta}}\,B_0 x}{\sinh\sqrt{\dfrac{\sigma}{\eta}}\,B_0 H} - \frac{\varrho^2 I^2}{\lambda\sigma B_0^2}.$$

$$(6.1.77)$$

Zweimalige Integration unter Berücksichtigung der Randbedingungen ergibt für die durch Dissipation und Joulesche Wärmezufuhr hervorgerufene Temperaturverteilung

$$T = \frac{\varrho^2 I^2 H^2}{\lambda \sigma B_0^2}\left[\frac{1}{2}\left(1 - \frac{x^2}{H^2}\right) - \frac{2}{B_0 H}\sqrt{\frac{\eta}{\sigma}}\;\frac{\cosh\sqrt{\frac{\sigma}{\eta}}\,B_0 H - \cosh\sqrt{\frac{\sigma}{\eta}}\,B_0 x}{\sinh\sqrt{\frac{\sigma}{\eta}}\,B_0 H}\right.$$

$$\left.+\frac{1}{4}\;\frac{\cosh 2\sqrt{\frac{\sigma}{\eta}}\,B_0 H - \cosh 2\sqrt{\frac{\sigma}{\eta}}\,B_0 x}{\sinh^2\sqrt{\frac{\sigma}{\eta}}\,B_0 H}\right]. \tag{6.1.78}$$

Die dimensionsanalytische Interpretation verläuft ohne Besonderheiten.

6.2 Spezielle krummlinige Koordinaten

In diesem Abschnitt sollen einige häufig benutzte Größen für die beiden wichtigsten Arten krummliniger Koordinaten, für Zylinder- und Kugelkoordinaten, zum Nachschlagen zusammengestellt werden.

6.2.1 Zylinderkoordinaten

6.2.1.1 Bezeichnungen und Transformationsgleichungen für Punktkoordinaten

$$u^1 = R, \qquad u^2 = \varphi, \qquad u^3 = z. \tag{6.2.1}$$

$$x = R\cos\varphi, \qquad y = R\sin\varphi, \qquad R = \sqrt{x^2 + y^2}, \qquad \varphi = \arctan\frac{y}{x}. \tag{6.2.2}$$

6.2.1.2 Basen

Die kartesischen Koordinaten der kovarianten, kontravarianten und physikalischen Basis sind

$$\underline{g}_1 = \underline{g}^1 = \underline{g}\langle 1\rangle = \{\cos\varphi,\,\sin\varphi,\,0\};$$

$$\underline{g}_2 = \{-R\sin\varphi,\,R\cos\varphi,\,0\}, \tag{6.2.3}$$

$$g^2 = \left\{ -\frac{1}{R} \sin \varphi, \frac{1}{R} \cos \varphi, 0 \right\}, \qquad (6.2.3)$$

$$g_{\langle 2 \rangle} = \{ -\sin \varphi, \cos \varphi, 0 \};$$

$$g_3 = g^3 = g_{\langle 3 \rangle} = \{0, 0, 1\}.$$

6.2.1.3 Transformationsgleichungen für Tensorkoordinaten

In den folgenden Formeln werden die kartesischen Koordinaten z. B. eines Vektors mit a_x, a_y, a_z, seine kovarianten Zylinderkoordinaten mit a_1, a_2, a_3, seine kontravarianten Zylinderkoordinaten mit a^1, a^2, a^3 und seine physikalischen Zylinderkoordinaten mit a_R, a_φ, a_z bezeichnet.

$$a_R = a_x \cos \varphi + a_y \sin \varphi,$$

$$a_\varphi = a_y \cos \varphi - a_x \sin \varphi, \qquad (6.2.4)$$

$$a_z = a_z.$$

$$a_x = a_R \cos \varphi - a_\varphi \sin \varphi,$$

$$a_y = a_\varphi \cos \varphi + a_R \sin \varphi, \qquad (6.2.5)$$

$$a_z = a_z.$$

$$a_1 = a^1 = a_R,$$

$$a_2 = R a_\varphi, \qquad a^2 = \frac{1}{R} a_\varphi, \qquad (6.2.6)$$

$$a_3 = a^3 = a_z.$$

$$a_{RR} = a_{xx} \cos^2 \varphi + (a_{xy} + a_{yx}) \cos \varphi \sin \varphi + a_{yy} \sin^2 \varphi,$$

$$a_{R\varphi} = a_{xy} \cos^2 \varphi - (a_{xx} - a_{yy}) \cos \varphi \sin \varphi - a_{yx} \sin^2 \varphi,$$

$$a_{Rz} = a_{xz} \cos \varphi + a_{yz} \sin \varphi,$$

$$a_{\varphi R} = a_{yx} \cos^2 \varphi - (a_{xx} - a_{yy}) \cos \varphi \sin \varphi - a_{xy} \sin^2 \varphi,$$

$$a_{\varphi\varphi} = a_{yy} \cos^2 \varphi - (a_{xy} + a_{yx}) \cos \varphi \sin \varphi + a_{xx} \sin^2 \varphi, \qquad (6.2.7)$$

$$a_{\varphi z} = a_{yz} \cos \varphi - a_{xz} \sin \varphi,$$

$$a_{zR} = a_{zx} \cos \varphi + a_{zy} \sin \varphi,$$

$$a_{z\varphi} = a_{zy} \cos \varphi - a_{zx} \sin \varphi,$$

$$a_{zz} = a_{zz}.$$

$$a_{xx} = a_{RR}\cos^2\varphi - (a_{R\varphi} + a_{\varphi R})\cos\varphi\sin\varphi + a_{\varphi\varphi}\sin^2\varphi,$$

$$a_{xy} = a_{R\varphi}\cos^2\varphi + (a_{RR} - a_{\varphi\varphi})\cos\varphi\sin\varphi - a_{\varphi R}\sin^2\varphi,$$

$$a_{xz} = a_{Rz}\cos\varphi - a_{\varphi z}\sin\varphi,$$

$$a_{yx} = a_{\varphi R}\cos^2\varphi + (a_{RR} - a_{\varphi\varphi})\cos\varphi\sin\varphi - a_{R\varphi}\sin^2\varphi,$$

$$a_{yy} = a_{\varphi\varphi}\cos^2\varphi + (a_{R\varphi} + a_{\varphi R})\cos\varphi\sin\varphi + a_{RR}\sin^2\varphi, \qquad (6.2.8)$$

$$a_{yz} = a_{\varphi z}\cos\varphi + a_{Rz}\sin\varphi,$$

$$a_{zx} = a_{zR}\cos\varphi - a_{z\varphi}\sin\varphi,$$

$$a_{zy} = a_{z\varphi}\cos\varphi + a_{zR}\sin\varphi.$$

$$a_{zz} = a_{zz}.$$

$$a_{11} = a^{11} = a_1{}^1 = a^1{}_1 = a_{RR},$$

$$a_{12} = a^1{}_2 = R\,a_{R\varphi}, \qquad a^{12} = a_1{}^2 = \frac{1}{R}\,a_{R\varphi},$$

$$a_{13} = a^{13} = a_1{}^3 = a^1{}_3 = a_{Rz},$$

$$a_{21} = a_2{}^1 = R\,a_{\varphi R}, \qquad a^{21} = a^2{}_1 = \frac{1}{R}\,a_{\varphi R},$$

$$a_{22} = R^2 a_{\varphi\varphi}, \qquad a^{22} = \frac{1}{R^2}\,a_{\varphi\varphi}, \qquad a_2{}^2 = a^2{}_2 = a_{\varphi\varphi}, \qquad (6.2.9)$$

$$a_{23} = a_2{}^3 = R\,a_{\varphi z}, \qquad a^{23} = a^2{}_3 = \frac{1}{R}\,a_{\varphi z},$$

$$a_{31} = a^{31} = a_3{}^1 = a^3{}_1 = a_{zR},$$

$$a_{32} = a^3{}_2 = R\,a_{z\varphi}, \qquad a^{32} = a_3{}^2 = \frac{1}{R}\,a_{z\varphi},$$

$$a_{33} = a^{33} = a_3{}^3 = a^3{}_3 = a_{zz}.$$

6.2.1.4 Einheitstensor und ϵ-Tensor

Die einzigen von null verschiedenen Koordinaten sind

$$g_{11} = g^{11} = 1, \qquad g_{22} = R^2, \qquad g^{22} = \frac{1}{R^2}, \qquad g_{33} = g^{33} = 1; \qquad (6.2.10)$$

$$e_{123} = e_{12}{}^3 = e^1{}_{23} = e^1{}_2{}^3 = R, \quad e^{123} = e_1{}^{23} = e^{12}{}_3 = e_1{}^2{}_3 = \frac{1}{R}, \quad (6.2.11)$$

dazu kommen beim ε-Tensor noch die zugehörigen zyklischen Permutationen. Außerdem ist

$$g \equiv \det g_{ij} = R^2. \qquad (6.2.12)$$

6.2.1.5 Die Christoffel-Symbole

Die einzigen von null verschiedenen Christoffel-Symbole sind

$$\Gamma_{12}^2 = \Gamma_{21}^2 = \frac{1}{R}, \qquad \Gamma_{22}^1 = -R. \qquad (6.2.13)$$

6.2.1.6 Differentialoperatoren

Es werden jeweils die physikalischen Koordinaten angegeben.

$$\operatorname{grad} a = \left\{ \frac{\partial a}{\partial R}, \frac{1}{R} \frac{\partial a}{\partial \varphi}, \frac{\partial a}{\partial z} \right\}. \qquad (6.2.14)$$

$$\operatorname{div} \underline{a} = \frac{\partial a_R}{\partial R} + \frac{a_R}{R} + \frac{1}{R} \frac{\partial a_\varphi}{\partial \varphi} + \frac{\partial a_z}{\partial z}. \qquad (6.2.15)$$

$$\operatorname{rot} \underline{a} = \left\{ \frac{1}{R} \frac{\partial a_z}{\partial \varphi} - \frac{\partial a_\varphi}{\partial z}, \frac{\partial a_R}{\partial z} - \frac{\partial a_z}{\partial R}, \frac{\partial a_\varphi}{\partial R} - \frac{1}{R} \frac{\partial a_R}{\partial \varphi} + \frac{a_\varphi}{R} \right\}. \qquad (6.2.16)$$

$$(\operatorname{grad} \underline{a})_{RR} = \frac{\partial a_R}{\partial R},$$

$$(\operatorname{grad} \underline{a})_{R\varphi} = \frac{\partial a_\varphi}{\partial R},$$

$$(\operatorname{grad} \underline{a})_{Rz} = \frac{\partial a_z}{\partial R},$$

$$(\operatorname{grad} \underline{a})_{\varphi R} = \frac{1}{R} \frac{\partial a_R}{\partial \varphi} - \frac{a_\varphi}{R},$$

$$(\operatorname{grad} \underline{a})_{\varphi\varphi} = \frac{1}{R} \frac{\partial a_\varphi}{\partial \varphi} + \frac{a_R}{R}, \qquad (6.2.17)$$

$$(\operatorname{grad} \underline{a})_{\varphi z} = \frac{1}{R} \frac{\partial a_z}{\partial \varphi},$$

$$(\operatorname{grad} \underline{a})_{zR} = \frac{\partial a_R}{\partial z},$$

$$(\operatorname{grad} \underline{a})_{z\varphi} = \frac{\partial a_\varphi}{\partial z},$$

$$(\operatorname{grad} \underline{a})_{zz} = \frac{\partial a_z}{\partial z}.$$

$$(\underline{b} \cdot \operatorname{grad} \underline{a})_R = b_R \frac{\partial a_R}{\partial R} + \frac{b_\varphi}{R} \frac{\partial a_R}{\partial \varphi} + b_z \frac{\partial a_R}{\partial z} - \frac{b_\varphi a_\varphi}{R},$$

$$(\underline{b} \cdot \operatorname{grad} \underline{a})_\varphi = b_R \frac{\partial a_\varphi}{\partial R} + \frac{b_\varphi}{R} \frac{\partial a_\varphi}{\partial \varphi} + b_z \frac{\partial a_\varphi}{\partial z} + \frac{b_\varphi a_R}{R}, \qquad (6.2.18)$$

$$(\underline{b} \cdot \operatorname{grad} \underline{a})_z = b_R \frac{\partial a_z}{\partial R} + \frac{b_\varphi}{R} \frac{\partial a_z}{\partial \varphi} + b_z \frac{\partial a_z}{\partial z}.$$

$$(\operatorname{div} \underline{a})_R = \frac{\partial a_{RR}}{\partial R} + \frac{1}{R} \frac{\partial a_{\varphi R}}{\partial \varphi} + \frac{\partial a_{zR}}{\partial z} + \frac{a_{RR} - a_{\varphi\varphi}}{R},$$

$$(\operatorname{div} \underline{a})_\varphi = \frac{\partial a_{R\varphi}}{\partial R} + \frac{1}{R} \frac{\partial a_{\varphi\varphi}}{\partial \varphi} + \frac{\partial a_{z\varphi}}{\partial z} + \frac{a_{R\varphi} + a_{\varphi R}}{R}, \qquad (6.2.19)$$

$$(\operatorname{div} \underline{a})_z = \frac{\partial a_{Rz}}{\partial R} + \frac{1}{R} \frac{\partial a_{\varphi z}}{\partial \varphi} + \frac{\partial a_{zz}}{\partial z} + \frac{a_{Rz}}{R}.$$

$$\varDelta a = \frac{\partial^2 a}{\partial R^2} + \frac{1}{R} \frac{\partial a}{\partial R} + \frac{1}{R^2} \frac{\partial^2 a}{\partial \varphi^2} + \frac{\partial^2 a}{\partial z^2}. \qquad (6.2.20)$$

$$(\varDelta \underline{a})_R = \frac{\partial^2 a_R}{\partial R^2} + \frac{1}{R} \frac{\partial a_R}{\partial R} - \frac{a_R}{R^2} + \frac{1}{R^2} \frac{\partial^2 a_R}{\partial \varphi^2} + \frac{\partial^2 a_R}{\partial z^2} - \frac{2}{R^2} \frac{\partial a_\varphi}{\partial \varphi},$$

$$(\varDelta \underline{a})_\varphi = \frac{\partial^2 a_\varphi}{\partial R^2} + \frac{1}{R} \frac{\partial a_\varphi}{\partial R} - \frac{a_\varphi}{R^2} + \frac{1}{R^2} \frac{\partial^2 a_\varphi}{\partial \varphi^2} + \frac{\partial^2 a_\varphi}{\partial z^2} + \frac{2}{R^2} \frac{\partial a_R}{\partial \varphi}, \qquad (6.2.21)$$

$$(\varDelta \underline{a})_z = \frac{\partial^2 a_z}{\partial R^2} + \frac{1}{R} \frac{\partial a_z}{\partial R} + \frac{1}{R^2} \frac{\partial^2 a_z}{\partial \varphi^2} + \frac{\partial^2 a_z}{\partial z^2}.$$

6.2.2 Kugelkoordinaten

6.2.2.1 Bezeichnungen und Transformationsgleichungen für Punktkoordinaten

$$u^1 = r, \qquad u^2 = \vartheta, \qquad u^3 = \varphi. \qquad (6.2.22)$$

$$x = r \sin \vartheta \cos \varphi, \qquad y = r \sin \vartheta \sin \varphi, \qquad z = r \cos \vartheta,$$

$$(6.2.23)$$

$$r = \sqrt{x^2 + y^2 + z^2}, \qquad \vartheta = \arccos \frac{z}{\sqrt{x^2 + y^2 + z^2}}, \qquad \varphi = \arctan \frac{y}{x}.$$

18*

6.2.2.2 Basen

Die kartesischen Koordinaten der kovarianten, kontravarianten und physikalischen Basis sind

$$\underline{g}_1 = \underline{g}^1 = \underline{g}_{\langle 1 \rangle} = \{\sin \vartheta \cos \varphi,\ \sin \vartheta \sin \varphi,\ \cos \vartheta\};$$

$$\underline{g}_2 = \{r \cos \vartheta \cos \varphi,\ r \cos \vartheta \sin \varphi,\ -r \sin \vartheta\},$$

$$\underline{g}^2 = \left\{\frac{1}{r} \cos \vartheta \cos \varphi,\ \frac{1}{r} \cos \vartheta \sin \varphi,\ -\frac{1}{r} \sin \vartheta\right\},$$

$$\underline{g}_{\langle 2 \rangle} = \{\cos \vartheta \cos \varphi,\ \cos \vartheta \sin \varphi,\ -\sin \vartheta\}; \tag{6.2.24}$$

$$\underline{g}_3 = \{-r \sin \vartheta \sin \varphi,\ r \sin \vartheta \cos \varphi,\ 0\},$$

$$\underline{g}^3 = \left\{-\frac{\sin \varphi}{r \sin \vartheta},\ \frac{\cos \varphi}{r \sin \vartheta},\ 0\right\},$$

$$\underline{g}_{\langle 3 \rangle} = \{-\sin \varphi,\ \cos \varphi,\ 0\}.$$

6.2.2.3 Transformationsgleichungen für Tensorkoordinaten

In den folgenden Formeln werden die kartesischen Koordinaten z. B. eines Vektors mit a_x, a_y, a_z, seine kovarianten Kugelkoordinaten mit a_1, a_2, a_3, seine kontravarianten Kugelkoordinaten mit a^1, a^2, a^3 und seine physikalischen Kugelkoordinaten mit $a_r, a_\vartheta, a_\varphi$ bezeichnet.

$$a_r = a_x \sin \vartheta \cos \varphi + a_y \sin \vartheta \sin \varphi + a_z \cos \vartheta,$$

$$a_\vartheta = a_x \cos \vartheta \cos \varphi + a_y \cos \vartheta \sin \varphi - a_z \sin \vartheta, \tag{6.2.25}$$

$$a_\varphi = -a_x \sin \varphi + a_y \cos \varphi.$$

$$a_x = a_r \sin \vartheta \cos \varphi + a_\vartheta \cos \vartheta \cos \varphi - a_\varphi \sin \varphi,$$

$$a_y = a_r \sin \vartheta \sin \varphi + a_\vartheta \cos \vartheta \sin \varphi + a_\varphi \cos \varphi, \tag{6.2.26}$$

$$a_z = a_r \cos \vartheta - a_\vartheta \sin \vartheta.$$

$$a_1 = a^1 = a_r,$$

$$a_2 = r a_\vartheta, \qquad a^2 = \frac{1}{r} a_\vartheta, \tag{6.2.27}$$

$$a_3 = r \sin \vartheta\, a_\varphi, \qquad a^3 = \frac{1}{r \sin \vartheta} a_\varphi.$$

$$a_{rr} = a_{xx} \sin^2 \vartheta \cos^2 \varphi + a_{xy} \sin^2 \vartheta \cos \varphi \sin \varphi + a_{xz} \cos \vartheta \sin \vartheta \cos \varphi$$
$$+ a_{yx} \sin^2 \vartheta \cos \varphi \sin \varphi + a_{yy} \sin^2 \vartheta \sin^2 \varphi + a_{yz} \cos \vartheta \sin \vartheta \sin \varphi$$
$$+ a_{zx} \cos \vartheta \sin \vartheta \cos \varphi + a_{zy} \cos \vartheta \sin \vartheta \sin \varphi + a_{zz} \cos^2 \vartheta,$$

$$a_{r\vartheta} = a_{xx} \cos \vartheta \sin \vartheta \cos^2 \varphi + a_{xy} \cos \vartheta \sin \vartheta \cos \varphi \sin \varphi - a_{xz} \sin^2 \vartheta \cos \varphi$$
$$+ a_{yx} \cos \vartheta \sin \vartheta \cos \varphi \sin \varphi + a_{yy} \cos \vartheta \sin \vartheta \sin^2 \varphi - a_{yz} \sin^2 \vartheta \sin \varphi$$
$$+ a_{zx} \cos^2 \vartheta \cos \varphi + a_{zy} \cos^2 \vartheta \sin \varphi - a_{zz} \cos \vartheta \sin \vartheta,$$

$$a_{r\varphi} = -a_{xx} \sin \vartheta \cos \varphi \sin \varphi + a_{xy} \sin \vartheta \cos^2 \varphi - a_{yx} \sin \vartheta \sin^2 \varphi$$
$$+ a_{yy} \sin \vartheta \cos \varphi \sin \varphi - a_{zx} \cos \vartheta \sin \varphi + a_{zy} \cos \vartheta \cos \varphi,$$

$$a_{\vartheta r} = a_{xx} \cos \vartheta \sin \vartheta \cos^2 \varphi + a_{xy} \cos \vartheta \sin \vartheta \cos \varphi \sin \varphi + a_{xz} \cos^2 \vartheta \cos \varphi$$
$$+ a_{yx} \cos \vartheta \sin \vartheta \cos \varphi \sin \varphi + a_{yy} \cos \vartheta \sin \vartheta \sin^2 \varphi + a_{yz} \cos^2 \vartheta \sin \varphi$$
$$- a_{zx} \sin^2 \vartheta \cos \varphi - a_{zy} \sin^2 \vartheta \sin \varphi - a_{zz} \cos \vartheta \sin \vartheta, \qquad (6.2.28)$$

$$a_{\vartheta\vartheta} = a_{xx} \cos^2 \vartheta \cos^2 \varphi + a_{xy} \cos^2 \vartheta \cos \varphi \sin \varphi - a_{xz} \cos \vartheta \sin \vartheta \cos \varphi$$
$$+ a_{yx} \cos^2 \vartheta \cos \varphi \sin \varphi + a_{yy} \cos^2 \vartheta \sin^2 \varphi - a_{yz} \cos \vartheta \sin \vartheta \sin \varphi$$
$$- a_{zx} \cos \vartheta \sin \vartheta \cos \varphi - a_{zy} \cos \vartheta \sin \vartheta \sin \varphi + a_{zz} \sin^2 \vartheta,$$

$$a_{\vartheta\varphi} = -a_{xx} \cos \vartheta \cos \varphi \sin \varphi + a_{xy} \cos \vartheta \cos^2 \varphi - a_{yx} \cos \vartheta \sin^2 \varphi$$
$$+ a_{yy} \cos \vartheta \cos \varphi \sin \varphi + a_{zx} \sin \vartheta \sin \varphi - a_{zy} \sin \vartheta \cos \varphi,$$

$$a_{\varphi r} = -a_{xx} \sin \vartheta \cos \varphi \sin \varphi - a_{xy} \sin \vartheta \sin^2 \varphi - a_{xz} \cos \vartheta \sin \varphi$$
$$+ a_{yx} \sin \vartheta \cos^2 \varphi + a_{yy} \sin \vartheta \cos \varphi \sin \varphi + a_{yz} \cos \vartheta \cos \varphi$$

$$a_{\varphi\vartheta} = -a_{xx} \cos \vartheta \cos \varphi \sin \varphi - a_{xy} \cos \vartheta \sin^2 \varphi + a_{xz} \sin \vartheta \sin \varphi$$
$$+ a_{yx} \cos \vartheta \cos^2 \varphi + a_{yy} \cos \vartheta \cos \varphi \sin \varphi - a_{yz} \sin \vartheta \cos \varphi,$$

$$a_{\varphi\varphi} = a_{xx} \sin^2 \varphi - a_{xy} \cos \varphi \sin \varphi - a_{yx} \cos \varphi \sin \varphi + a_{yy} \cos^2 \varphi.$$

$$a_{xx} = a_{rr} \sin^2 \vartheta \cos^2 \varphi + a_{r\vartheta} \cos \vartheta \sin \vartheta \cos^2 \varphi - a_{r\varphi} \sin \vartheta \cos \varphi \sin \varphi$$
$$+ a_{\vartheta r} \cos \vartheta \sin \vartheta \cos^2 \varphi + a_{\vartheta\vartheta} \cos^2 \vartheta \cos^2 \varphi - a_{\vartheta\varphi} \cos \vartheta \cos \varphi \sin \varphi$$
$$- a_{\varphi r} \sin \vartheta \cos \varphi \sin \varphi - a_{\varphi\vartheta} \cos \vartheta \cos \varphi \sin \varphi + a_{\varphi\varphi} \sin^2 \varphi,$$

$$a_{xy} = a_{rr} \sin^2 \vartheta \cos \varphi \sin \varphi + a_{r\vartheta} \cos \vartheta \sin \vartheta \cos \varphi \sin \varphi + a_{r\varphi} \sin \vartheta \cos^2 \varphi$$
$$- a_{\vartheta r} \cos \vartheta \sin \vartheta \cos \varphi \sin \varphi + a_{\vartheta\vartheta} \cos^2 \vartheta \cos \varphi \sin \varphi + a_{\vartheta\varphi} \cos \vartheta \cos^2 \varphi$$
$$- a_{\varphi r} \sin \vartheta \sin^2 \varphi - a_{\varphi\vartheta} \cos \vartheta \sin^2 \varphi - a_{\varphi\varphi} \cos \varphi \sin \varphi,$$

$$(6.2.29)$$

$$a_{xz} = a_{rr} \cos \vartheta \sin \vartheta \cos \varphi - a_{r\vartheta} \sin^2 \vartheta \cos \varphi + a_{\vartheta r} \cos^2 \vartheta \cos \varphi \qquad (6.2.29)$$
$$-a_{\vartheta\vartheta} \cos \vartheta \sin \vartheta \cos \varphi - a_{\varphi r} \cos \vartheta \sin \varphi + a_{\varphi\vartheta} \sin \vartheta \sin \varphi,$$

$$a_{yx} = a_{rr} \sin^2 \vartheta \cos \varphi \sin \varphi + a_{r\vartheta} \cos \vartheta \sin \vartheta \cos \varphi \sin \varphi - a_{rr} \sin \vartheta \sin^2 \varphi$$
$$+ a_{\vartheta r} \cos \vartheta \sin \vartheta \cos \varphi \sin \varphi + a_{\vartheta\vartheta} \cos^2 \vartheta \cos \varphi \sin \varphi - a_{\vartheta\varphi} \cos \vartheta \sin^2 \varphi$$
$$+ a_{\varphi r} \sin \vartheta \cos^2 \varphi + a_{\varphi\vartheta} \cos \vartheta \cos^2 \varphi - a_{\varphi\varphi} \cos \varphi \sin \varphi,$$

$$a_{yy} = a_{rr} \sin^2 \vartheta \sin^2 \varphi + a_{r\vartheta} \cos \vartheta \sin \vartheta \sin^2 \varphi + a_{r\varphi} \sin \vartheta \cos \varphi \sin \varphi$$
$$+ a_{\vartheta r} \cos \vartheta \sin \vartheta \sin^2 \varphi + a_{\vartheta\vartheta} \cos^2 \vartheta \sin^2 \varphi + a_{\vartheta\varphi} \cos \vartheta \cos \varphi \sin \varphi$$
$$+ a_{\varphi r} \sin \vartheta \cos \varphi \sin \varphi + a_{\varphi\vartheta} \sin \vartheta \cos \varphi \sin \varphi + a_{\varphi\varphi} \cos^2 \varphi,$$

$$a_{yz} = a_{rr} \cos \vartheta \sin \vartheta \sin \varphi - a_{r\vartheta} \sin^2 \vartheta \sin \varphi + a_{\vartheta r} \cos^2 \vartheta \sin \varphi$$
$$- a_{\vartheta\vartheta} \cos \vartheta \sin \vartheta \sin \varphi + a_{\varphi r} \cos \vartheta \cos \varphi - a_{\varphi\vartheta} \sin \vartheta \cos \varphi,$$

$$a_{zx} = a_{rr} \cos \vartheta \sin \vartheta \cos \varphi + a_{r\vartheta} \cos^2 \vartheta \cos \varphi - a_{r\varphi} \cos \vartheta \sin \varphi$$
$$- a_{\vartheta r} \sin^2 \vartheta \cos \varphi - a_{\vartheta\vartheta} \cos \vartheta \sin \vartheta \cos \varphi + a_{\vartheta\varphi} \sin \vartheta \sin \varphi,$$

$$a_{zy} = a_{rr} \cos \vartheta \sin \vartheta \sin \varphi + a_{r\vartheta} \cos^2 \vartheta \sin \varphi + a_{r\varphi} \cos \vartheta \cos \varphi$$
$$- a_{\vartheta r} \sin^2 \vartheta \sin \varphi - a_{\vartheta\vartheta} \cos \vartheta \sin \vartheta \sin \varphi - a_{\vartheta\varphi} \sin \vartheta \cos \varphi,$$

$$a_{zz} = a_{rr} \cos^2 \vartheta - a_{r\vartheta} \cos \vartheta \sin \vartheta - a_{\vartheta r} \cos \vartheta \sin \vartheta + a_{\vartheta\vartheta} \sin^2 \vartheta.$$

$$a_{11} = a^{11} = a_1{}^1 = a^1{}_1 = a_{rr},$$

$$a_{12} = a^1{}_2 = r a_{r\vartheta}, \qquad a^{12} = a_1{}^2 = \frac{1}{r} a_{r\vartheta},$$

$$a_{13} = a^1{}_3 = r \sin \vartheta\, a_{r\varphi}, \qquad a^{13} = a_1{}^3 = \frac{1}{r \sin \vartheta} a_{r\varphi},$$

$$a_{21} = a_2{}^1 = r a_{\vartheta r}, \qquad a^{21} = a^2{}_1 = \frac{1}{r} a_{\vartheta r},$$

$$a_{22} = r^2 a_{\vartheta\vartheta}, \qquad a^{22} = \frac{1}{r^2} a_{\vartheta\vartheta}, \quad a_2{}^2 = a^2{}_2 = a_{\vartheta\vartheta},$$

$$a_{23} = r^2 \sin \vartheta\, a_{\vartheta\varphi}, \qquad a^{23} = \frac{1}{r^2 \sin \vartheta} a_{\vartheta\varphi},$$

$$a_2{}^3 = \frac{1}{\sin \vartheta} a_{\vartheta\varphi}, \qquad a^2{}_3 = \sin \vartheta\, a_{\vartheta\varphi},$$

$$a_{31} = a_3{}^1 = r \sin \vartheta\, a_{\varphi r}, \qquad a^{31} = a^3{}_1 = \frac{1}{r \sin \vartheta} a_{\varphi r},$$
$$(6.2.30)$$

$$a_{32} = r^2 \sin \vartheta \, a_{\varphi\vartheta}, \qquad a^{32} = \frac{1}{r^2 \sin \vartheta} \, a_{\varphi\vartheta}, \qquad (6.2.30)$$

$$a_3{}^2 = \sin \vartheta \, a_{\varphi\vartheta}, \qquad a^3{}_2 = \frac{1}{\sin \vartheta} \, a_{\varphi\vartheta},$$

$$a_{33} = r^2 \sin^2 \vartheta \, a_{\varphi\varphi}, \qquad a^{33} = \frac{1}{r^2 \sin^2 \vartheta} \, a_{\varphi\varphi},$$

$$a_3{}^3 = a^3{}_3 = a_{\varphi\varphi}.$$

6.2.2.4 Einheitstensor und ε-Tensor

Die einzigen von null verschiedenen Koordinaten sind

$$g_{11} = g^{11} = 1, \qquad g_{22} = r^2, \qquad g^{22} = \frac{1}{r^2}, \qquad g_{33} = r^2 \sin^2 \vartheta,$$

$$g^{33} = \frac{1}{r^2 \sin^2 \vartheta}; \qquad (6.2.31)$$

$$e_{123} = e^1{}_{23} = r^2 \sin \vartheta, \qquad e_1{}^2{}_3 = e^{12}{}_3 = \sin \vartheta,$$

$$e_{12}{}^3 = e^1{}_2{}^3 = \frac{1}{\sin \vartheta}, \qquad e_1{}^{23} = e^{123} = \frac{1}{r^2 \sin^2 \vartheta}, \qquad (6.2.32)$$

dazu kommen beim ε-Tensor noch die zugehörigen zyklischen Permutationen. Außerdem ist

$$g \equiv \det g_{ij} = r^4 \sin^2 \vartheta. \qquad (6.2.33)$$

6.2.2.5 Die Christoffel-Symbole

Die einzigen von null verschiedenen Christoffel-Symbole sind

$$\Gamma_{22}^1 = -r, \qquad \Gamma_{33}^1 = -r \sin^2 \vartheta, \qquad \Gamma_{12}^2 = \Gamma_{21}^2 = \Gamma_{13}^3 = \Gamma_{31}^3 = \frac{1}{r},$$

$$ \qquad (6.2.34)$$

$$\Gamma_{33}^2 = -\sin \vartheta \cos \vartheta, \qquad \Gamma_{23}^3 = \Gamma_{32}^3 = \cot \vartheta.$$

6.2.2.6 Differentialoperatoren

Es werden jeweils die physikalischen Koordinaten angegeben.

$$\operatorname{grad} a = \left\{ \frac{\partial a}{\partial r}, \, \frac{1}{r} \frac{\partial a}{\partial \vartheta}, \, \frac{1}{r \sin \vartheta} \frac{\partial a}{\partial \varphi} \right\}. \qquad (6.2.35)$$

$$\operatorname{div} \underline{a} = \frac{\partial a_r}{\partial r} + \frac{2 a_r}{r} + \frac{1}{r} \frac{\partial a_\vartheta}{\partial \vartheta} + \frac{\cot \vartheta \, a_\vartheta}{r} + \frac{1}{r \sin \vartheta} \frac{\partial a_\varphi}{\partial \varphi}. \qquad (6.2.36)$$

$$(\text{rot } \underline{a})_r = \frac{1}{r} \frac{\partial a_\varphi}{\partial \vartheta} + \frac{\cot \vartheta\, a_\varphi}{r} - \frac{1}{r \sin \vartheta} \frac{\partial a_\vartheta}{\partial \varphi},$$

$$(\text{rot } \underline{a})_\vartheta = \frac{1}{r \sin \vartheta} \frac{\partial a_r}{\partial \varphi} - \frac{\partial a_\varphi}{\partial r} - \frac{a_\varphi}{r}, \tag{6.2.37}$$

$$(\text{rot } \underline{a})_\varphi = \frac{\partial a_\vartheta}{\partial r} + \frac{a_\vartheta}{r} - \frac{1}{r} \frac{\partial a_r}{\partial \vartheta}.$$

$$(\text{grad } \underline{a})_{rr} = \frac{\partial a_r}{\partial r},$$

$$(\text{grad } a)_{r\vartheta} = \frac{\partial a_\vartheta}{\partial r},$$

$$(\text{grad } a)_{r\varphi} = \frac{\partial a_\varphi}{\partial r},$$

$$(\text{grad } a)_{\vartheta r} = \frac{1}{r} \frac{\partial a_r}{\partial \vartheta} - \frac{a_\vartheta}{r},$$

$$(\text{grad } \underline{a})_{\vartheta\vartheta} = \frac{1}{r} \frac{\partial a_\vartheta}{\partial \vartheta} + \frac{a_r}{r}, \tag{6.2.38}$$

$$(\text{grad } \underline{a})_{\vartheta\varphi} = \frac{1}{r} \frac{\partial a_\varphi}{\partial \vartheta},$$

$$(\text{grad } \underline{a})_{\varphi r} = \frac{1}{r \sin \vartheta} \frac{\partial a_r}{\partial \varphi} - \frac{a_\varphi}{r},$$

$$(\text{grad } \underline{a})_{\varphi\vartheta} = \frac{1}{r \sin \vartheta} \frac{\partial a_\vartheta}{\partial \varphi} - \frac{\cot \vartheta\, a_\varphi}{r},$$

$$(\text{grad } \underline{a})_{\varphi\varphi} = \frac{1}{r \sin \vartheta} \frac{\partial a_\varphi}{\partial \varphi} + \frac{a_r}{r} + \frac{\cot \vartheta\, a_\vartheta}{r}.$$

$$(\underline{b} \cdot \text{grad } \underline{a})_r = b_r \frac{\partial a_r}{\partial r} + \frac{b_\vartheta}{r} \frac{\partial a_r}{\partial \vartheta} + \frac{b_\varphi}{r \sin \vartheta} \frac{\partial a_r}{\partial \varphi} - \frac{b_\vartheta a_\vartheta + b_\varphi a_\varphi}{r},$$

$$(\underline{b} \cdot \text{grad } \underline{a})_\vartheta = b_r \frac{\partial a_\vartheta}{\partial r} + \frac{b_\vartheta}{r} \frac{\partial a_\vartheta}{\partial \vartheta} + \frac{b_\varphi}{r \sin \vartheta} \frac{\partial a_\vartheta}{\partial \varphi} + \frac{b_\vartheta a_r - \cot \vartheta\, b_\varphi a_\varphi}{r},$$

$$\tag{6.2.39}$$

$$(\underline{b} \cdot \text{grad } \underline{a})_\varphi = b_r \frac{\partial a_\varphi}{\partial r} + \frac{b_\vartheta}{r} \frac{\partial a_\varphi}{\partial \vartheta} + \frac{b_\varphi}{r \sin \vartheta} \frac{\partial a_\varphi}{\partial \varphi} + \frac{b_\varphi a_r + \cot \vartheta\, b_\varphi a_\vartheta}{r}.$$

$$(\operatorname{div}\underline{a})_r = \frac{\partial a_{rr}}{\partial r} + \frac{2a_{rr}}{r} + \frac{1}{r}\frac{\partial a_{\vartheta r}}{\partial \vartheta} + \frac{1}{r\sin\vartheta}\frac{\partial a_{\varphi r}}{\partial \varphi}$$

$$- \frac{a_{\vartheta\vartheta} + a_{\varphi\varphi}}{r} + \frac{\cot\vartheta\, a_{\vartheta r}}{r},$$

$$(\operatorname{div}\underline{a})_\vartheta = \frac{\partial a_{r\vartheta}}{\partial r} + \frac{2a_{r\vartheta}}{r} + \frac{1}{r}\frac{\partial a_{\vartheta\vartheta}}{\partial \vartheta} + \frac{1}{r\sin\vartheta}\frac{\partial a_{\varphi\vartheta}}{\partial \varphi}$$

$$+ \frac{\cot\vartheta\,(a_{\vartheta\vartheta} - a_{\varphi\varphi})}{r} + \frac{a_{\vartheta r}}{r}, \tag{6.2.40}$$

$$(\operatorname{div}\underline{a})_\varphi = \frac{\partial a_{r\varphi}}{\partial r} + \frac{2a_{r\varphi}}{r} + \frac{1}{r}\frac{\partial a_{\vartheta\varphi}}{\partial \vartheta} + \frac{1}{r\sin\vartheta}\frac{\partial a_{\varphi\varphi}}{\partial \varphi}$$

$$+ \frac{\cot\vartheta\,(a_{\vartheta\varphi} + a_{\varphi\vartheta})}{r} + \frac{a_{\varphi r}}{r}.$$

$$\Delta a = \frac{\partial^2 a}{\partial r^2} + \frac{2}{r}\frac{\partial a}{\partial r} + \frac{1}{r^2}\frac{\partial^2 a}{\partial \vartheta^2} + \frac{\cot\vartheta}{r^2}\frac{\partial a}{\partial \vartheta} + \frac{1}{r^2\sin^2\vartheta}\frac{\partial^2 a}{\partial \varphi^2}. \tag{6.2.41}$$

$$(\Delta\underline{a})_r = \frac{\partial^2 a_r}{\partial r^2} + \frac{2}{r}\frac{\partial a_r}{\partial r} + \frac{1}{r^2}\frac{\partial^2 a_r}{\partial \vartheta^2} + \frac{\cot\vartheta}{r^2}\frac{\partial a_r}{\partial \vartheta} + \frac{1}{r^2\sin^2\vartheta}\frac{\partial^2 a_r}{\partial \varphi^2}$$

$$- \frac{2a_r}{r^2} - \frac{2}{r^2}\frac{\partial a_\vartheta}{\partial \vartheta} - \frac{2\cot\vartheta\, a_\vartheta}{r^2} - \frac{2}{r^2\sin\vartheta}\frac{\partial a_\varphi}{\partial \varphi},$$

$$(\Delta\underline{a})_\vartheta = \frac{\partial^2 a_\vartheta}{\partial r^2} + \frac{2}{r}\frac{\partial a_\vartheta}{\partial r} + \frac{1}{r^2}\frac{\partial^2 a_\vartheta}{\partial \vartheta^2} + \frac{\cot\vartheta}{r^2}\frac{\partial a_\vartheta}{\partial \vartheta} + \frac{1}{r^2\sin^2\vartheta}\frac{\partial^2 a_\vartheta}{\partial \varphi^2}$$

$$+ \frac{2}{r^2}\frac{\partial a_r}{\partial \vartheta} - \frac{a_\vartheta}{r^2\sin^2\vartheta} - \frac{2\cot\vartheta}{r^2\sin\vartheta}\frac{\partial a_\varphi}{\partial \varphi}, \tag{6.2.42}$$

$$(\Delta\underline{a})_\varphi = \frac{\partial^2 a_\varphi}{\partial r^2} + \frac{2}{r}\frac{\partial a_\varphi}{\partial r} + \frac{1}{r^2}\frac{\partial^2 a_\varphi}{\partial \vartheta^2} + \frac{\cot\vartheta}{r^2}\frac{\partial a_\varphi}{\partial \vartheta} + \frac{1}{r^2\sin^2\vartheta}\frac{\partial^2 a_\varphi}{\partial \varphi^2}$$

$$+ \frac{2}{r^2\sin\vartheta}\frac{\partial a_r}{\partial \varphi} + \frac{2\cot\vartheta}{r^2\sin\vartheta}\frac{\partial a_\vartheta}{\partial \varphi} - \frac{a_\varphi}{r^2\sin^2\vartheta}.$$

Sachverzeichnis

Zusammengesetzte Stichwörter, die man nicht unter dem ersten Bestandteil findet,
suche man auch unter dem zweiten Bestandteil, z. B. „thermodynamisches Potential" unter „Potential, thermodynamisches".